KB098715

언어교육을 위한 멀티미디어 제작과 활용

The Production and Use of Multimedia
in Language Education

언어교육을 위한 멀티미디어 제작과 활용
The Production and Use of Multimedia in Language Education

2014년 8월 25일 인쇄
2014년 8월 28일 발행

지은이 김규미, 김혜숙, 백미화, 차윤정
펴낸이 이찬규
교정·교열 선우애림
펴낸곳 북코리아
등록번호 제03-01240호
주소 [462-807] 경기도 성남시 중원구 상대원동 146-8
우림2차 A동 1007호
전화 02)704-7840
팩스 02)704-7848
이메일 sunhaksa@korea.com
홈페이지 www.북코리아.kr
ISBN 978-89-6324-363-4 (93560)

값 25,000원

언어교육을 위한 멀티미디어 제작과 활용

The Production and Use of Multimedia in Language Education

김규미 김혜숙 백미화 차윤정 공저
한종임 감수

북코리아

머리말

최근 테크놀로지의 변화와 급속하게 발전하고 있는 멀티미디어 환경은 언어 교수방법과 학습 활동에 많은 변화를 가져왔다. 컴퓨터기반 언어 교육에서 시작된 언어 교수학습 환경의 변화는 이제 교수자에게 목표 언어에 대한 지식과 함께 정보 기술(information technology)에 대한 전반적인 이해와 테크놀로지를 활용하는 실용적 기술(practical skills)을 요구하고 있다.

『언어 교육을 위한 멀티미디어 제작과 활용』은 영어를 비롯한 외국어나 모국어를 가르치는 교수자에게 멀티미디어 자료를 제작하고 활용하는 방법들을 소개하고 있다. 이 책의 내용은 멀티미디어기반 언어 교육의 이해, 교수학습 자료의 제작과 활용, 언어 기능별 웹기반 자료의 활용이라는 세 부분으로 구성되어 있다. 첫 부분인 멀티미디어기반 언어 교육의 이해에서는 멀티미디어기반 언어 학습(multimedia-assisted language learning: MALL)의 개념을 소개하고 멀티미디어를 활용한 언어 교수의 특징을 네 가지 관점에서 설명한다. 2부에서는 다양한 웹기반 응용 프로그램을 사용한 언어 교수학습 자료의 제작 방법을 상세하게 소개하고 MALL 자료의 효과적인 활용 방안을 제시한다. 마지막으로 3부에서는 네 가지 언어 기능과 발음, 어휘, 문법 교수 이론을 간략하게 소개하고 각 영역의 언어 지도를 위한 인터넷 웹 사이트의 예시와 활용 방법을 보여준다.

멀티미디어기반 언어 교육을 논의한 대부분의 교재들이 언어교육 이론이나 방법론, 지도 원리 등의 개념적인 배경에 관점을 둔 것과는 달리 이 책의 내용은 실제 언어 교수자나 학습자가 MALL 자료를 제작하고 기존의 MALL 자료들을 수정하고 활용할 수 있는 실질적인 방안을 구체적으로 제시하였다. 이러한 특징은 독자들이 실제 언어 교수학습 환경에서 멀티미디어 자료들을 바로 사용할 수 있도록 안내한다. 따라서 이 책의 내용은 언어 교수의 경험이 많은 교사나 초임 교사, 또는 교사 훈련을 받고 있는 사람들이나 언어 교육에 관심이 있는 학부모, 학습자 모두에게 멀티미디어 자료 제작의 실제를 단계별로 경험하게 하는 지침서가 될 것이다.

특히 이 책의 2부에서는 웹2.0 환경에서 제공하는 웹 애플리케이션을 사용하여 다양한 MALL 자료를 제작하는 방법을 소개하고 있다. 여기서 소개하는 응용 프로그램을 사용하면 언어 교수자나 학습자가 다양한 MALL 자료를 제작, 수정하여 실제 교실 수업이나 자가 학습에 활용할 수 있을 것으로 기대된다. 1장에서 골드웨이브나 곰녹음기를 사용한 소리파일의 제작, 2장에서 윈도우 무비메이커나 유튜브 다운로더 등을 사용한 동영상자료의 제작, 3장에서 스내그잇, 알캡쳐 등을 사용한 이미지파일 제작, 4장에서 프레지나 줌잇을 사용한 프레젠테이션 자료 제작과 활용 방안을 제시한다. 또한 워들, 마인드 마이스터, 위키스페이스와 같은 웹 애플리케이션을 사용하여 언어 교수자나 학습자가 직접 참여, 개방, 공유할 수 있는 교수학습 방안을 소개한다.

끝으로 이 책의 원고를 집필하고 검토하는 단계에서 여러 가지 도움을 주신 모든 분들께 감사드린다. 또한 촉박한 편집 일정에 맞게 작업을 해주신 북코리아 이찬규 사장님과 편집부 관계자 분께도 감사를 드린다. 마지막으로 언어 교육 현장에서 힘써 일하고 준비하는 많은 영어 교수자, 예비 교수자, 학습자, 학부모 분들에게 이 책의 내용이 실질적인 도움이 되기를 진심으로 기대한다.

2014년 8월

김규미, 김혜숙, 백미화, 차윤정 배상

목차

머리글 5

I 멀티미디어기반 언어 교육의 이해 | 김규미 17

II 교수학습자료 제작과 활용

1장 소리

1 골드웨이브 Goldwave | 차윤정 27

1. 단축버튼의 주요 기능
2. 기본화면
3. 녹음
4. Zoom In, Zoom Out
5. Copy, Paste, Paste New, Save
6. Cut, Del, Undo, Redo, Trim
7. Insert Silence
8. Mix
9. Fade in, Fade out
10. Time Warp
11. Speech Converter
12. CD Reader

2 곰 녹음기 Gom Recorder | 김규미 49

1. 음성 및 음원 녹음
2. 소리파일 편집
3. 환경설정

3 뮤직 쉐이크 Music shake | 백미화 56

1. 기본화면
2. 음원 제작하기

2장 동영상

4 윈도우 무비메이커 Windows Movie Maker | 김혜숙 67

1. 기본화면
2. 불러오기
3. 분할하기
4. 제거하기
5. 이미지 추가하기
6. 동영상 추가하기
7. 동영상 회전
8. 글자 삽입
9. 애니메이션
10. 시각 효과
11. 동영상 마법사 테마
12. 파일 저장

5 다음 팟 인코더 Daum Pot Encoder | 김혜숙 86

1. 인코딩
2. 불러오기
3. 자르기

4. 동영상 연결하기
5. 동영상 끼워넣기
6. 자막 삽입하기
7. 타임라인과 스토리보드
8. 저장 및 출력 설정

6 유튜브 다운로더 Youtube Downloader | 김규미 101
1. 동영상 검색하기
2. 동영상 저장하기

7 안 캠코더 Ahn Camcoder | 김혜숙 106
1. 녹화
2. 세부 설정

3장 이미지

8 스내그잇 Snag It | 차윤정 117
1. 스내그잇 캡쳐
2. 스내그잇 편집기

9 알캡처 AL Capture | 김규미 135
1. 캡처영역 지정
2. 퍼가기
3. 마우스 우클릭 제한 해제

10 시각자료 Image | 백미화 144
1. 덤퍼(Dumpr) 사용하기
2. 프레이저(Phrasr) 사용하기

4장 프레젠테이션

11 프레지 Prezi | 김혜숙 155

1. 회원가입 및 로그인
2. 기본화면
3. 프레임 생성
4. 텍스트 삽입
5. 이미지 삽입
6. 심볼&모양 삽입
7. 레이아웃 삽입
8. 동영상 삽입
9. 배경음악 삽입
10. 패스 설정
11. 페이드인 애니메이션 기능
12. 테마
13. 공유하기

12 줌잇 ZoomIt | 백미화 176

1. 다운로드 및 실행
2. 화면 확대
3. 펜 기능
4. 타이머 기능
5. 줌잇 끝내기

5장 웹기반

13 워들 Wordle | 김혜숙 185

1. 단어 구름 제작
2. 단어 구름 고급 메뉴

14 프리마인드 Freemind | 백미화 193

1. 다운로드 및 실행
2. 파일 제작

15 마인드 마이스터 Mindmeister | 김혜숙 209

1. 가입 및 로그인
2. 기본화면
3. 새로운 마인드맵 만들기
4. 기본 기능
5. 아이콘 및 이미지 삽입하기
6. 노트, 링크, 파일, 과업 삽입하기
7. 마인드맵 테마 바꾸기
8. 프레젠테이션
9. 공유하기
10. 내보내기

16 디피티 타임라인 Dipity Timeline | 백미화 228

1. 기본화면
2. 타임라인 제작하기

17 퍼즐 Puzzle | 차윤정 237

1. Puzzlemaker
2. PuzzleFast

18 핫 포테이토즈 Hot Potaoes | 김규미 254

1. JQuiz
2. JCloze
3. JMatch
4. JCross
5. JMix

6. The Masher

19 만화 제작 프로그램
Making Cartoon Program | 백미화 277
1. 캠브리지 잉글리쉬 온라인을 이용한 만화 제작
2. 위티코믹스를 이용한 만화 제작

20 고 애니메이트 GoAnimate | 백미화 292
1. 회원가입 및 템플릿 기본화면
2. Backgrounds
3. Characters
4. Text
5. Props
6. Sound
7. Effects
8. Preview
9. Save
10. Share or Export

21 위키스페이스 Wikispaces | 백미화 314
1. 가입 및 개설
2. 새 위키 개설하기
3. Members
4. Projects
5. Events
6. Changes
7. Assessment
8. Setting

22 코카 COCA | 차윤정 341

1. 기본화면
2. 검색한 단어 빈도수 확인하는 방법(LIST)
3. 검색한 단어 빈도수 확인하는 방법(CHART)
4. 검색한 단어 빈도수 확인하는 방법(KWIC)
5. 기본어 기준 검색(Lemmitized Search)
6. Sections 〈SHOW〉의 사용
7. 유의어 검색
8. 단어(연어) 검색
9. 관용어구 검색

23 큐알코드 QR Code | 백미화 353

1. 기본화면
2. 기본정보 입력
3. 추가정보 입력
4. 코드 생성 완료
5. 내 코드 관리
6. 큐알코드 읽기

24 문자 음성 변환 Text to Speech | 차윤정 361

1. AT&T
2. ODDCAST Text to Speech
3. Natural Reader

III 언어 기능별 멀티미디어 활용

1 듣기 지도(Listening) | 김규미 377
2 말하기 지도(Speaking) | 백미화 392
3 발음 지도(Pronunciation) | 백미화 407
4 읽기 지도(Reading) | 김혜숙 415
5 쓰기 지도(Writing) | 차윤정 427
6 어휘 지도(Vocabulary) | 김규미 442
7 문법 지도(Grammar) | 김규미 452

I

멀티미디어기반
언어 교육의 이해

멀티미디어기반 언어 교육의 이해

멀티미디어기반 언어 학습(Multimedia-assisted Language Learning: MALL)이란 다양한 유형의 미디어를 통한 언어 학습을 말한다. 멀티미디어란 음성이나 문자 언어 입력을 비롯해 그림, 사진, 비디오, 애니메이션과 같은 모든 종류의 입력 자료를 뜻한다. 따라서 MALL은 이전의 컴퓨터기반 언어학습(Computer-assisted Language Learning: CALL)이나 웹기반 언어 학습 (Web-based Language Learning: WBLL) 환경에서 개발되고 사용되었던 모든 언어 입·출력 자료나 응용프로그램들을 포함하며 언어 학습을 촉진하기 위한 가능성있는 입력원(possible input resources)을 포괄한다(Fotos & Browne, 2004).

MALL 환경에서 개발되고 사용되는 응용프로그램이나 교수 방법들은 언어 교수와 학습에 새로운 패러다임을 가져왔고 CALL이나 WBLL 환경이 제공하던 긍정적인 효과들을 능가하는 다양한 장점을 지니고 있다. MALL 환경의 특징은 크게 네 가지로 요약될 수 있는데, (1) 비판적 사고(critical thinking) 능력을 발달시키기 위한 학습자 중심(learner-centerd) 교수 상황 제공, (2) 개별 학습자의 요구와 수준에 알맞은 의미있는(meaningful) 학습 경험에 학습자를 참여시킬 수 있는 실제적이고 도전적인 과업(task) 제시, (3) 모든 학습자가 학습에 참여하고 기여하도록 독려하는 협력 학습(collaborative learning) 활동 수행, (4) 다른 문화배경을 지닌 학습자 간 상호작용을 통한 이문화(intercultural) 이해와 학습 강화라는 측면에서 살펴볼 수 있다(Pusack & Otto, 1997).

이러한 특징을 지닌 MALL 환경은 (1) 학습자의 언어 유창성과 정확성을 향상시키고, (2) 상호작용, 협력 학습과 같은 능동적 학습을 수행하면서 학습자의 내적 동기(intrinsic motivation)를 고취시키며, (3) 학습자 자율성(learner autonomy)을 증진시키는 개별화(individualized)된 학습 활동을 제공하고, (4) 목표 언어(target language)의 문화를 이해하고 이문화와 교류하기 위해 다양한 방법으로 활용할 수 있다.

1. MALL은 학습자의 언어 유창성과 정확성을 향상시키기 위해 활용된다

우선 MALL 환경은 학습자의 언어 유창성을 향상시키기 위한 다양한 상호작용과 의사소통 활동을 제공한다(Butler-Pascoe & Wiburg, 2003). 학습자는 실제 청중(authentic audience)을 대상으로 의사소통 행위를 수행할 수 있는데, 특히 컴퓨터매개 의사소통(Computer-mediated Communication: CMC) 도구를 사용한 교사-학습자, 학습자-학습자 간 상호작용은 대화를 수행하는 데 필요한 의미 협상(meaning negotiation)이나 오류 수정(error correction)이 가능하기 때문에 학습자에게 의미있는 학습 활동을 제공한다. 또한 온라인 신문이나 전자책을 출판(publish, upload)하는 등의 과업은 실제 독자(authentic writer)를 가진 글쓰기의 기회를 제공할 뿐만 아니라 서로의 글을 읽고 피드백을 교환하는 것이 가능하다. 따라서 짝, 소집단, 또는 교실 전체의 담화 공동체를 만들고 학습자들이 의사소통 행위에 활발하게 참여하게 하면 학습자의 언어 유창성을 향상시키는 동시에 학습 활동에 적극적으로 참여하는 능동적인 학습자로 만들 수 있다.

MALL 환경은 언어입력(language input)이 되는 텍스트 자료와 함께 소리, 그림, 비디오, 애니매이션 등의 멀티미디어 자료를 다감각(multisensory)적으로 전달하는데, 이는 학습자가 언어 입력이 전달하는 정보를 이해하고 의미 구성(meaning construction)을 하는 수용적 언어 기술(receptive language skill)의 정확성을 향상시킨다. 예를 들어 모르는 어휘가 많이 사용된 읽기 텍스트에서 내용의 이해에 도움이 되는 그림이나 비디오 등의 멀티미디어를 지원하는 것은 학습자가 추측 전략을 사용하면서 의미를 이해하는 것보다 정확하게 내용을 이해하고 맥락을 파악하도록 도와준다.

또한 MALL환경은 학습자의 언어 정확성을 향상시키기 위한 다양한 연습 활동과 평가 문항, 즉각적인 피드백 등을 제공한다. 학습자는 언어 발달 단계마다 적절한 수준과 양의 평가를 통해 자신의 언어 출력(language output)에 나타난 오류를 수정해야 한다(Swain, 1998). MALL 환경이 제공하는 연습문제나 평가는 학습자가 생산적 언어 기술(productive language skill)의 정확성을 향상시키도록 도와준다. 이때 컴퓨터의 데이터 처리 능력은 학습 수행의 과정에서 적절한 수준의 형성 평가나 진단 평가를 제시해 주거나 단계별 평가 결과를 전자 포트폴리오로 기록해둘 수 있다. 학습 과정의 단계별 기록은 교수 학습 내용의 적절성을 분석하고 교수학습 내용을 계획하고 관리하는 데 도움이 된다.

이 밖에 MALL 환경은 발음이나 문법, 듣기, 읽기와 쓰기 자료를 동시에 제공할 수 있기 때문에 네 가지 언어 기능의 통합적(integrated) 교수가 가능하다. 학습자는 텍스트를 읽는 것과 동시에 들을 수 있고 내용을 요약해서 말하거나 문맥에서 사용된 단어들을 사용하여 비슷한 내용의 쓰기 학습을 할 수 있다. 멀티미디어를 활용한 통합적 언어 교수는 학습자의 언어 유창성과 정확성을 함께 향상시키도록 도와준다.

2. MALL은 상호작용이나 협력학습과 같은 능동적 학습 활동을 수행하기 위해 활용된다

MALL은 학습자 간의 활발한 상호작용을 통해 서로의 지식을 공유하고 동료로부터 배우는 것을 촉진하는 학습 환경을 제공한다. 따라서 MALL 환경에서는 과업기반 언어 교수(Task-based Language Teaching: TBLT)나 프로젝트기반 언어 교수(Project-based Language Teaching: PBLT)가 가능한데, 교수자는 특정 과업이나 문제해결(problem-solving)을 위한 프로젝트를 개별 또는 협력 학습 과업으로 제시할 수 있다. 학습자는 주어진 과업을 완성하거나 문제 해결을 위해 능동적으로 학습 활동에 참여하게 되며, 이는 개별 학습자의 인지능력을 발달시키고 학습자 간의 지식 및 의견 교환이나 학습에 대한 흥미를 공유하게 한다(Chapelle & Jameison, 2008).

한편 MALL은 학습자의 학습 수행 과정에서 다중선형(multi-linear) 입력 방식[1]으로 정보를 제공한다. 전통적인 교실 수업에서 교수자가 언어 학습에 필요한 입력 자료를 제공하는 선형(linear) 입력방식은 개별 학습자의 언어 능력이나 수준을 고려하지 않은 일방향(one-way) 정보 전달이 될 수 있다. 반면 CALL이나 WBLL을 비롯한 MALL 자료들의 다중선형 입력 방식은 개별 학습자가 언어 학습에 필요한 입력 자료와 의미있는 상호작용을 하게 하고, 학습자의 학습 전략이나 학습 스타일에 적합한 이해가능한 입력(comprehensible input)을 제공한다. 따라서 학습자는 자신의 언어 능력이나 수준, 학습 전략 등에 적합한 MALL 입력 자료를 선택적으로 학습할 수 있고, 이는 학습에 대한 내적 동기를 고취시키고 학습 활동에 능동적으로 참여하게 한다.

---

1 CALL 분야에서 말하는 다중선형(multi-linear) 입력 방식이란 선형(linear)으로 제공되는 언어 입력이 다선형으로 연결되어 있는 정보 구조를 말한다. 이는 텍스트를 비롯한 소리, 그림, 비디오 등의 다양한 유형의 입력 자료가 서로 연결되어 동시적으로 제공됨을 의미한다.

3. MALL은 학습자 자율성을 증진시키는 개별화된 학습 활동을 제공하기 위해 활용된다

MALL 환경은 학습자 중심의 개별화된 학습을 제공하고 이는 학습자 자율성을 증진시키는 데 도움이 된다. 예를 들어 작문 수업을 진행한 후 컴퓨터로 학생들의 원고를 전송하게 한다. 교수자는 학습자의 작문 내용에 나타난 쓰기 오류에 개별화된 피드백을 제공하거나 관련 문법 과제를 후행 활동으로 제시할 수 있다. 또한 다양한 학습 스타일을 지닌 개별 학습자에게 적합한 유형의 학습 자료(예: 그림, 사운드 등)를 선택하여 직접 제시할 수도 있다. 이 같은 개별화된 학습 활동은 학습자가 오답에 대한 위험을 감수하고 답을 추측하게 하고, 오답에 주어진 피드백을 참고하여 자가 수정(self-correction)을 하게 한다(Levy, 1998). 이는 학습에 대한 자신감을 향상시키고 학습자 자율성을 증진시킨다.

특히 다양한 MALL 자료를 사용하면 교수학습의 속도를 조절할 수 있다. 학습자는 자신의 학습 목표나 흥미에 맞는 학습 자료를 선택할 수 있고, 스스로 학습 과정을 모니터링하면서 반복, 평가 등의 학습 속도를 관리(manage)할 수 있다. 또한 교수자는 학습자의 요구를 반영하여 교수 내용을 조정하거나 학습자에게 개별지도를 제공할 수 있다. 또한 개별 학습을 하면서 학습 진행에 어려움을 겪는 학습자를 위해 상위 수준의 학습자와 다양한 상호작용을 촉진시킬 수도 있다. 이 같은 교수방법은 제한된 수업시간에서 부족할 수 있는 개별 학습자의 학습 과정을 모니터링하고, 교수 내용과 속도를 조절하는 데 활용된다.

4. MALL은 언어뿐만 아니라 목표 언어의 문화를 이해하고 이문화와 교류하기 위해 활용된다

언어 학습은 언어가 사용되는 사회적·문화적 맥락의 영향을 받는다. 예를 들어 어떻게 인사를 나누고 얼마의 거리를 유지하며 대화할 것인가와 같은 일상적인 언어 활동이나 교수자–학습자 또는 학습자–학습자 간의 상호작용은 언어가 사용되고 학습되는 문화에 따라 차이를 보인다. 따라서 언어 학습자는 목표 언어가 사용되는 사회, 문화적 이해를 높이고 자신의 문화와의 차이에 대해 인식할 필요가 있다. 목표 언어가 사용되는 문화에서 일상적인 상호작용을 보여줄 수 있는 비디오나 그림 같은 미디어 자료는 문화적 행동들을 탐색하면서 새로운 문화에 노출되고 언어를 학습할 수 있게 한다(Butler-Pascoe & Wiburg, 2003). 전세계적으로 다양한 종류의 미디어자료가 글로벌 정치, 경제, 사회, 문화적 맥락을 이해하는 데 필요한 정보를 제공하고 있다.

또한 CMC나 소셜네트워크(Social Network System: SNS)를 비롯하여 각종 디지털 미디어를 활용한 의사소통은 언어 학습자를 둘러싼 세계에 대한 인식을 높여줄 수 있다. 학습자는 영어뿐만 아닌 중국어, 일본어, 프랑스어, 스페인어 등의 다양한 언어 사용자와 목표 언어로 상호작용 할 수 있고, 각각의 언어가 사용되는 장소의 소식을 직접 공유할 수 있다. 따라서 학습자는 자신이 속한 언어 환경의 문화와 다른 문화에 속해 있는 사람들과 의사소통하고 이문화를 경험할 기회를 갖는다. 또한 학습자가 자신의 일상이나 경험, 문화를 소개하는 미디어자료를 직접 제작하여 유튜브와 같은 글로벌 사이트에 업로드할 수 있고, 다문화 학습자가 속한 웹 프로젝트에 참여할 수 있다. 이 같은 경험은 학습자가 언어적으로나 문화적으로 교류하면서 언어 학습에 대한 두려움을 줄이고 능동적으로 학습을 수행하게 한다.

이상에서 살펴본 바와 같이 MALL은 언어 교육에서 다양한 교수 방법이나 학습 활동으로 활용될 수 있다. 최근에 급속하게 발전하고 있는 멀티미디어 환경은 학습 환경에도 많은 변화를 가져왔다. 언어 교수자는 정보 기술(Information Technology: IT)에 대한 전반적인 이해와 MALL 프로그램을 사용하는 실용적 기술(practical skills)을 두루 지녀야 한다. 즉 언어 교수를 위해 적절한 MALL 자료를 선택하고, 선택한 자료를 가지고 수업 활동을 계획하고 디자인하며, 학습자에게 MALL 자료의 사용법을 소개하고, MALL 활용의 효과를 평가하는 등의 멀티미디어 기반 교수 환경 전반을 적용하고 관리할 책임이 있다.

이 책의 목적은 언어 교수자가 MALL 환경을 사용하여 언어 교수를 실시하려고 할 때 어떤 교수 이론과 교수 방법에 근거하여 MALL 자료를 선택하고 활용할 것인가를 보여준다. 또한 교수내용에 적합한 MALL자료를 제작하거나 선택한 MALL자료를 교수자 고유의 교수환경에 맞게 수정하는 방법 등을 소개한다.

References

Butler-Pascoe, M. E., & Wiburg, K. (2003). *Technology and teaching English language learners*. Boston, MA: Pearson Education, Inc.

Chapelle, C. A., & Jameison, J. (2008). *Tips for teaching with CALL: Practical approaches to computer-assisted language learning*. White Plains, NY: Pearson Education, Inc.

Fotos, S., & Browne, C. M. (2004). *New perspectives on CALL for second language classrooms*. Mahwah, NJ: Lawrence Erlbaum Associates, Inc.

Levy, M. (1998). Two conceptions of learning and their implications for CALL at the tertiary level. *ReCALL, 10*(1), 86-94.

Pusack, J., & Otto, S. (1997). *Taking control of multimedia: Technology enhanced language learning*. Lincolnwood, IL: National Textbook Company.

Swain, M. (1998). Focus on form through conscious reflection. In C. Doughty & J. Williams (Eds.). *Focus on form in classroom second-language acquisition* (pp. 64-81). Cambridge, UK: Cambridge University Press.

II

교수학습자료 제작과 활용

1장 소리
2장 동영상
3장 이미지
4장 프레젠테이션
5장 웹기반

1장

소리

1 골드웨이브 (Goldwave)

골드웨이브 이해하기

골드웨이브는 셰어웨어(Shareware)로서 소리파일을 편집하는 프로그램이다. 다양한 소리파일을 얻어 사용 목적에 맞게 녹음, 부분 편집, 파일 변환, 속도 조절, 소리 혼합 등을 통해 활용이 가능하며 간편하고 쉽게 배울 수 있다는 장점도 가지고 있다. 종합 포털사이트(다음, 네이버 등)에서 무료로 다운로드하거나 골드웨이브 사이트에서 최신버전으로 다운로드하여 사용할 수 있다. 사용자의 컴퓨터 사양에 맞는 골드웨이브 프로그램을 다운로드하여 설치하면 된다.

골드웨이브 사용하기

1. 단축버튼의 주요 기능

메뉴바에 있는 단축 버튼의 기능은 다음과 같다.

Open	기존 파일 열기	New	새로운 파일 만들기
Cut	선택된 부분 자르기	Paste	선택된 부분 복사하기
Paste	복사한 부분 붙이기	P.New	선택된 부분 새 파일에 붙이기
Save	파일 저장하기	Mix	두 개의 파일을 하나의 파일로 섞기
Undo	이전 작업 취소하기	Redo	이전 작업 되돌리기
Del	선택한 부분 삭제하기	Trim	선택 이외의 부분 삭제하기

2. 기본화면

골드웨이브를 실행하고 소리파일을 열면 [그림1]과 같이 기본화면이 나타난다.

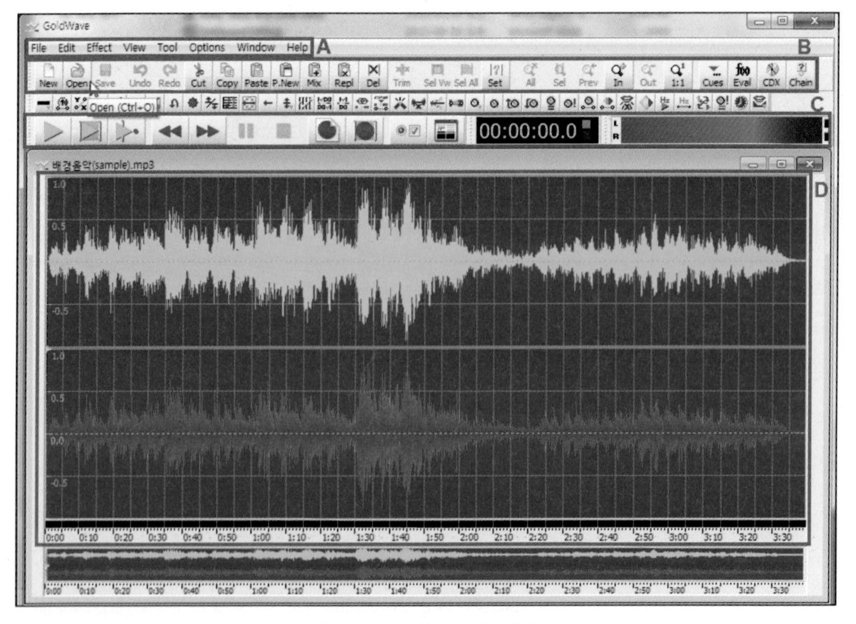

[그림1] 골드웨이브 기본화면

A　메뉴바
B　단축 메뉴바
C　재생과 녹음을 할 수 있는 제어창
D　소리파일을 열었을 때 보이는 편집창

[그림1-C]의 제어창은 단축 메뉴바 아래에 위치할 수 있고, 별도의 창으로 분리시킬 수도 있다(그림3 참조). [그림2-A]와 같이 메뉴바의 〈Tool〉-〈Control〉을 선택하면 [그림3]과 같이 분리된 제어창이 나타난다. 더 간단한 방법은 [그림2-B]의 아이콘을 선택하면, [그림3]과 같이 제어창이 따로 생성된다.

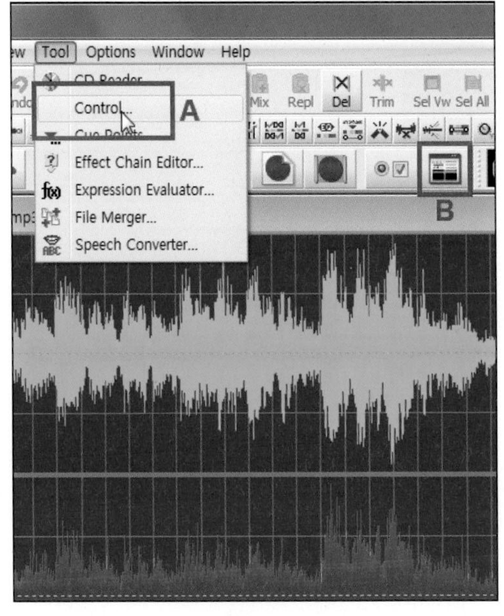

[그림2] 제어창 설정화면

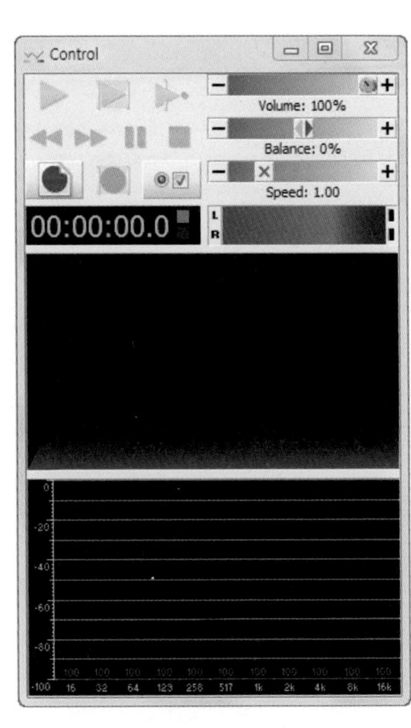

[그림3] 제어창

다음은 제어창에 있는 버튼의 기능에 대한 설명이다.

	소리파일을 처음부터 재생		선택된 부분 재생
	현재 커서가 있는 부분부터 재생		새 파일로 녹음
	빨리 감기		선택 구간에 녹음
	되감기		

3. 녹음

① 단축 메뉴바에서 〈New〉를 선택하면 [그림4]의 화면이 나타난다. [그림5]는 [그림4]에서 열린 창을 캡쳐한 것이다. 〈Quality and duration〉은 녹음의 품질과 시간을 설정한다.

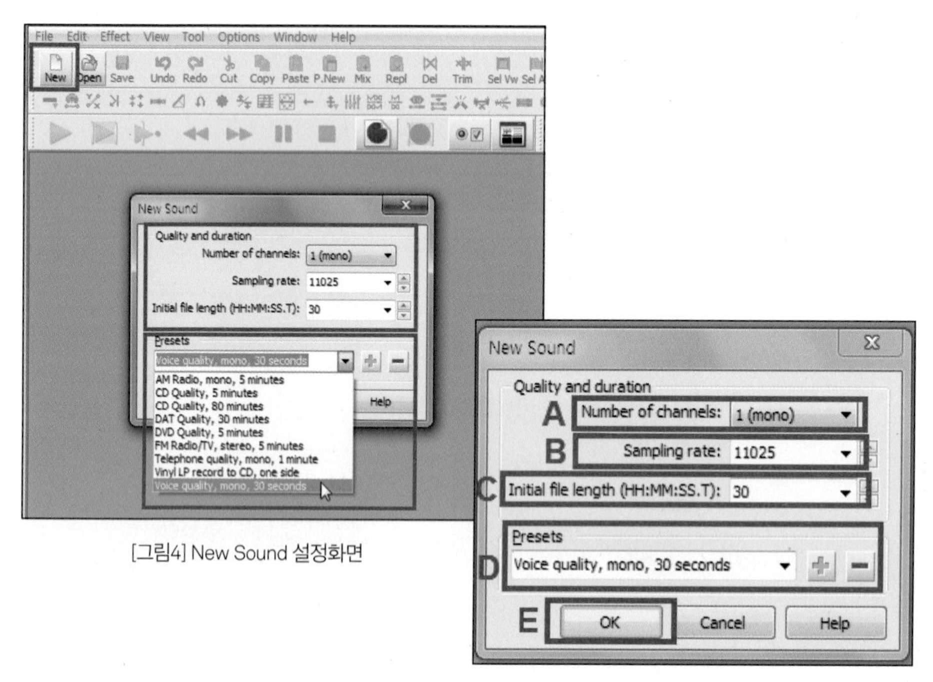

[그림4] New Sound 설정화면

[그림5] New Sound 창

A　<Number of channels> 채널의 숫자

오디오 채널이 하나인 경우 모노(mono)를, 오디오 채널이 두 개인 경우는 스테레오(stereo)를 선택한다. 스테레오는 모노에 비해 용량을 많이 차지한다. 여기서는 모노(mono)를 선택하기로 한다.

B　<Sampling rate> 녹음의 질

숫자가 작아질수록 녹음의 질이 떨어지고, 숫자가 커질수록 녹음의 질이 좋아진다. 11025는 목소리를 녹음하는 데 적절하고, 44100은 오디오 CD를 녹음할 때, 96000은 DVD를 녹음할 때 사용한다.

C　<Initial file length (HH:MM:SS . T)> 시간 표시

H는 시간 단위, M은 분 단위, S는 초 단위를 가리킨다.

D　<Presets> 미리 설정된 녹음 상태 목록

[그림4]의 〈Presets〉 목록에서 하나를 선택하면, 〈Channel〉, 〈Sampling rate〉, 〈Initial file length〉가 한번에 자동 설정된다. 상단의 〈Quality and duration〉 부분도 자동으로 바뀐다.

② 〈OK〉버튼을 누른다(그림5-E 참조).

③ 제어창에서 녹음 버튼을 클릭하면 [그림6]과 같이 녹음 시간을 설정하는 〈Duration〉 창이 열린다. 필요한 녹음 시간을 정하고 〈OK〉버튼을 클릭하면 녹음이 시작된다. 〈Always use this duration〉에 체크표시를 하면 항상 같은 양의 녹음시간이 적용된다.

④ 녹음이 끝난 후에 〈Stop〉버튼을 누른다.

⑤ 단축 메뉴바에서 〈Save〉를 선택한 후, 파일명을 입력하고 원하는 파일 형식(mp3, wav)으로 저장한다. WAVE 파일은 다른 파일 형식에 비해 많은 용량을 차지한다.

⑥ 제어창에서 〈Play〉버튼을 클릭하면 녹음이 제대로 되었는지 확인할 수 있다.

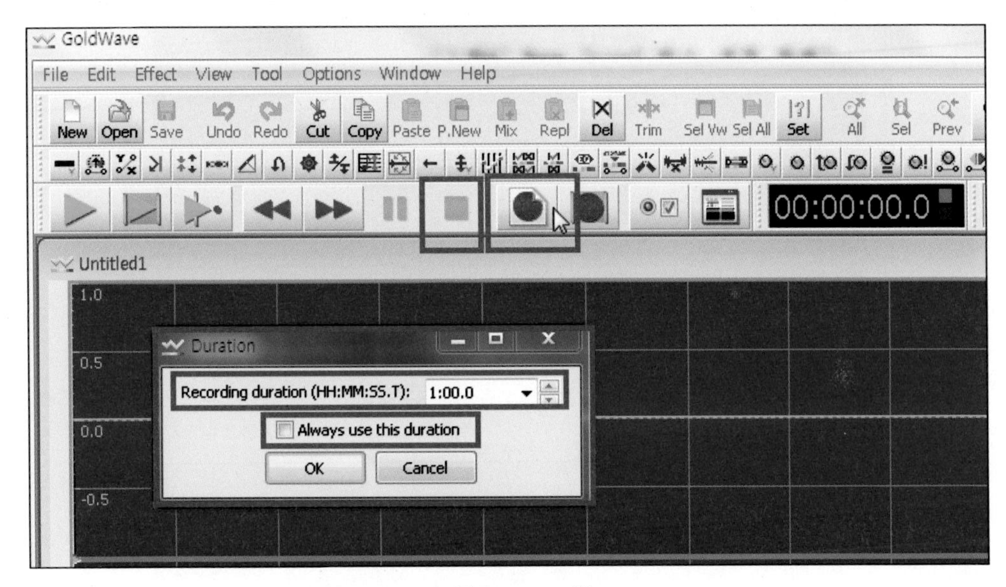

[그림6] Duration 창

4. Zoom In, Zoom Out

〈Zoom In〉과 〈Zoom Out〉은 음파의 폭을 넓히거나 좁히기 위해 사용한다.

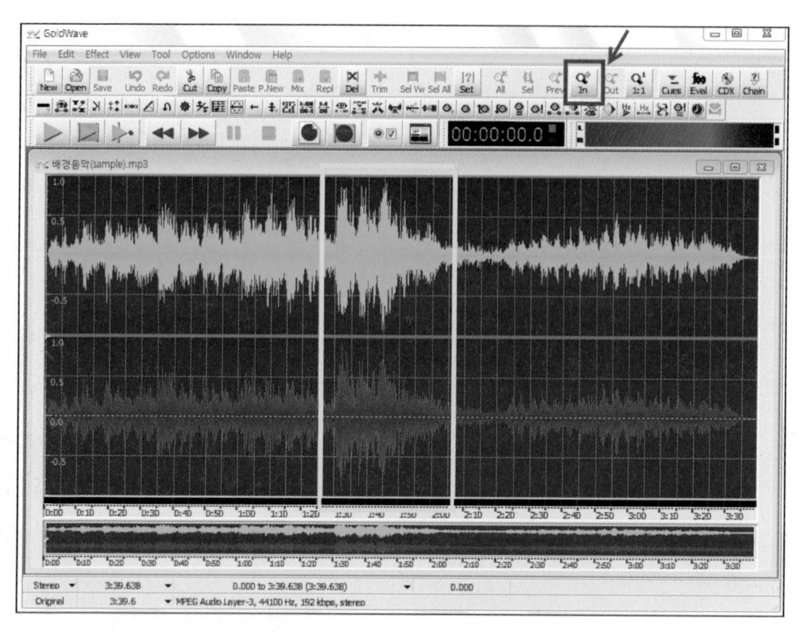

[그림7] Zoom In을 위한 선택 부분 화면

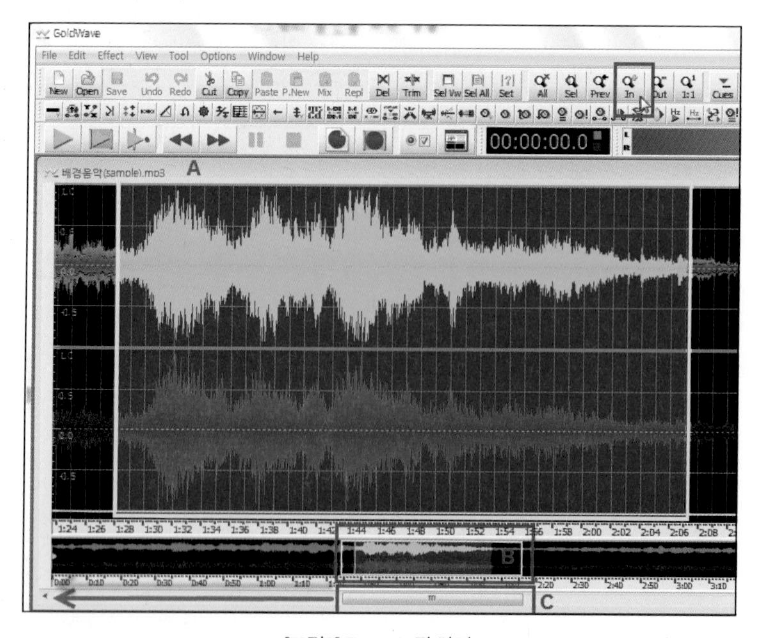

[그림8] Zoom In된 화면

[그림7]의 노란색으로 선택된 부분을 줌인하기 위해 단축 메뉴바의 〈Zoom In〉버튼을 여러 번 클릭하면 필요한 만큼 음파의 폭이 넓혀진다. [그림8-A]는 〈Zoom In〉된 화면이다. [그림8-B]는 전체 소리파일 중에서 〈Zoom In〉된 부분이 어디쯤인지를 알려주는 것이고 [그림8-C]의 바를 왼쪽으로 움직이면 파일의 처음 위치로 이동할 수 있다.

5. Copy, Paste, Paste New, Save

1) Copy, Paste

① 〈Open〉으로 소리파일을 불러온다(그림9-A 참조).

② 마우스를 좌클릭한 후 복사할 구간의 첫 부분에 커서를 댄다.

③ 마우스를 우클릭한 후 복사할 부분까지 드래그하면 [그림9-B]와 같이 메뉴창이 나타난다. 여기서 〈Select〉를 클릭하면 노란색으로 표시된 부분만 파란색으로 선택된다.

④ [그림9-C]의 〈Copy〉를 클릭하면 선택한 부분이 복사된다.

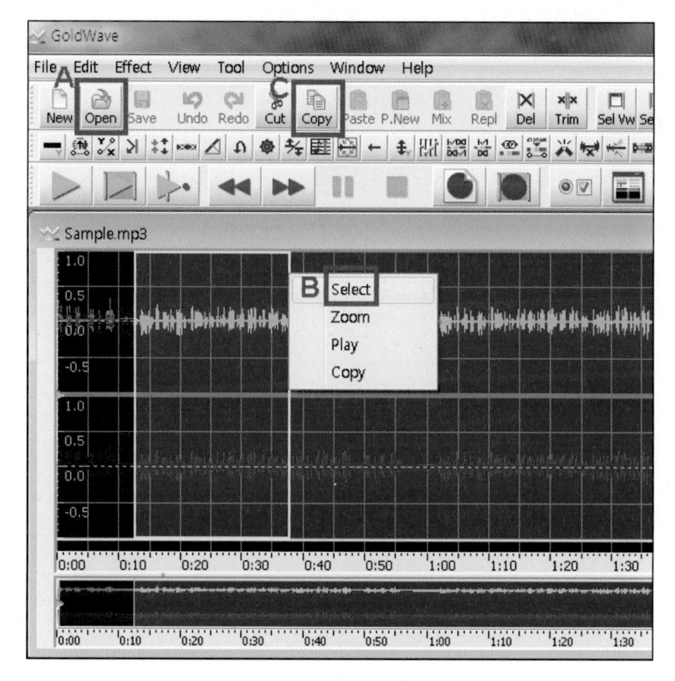

[그림9] 복사할 부분 선택

⑤ 복사한 부분을 작업 중인 동일한 파일에 붙이고 싶은 경우, 먼저 [그림10-A]와 같이 선택한다. 〈Copy〉를 클릭한 후 붙이고 싶은 부분에 커서를 움직여 세로바를 위치한 후 〈Paste〉를 클릭하면(그림10-B), 선택된 부분이 [그림10-C]처럼 삽입된다.

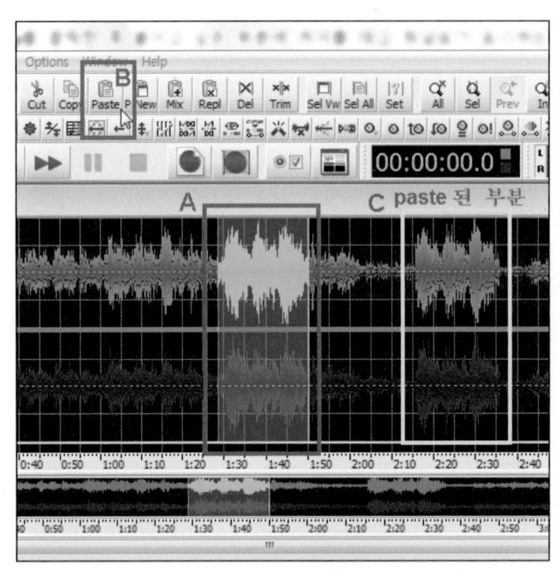

[그림10] Paste 화면

2) Paste New

복사한 파일을 새 파일에 삽입하고 싶은 경우, [그림11]의 단축 메뉴바에서 〈P.New〉를 클릭하면 〈Untitled1〉이라는 새 파일에 자동으로 복사된 내용이 삽입된다.

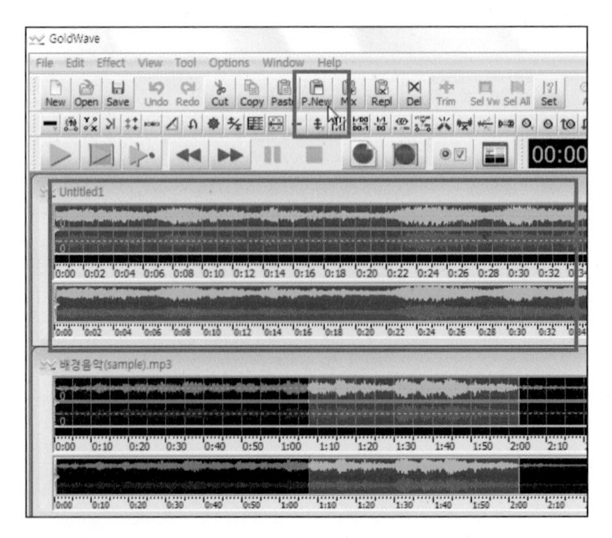

[그림11] Paste New 화면

3) Save

[그림11]의 〈Untitled1〉 파일을 저장하고 싶은 경우, 단축 메뉴바의 〈Save〉버튼을 클릭한다. 〈파일이름〉과 〈파일형식〉을 설정한 후 〈저장〉버튼을 클릭한다.

[그림12] Save 화면

6. Cut, Del, Undo, Redo, Trim

1) Cut, Del

〈Cut〉과 〈Del〉은 파일의 일부분을 제거하는 기능이다. 〈Cut〉은 〈Paste〉를 위한 자르기이고, 〈Del〉은 복구가 불가능한 삭제하기다. [그림13]과 같이 필요 없는 부분을 선택한 후 〈Cut〉이나 〈Del〉을 클릭한다.

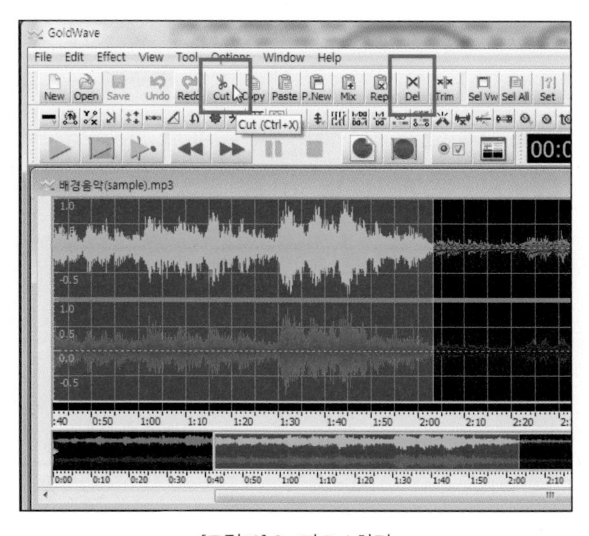

[그림13] Cut과 Del 화면

2) Undo, Redo

〈Undo〉는 직전에 작업한 내용을 되돌리는 기능이고, 〈Redo〉는 되돌린 작업을 다시 실행하는 기능이다.

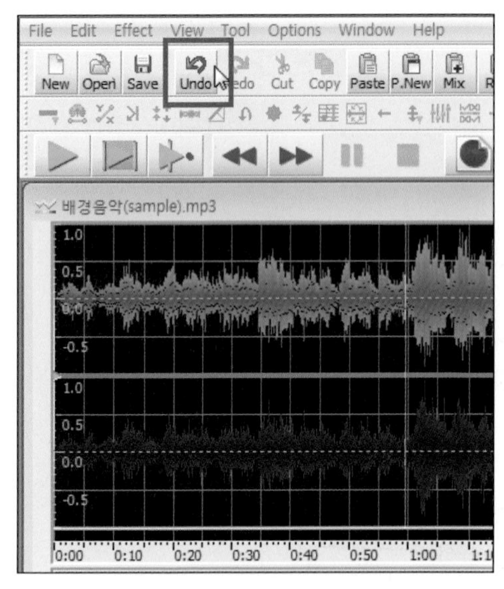

[그림14] Undo 화면

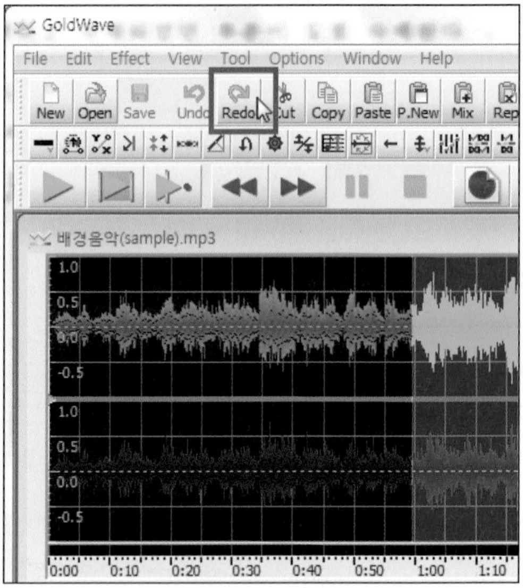

GoldWave
File Edit Effect View Tool Options Window Help
New Open Save Undo Redo Cut Copy Paste P.New Mix Rep
배경음악(sample).mp3
1.0 0.5 0.0 -0.5 1.0 0.5 0.0 -0.5
0:00 0:10 0:20 0:30 0:40 0:50 1:00 1:10

[그림15] Redo 화면

3) Trim

〈Trim〉은 선택한 부분을 제외한 나머지 부분을 삭제하는 기능이다. [그림16]과 같이 필요한 부분을 선택한 후 〈Trim〉을 클릭하면 선택한 부분만 남는다. 즉, 노란색으로 X 표시한 부분은 삭제된다.

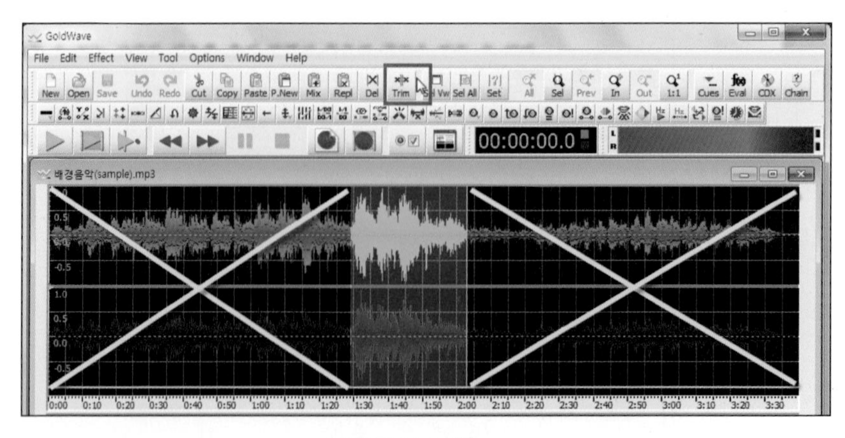

[그림16] Trim 화면

7. Insert Silence

〈Insert Silence〉는 파일의 일부 구간에 묵음을 삽입하는 방법이다.

① 묵음 구간을 삽입하려는 지점에 커서를 위치하게 한다(그림17 참조).

② 메뉴바의 〈Edit〉-〈Insert Silence〉를 선택하면 [그림18]의 〈Duration〉 창이 열린다. 이 화면에서 드롭다운 버튼(▼)으로 원하는 시간을 설정한다. 여기서 5.0이라는 숫자는 5초를 가리킨다.

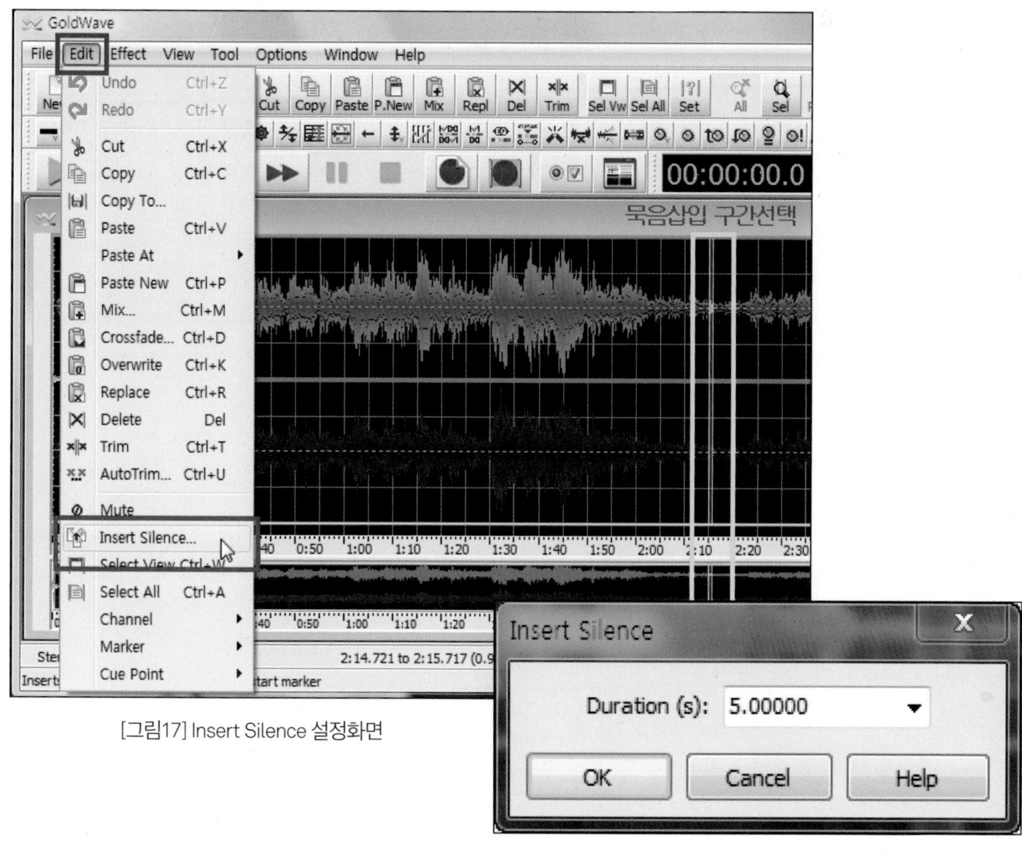

[그림17] Insert Silence 설정화면

[그림18] Insert Silence의 시간 설정창

③ [그림19]는 5초의 묵음이 세 부분에 삽입된 화면이다.

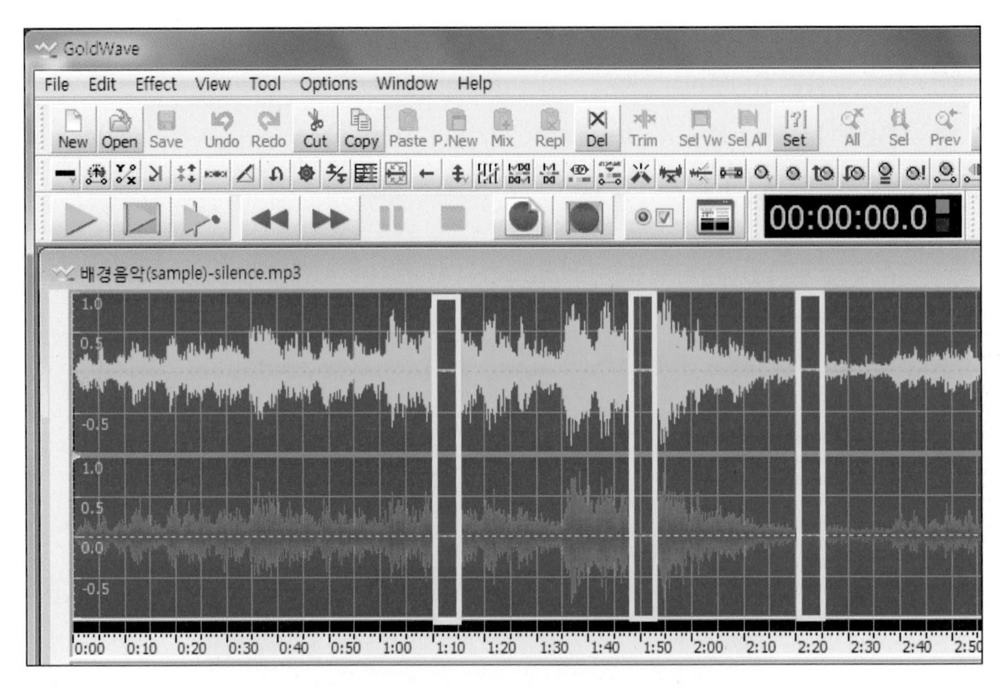

[그림19] Insert Silence 결과

8. Mix

〈Mix〉는 두 개의 소리파일을 혼합하는 기능이다. 여기서는 음성파일에 배경음악을 삽입해 보기로 한다.

① 음성파일과 음악파일을 각각 연다(그림20 참조).

② 배경음악에서 넣고 싶은 부분을 먼저 선택하고(그림21-A 참조), 〈Copy〉를 클릭한다(그림21-B 참조).

③ 언어파일에서 음악을 넣고 싶은 부분에 커서를 위치하게 한다(그림21-C 참조).

④ [그림21-D]의 〈Mix〉를 클릭하면 [그림21-E]의 〈Mix〉 창이 열린다. 상단에 〈Time where mix will begin〉은 혼합이 시작되는 시간을 나타낸다. 〈Volume〉은 삽입하는 소리 크기를 조절하는 부분으로 0에서 좌측(-)으로 갈수록 소리가 작아진다.

⑤ 재생으로 들어본 후, 언어파일에 배경음악이 제대로 삽입되었다면 원하는 파일명과 파일형식으로 저장한다.

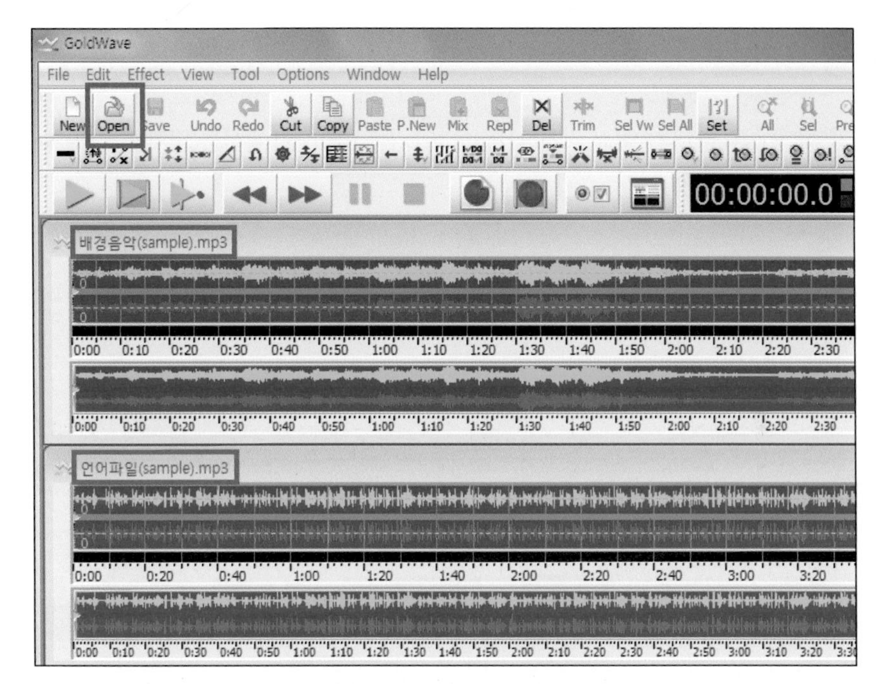

[그림20] Mix 하기 전, 두 개의 다른 파일 화면

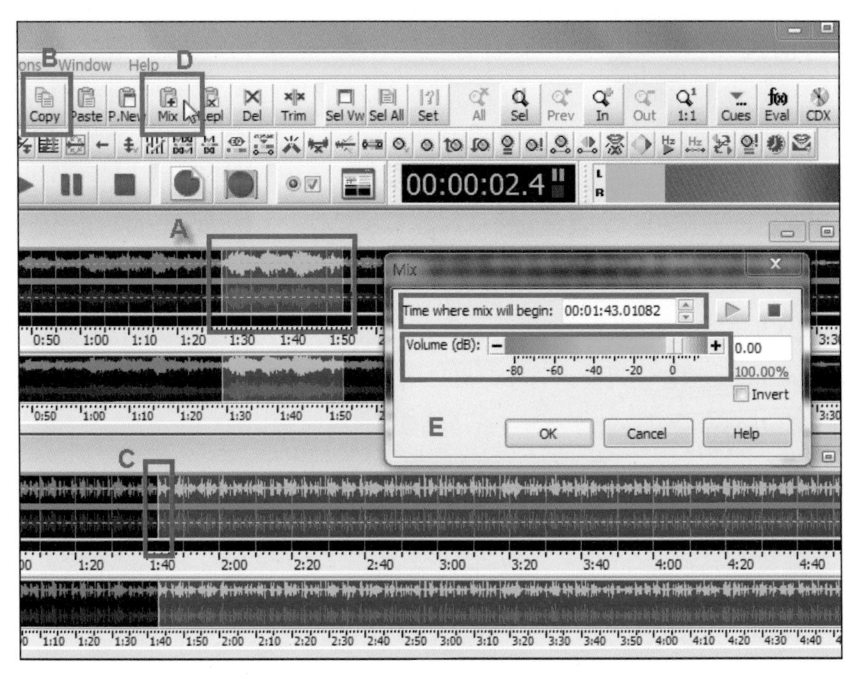

[그림21] Mix 화면

9. Fade in, Fade out

소리가 작게 시작하다가 점점 커지고(Fade in), 끝나는 부분에서는 점차 작아지게(Fade out) 하는 방법을 알아보자.

1) Fade in

〈Effect〉-〈Fade in〉을 사용하거나 단축버튼에서 〈Fade in〉을 사용한다. 여기서는 배경음악 파일을 사용한다.

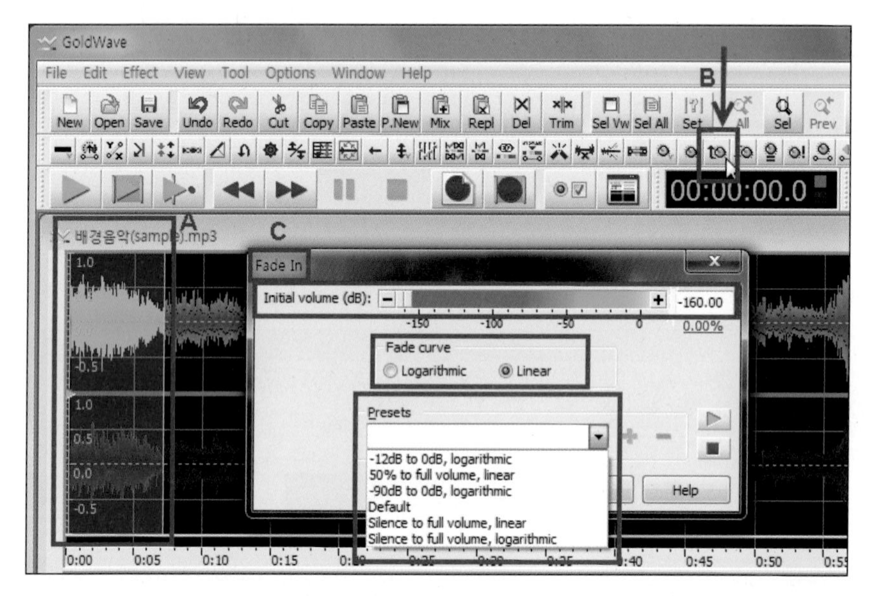

[그림22] Fade in 화면

① 〈Fade in〉을 적용할 파일을 연다(그림22 참조).

② [그림22-A]와 같이 음악의 첫 부분을 선택한다.

③ 〈Fade in〉을 클릭한다(그림22-B 참조).

④ 〈Fade in〉 창이 열린다(그림22-C 참조). 〈Initial volume〉은 처음에 〈Fade in〉이 시작될 때 소리크기를 나타낸다. 0에서 부터 좌측(-)으로 갈수록 소리가 작아진다. 〈Fade curve〉에서 〈Logarithmic〉은 〈Linear〉보다 더 급격하게 소리가 커지는 기능이다. 즉, 〈Linear〉는 소리가 완만하게 커진다. 〈Presets〉는 이미 정해져 있는 Fade의 종류라고 보면 된다. 〈Presets〉 중에서 하나를 선택하면 〈Fade curve〉도 자동으로 바뀐다.

⑤ 설정이 완료되면 〈OK〉버튼을 클릭한다.

⑥ [그림23]은 〈Fade in〉효과가 반영된 화면이다.

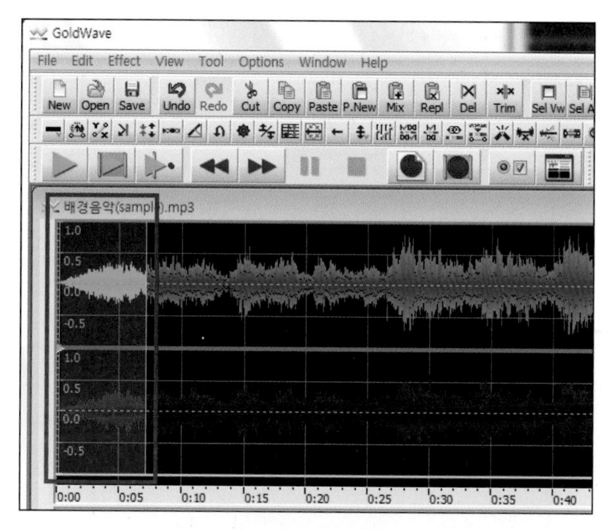

[그림23] Fade in 결과

2) Fade out

〈Fade in〉의 사용법과 동일하다.

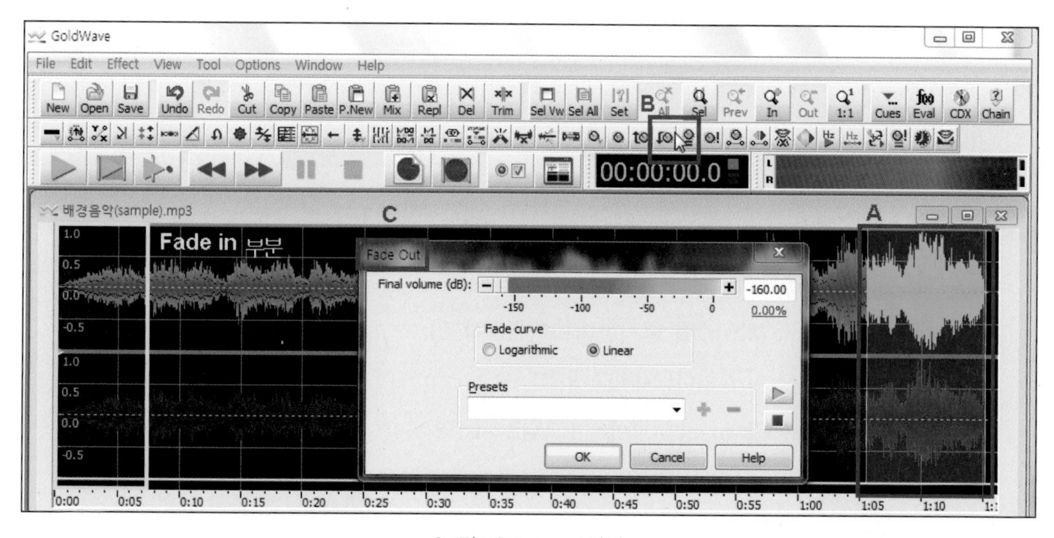

[그림24] Fade out 화면

① 〈Fade out〉을 사용할 때는 음악의 마지막 부분을 선택한다(그림24-A 참조).

② 〈Fade out〉을 클릭한다(그림24-B 참조).

③ 〈Fade out〉 창이 열린다(그림24-C 참조).

④ 〈Presets〉에서 하나를 선택해서 〈OK〉를 클릭한다.

⑤ [그림25]는 〈Fade out〉이 반영된 화면이다.

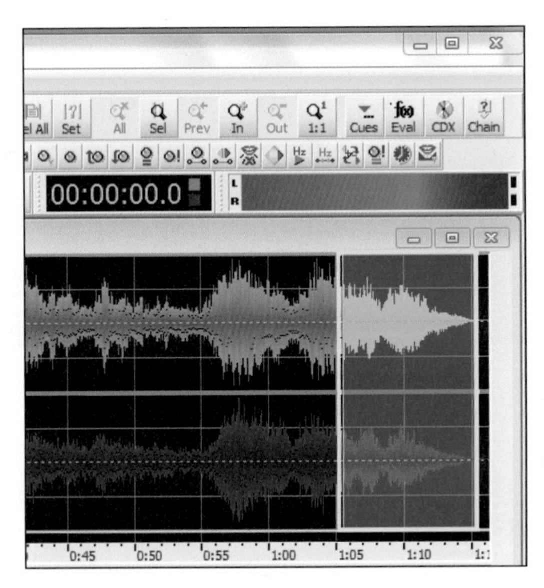

[그림25] Fade out 결과

10. Time Warp

Time Warp는 파일 속도를 조절할 수 있는 기능이다.

① 파일을 열고, 속도를 조절할 부분을 선택한다.

② 〈Effect〉-〈Time Warp〉를 클릭한다(그림26 참조).

③ 〈Time Warp〉창이 열린다(그림27 참조).

④ [그림27-A]의 〈Change(%)〉에서 [그림27-B]의 바를 움직여서 소리의 속도를 조절할 수 있다. 여기서 100은 기준속도이다. 숫자가 100보다 작아지면 속도가 느려지고, 100보다 커지면 속도가 빨라진다.

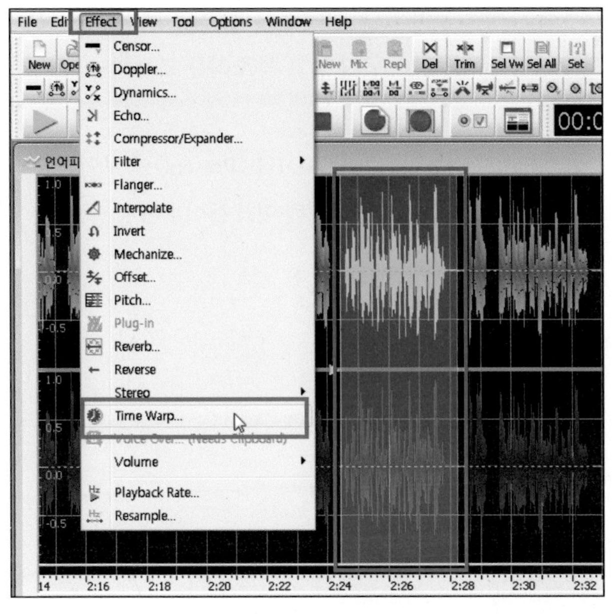

[그림26] Time Warp 설정화면

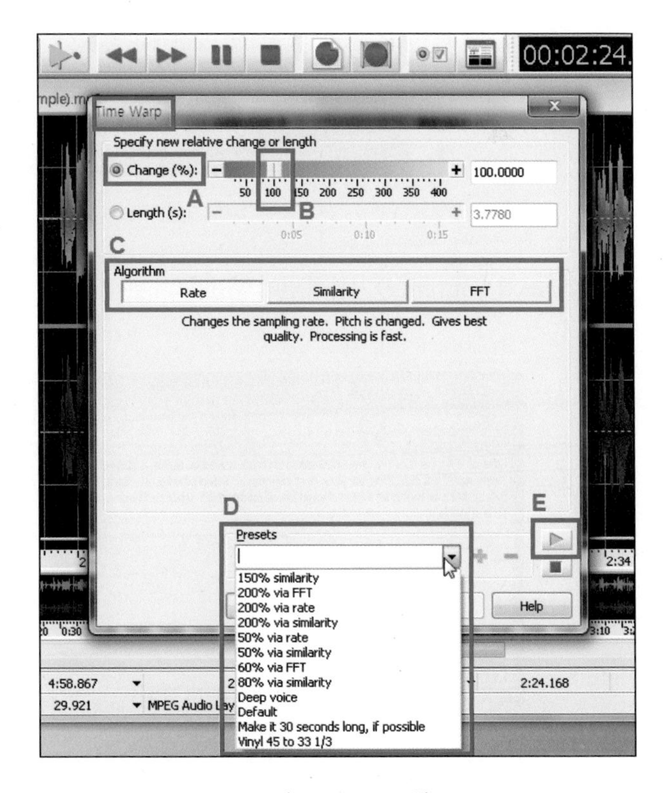

[그림27] Time Warp창

⑤ [그림27-C]의 'Algorithm'에는 세 가지 기능이 있다. 〈Rate〉는 pitch(목소리의 높낮이)를 조절하는 것이고, 〈Similarity〉는 pitch는 바꾸지 않고 목소리를 조절하는 것이며, 〈FFT〉는 길이를 조절하는 것이다.

⑥ 위 ⑤의 세 가지 기능을 각각 선택하기 어려우면 [그림27-D]의 〈Presets〉에 보이는 여러 메뉴 중 하나를 선택한 후 [그림27-E]의 재생 버튼을 클릭해 미리 들어보며 결정한다.

11. Speech Converter

〈Speech Converter〉는 글을 소리파일로 전환하는 기능이다.

① 메뉴에서 〈Tool〉-〈Speech Converter〉를 선택한다.

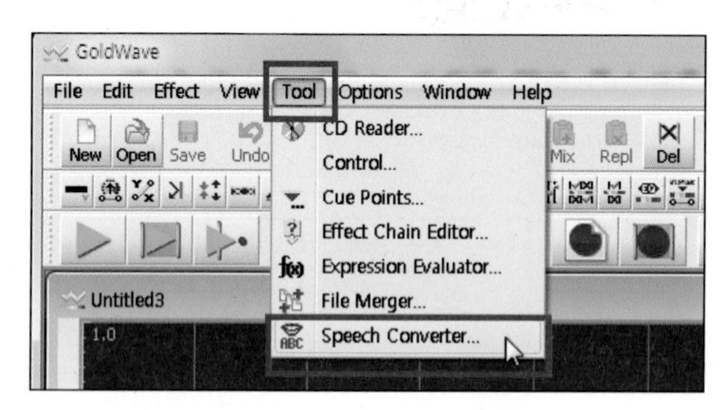

[그림28] Speech Converter 설정화면

② 〈Speech Converter〉기본화면이 열린다.

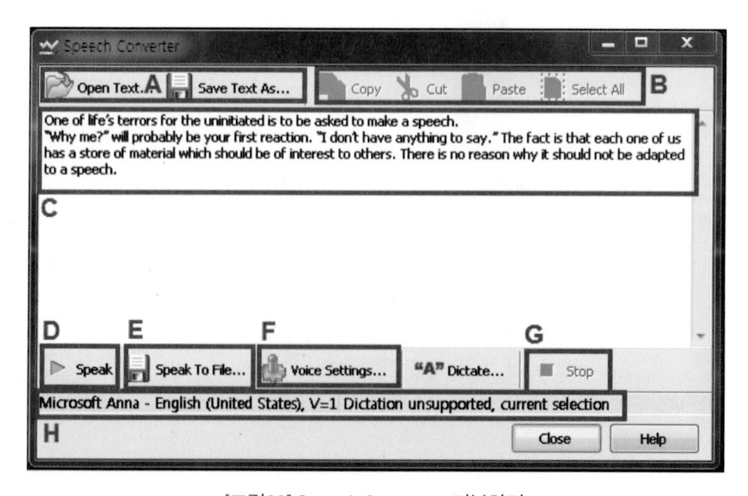

[그림29] Speech Converter 기본화면

A 텍스트 파일을 열고, 저장
B 텍스트를 복사하고, 자르고, 붙이고, 전부 선택하는 기능
C 텍스트를 삽입하는 메인화면
D 텍스트를 소리로 재생
E 텍스트를 소리파일로 저장
F 목소리, 크기, 빠르기 등을 설정
G 재생되고 있는 텍스트를 정지
H Anna가 미국발음으로 텍스트를 읽는다는 설명

③ 원하는 텍스트를 [그림29-C]에 입력한다.

④ [그림29-D]를 클릭하여 미리 들어본 후 파일이름을 정하고 원하는 파일형식으로 저장할 수 있다(그림29-E 참조).

12. CD Reader

CD Reader는 CD의 내용을 MP3파일 등의 여러 가지 형식으로 저장할 수 있는 기능이다.

① 컴퓨터에 CD를 넣은 후 골드웨이브 프로그램을 연다.

② 메뉴에서 〈Tool〉-〈CD Reader〉를 선택하거나, 단축버튼을 클릭한다(그림30 참조).

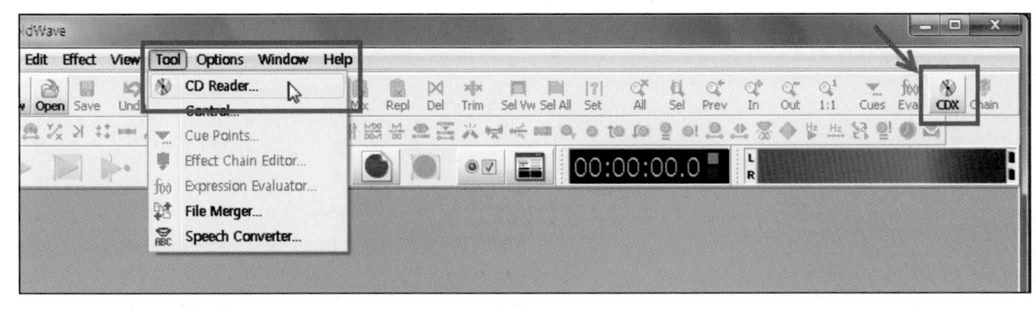

[그림30] CD Reader를 설정화면

③ 기본화면의 설명은 다음과 같다(그림31 참조).

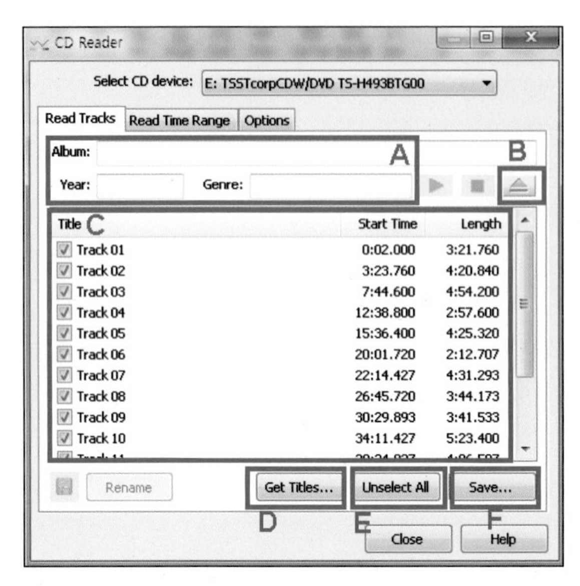

[그림31] CD Reader 기본화면

A　CD의 제목, 발행된 연도, 음원 장르
B　CD를 꺼내는 기능
C　CD 내용 목록
D　CD의 원래 제목을 보여주는 기능
E　내용 목록에서 제목의 체크표시 삭제
F　저장

④ [그림31-F]의 저장(Save)을 클릭하면 [그림32]와 같은 창이 열린다.

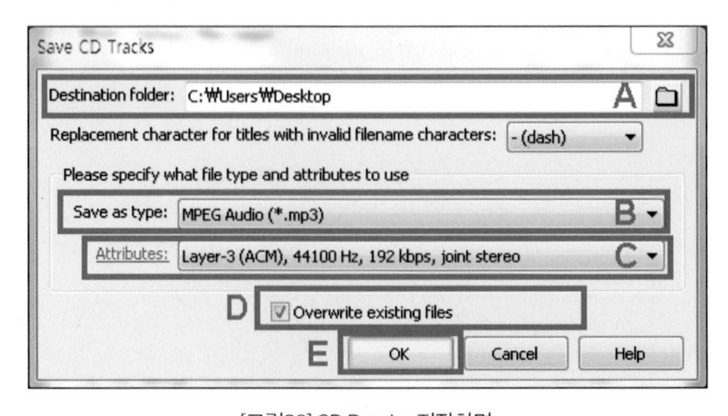

[그림32] CD Reader 저장화면

A 파일 저장 장소
B 파일 형식
C 소리파일 속성
D 이미 가지고 있는 파일일 경우 덮어쓰기
E 저장

⑤ A에서 D까지 선택한 후 저장한다.

⑥ CD 내용의 파일 변환이 완료되면 [그림33]의 창이 열리고, 〈OK〉버튼을 누르면 저장이 완료된다.

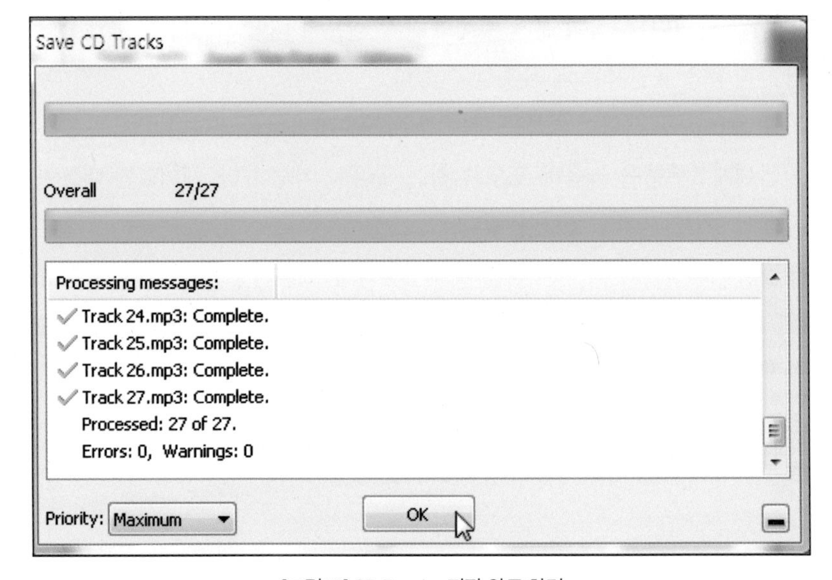

[그림33] CD Reader 저장 완료 화면

골드웨이브 활용하기

- 인터넷에 있는 실제 자료(authentic materials)를 녹음한 후 편집해서 다양한 수업 자료로 활용할 수 있다. 예를 들면, 뉴스 동영상에서 원어민의 음성을 녹음한 후 필요한 부분만 편집하거나, 속도가 너무 빠를 경우 학습자들의 수준에 맞게 속도를 조절(Time Warp 기능)해서 파일을 제작할 수 있다.
- 학습자들이 말하기 연습한 것을 녹음한 후 교수자가 학습자의 언어 향상을 위한 오류 수정에 활용할 수 있다.
- 듣기문제를 출제할 경우, 〈Insert Silence〉를 활용해서 문제와 문제 사이의 여유 간격을 포함시킬 수 있다. 문장과 문장 사이의 간격, 질문과 대답 사이의 간격, 대화와 대화 사이의 간격 등을 조절하는 데 사용할 수 있다.
- 말하기 활동으로 두 사람이 대화를 하는 경우, 교수자가 A의 대화만 먼저 녹음을 하고 학습자들에게 B부분을 녹음해 오도록 하는 활동도 가능하다. 재미있는 내용의 대화를 선택해서 수업시간에 활용할 수 있다.
- 언어파일만 들려주기가 너무 딱딱할 때 배경음악을 포함시킬 수 있다(Mix 활용). 예를 들면, 과업 중심 활동으로 배경음악이 나오면서 부모님이나 친구들에게 음성편지를 쓰도록 할 수 있다.
- 학습자가 책을 읽다가 원어민의 음성으로 듣고 싶은 경우, 〈Speech Converter〉를 활용하면 텍스트를 소리파일로 변환해 사용할 수 있다.

2 곰 녹음기 (Gom Recorder)

곰 녹음기 이해하기

곰 녹음기는 마이크나 마이크로캠을 사용해 음성(voice) 녹음하거나, 컴퓨터에서 재생되는 음원(sound) 파일을 비롯해 컴퓨터에서 출력되는 모든 소리를 녹음하여 별도의 소리 파일로 저장할 수 있는 프로그램이다. 인터넷 종합 포털사이트에서 곰 녹음기를 찾아 설치하면 무료로 사용할 수 있다.

곰 녹음기 사용하기

곰 녹음기의 주요 기능은 크게 (1) 음성 및 음원 녹음, (2) 소리파일 편집, (3) 환경설정으로 나누어 설명할 수 있다. 곰 녹음기를 실행하면 [그림1]의 기본 화면이 나타난다.

[그림1] 곰 녹음기 기본화면

- A 곰 녹음기 실행파일 제목
- B 작업창: 녹음중인 파일의 길이나 상태 표시
- C 녹음/정지: 녹음 버튼은 녹음이 시작되면 일시정지 버튼으로 전환
- D 자르개: 녹음된 파일의 간단한 편집
- E 열기: 녹음된 파일 및 기존 파일 열기
- F 환경설정: 볼륨, 파일 형식(*.mp3, *.wav), 음질, 마이크 상태에 대한 설정

1. 음성 및 음원 녹음

마이크를 이용해 음성을 녹음하거나 컴퓨터상에서 재생되는 음원을 녹음하기 위해 곰 녹음기를 사용한다. 마이크를 연결한 경우 환경설정에서 출력장치가 올바르게 설정되어 있는지 확인한다. 곰 녹음기의 녹음은 다음의 순서로 진행한다.

① 곰 녹음기 기본화면에서 녹음 버튼을 클릭하면 [그림2-A]와 같이 파일명을 정하는 팝업창이 나타난다.

② 파일 이름을 지정하고 〈저장〉을 클릭하면 녹음이 시작된다.

③ 녹음하고자 하는 음원을 컴퓨터에서 재생시킨다. 음성을 직접 녹음하고자 하는 경우 마이크를 연결하고 녹음 버튼을 클릭한다.

④ 녹음이 끝나면 정지 버튼을 누른다. 이때 [그림2-A] 화면이 다시 나타나면 녹음된 파일을 저장한다. 완성된 소리파일은 mp3 형식으로 저장되며 다른 매체(예: 모바일폰, 탭 등)에서 사용 가능하다.

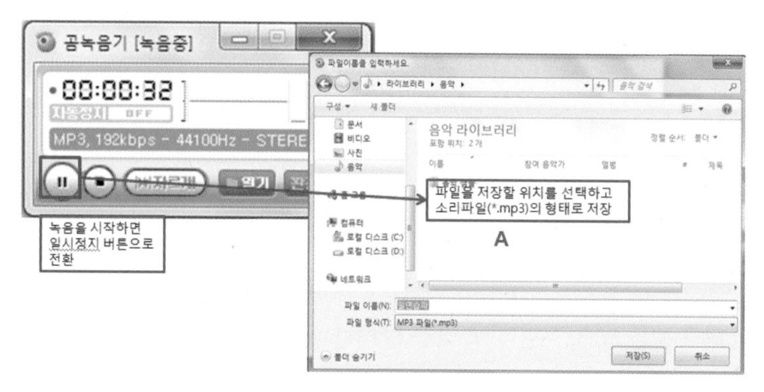

[그림2] 곰 녹음기 녹음 화면

2. 소리파일 편집

곰 녹음기의 자르개 기능을 이용하면 간단한 소리파일 편집이 가능하다. [그림1]의 기본화면에서 〈자르개〉를 클릭하면 [그림3]의 곰 오디오 자르개 작업창이 실행된다.

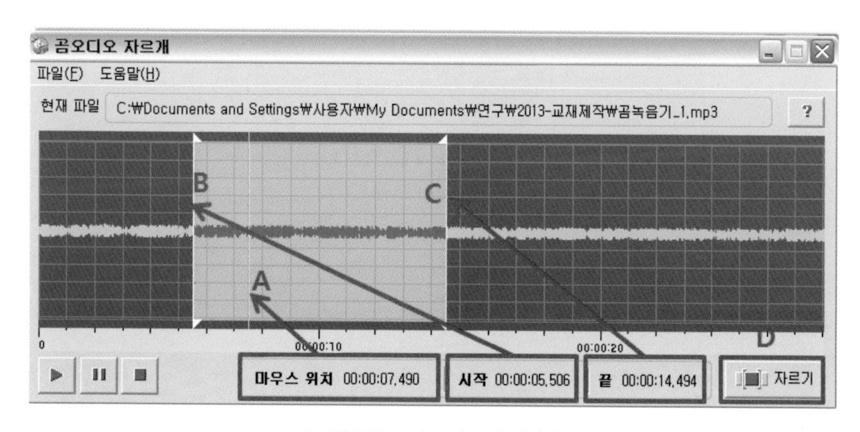

[그림3] 곰 오디오 자르개 작업창

A 현재 재생되는 소리파일의 위치 표시
B 선택 영역의 시작부분
C 선택 영역의 끝부분
D 선택 영역 자르기 버튼

곰 오디오 자르개 기능은 다음의 순서로 사용한다.

① 〈자르개〉를 클릭하여 [그림3]의 곰 오디오 자르개 작업창을 실행한다.

② 소리파일을 재생하면서 삭제할 부분을 확인한다.

③ 삭제할 부분의 시작(그림3-B) 지점부터 끝(그림3-c) 지점까지 선택한다.

④ [그림3-D]의 〈자르기〉를 클릭하면 선택한 부분이 삭제된다.

3. 환경설정

녹음 파일의 볼륨, 파일 상태, 녹음 환경 등을 설정하기 위해서는 곰 녹음기 기본 화면에서 〈환경설정〉버튼을 클릭하여 [그림4]의 환경설정 작업창을 실행한다. 사용자의 필요에 따라 녹음하는 소리의 볼륨 크기, 파일 형태, 녹음 상태를 설정할 수 있다.

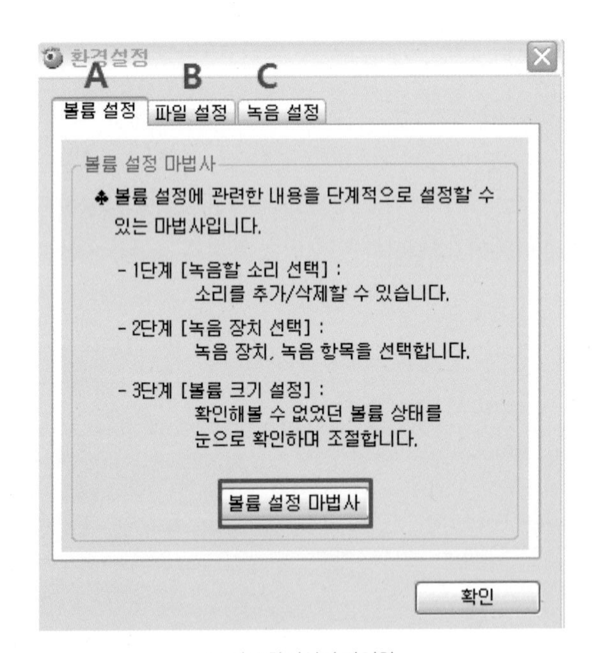

[그림4] 환경설정 작업창

A 볼륨 설정: 입/출력 소리 및 장치를 선택하거나 볼륨크기를 단계적으로 설정

B 파일 설정: 출력되는 파일의 종류와 파일 이름, 저장 위치 등을 설정

C 녹음 설정: 자동 녹음을 위한 시간, 소리 크기 등을 설정

1) 볼륨 설정 마법사

녹음 소리 및 장치를 선택하고 볼륨 크기를 단계적으로 설정하는 기능으로 다음의 순서로 사용한다.

① 환경설정 작업창에서 [그림4-A]의 〈볼륨 설정〉탭을 선택한다. 하단의 〈볼륨 설정 마법사〉를 클릭하여 실행한다.

② [그림5]와 같이 볼륨 설정은 '시작 ▶ 녹음소리 선택 ▶ 녹음장치 선택 ▶ 볼륨 크기 설정 ▶ 완료'의 순서로 진행한다.

③ 하단의 〈다음〉을 클릭하면서 순서대로 출력장치와 녹음장치, 볼륨 등을 설정한다. 보통 컴퓨터의 설정(사운드카드, 오디오장치)에 따라 자동으로 지정되는데, 만약 소리 녹음이 되지 않는 경우 출력장치의 환경설정이 사용하고 있는 컴퓨터 환경설정과 같은지 확인한다.

2) 파일 설정 마법사

녹음되는 파일의 형태를 사용자의 필요에 따라 설정하는 기능으로 다음의 순서로 사용한다.

① 환경설정 작업 창에서 [그림4-B]의 〈파일 설정〉탭을 선택한다.

② [그림6]과 같이 출력하는 파일의 형식이나 이름을 지정할 수 있다. 소리파일은 *.mp3나 *.wav 파일 형식으로 저장되지만, wave파일은 곰 녹음기의 자르개 기능을 사용할 수 없다. 이 경우 다른 소리파일 편집기(예: 골드웨이브 프로그램)를 사용하여 편집한다.

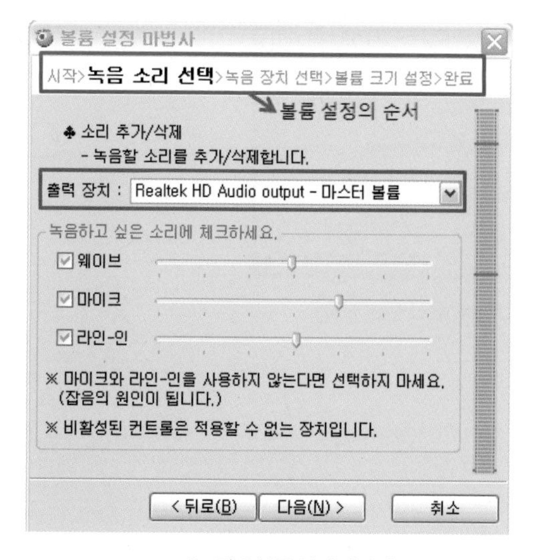

[그림5] 볼륨 설정 마법사

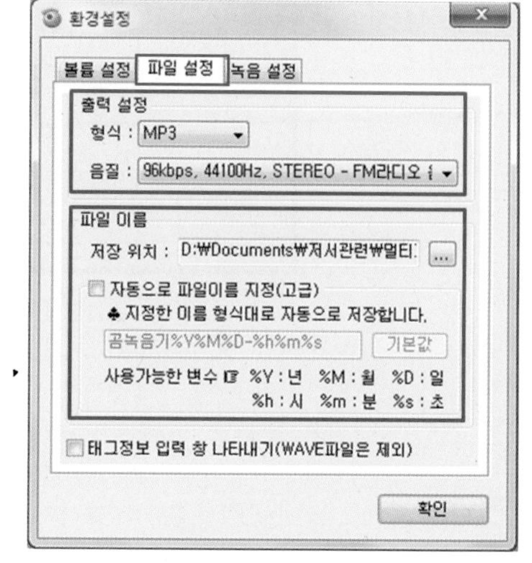

[그림6] 파일 설정 마법사

3) 녹음 설정 마법사

녹음되는 음원의 소리 크기, 자동 녹음, 파일 분할, 시스템 소리 조절 등을 설정하는 기능이다. 다음의 순서로 사용한다.

① 환경설정 작업창에서 [그림4-C]의 〈녹음 설정〉탭을 선택한다.

② [그림7-A]의 〈자동 정지〉를 선택하면 녹음이 자동으로 정지될 시간을 설정할 수 있다.

③ [그림7-B]의 〈자동 동작 고급 설정〉을 클릭하면 자동 녹음 고급 설정 팝업창이 나타나는데, 여기서는 소리 크기에 대한 조건을 지정하거나 자동 녹음의 일시 정지, 다시 시작 시간을 지정하고 시간 단위로 파일을 자동 분할하여 저장 파일의 크기 조절 등을 설정할 수 있다.

④ [그림7-C]의 〈시스템 소리 끄기〉를 선택하면 자동녹음 도중 컴퓨터 시스템 소리나 경고음 등을 소거하여 잡음 없는 깨끗한 음성파일을 제작할 수 있다.

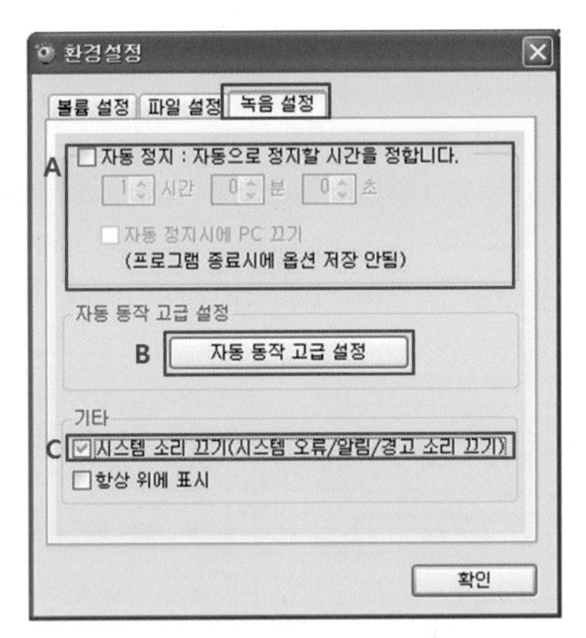

[그림7] 녹음 설정 탭 작업창과 자동 동작 고급 설정

곰 녹음기 활용하기

곰 녹음기를 사용하면 언어 교수에 필요한 학습자료의 제작, 특히 음성파일 제작을 손쉽게 할 수 있다.

- 전세계에서 업로드된 방대한 양의 온라인 자료들을 사용해 언어 교수에 필요한 학습자료를 제작할 수 있다. 이는 언어 교실에서 실제 자료(authentic materials)를 사용하는 효과가 있다.
- 다양한 형태의 오디오 파일을 mp3나 wave파일로 녹음할 수 있다. 이때 교사가 지시문과 같은 내용을 기존 파일에 추가하여 녹음한다면 독자적인 학습자료를 제작할 수 있다.
- 곰 녹음기를 이용하면 인터넷 브라우저에서 재생되는 음악, 음성, 동영상의 소리들을 녹음할 수 있다. 인터넷에는 상당량의 듣기자료들이 재생만 가능하고 다운로드가 되지 않는 경우가 있는데, 곰 녹음기는 이런 음성 및 동영상 자료의 소리를 녹음하여 언어 교실에서 사용 가능한 파일로 저장할 수 있다. 예를 들어 영어 교실에서 미국에서 실시간으로 방송되는 뉴스 자료를 활용하고자 할 때, 대부분의 뉴스 사이트(CNN, NBC)들은 뉴스 내용을 다운로드하지 못하게 설정되어 있다. 이때 곰 녹음기를 사용하여 뉴스를 녹음해 두고 소리파일 편집기를 사용해 학습자의 수준과 능력에 맞게 적절하게 편집한다면 보다 유용한 언어 입력 자료들을 제작할 수 있다.
- 학습자가 자신의 발화 내용을 녹음하게 하면 자신의 언어 출력(output)을 스스로 모니터링하고 오류를 수정하게 할 수 있다.
- 학습자의 목소리로 직접 녹음한 파일을 애니메이션이나 무비 파일 제작에 활용할 수 있다.

3 뮤직 쉐이크 (Music Shake)

뮤직 쉐이크 이해하기

뮤직 쉐이크는 여러 종류의 음악과 다양한 악기 소리를 넣어 템포나 속도 등을 조절해가면서 음악파일을 만드는 프로그램이다. 음원 파일을 저장할 때는 유료로 사용해야 하나 녹음 기능을 가진 다른 도구를 이용하면 무료로 파일 저장이 가능하다. 뮤직 쉐이크 사이트[1]의 <무료설치>에서 다운로드하여 설치하고 회원가입 후 로그인한다.

---

1 http://musicshake.com

뮤직 쉐이크 사용하기

1. 기본화면

뮤직 쉐이크 기본화면은 [그림1]과 같이 크게 네 영역으로 나눌 수 있다. 각 영역의 기능은 다음과 같다.

[그림1] 뮤직 쉐이크 기본화면

A　재생정보부: 소리파일 재생에 관한 제어와 곡의 정보를 보여주는 영역
B　트랙부: 트랙별로 악기와 음색을 설정하고 편집하는 영역
C　파트/블록부: 파트별로 코드를 설정하고 블록을 켜서 음악을 만드는 영역
D　메뉴부: 곡을 새롭게 만들거나 저장, 구입, 불러오기 등을 하는 영역

2. 음원 제작하기

1) 시작하기

뮤직 쉐이크를 시작하면 [그림 2]와 같이 새로 만들기 창이 열린다. 여기서 〈바로 시작하기〉를 클릭하여 음악 제작을 준비한다.

[그림2] 새로 만들기

2) 블록 켜기

[그림1-C]의 파트블록부에서 각 블록별로 트랙부의 음원을 선택할 수 있다. 이때 마우스를 이용하여 블록을 클릭하면 음원이 선택되거나 해제된다. 음원이 선택되면 블록의 색이 변해 음악이 삽입됨을 보여준다(그림3-A). [그림3]은 〈트랙1, 4〉의 음악이 선택되어 켜진 상태다. 플레이 버튼을 클릭하여 음악을 들어볼 수 있다(그림3-B).

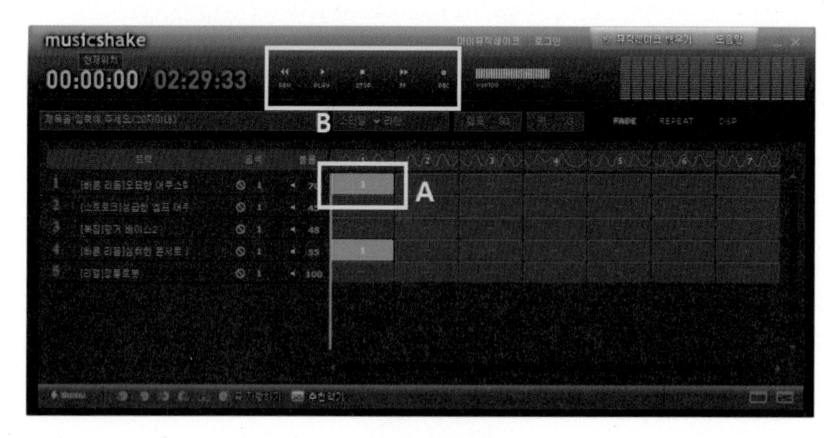

[그림3] 블록 지정하기

3) 트랙추가

작업 중인 음악파일에 트랙을 추가하기 위해서 〈트랙추가〉 기능을 사용한다.

① 메뉴부(그림4-A)의 〈메뉴-트랙추가〉(그림4-B)를 선택한다.

[그림4] 트랙추가 메뉴

② [그림5]와 같이 〈트랙마법사〉가 열린다. 좌측의 악기를 선택하면 각 악기별로 효과음이 나타난다. 커서를 각 효과음에 올리면 소리가 재생되어 미리 듣고 선택할 수 있다.

[그림5] 트랙 마법사

③ [그림6]은 [그림5]에서 선택한 〈독특한 피아노〉의 트랙이 추가된 화면이다.

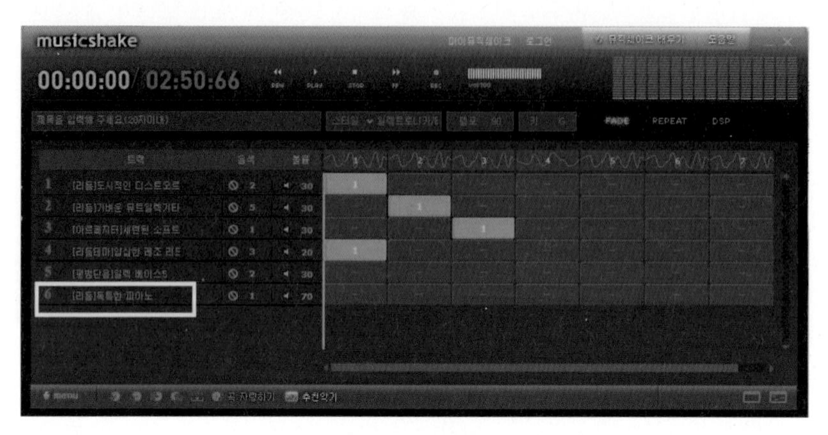

[그림6] 트랙이 추가된 화면

④ 트랙편집: 추가한 트랙을 삭제하거나 기존에 있는 트랙의 음원을 편집할 수 있다. 좌측의 〈트랙〉메뉴에서 편집을 원하는 트랙 번호를 클릭하면 [그림7]과 같이 〈트랙삭제〉, 〈트랙복사〉, 〈트랙이동〉 등을 선택할 수 있는 메뉴창이 열린다. 여기서 원하는 메뉴를 선택하여 편집할 수 있다.

[그림7] 트랙편집하기

4) 파트추가-음악 길이 조절

음악의 길이를 조절하기 위해서는 〈파트추가〉 기능을 사용한다.

[그림8] 파트추가메뉴

① 메뉴부(그림8-A)의 〈메뉴-파트 추가〉(그림8-B)를 선택한다.

② 〈파트추가〉를 선택하면 [그림9]와 같은 〈파트 추가 마법사〉가 열린다. 제시된 템포들 중 하나에 커서를 올려 소리를 들어보고 선택할 수 있다. 그중에 하나를 선택하면 파트가 추가되어 음악 길이를 늘일 수 있다.

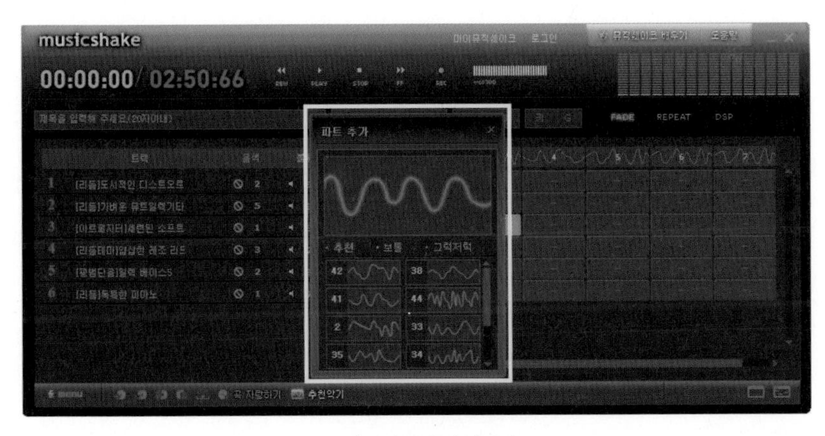

[그림9] 파트 추가 마법사

③ [그림10]의 파트 줄 끝에 새로운 파트가 추가된 것을 확인할 수 있다.

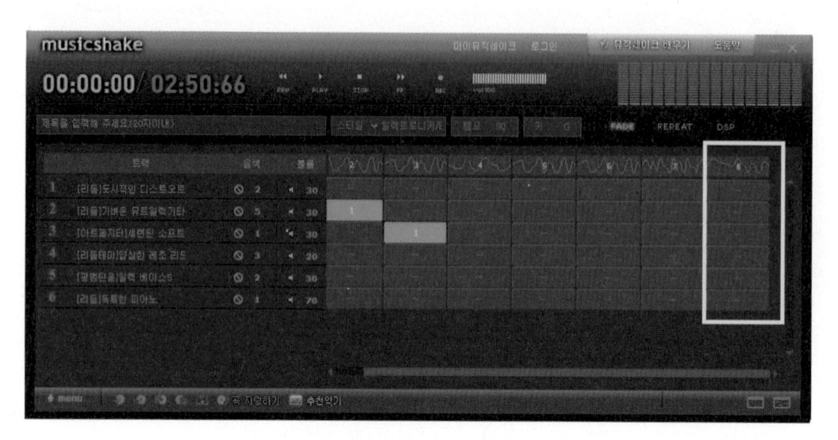

[그림10] 파트가 추가된 모습

④ 파트편집: 파트를 편집하고 싶을 때는 파트 번호를 클릭하여 〈파트추가〉, 〈삭제〉, 〈이동〉 등을 하면 된다.

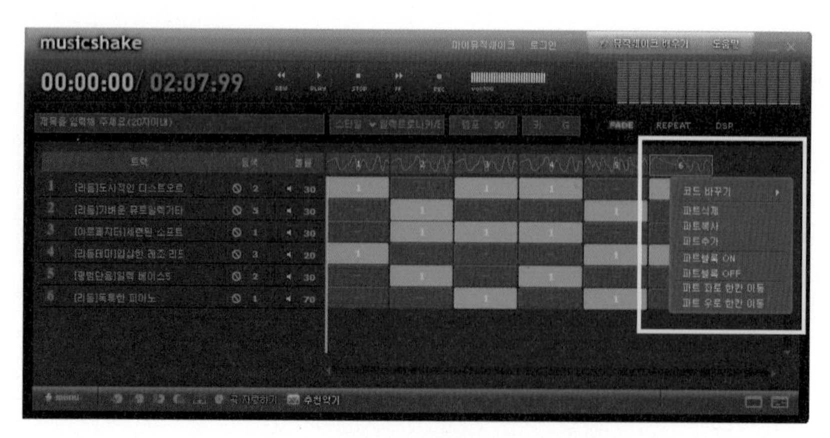

[그림11] 파트편집

5) 녹음하기

재생정보부의 REC(녹음버튼)을 이용하여 사용자의 노래를 추가하거나 다른 음원을 녹음할 수 있다.

① [그림12-A]의 REC(녹음버튼)을 클릭하면 트랙의 맨아래 칸에 [그림12-B]의 〈녹음트

랙〉이 추가된다.

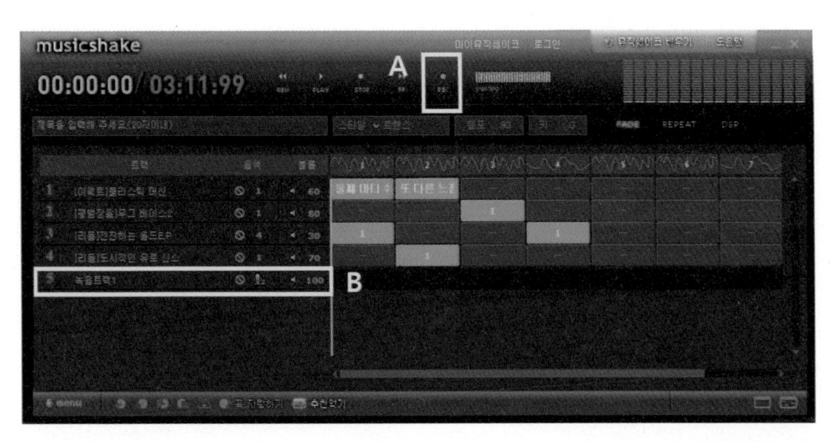

[그림12] 녹음하기

② 녹음하려는 파트에 플레이 바(그림13-A)를 고정시킨 후 녹음 버튼을 클릭하면 녹음이 시작되면서 파란색으로 나타난다. [그림13-B]는 트랙5부터 녹음이 되고 있음을 보여준다.

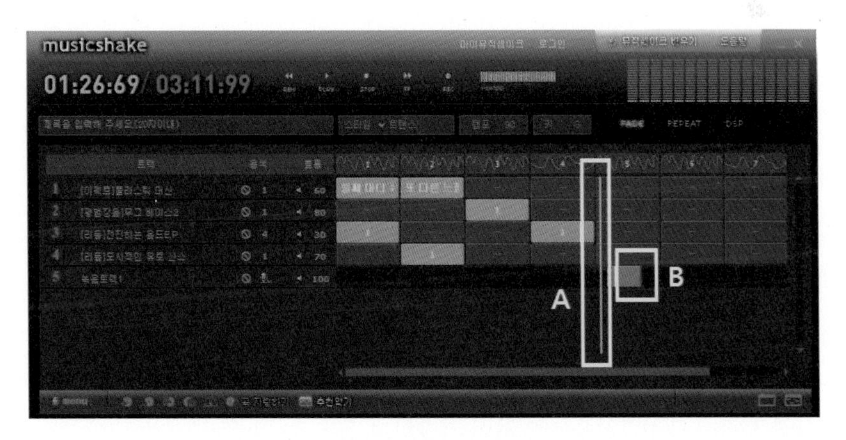

[그림13] 녹음되고 있는 모습

6) 저장하기

제작이 완료된 음악을 저장하려면 메뉴바에서 〈저장하기〉를 선택한다. 로그인 팝업창이 생성되고 아이디와 비밀번호를 입력하여 구매 여부를 결정한다. 〈곡제목〉과 〈저장슬롯〉을 지정하여 저장한다. [그림14]와 같이 〈저장하기〉뿐만 아니라 〈자랑하기〉 및 〈MP3다운로드〉도 같은 방법으로 진행한다.

[그림14] 저장하기, 자랑하기, MP3다운로드

뮤직 쉐이크 활용하기

- 제작된 음원은 동영상이나 애니메이션을 제작할 때 배경음악으로 활용할 수 있다.
- 제작된 음원에 학생들이 교과서를 읽은 녹음 파일을 합쳐서 오디오북으로 완성한다.
- 학생들의 동기 부여에 유익하다. 학생 스스로 본인이 좋아하는 음악을 만들고 또한 자신의 목소리로 녹음까지 하게 될 경우 세상에 하나뿐인 학습 결과물이 완성된다.
- 수업 중에 학생들의 주의를 환기하기 위해 음악을 들려주다가 그 사이에 지도 목표에 적합한 외국어 음성파일을 삽입하여 긴장하고 들을 수 있게 하는 것으로 수업의 묘미를 살릴 수 있다.

2장

동영상

4 윈도우 무비메이커 (Windows Movie Maker)

윈도우 무비메이커 이해하기

윈도우 무비메이커[1]는 프리웨어로 윈도우 환경에서 가장 많이 쓰이는 동영상 제작 프로그램 중에 하나이다. 동영상을 손쉽게 제작하여 간편하게 편집할 수 있고, 또한 자신이 만든 동영상을 웹사이트에 게시할 수 있다. 마이크로소프트 사이트에서 윈도우 버전에 따라 프로그램을 다운로드하여 사용한다. 참고로 윈도우XP에는 기본적으로 설치가 되어 있지만 윈도우 7.0이상에서서는 별도로 설치해야 한다.

---

1 http://windows.microsoft.com/ko-kr/windows-live/movie-maker

윈도우 무비메이커 사용하기

1. 기본화면

무비메이커를 실행하면 [그림1]의 기본화면이 나타난다.

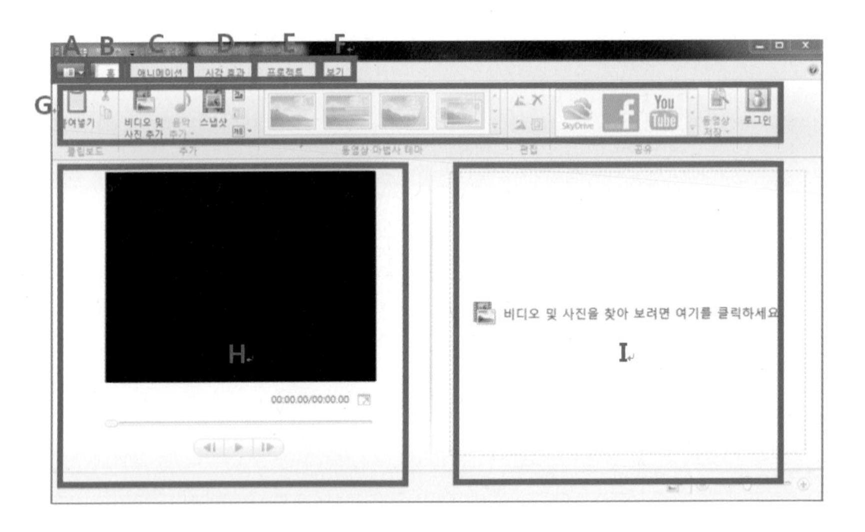

[그림1] 무비메이커 기본화면

- A 메인 메뉴: 프로젝트 만들기, 열기, 저장
- B 홈: 비디오, 사진, 음악, 자막 삽입
- C 애니메이션: 사진 및 동영상에 애니메이션 효과
- D 시각 효과: 사진 및 동영상을 보정
- E 프로젝트: 사진/동영상의 비율을 조정 및 오디오 설정
- F 보기: 타임라인의 비율 설정 및 재생 동영상의 크기 설정
- G 단축 메뉴 바
- H 미리보기 창
- I 작업창

2. 불러오기

1) 비디오 불러오기

① 메뉴의 〈홈〉-〈비디오 및 사진 추가〉를 클릭하여 원하는 동영상을 선택한 후 〈열기〉를 누른다.

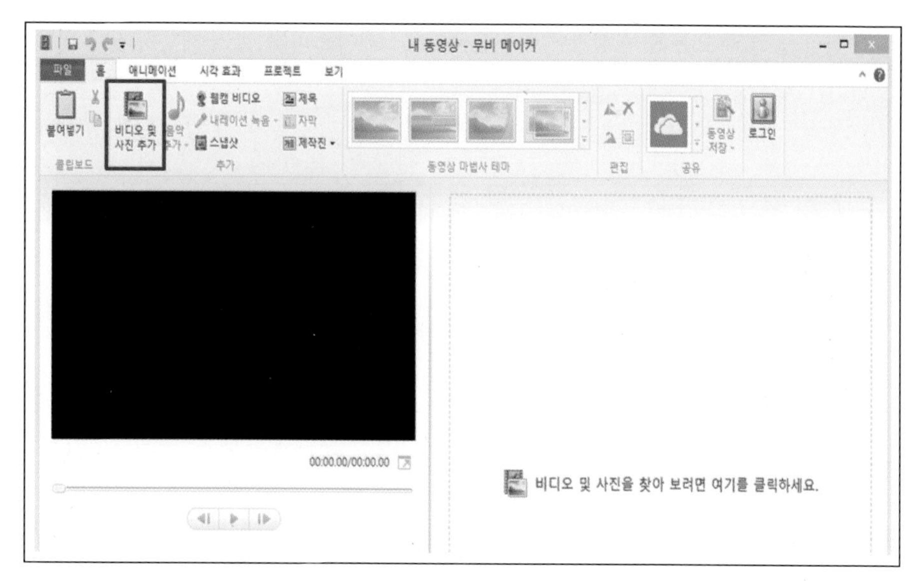

[그림2] 비디오 불러오기

② [그림3-A]를 클릭하여 비디오를 불러올 수 있다. 원하는 파일을 선택해서 〈열기〉를 누른다. 불러온 동영상을 작업창에서 재생할 수 있다.

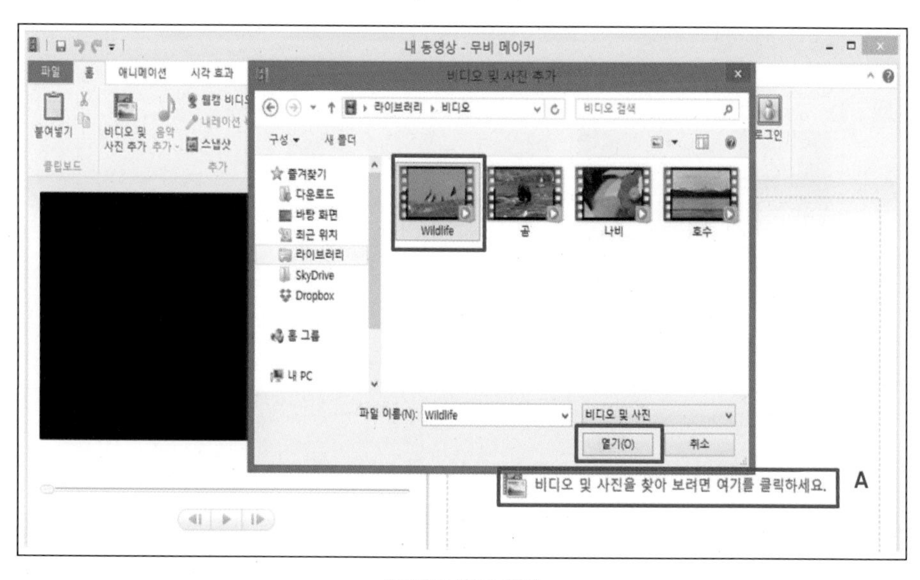

[그림3] 비디오 열기

③ 동영상을 열고 오른쪽 재생창에 커서를 두고 스페이스바를 눌러 재생하거나 멈출 수 있다(그림4 참조).

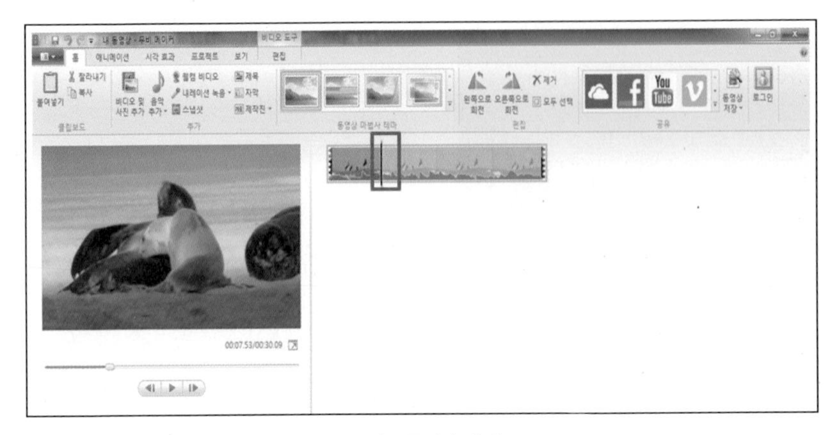

[그림4] 동영상 재생

2) 이미지 불러오기

① 메뉴의 〈홈〉-〈비디오 및 사진 추가〉를 클릭하여 원하는 이미지를 선택한 후 〈열기〉를 누른다.

② 동영상의 마지막 부분에 이미지가 올라온 것을 확인할 수 있다(그림5 참조).

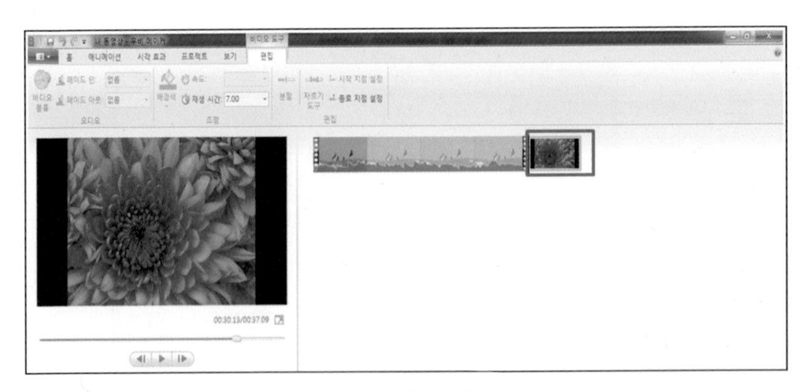

[그림5] 사진 추가

3) 음악 추가하기

음악파일을 삽입하는 방법은 두 가지로, 온라인상에서 음악을 찾아서 불러오거나 PC에서 저장된 파일을 불러올 수 있다. 여기에서는 동영상과 사진을 삽입한 후에 PC에 저장된 음악

파일을 삽입해보도록 한다.

① [그림6]과 같이 〈홈〉-〈음악 추가〉-〈PC에서 음악 추가〉-〈음악 추가〉를 클릭하여 폴더에서 원하는 파일을 불러온다.

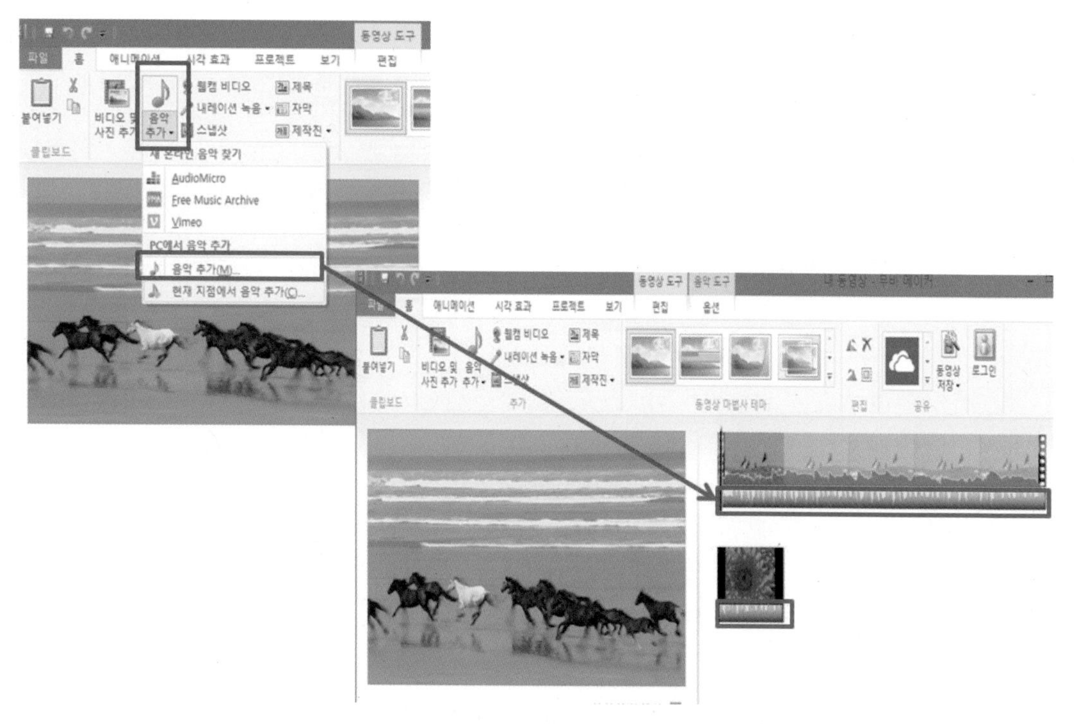

[그림6] 음악 삽입

② 불러온 동영상과 사진에 배경음악이 추가된다.

③ 배경음악을 편집할 때는 [그림7-A]의 〈음악 도구〉를 클릭한다. 음악 볼륨을 〈페이드 인〉과 〈페이드 아웃〉을 이용해서 서서히 시작하거나 서서히 끝나도록 할 수 있다(그림7-B 참조). 또한 〈분할〉을 이용해서 배경음악을 편집할 수 있고(그림7-C 참조), 시작 지점 및 끝나는 지점을 설정할 수 있다(그림7-D 참조).

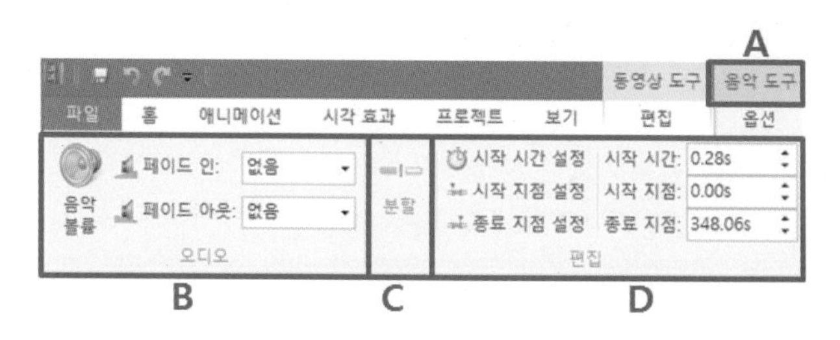

[그림7] 음악 편집

3. 분할하기

① 편집하려는 동영상을 작업창에 불러온다(그림8 참조).

[그림8] 불러온 동영상

② 동영상의 타임라인에서 자르고 싶은 위치에 커서를 두고 마우스 우클릭을 하면 [그림9]와 같이 팝업 메뉴가 나타난다.

[그림9] 동영상 분할

③ 팝업메뉴에서 〈분할〉을 클릭하면 분할지점을 중심으로 두 파일로 나뉜다. [그림10]에서는 A와 B로 분할된 동영상을 확인할 수 있다.

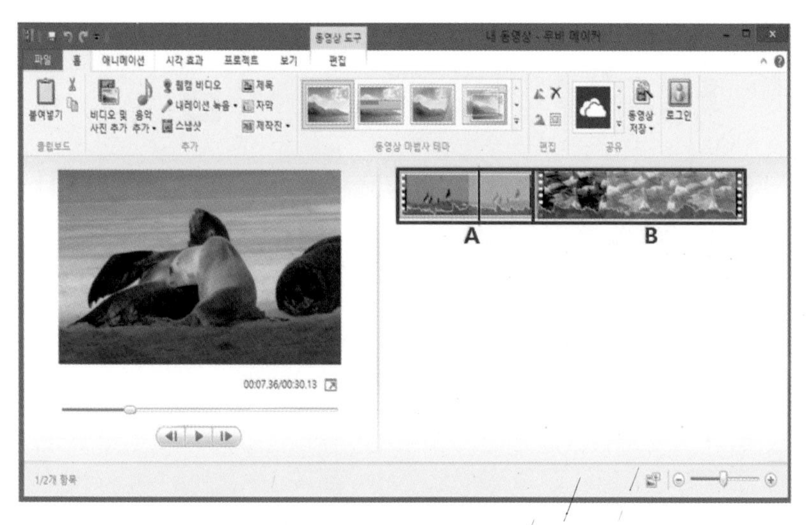

[그림10] 분할된 동영상

4. 제거하기

편집된 동영상을 제거하는 방법에는 두 가지가 있다. 분할된 동영상을 활성화시켜 간단하게 제거하거나, 제거를 해야 할 동영상 일부 시작 지점과 종료 지점을 직접 지정해주는 방식이 있다.

1) 제거하기 I

분할한 동영상 중에서 삭제하려는 부분을 활성화한다. 우클릭으로 메뉴가 나타나면 〈제거〉를 눌러 삭제하려는 동영상의 일부를 제거한다(그림11 참조).

2) 제거하기 II

동영상을 정교하게 자르기 위해서 시작 지점과 종료 지점을 직접 지정하여 제거할 수 있다.

① [그림12]와 같이 〈편집〉 메뉴의 〈자르기 도구〉를 클릭한다(그림12-A, B 참조).

② 시작 지점과 종료 지점을 설정한다. 여기에서는 시작 지점을 5초, 종료 지점을 10초로 지정한다(그림12-C 참조).

③ 동영상 아래 재생 컨트롤바에 5~10초 지점이 활성화된다(그림12-D 참조).

④ 마우스 우클릭하여 〈제거〉버튼을 누른다.

[그림11] 분할된 동영상 제거

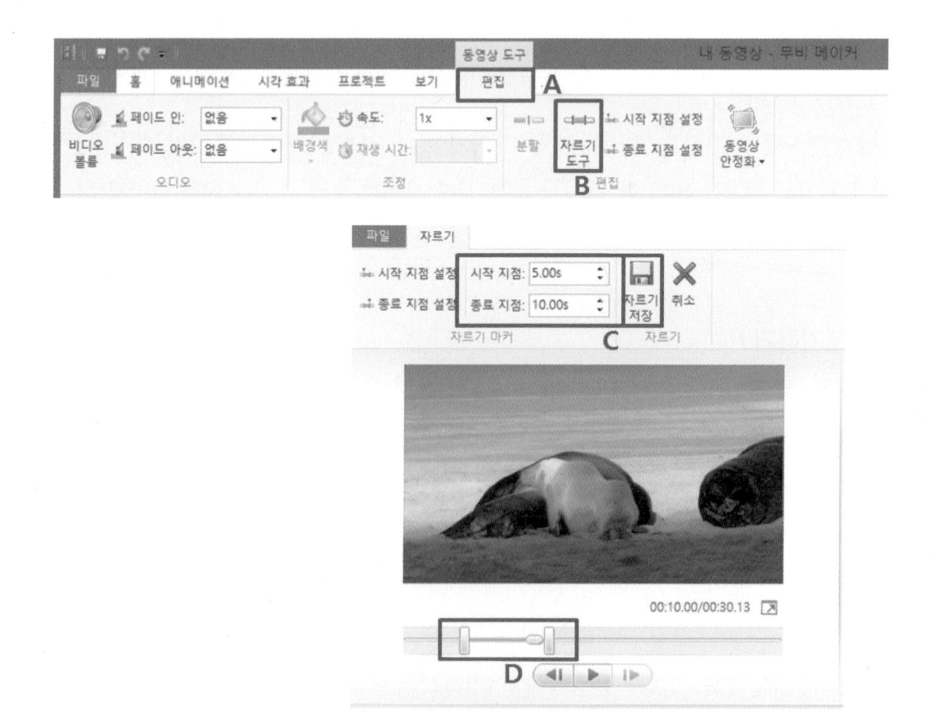

[그림12] 동영상 자르기

5. 이미지 추가하기

① 동영상의 중간에 사진을 추가하려면 〈비디오 및 사진 추가〉를 클릭한다. 동영상과 삽입할 사진을 불러온다. 이때 사진은 동영상의 끝부분에 추가된다(그림13 참조).

② 사진 삽입을 원하는 부분에서 동영상을 분할한다.

③ 사진을 클릭하여 분할된 동영상 사이로 드래그하여 이동한다(그림14 참조).

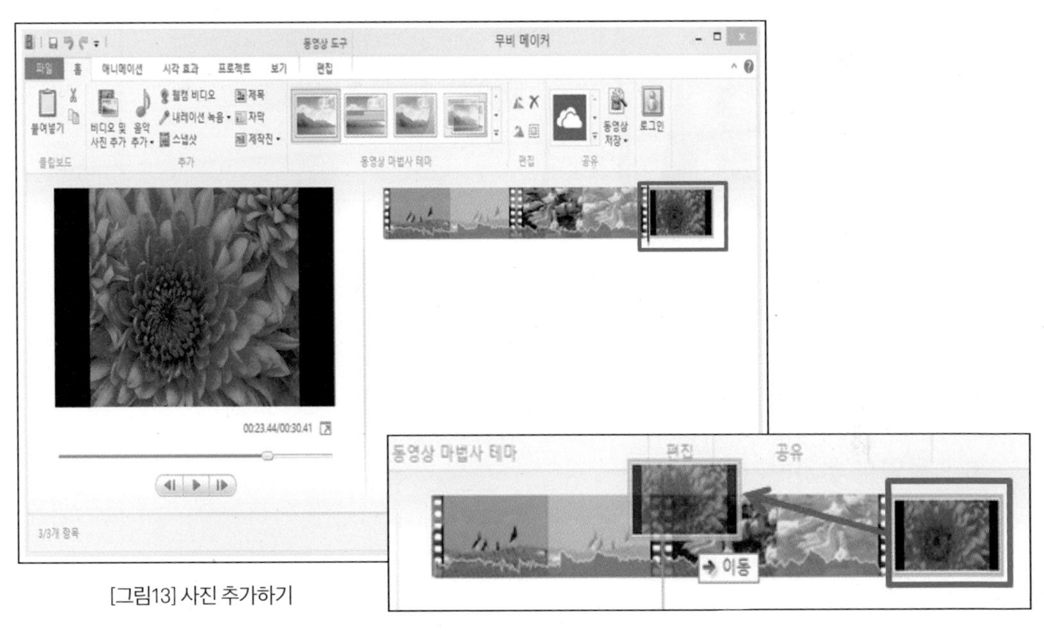

[그림13] 사진 추가하기

[그림14] 사진 이동

[그림15] 삽입된 사진

④ [그림15]와 같이 삽입한 사진이 동영상의 중간에 위치한다.

⑤ 기본적으로 무비메이커에 삽입되는 사진의 재생시간은 7초로 설정되어 있다. 만약 사진의 재생시간을 바꾸고 싶은 경우, 〈편집〉 메뉴의 〈재생시간〉 설정에서 바꿀 수 있다(그림16 참조).

[그림16] 재생시간 변경

6. 동영상 추가하기

동영상에 다른 동영상을 삽입하려면 다음의 순서로 진행한다.

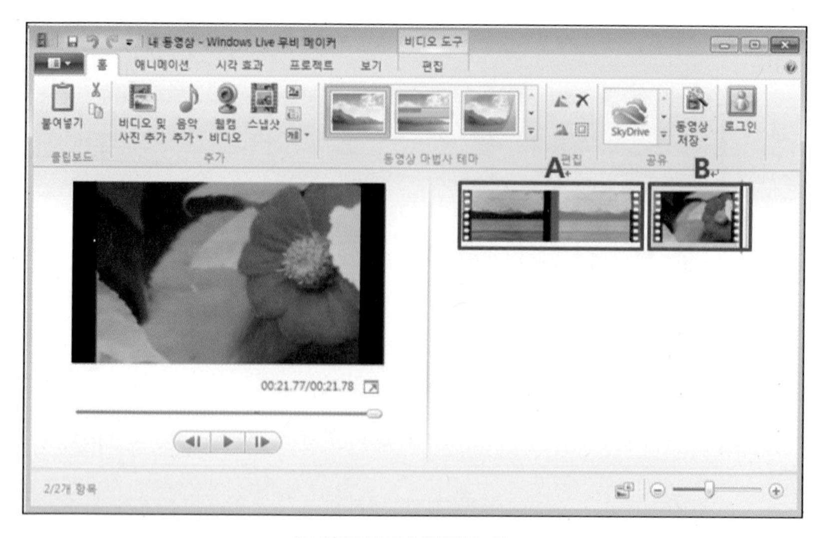

[그림17] 불러온 동영상A와 B

① [그림17]과 같이 동영상A와 동영상B를 불러온다.

② 동영상A의 원하는 부분을 분할한다. 동영상A가 두 부분으로 나뉘어 총 세 조각이 된 동영상을 확인할 수 있다.

③ 동영상B를 동영상A의 분할된 부분으로 드래그한다(그림18 참조).

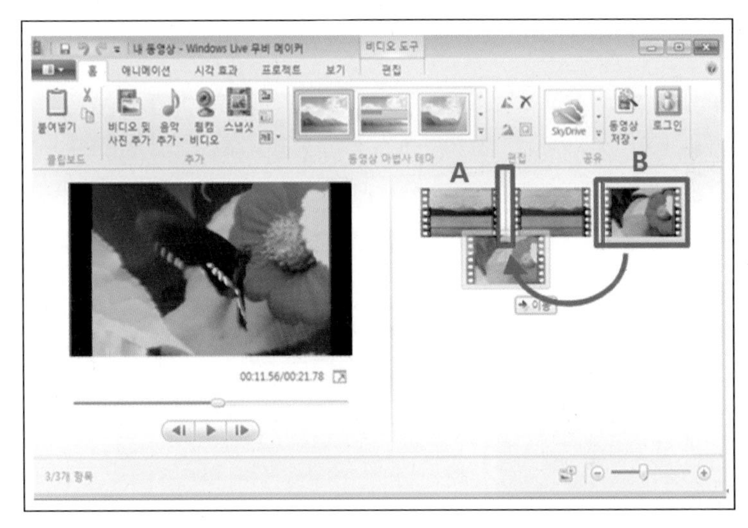

[그림18] 동영상 이동

④ [그림19]와 같이 동영상B가 동영상A의 중간으로 들어간 모습을 확인할 수 있다.

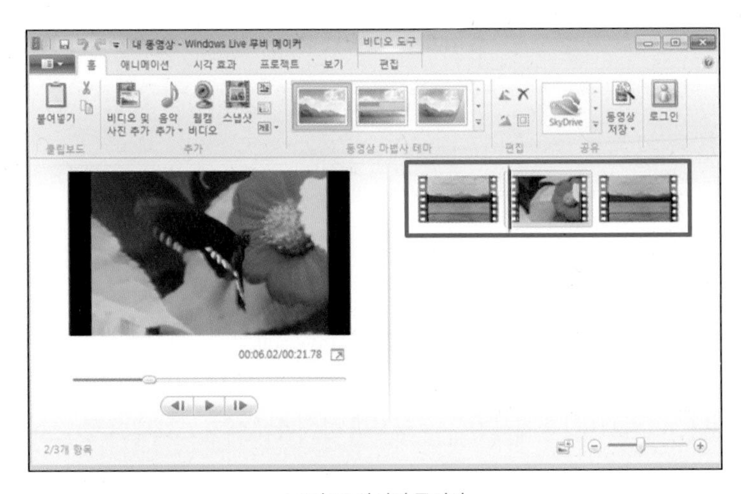

[그림19] 완성된 동영상

7. 동영상 회전

동영상이나 이미지는 [그림20-A]의 메뉴로 왼쪽이나 오른쪽으로 회전할 수 있다. 불러온 동영상을 클릭한 후 [그림20-B]와 같이 〈왼쪽으로 회전하기〉를 클릭한다. 작업창에서 동영상이 회전된 것을 확인할 수 있다(그림20-C 참조).

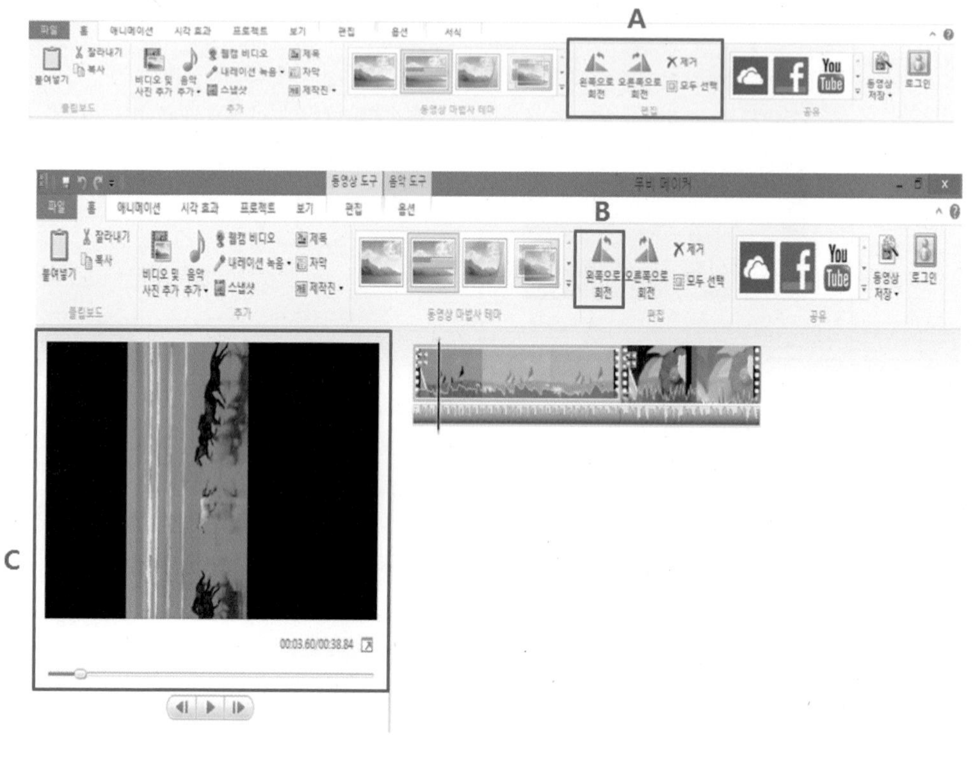

[그림20] 동영상 회전

8. 글자 삽입

동영상에 제목과 자막 및 제작진을 삽입해보도록 한다. [그림21-A]의 제목은 동영상의 앞부분에 삽입되는 것으로 단색 배경에 글자가 입력되고, [그림21-B]의 자막은 동영상 안에 글자가 입력된다. [그림21-C]의 제작진은 동영상의 마지막에 엔딩 크레딧의 형태로 삽입된다.

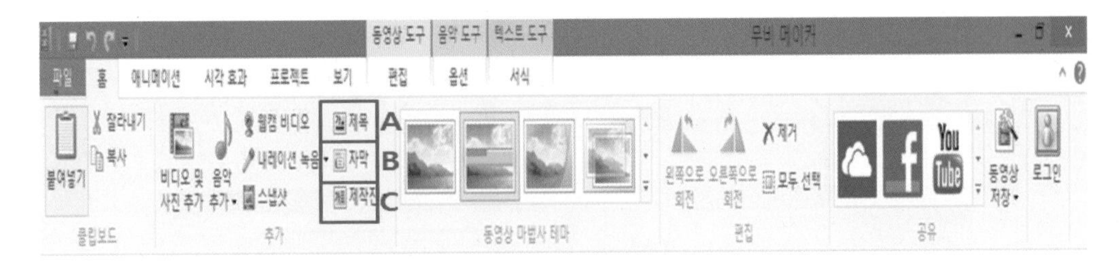

[그림21] 글자 삽입

글자를 입력하게 되면 [그림22]와 같이 텍스트 도구가 활성화된다. [그림22-A]에서는 글꼴 및 단락 등을 편집할 수 있고, [그림22-B]에서는 글자의 시작 시간과 재생 시간을 설정할 수 있다. [그림 22-C]에서는 글자의 애니메이션 효과를 설정할 수 있고, [그림22-D]에서는 글자의 윤곽선과 색을 조정할 수 있다.

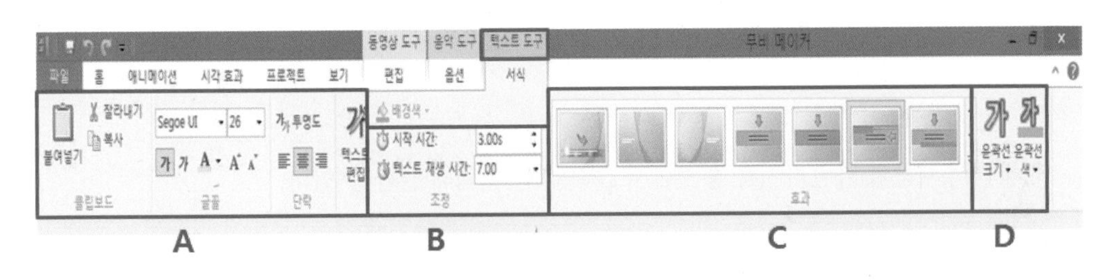

[그림22] 텍스트 도구

1) 제목 삽입

동영상에 제목을 추가하는 방법은 다음과 같다.

① [그림23-A]와 같이 〈홈〉-〈제목〉을 클릭하면 미리보기 창과 작업창에 텍스트 박스가 열린다(그림23-B 참조).

② 제목의 재생시간은 [그림23-C]와 같이 기본 7초로 설정되어 있으며 시간 조정이 가능하다.

③ [그림23-D]에서는 제목에 대한 애니메이션 효과를 줄 수 있다.

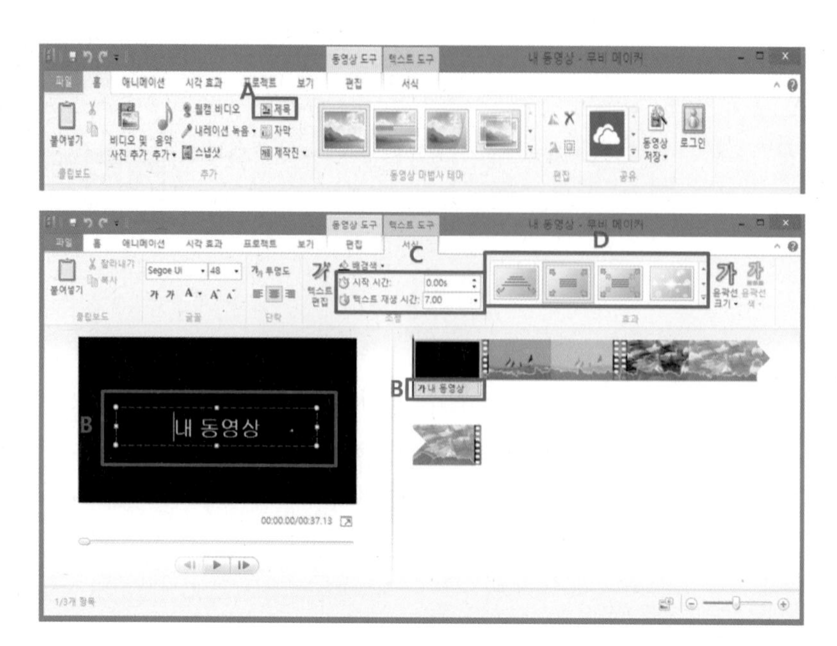

[그림23] 제목 삽입

2) 자막 삽입

자막 역시 제목과 마찬가지로 홈 탭에서 〈자막〉을 클릭해 만들 수 있다.

[그림24] 자막 삽입

① [그림24-A]와 같이 〈홈〉-〈자막〉을 클릭하면 미리보기 창과 작업창에 텍스트 박스가 열린다(그림24-B 참조). 원하는 텍스트를 입력한다.

② 자막의 재생시간은 [그림24-C]와 같이 기본 7초로 설정되어 있으며 시간 조정이 가능하다.

③ [그림24-D]에서는 제목에 대한 애니메이션 효과를 줄 수 있다. 타임라인에서 이동, 삭제, 재생시간 설정을 할 수 있고 애니메이션 효과를 줄 수 있다.

3) 제작진 삽입

① 제작진을 클릭하면 자동으로 동영상에 제작진이 추가된다.

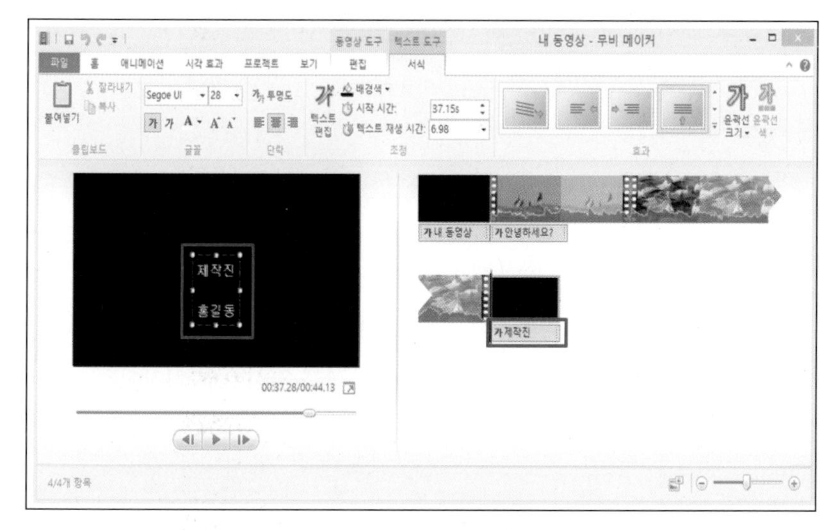

[그림25] 제작진 삽입

② 제목 및 자막과 같은 형식으로 편집한다.

9. 애니메이션

[그림26-A]를 클릭해서 동영상에 애니메이션 효과를 주거나, [그림26-B]를 선택해서 이미지를 이동 및 확대/축소할 수 있다.

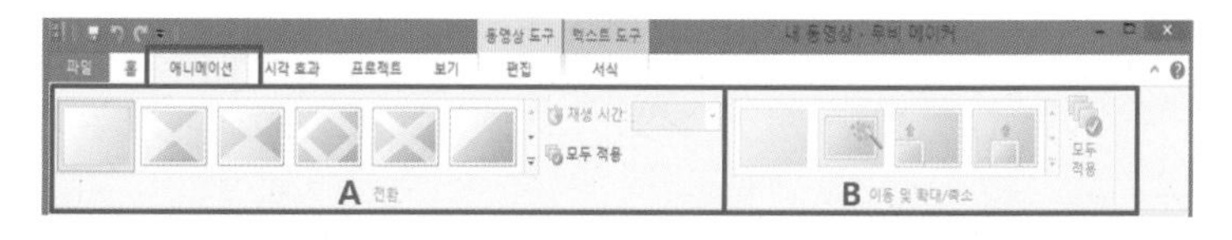

[그림26] 애니메이션

〈애니메이션〉을 클릭한 후, [그림27-A]와 같이 원하는 애니메이션을 클릭한다. [그림27-B]에서 재생시간을 설정한 후 [그림27-C]의 작업창에서 애니메이션 효과를 확인한다.

[그림27] 애니메이션 설정

불러온 이미지를 이동하거나 확대/축소를 하고자 할 경우, 〈애니메이션〉을 클릭한 후 [그림28-A]와 같이 원하는 효과를 선택한다. 이미지가 화살표 방향으로 회전되는 것을 확인할 수 있다(그림28-B 참조).

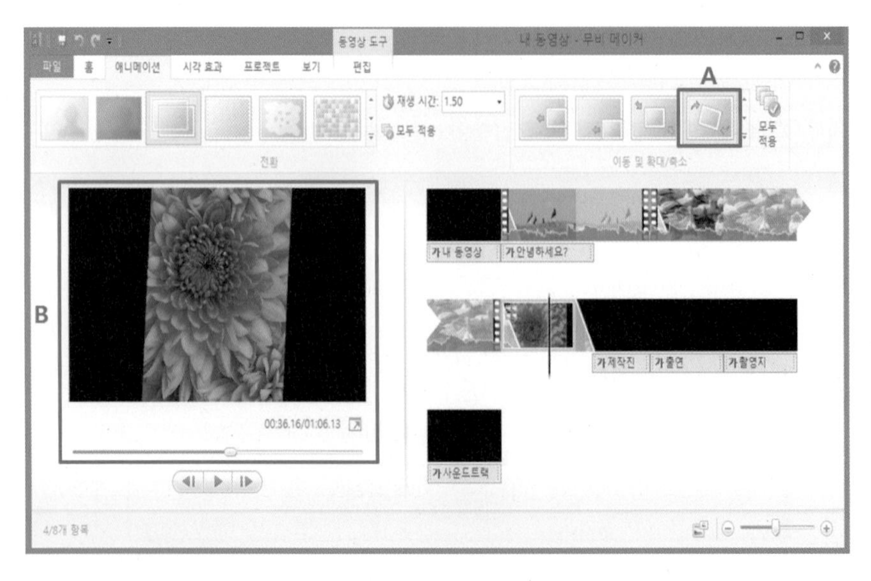

[그림28] 이미지 설정

10. 시각 효과

동영상과 이미지에 색깔, 흑백, 밝기, 명암 등의 시각 효과를 줄 수 있다(그림29-A 참조). 〈시각 효과〉를 클릭한 후 [그림29-B]를 선택하면, 작업창에 흑백효과가 적용된 동영상이 나타나는 것을 확인할 수 있다.

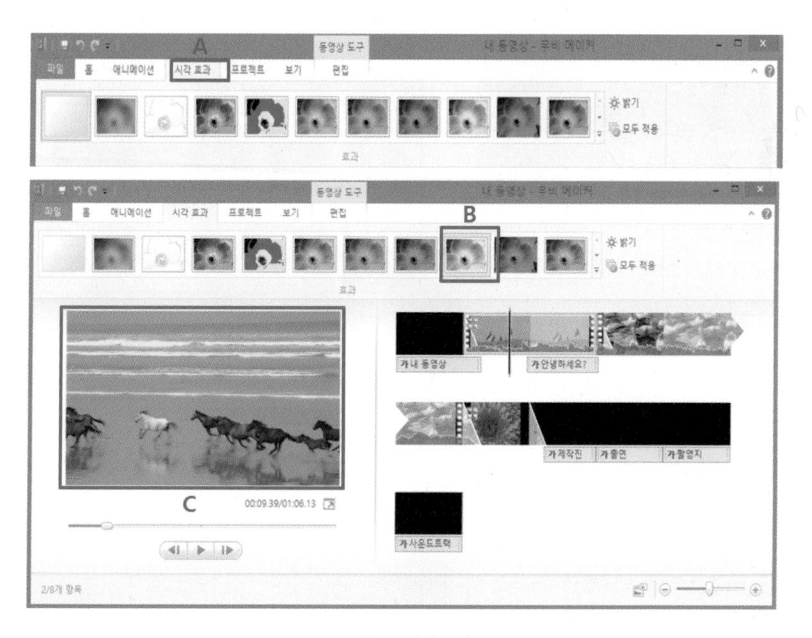

[그림29] 시각효과

11. 동영상 마법사 테마

제목과 제작진, 애니메이션 등 이미 만들어진 〈동영상 마법사 테마〉를 사용해서 한번에 효과를 줄 수 있다.

[그림30] 동영상 마법사 테마

〈동영상 마법사 테마〉를 클릭한 후 원하는 테마를 설정한다(그림31-A 참조). [그림31-B]와 같이 제목과 제작진 및 애니메이션이 한번에 설정된다.

[그림31] 동영상 마법사 적용

12. 파일 저장

파일을 저장하는 방법에는 〈프로젝트 저장〉, 〈동영상 게시〉, 〈동영상 저장〉등 세 가지가 있다.

① 〈프로젝트 저장〉으로 저장하면 편집상태 그대로 저장되므로 재편집이 가능하다(그림32-A 참조).

② 〈동영상 게시〉를 통해 동영상을 웹에 바로 게시할 수 있다(그림32-B 참조).

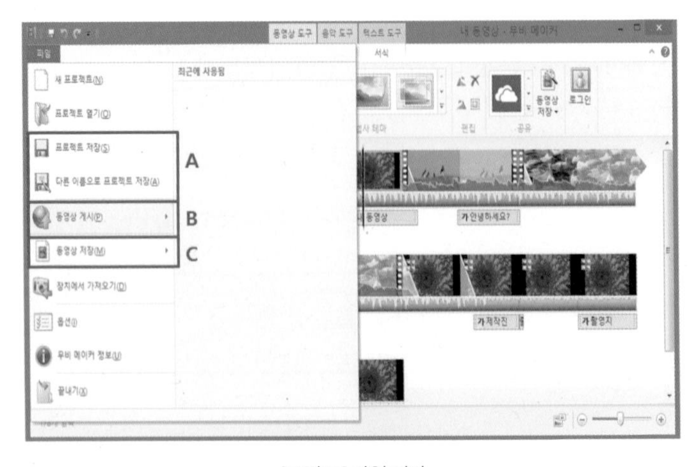

[그림32] 파일 저장

③ 〈동영상 저장〉은 파일을 다양한 크기와 형태로 저장할 수 있다(그림32-C 참조). 또는 [그림33]과 같이 메뉴창에 나와 있는 아이콘을 클릭하여 저장할 수 있다. 동영상파일은 고화질일수록 출력시간이 오래 걸리며 파일 용량이 커지고, 저화질일수록 출력시간이 빠르고 파일 용량이 적다. 참고로 PC에서 동영상을 볼 때는 〈컴퓨터용〉이 적절하며 모바일에서 볼 때는 〈모바일용〉으로 저장하면 된다.

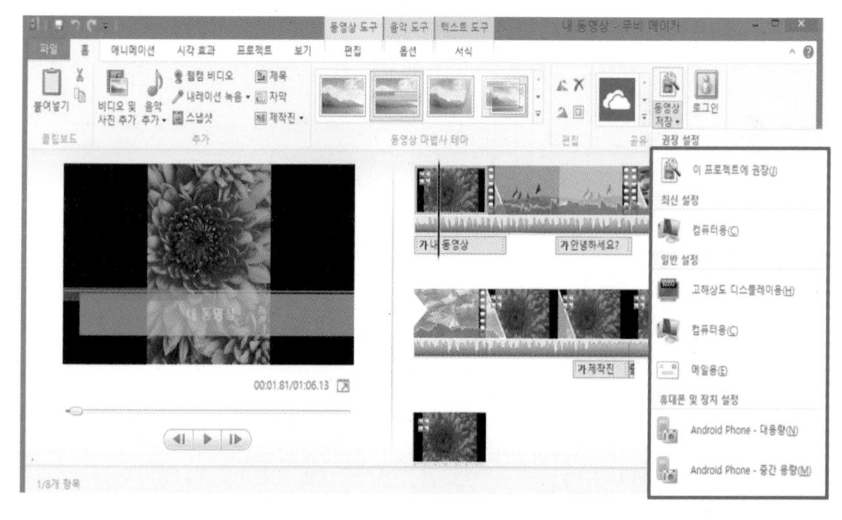

[그림33] 완료된 동영상 저장하기

윈도우 무비메이커 활용하기

- 교사는 학습내용에 맞게 동영상 자료를 쉽고 간편하게 수업에 필요한 자료로 제작할 수 있다.
- 자막 기능을 이용해서 동영상 중간 중간에 이해 확인 형식의 퀴즈를 낼 수 있다.
- 글자삽입 기능을 활용하여 표현과 어휘공부에 도움을 줄 수 있다.
- 문화적인 내용에 접근할 때 필요한 동영상과 사진 등을 삽입하여 하나의 동영상을 제작함으로써 흥미롭고 재미있는 수업자료를 만들 수 있다.
- 학습자들이 학습한 표현과 단어를 활용하는 동영상을 제작해봄으로써 의미있는 학습이 이루어질 수 있다(meaningful learning). 예를 들어, 전치사를 학습한 후 사물의 사진이나 동영상을 이용해서 학습내용에 맞는 동영상을 제작하도록 과제를 줄 수 있다.

5 다음 팟 인코더 (Daum Pot Encoder)

다음 팟 인코더 이해하기

다음 팟 인코더는 다음(Daum)[1]에서 무료로 제공하는 셰어웨어로, 동영상을 휴대전화, 게임기, PC 등에서 재생할 수 있도록 변환하는 프로그램이다. 또한 동영상의 사운드만 추출해서 파일로 전환할 수 있다. 긴 영상의 필요한 부분을 자르거나, 여러 개의 동영상을 합치고 싶을 때 사용할 수 있으며, 동영상 앞뒤에 오프닝과 엔딩을 넣거나, 동영상 중간에 자막을 삽입할 수 있다. 인터넷 검색창에서 <다음 팟 인코더>를 검색하고 다운로드하여 사용한다.

---

1 http://www.daum.net

다음 팟 인코더 사용하기

프로그램을 실행시키면 [그림1]의 기본화면이 나타난다.

[그림1] 다음 팟 인코더 기본화면

A 인코딩: 파일을 다양한 형태로 변환(AVI, WMV, MP4등)
B 동영상 편집
C 파일: 동영상이나 사진 추가
D 텍스트: 자막 추가
E 오프닝: 동영상 앞부분에 텍스트 삽입
F 엔딩: 동영상 끝부분에 크레딧을 삽입
G 미리 보기 창: 동영상을 재생하거나 자막을 편집하는 창
H 타임라인: 타임라인 형태로 동영상 편집
I 스토리보드: 스토리보드 형태로 동영상 편집

1. 인코딩

1) 동영상 인코딩

다음 팟 인코더를 활용하면 동영상 파일 변환(encoding)이 가능하다. 파일을 〈웹 업로드용〉, 〈PC저장용〉, 〈휴대기기용〉로 선택하여 저장할 수 있다(그림2-A 참고).

① 〈인코딩〉-〈PC 저장용〉을 선택한다.

② 인코딩 옵션에서 PC용, 인터넷 동영상 등을 선택한다(그림2-B 참조).

③ 화면 크기, 화질, 파일 형식을 선택한다(그림2-C 참조).

④ 파일명과 용량 등의 예상 인코딩 결과를 [그림2-D]에서 확인할 수 있다.

⑤ 설정한 후에 〈인코딩 시작〉을 클릭한다(그림2-E 참조).

[그림2] 인코딩

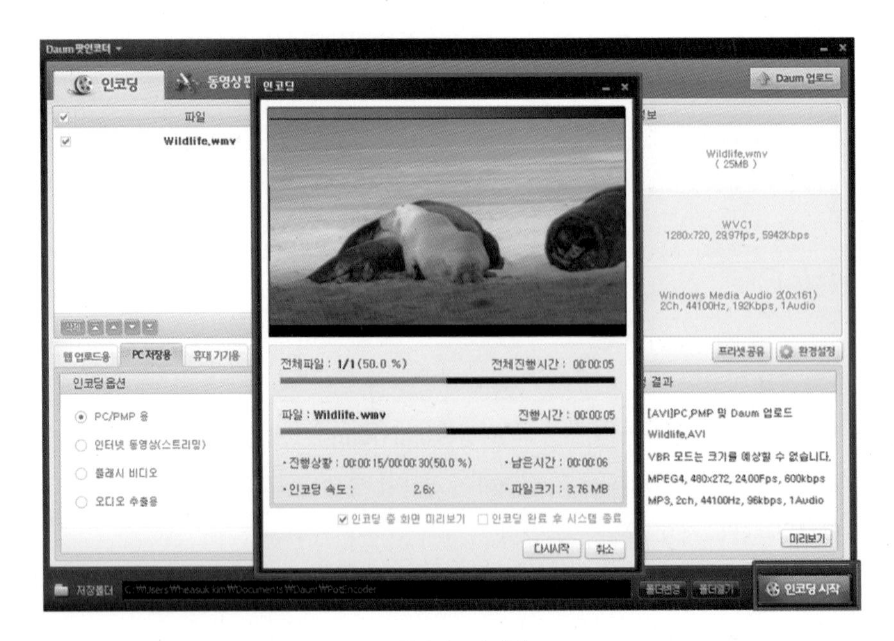

[그림3] 인코딩 진행

⑥ 인코딩이 진행되면 [그림3]과 같이 나타나며, 완료된 후에 저장 폴더에서 파일을 확인할 수있다.

2) 오디오 추출

동영상에서 오디오만 추출하고자 하는 경우 다음의 방법으로 진행한다.

① 〈인코딩〉-〈PC 저장용〉을 클릭한 후, 인코딩 옵션에서 〈오디오 추출용〉을 선택한다.

② [그림4-C]에서 파일 형식을 선택한다.

③ [그림4-D]에서 예상 인코딩 결과를 확인한다.

④ [그림4-E]의 〈인코딩 시작〉을 클릭한다.

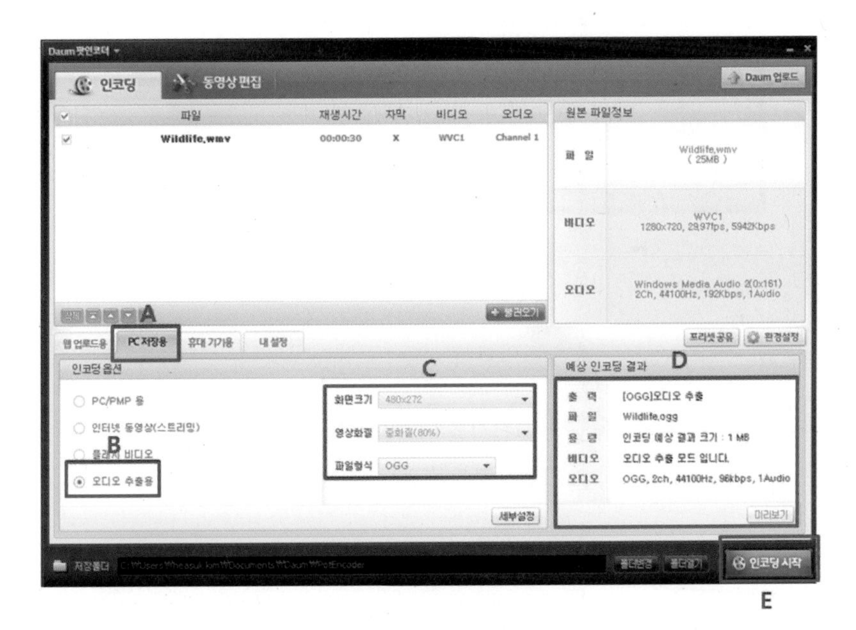

[그림4] 오디오 추출

2. 불러오기

[그림5]에서 나타나듯이 〈동영상 편집〉-〈불러오기〉를 클릭한다. 또는 불러오기 창으로 파일을 마우스로 끌어서 넣을 수도 있다(그림5-B 참조).

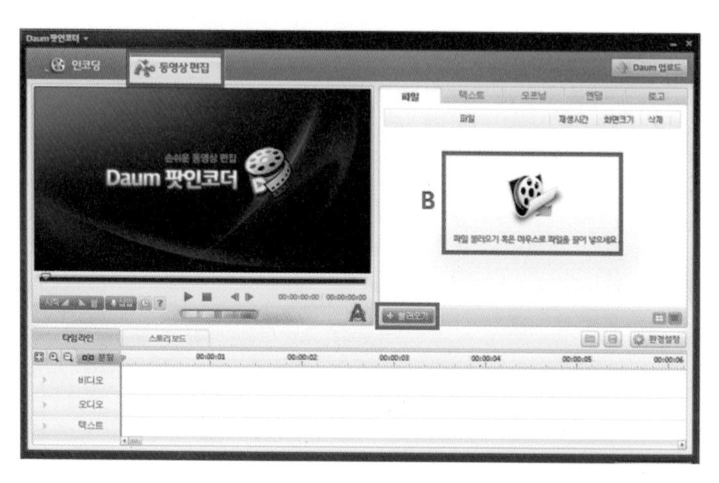

[그림5] 다음 팟 인코더 불러오기

3. 자르기

① 〈불러오기〉에 추가된 동영상은 편집을 위해 타임라인에 마우스로 끌어온다. 이때 타임라인으로 끌어온 동영상은 작업창에서 재생할 수 있다.

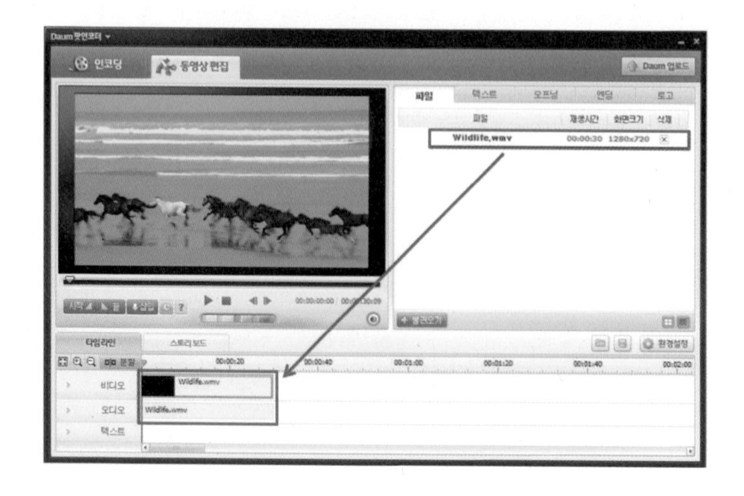

[그림6] 동영상 타임라인으로 불러오기

② 자르고자 하는 위치에 〈상태바〉를 놓는다(그림7-B 참조). 이때 〈상태바〉를 이동하면 동영상의 위치도 같이 움직인다(그림7-A 참조).

③ [그림7-C]의 줌 버튼(🔍+ 🔍-)을 이용하여 편집동영상의 타임라인을 확대하거나 축소한다.

[그림7] 상태바 화면

④ 〈분할〉을 클릭하면 상태바 위치에서 동영상이 두 개로 나뉘게 된다(그림8 참조).

[그림8] 분할

⑤ 분할된 동영상의 삭제를 원할 경우 [그림9]처럼 활성화시킨 후 마우스 우클릭하여 〈삭제〉를 누른다.

[그림9] 분할 삭제

4. 동영상 연결하기

① 동영상A와 동영상B를 불러온다.

[그림10] 작업할 동영상 불러오기

② 동영상A와 동영상B를 각각 타임라인으로 끌어온다.

③ [그림11]과 같이 동영상A와 동영상B가 연결되어 나란히 보이게 된다.

5. 동영상 끼워넣기

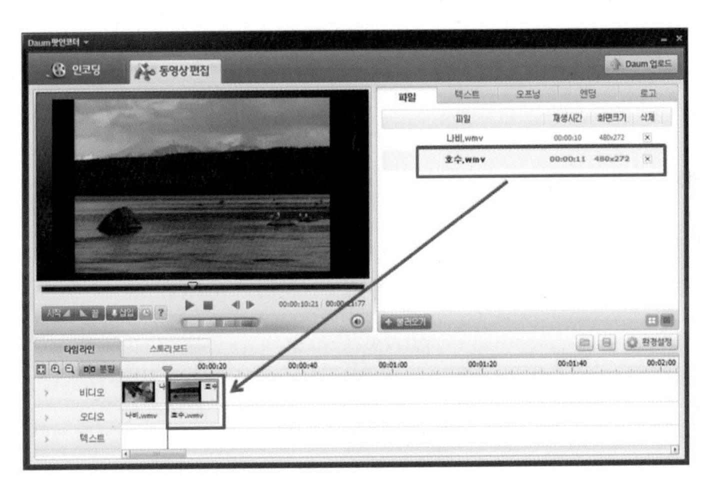

[그림11] 추가 동영상 가져오기

① 동영상A와 동영상B를 불러온다.

② 동영상A와 B에서 각각 원하는 곳을 분할한다.

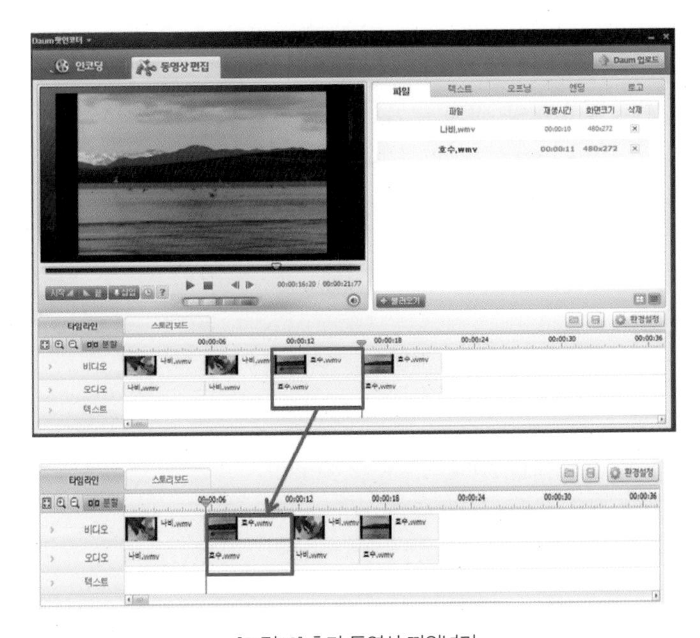

[그림12] 추가 동영상 끼워넣기

③ 동영상B를 드래그하여 분할된 동영상A의 분할된 위치에 붙인다(그림12 참조).

6. 자막 삽입하기

1) 텍스트 자막 삽입

① 기본화면에서 [그림13-A]의 〈텍스트〉를 클릭한다.

② 텍스트 편집창이 나타나면, 원하는 자막을 입력한다(그림13-B 참조).

[그림13] 텍스트 삽입

③ 작성된 자막은 글자 모양, 글자 크기, 정렬 방식 등을 이용하여 수정할 수 있다(그림 14-A 참조). [그림14-B]를 클릭하면 텍스트의 애니메이션 효과를 줄 수 있다. [그림 14-C]의 〈위치〉는 자막의 위치를, [그림14-D]의 〈투명도〉는 텍스트의 명암을 설정할 수 있다.

[그림14] 텍스트 편집

④ [그림14-E]의 〈적용〉을 누르면 〈텍스트〉가 삽입된다. 삽입된 텍스트가 [그림15]와 같이 나타난다.

[그림15] 삽입된 텍스트

2) 자막의 재생 위치와 시간 수정

① 텍스트가 삽입되면 타임라인의 〈텍스트〉 부분에 삽입된 글자가 나타난다.

② [그림16-A]와 같이 텍스트의 끝부분을 마우스로 잡으면 텍스트가 보이는 시간을 조정할 수 있다.

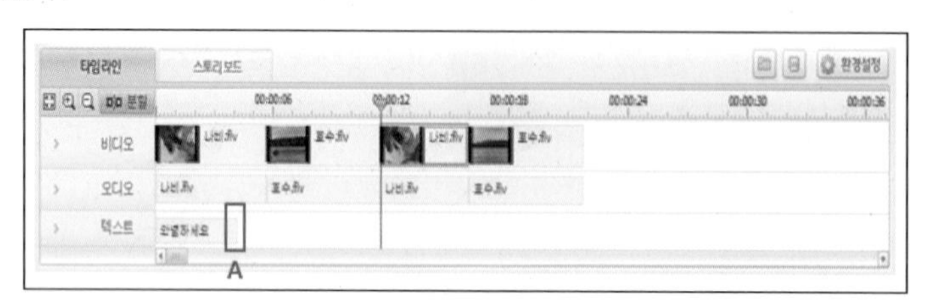

[그림16] 텍스트 범위 설정

③ 자막의 위치를 수정하고 싶은 경우 텍스트를 마우스로 잡고 드래그하여 원하는 위치로 옮길 수 있다.

3) 오프닝 삽입

오프닝의 텍스트 삽입 기능을 이용하여 동영상 첫 부분에 제목을 삽입할 수 있다. 위에서 설명한 텍스트 삽입과 비슷한 순서로 진행된다.

① [그림17-A]와 같이 작업창의 〈오프닝〉을 클릭한다.

② 글자의 크기, 모양, 정렬 방식, 애니메이션 효과, 배경 등을 설정한다(그림17-B 참조).

③ [그림17-C]와 같이 〈오프닝〉 편집창에 '동물농장'을 입력한다.

[그림17] 오프닝 삽입

④ [그림18]과 같이 동영상의 첫 부분에 오프닝이 추가된 것을 타임라인에서 확인할 수 있다.

⑤ 〈텍스트〉와 마찬가지로 〈오프닝〉의 재생시간을 설정한다.

[그림18] 오프닝 삽입된 화면

4) 엔딩 삽입

동영상의 마지막에 삽입되는 엔딩은 출처를 밝히거나 제작자를 소개할 때 사용한다.

① [그림19-A]의 〈엔딩〉을 클릭한다.

② [그림19-B]의 〈추가〉를 클릭한다. 이때 텍스트 창의 항목을 추가하거나 삭제하려면 +추가 -빼기 를 이용한다.

③ 텍스트 창의 왼쪽에 '감독', 오른쪽에 '홍길동'을 삽입한다.

④ [그림19-B]의 〈추가〉를 다시 클릭한다. 새로 생긴 창에 '촬영', '김길동'을 삽입한다. 동일한 방법으로 나머지 내용들을 작성한다.

⑤ 〈적용〉을 눌러 설정한다. 〈오프닝〉과 마찬가지로 글자 크기나 모양, 배경, 애니메이션 효과 등을 편집할 수 있다.

[그림19] 엔딩 삽입

⑥ 엔딩이 적용되어 [그림20]처럼 나타난다. 엔딩으로 생성된 내용은 자동적 동영상의 마지막 부분에 위치하게 된다.

⑦ 엔딩의 길이는 오프닝 삽입과 마찬가지로 텍스트의 오른쪽을 마우스로 늘이거나 줄여 조정할 수 있다(그림20-A 참조).

[그림20] 엔딩 삽입된 화면

7. 타임라인과 스토리보드

〈타임라인〉에서는 편집 작업을 하지만, 〈스토리보드〉에서는 편집된 동영상의 작업내용을 순서대로 볼 수 있다. 이때 편집된 순서를 마우스로 드래그하여 바꾸거나 필요 없는 부분을 삭제할 수 있다.

[그림21] 스토리 보드

8. 저장 및 출력 설정

편집이 완료된 동영상은 〈인코딩 시작〉으로 저장한다.

① [그림22-A]와 같이 인코딩을 하기 전 〈환경설정〉을 클릭한다.

② 〈형식〉에서 파일의 형식을 설정하고, 〈화면크기〉에서 크기를 설정한다. 설정이 완료되면 〈확인〉을 클릭한다.

[그림22] 인코딩 환경설정

③ 모든 설정이 완료된 후에 [그림22-B]의 〈인코딩 시작〉을 클릭하여 동영상을 저장한다. 저장된 동영상의 위치는 〈폴더변경〉을 통해 설정할 수 있다.

④ 저장 폴더를 변경하고 싶을 경우 [그림23]과 같이 하단부분의 〈저장폴더〉-〈폴더 변경〉을 클릭하여 변경한다.

[그림23] 저장 폴더 변경

다음 팟 인코더 활용하기

- 동영상이나 소리파일을 다음 팟의 인코딩 기능을 활용하여 원하는 파일 형태로 변환할 수 있다.
- 동영상을 간단하고 쉽게 편집하여 수업에 유용한 동영상을 제작할 수 있다.
- 동영상에 자막을 삽입해서 학습자들이 정확한 표현과 어휘를 학습하는데 도움을 줄 수 있다.
- 동영상의 사운드를 추출하여 듣기 연습에 이용할 수 있다.

6 유튜브 다운로더 (Youtube Downloader)

유튜브 다운로더 이해하기

유튜브 다운로더란 유튜브에 업로드된 동영상 자료들을 다운로드하여 별도의 파일로 저장하는 프로그램이다. 인터넷 종합 포털사이트에서 유튜브 동영상 다운로드를 검색하면 알툴바의 동영상 다운로더나 구글의 크롬 다운로더와 같은 다양한 동영상 다운로드 방법을 찾을 수 있다. 여기서는 Youtube Downloader HD 프로그램을 사용하여 동영상 자료를 저장하는 방법을 소개한다.

유튜브 다운로더 사용하기

Youtube Downloader HD[1]를 설치한 후 실행하면 [그림1]의 기본화면이 나타난다.

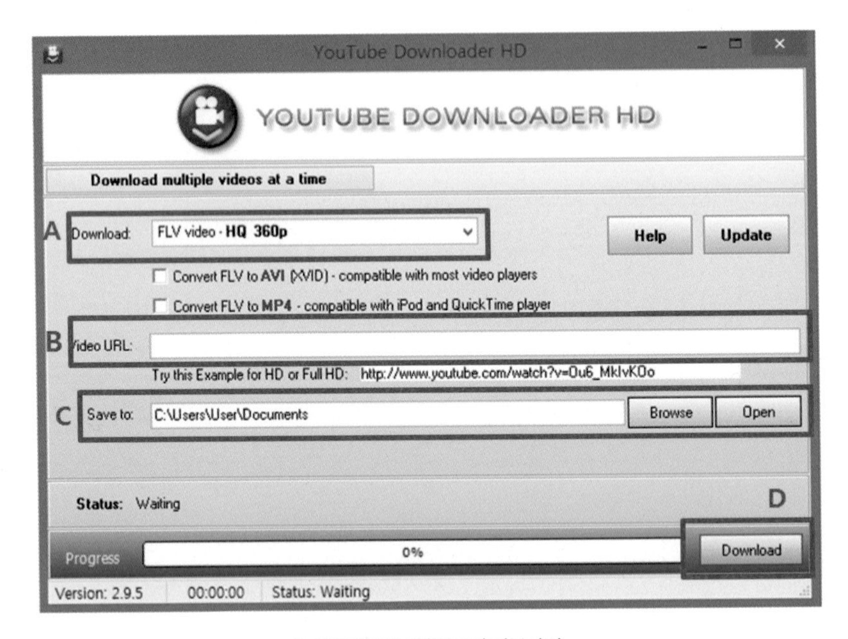

[그림1] 유튜브 다운로더 기본화면

A 다운로드할 파일의 화질 및 용량 조절

B 다운로드할 유튜브 동영상의 URL삽입

C 다운로드할 폴더 지정

D 다운로드 버튼과 진행 상태바

1. 동영상 검색하기

우선 다운로드 하려는 유튜브 동영상을 검색하기 위해 다음의 순서로 진행한다.

① 유튜브 공식 사이트[2]에서 필요한 동영상을 검색한다.

1 http://www.youtubedownloaderhd.com

2 http://www.youtube.com/

② 검색 결과에서 다운로드하려는 동영상을 클릭한다.

③ 동영상이 자동으로 재생되면 이를 확인하고 주소창의 주소(URL)을 복사한다(그림2 참조).

[그림2] 유튜브 동영상[3]

2. 동영상 저장하기

검색한 동영상을 저장하기 위해 다음의 순서로 진행한다.

① Youtube Downloader HD를 실행시킨다(그림3 참조).

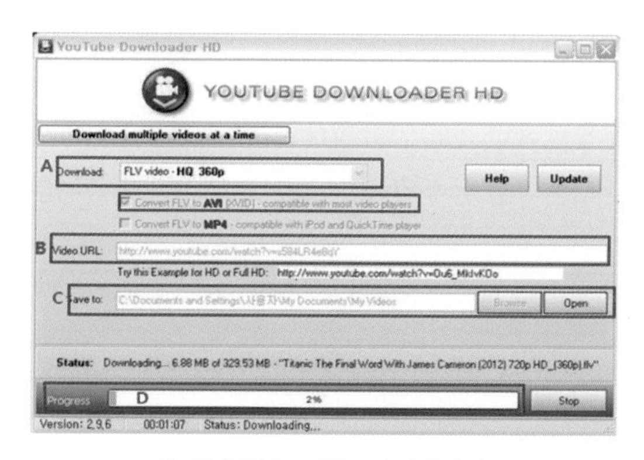

[그림3] 유튜브 다운로더 실행 화면

3 출처: http://www.youtube.com/watch?v=s584LR4e8qY

② [그림3-A]에서 다운로드하는 동영상의 화질과 파일 형식을 지정한다. 〈Download〉 창의 드롭다운 버튼(▼)을 클릭하여 원하는 동영상 화질을 선택한다.[4]

③ 〈Covert FLV to AVI〉의 체크박스를 선택(√)하여 저장할 파일 형식을 지정한다. 유튜브 동영상은 온라인상에서만 재생되도록 변환된 FLASH파일(*.flv)인데, 이를 일반 미디어 플레이어에서 재생 가능한 파일 형식[5]으로 바꿔준다.

④ [그림3-B]에 유튜브 사이트에서 복사한 동영상의 주소를 붙여 넣는다.

⑤ [그림3-C]에서 〈Browse〉를 클릭해 저장할 위치를 지정한다.

⑥ 다운로드 버튼을 누르면 [그림3-D]에 다운로드 진행상황이 보인다. 이때 동영상 파일 변환에 필요한 코덱이 컴퓨터에 설치되어 있지 않으면 코덱 설치에 대한 안내문이 팝업창으로 나타난다. 인터넷 포털사이트에서 코덱 프로그램[6]을 찾아 설치한다.

⑦ 다운로드가 완료되었다는 메시지가 나타나면 저장된 동영상을 클릭해 결과를 확인한다.

유튜브 다운로더 활용하기

유튜브 다운로더를 사용하여 제작한 학습자료는 다음과 같이 활용할 수 있다.

- 유튜브 동영상을 활용한 언어학습은 학생들에게 시각적 입력(visual input)과 청각적 입력(aural input)을 동시에 제공하기 때문에 언어습득에 필요한 좋은 입력원(input resources)을 제공한다. 특히 동영상은 언어가 사용되는 맥락을 보여줄 뿐만 아니라 표정이나 몸짓과 같은 비언어적 입력을 제공하므로 음성언어 정보를 이해하는 데 도움을 준다.
- 유튜브 동영상을 활용하면 목표 언어 형식(target language form)이 어떤 상황에서 어떤 방식으로 사용되는지를 실제적(authentic)으로 보여줄 수 있다. 예를 들어 특정 언

4 화면 해상도에 따라 HQ-HD-FullHD로 나뉘는데 뒤로 갈수록 선명한 화질로 동영상을 감상할 수 있다. 다만 일부 유튜브 영상들은 HD나 FullHD급 해상도를 지원하지 않는다.

5 동영상 파일은 서로 다른 코덱을 사용한 압축 방식에 따라 다양한 파일 형식으로 저장할 수 있다. AVI는 가장 일반적으로 사용하는 컴퓨터 환경 압축 방식을 사용해 인코딩한 파일이며 MP4는 최근 mkv HD급 영상을 위한 규격으로 아이팟, 스마트폰 등의 기기에서 영상을 보기 위해 압축 방식을 달리하여 인코딩한 파일이다.

6 코덱이란 컴퓨터가 실행하는 데이터의 스크림이나 신호에 대해 인코딩이나 디코딩을 할 수 있는 하드웨어나 소프트웨어를 말한다. 확장자가 다른 동영상파일(*.avi, *.mkv, *.mp4)을 재생할 때 화면이 깨지거나 사운드가 나오지 않는 현상을 해결하기 위해 설치한다.

어 형식(예: 초대하기, 주문하기)가 등장하는 동영상을 검색하여 듣기 선행 활동 단계에서 제시한다면 학습자는 목표 언어 형식에 주목(attention)하면서 자연스럽게 언어 형식을 습득할 수 있다. 또는 듣기 후행활동 단계에서 동영상의 일부를 편집하여 제시하고 목표 언어 형식을 사용하여 발화하도록 연습시킬수도 있다. 이 같은 학습 활동들은 학습자에게 의미있는(meaningful) 언어 입력과 언어 출력의 경험을 제공한다.

- 다양한 언어로 제작된 영화나 드라마 같은 유튜브 동영상 자료는 각각의 목표 언어가 사용되는 상황을 보며 언어적 지식(linguistic knowledge)을 습득하게 한다. 또한 동영상이 전달하는 내용 지식(content knowledge)이나 문화적 배경 지식(cultural backgraound knowledge)을 습득하는 데도 도움이 된다.

7 안 캠코더 (Ahn Camcoder)

안 캠코더 이해하기

안 캠코더는 화면에 보이는 장면과 사운드를 그대로 동영상으로 만드는 간단하고 편리한 캠코더 프로그램이다. 뉴스, 영화, TV, 뮤직 비디오 등 다양한 동영상을 그대로 녹화하여 동영상파일(.avi)로 저장할 수 있다. 포털사이트나 안 캠코더 사이트[1]에서 다운로드한다. 안 캠코더의 기능을 사용하기 위해서는 회원가입이 필요하다. 안 캠코더는 다양한 기능을 무료로 이용할 수 있기 때문에 널리 사용되는 동영상 녹화 프로그램 중 하나이다.

---

1 www.ancamcoder.co.kr

안 캠코더 사용하기

[그림1]의 안 캠코더 기본화면에서 회원가입을 한 후에 아이디와 패스워드를 입력하여 로그인한다.

[그림1] 안 캠코더 기본화면

- A REC: 녹화 및 정지 버튼
- B 녹화영역 설정: 녹화되는 창의 크기
- C 화면 캡쳐
- D 주소창: 녹화할 웹사이트 주소 입력
- E 폴더열기: 녹화한 동영상의 저장 폴더 지정
- F 브라우저 닫기: 웹사이트를 녹화하지 않는 경우 사용

1. 녹화

1) 웹사이트 동영상 녹화

안 캠코더를 이용하면 웹사이트에서 찾은 동영상을 손쉽게 녹화할 수 있다. 녹화는 다음의 순서로 진행한다.

① 기본화면의 주소창에 녹화하려는 동영상 웹사이트 주소를 입력하면 화면창에 동영상이 나타난다(그림2 참조).

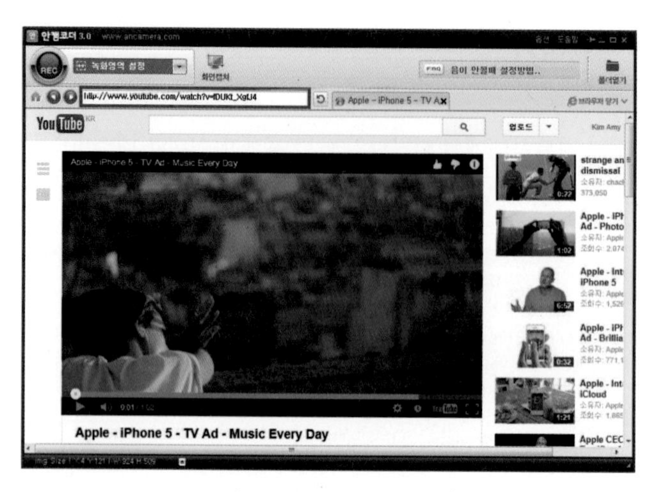

[그림2] 안 캠코더 3.0 녹화 화면[2]

② 녹화하는 동영상의 크기에 맞춰 녹화영역을 설정한다(그림3 참조). 이때 녹화 화면창의 우측 하단에 모서리를 늘이거나 줄여서 크기를 조절할 수 있다.

[그림3] 녹화영역 설정

③ 좌측 상단에 〈녹화영역 설정〉은 주요 동영상 사이트에 맞춰 간편하게 크기를 조정할 수 있다. [그림4-A]의 〈REC〉를 클릭한다.

④ 저장위치를 설정할 수 있는 팝업창이 나타난다.

⑤ 동영상의 저장 위치를 설정하고 [그림4-B]의 〈저장〉을 클릭하면 [그림5]와 같이 확인 메시지가 나타난다.

⑥ 〈예〉를 누르면 녹화가 시작된다.

⑦ 녹화가 진행되면 좌측 상단의 〈REC〉버튼이 깜빡인다. 깜빡이는 〈REC〉를 클릭하거나 〈ESC〉를 클릭하면 녹화가 중단된다.

⑧ 녹화가 완료되면 〈REC〉를 다시 클릭한다. 녹화가 완료되었다는 확인 메시지가 나타난다(그림6 참조).

⑨ 녹화가 완료된 동영상을 지정한 폴더에서 확인한다.

---

2 출처: http://www.youtube.com/watch?v=RzcN5nP5l4E

[그림4] 녹화 저장 화면

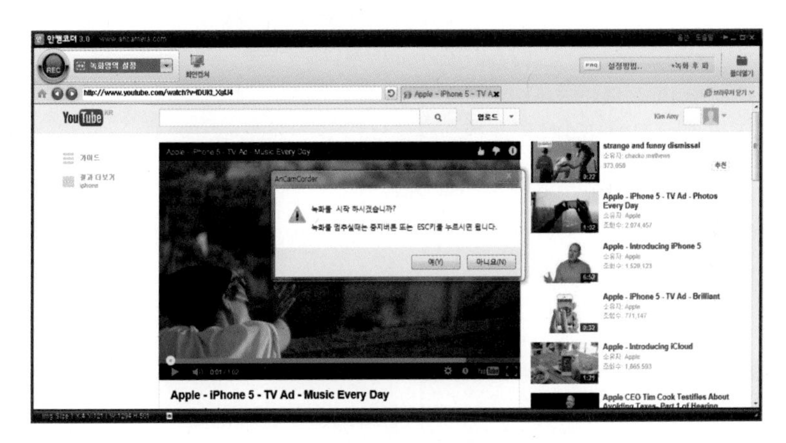

[그림5] 녹화 시작 화면

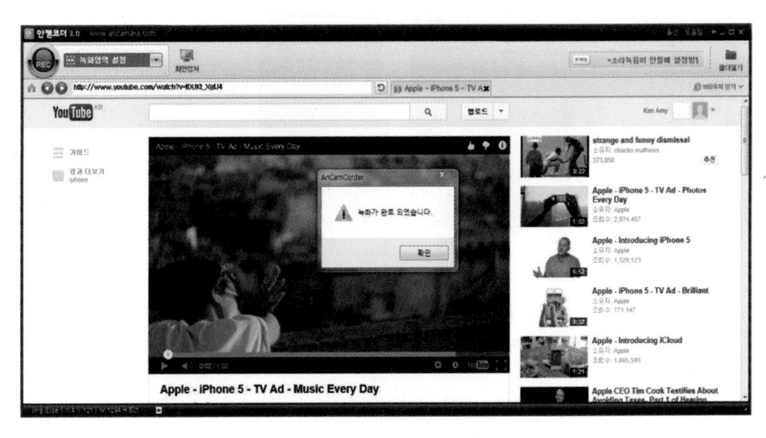

[그림6] 녹화 완료 화면

2) 컴퓨터 화면 녹화

웹사이트 내에 있는 동영상이 아니라 화면상에서 실행되는 동작을 녹화하거나 미디어 플레이어에서 재생되는 동영상을 직접 캡처할 때 사용하는 방법이다. 다음의 순서로 녹화를 한다.

① 기본화면에서 우측 상단에 〈브라우저 닫기〉를 클릭하여 인터넷 브라우저를 닫는다. 컴퓨터 바탕화면이 화면창에 보인다.

[그림7] 브라우저 닫기

② 녹화를 원하는 동영상파일을 불러온다.

③ 안 캠코더 창에 맞게 동영상의 크기를 맞춘다.

④ 〈REC〉버튼을 클릭해 녹화를 시작한다. 녹화 영상이 저장되는 경로를 지정한다.

⑤ 〈저장〉버튼을 누르면 녹화가 시작된다.

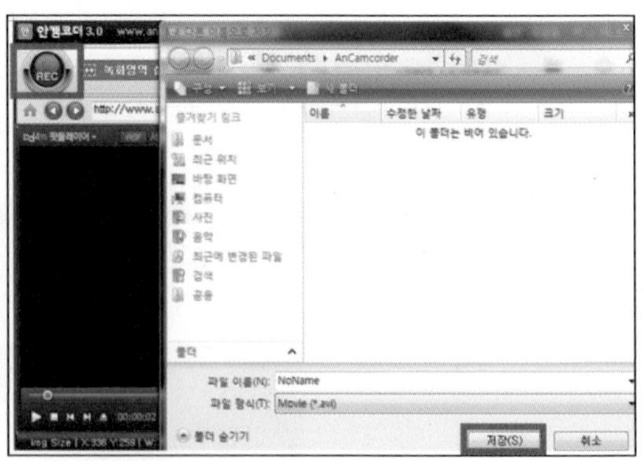

[그림8] 화면녹화

⑥ 녹화를 끝내기 위해 〈REC〉를 다시 클릭하거나 〈ESC〉를 클릭한다. 녹화가 완료되면 팝업창이 뜬다(그림9 참조).

⑦ 완료된 녹화 파일은 지정한 폴더에서 확인할 수 있다.

[그림9] 화면 녹화 완료

2. 세부 설정

안 캠코더의 〈옵션〉메뉴로 동영상 녹화의 세부적인 옵션을 설정할 수 있다.

[그림10] 옵션 설정하기

〈옵션〉메뉴에는 〈좌표 자동기억〉, 〈항상 위 유지〉, 〈환경설정〉의 세 가지 기능이 있다. 〈좌표 자동기억〉은 동영상이 녹화되는 화면의 크기와 위치를 항상 같게 유지하도록 하는 기능이다. 〈항상 위 유지〉는 안 캠코더가 다른 창보다 항상 위에 오도록 유지시키는 것이다. 〈환경설정〉에서는 녹화하는 동영상에 대한 세부 설정이 가능하다.

① 〈환경설정〉-〈일반설정〉에서는 〈좌표 자동기억〉, 〈항상 위 유지〉, 〈캡처 간격〉 및 〈저장폴더〉를 설정할 수 있다(그림11 참조).

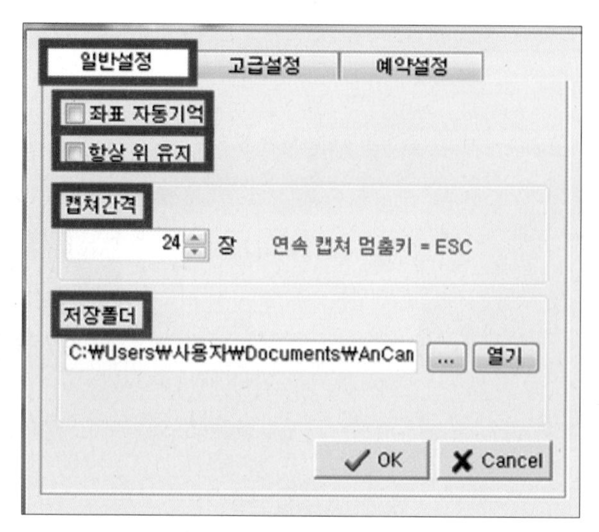

[그림11] 일반 설정

② 〈고급설정〉에서는 동영상의 화질을 선택한다. 녹화된 동영상에 마우스 포인터를 함께 녹화하고 싶은 경우 〈마우스 포인터 함께 녹화〉를 선택한다. 〈오디오 캡쳐장치〉는 헤드셋과 마이크 중 선택할 수 있다.

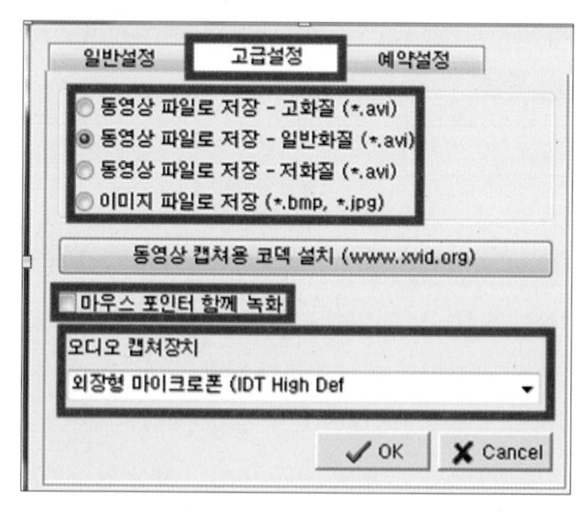

[그림12] 고급 설정

③ 〈예약설정〉에서는 예약 녹화를 설정할 수 있다. 〈예약녹화〉를 선택한 후 시작 일시와 종료 일시를 설정하면 예약 녹화가 된다. 녹화 후 컴퓨터 종료 시간도 설정할 수 있다.

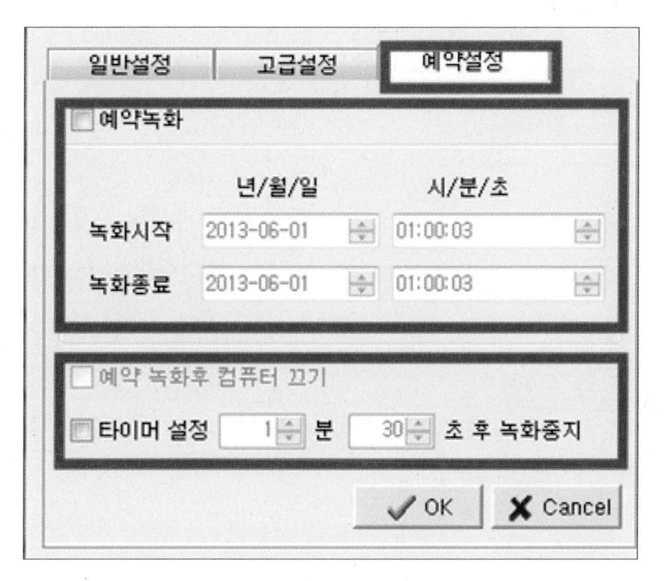

[그림13] 예약 설정화면

안 캠코더 활용하기

- 안 캠코더로 동영상에서 필요한 부분을 캡처하여 언어 학습의 시청각 자료로 활용할 수 있다.
- 〈마우스 포인터와 함께 녹화〉를 설정하면 필요한 프로그램을 사용하는 방법이나 인터넷 사이트의 자료를 찾는 방법 등을 순차적으로 녹화할 수 있다. 이렇게 만들어진 동영상은 학생들에게 프로그램을 사용하는 과제를 제시할 때나 자료검색이 필요한 과업을 부여할 때 유용하다.
- 사용기간에 제한이 있는 교육자료를 동영상으로 녹화하여 반복 재생하고 싶은 경우에 유용하다.

3장

이미지

8 스내그잇 (SnagIt)

스내그잇 이해하기

스내그잇은 그림, 이미지, 동영상, 텍스트를 캡쳐해서 편집하는 프로그램이다. 이 프로그램은 다양한 자료를 캡쳐할 수 있을 뿐만 아니라 여러 가지 형태로 편집이 가능하며 편집한 내용을 MS Word, PowerPoint, SNS 등으로 직접 보내는 기능도 포함되어 있다. 셰어웨어(shareware)로 포털사이트에서 다운로드할 수 있으며 스내그잇 홈페이지[1]에서도 최신 버전의 스내그잇을 30일 동안 무료로 다운로드하여 사용할 수 있다. 사용법과 활용법도 홈페이지에 자세하게 소개되어 있다. 여기서는 스내그잇 홈페이지에서 다운로드한 버전 11로 설명한다. 스내그잇을 다운로드하면, 캡쳐 프로그램(SnagIt 11)과 편집기 프로그램(SnagIt 11 Editor)이 동시에 설치된다.

---

1 www.techsmith.com

스내그잇 사용하기

1. 스내그잇 캡쳐

1) 기본화면

캡쳐 프로그램의 기본화면 주요기능은 아래와 같다(그림1 참조).

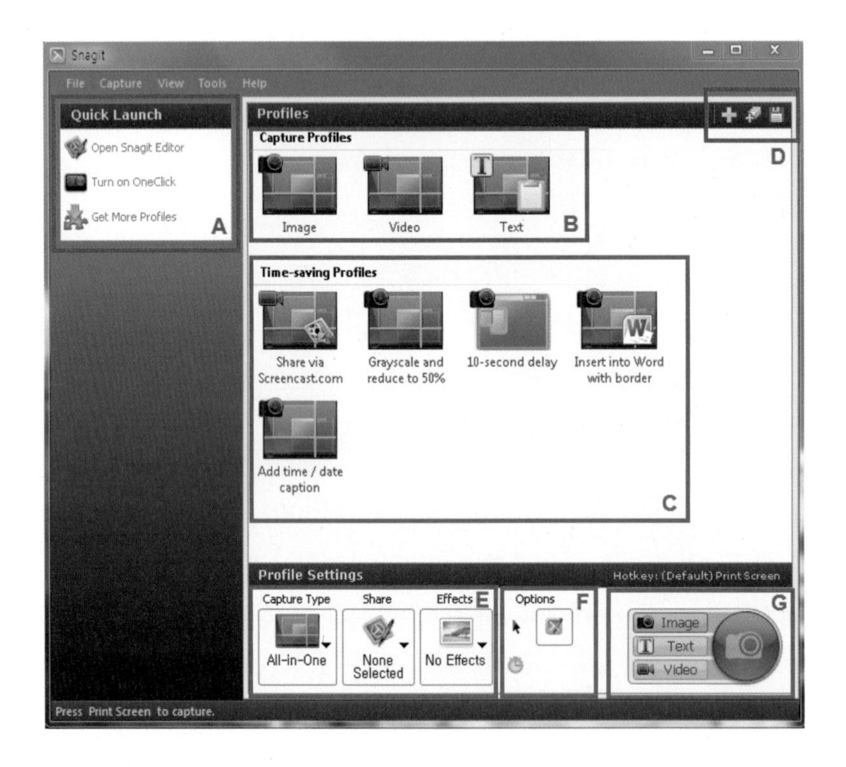

[그림1] 스내그잇 기본화면

A <Quick Launch>: 빠른 실행에 있는 세 가지 기능

	Open SnagIt Editor	스내그잇 편집기로 바로 이동
	Turn on OneClick	기본화면 메뉴 목록으로 보기
	Get more Profiles	Techsmith 홈페이지에서 다양한 프로파일 다운로드

B <Capture Profiles>: 캡처에 대한 세 가지 방식

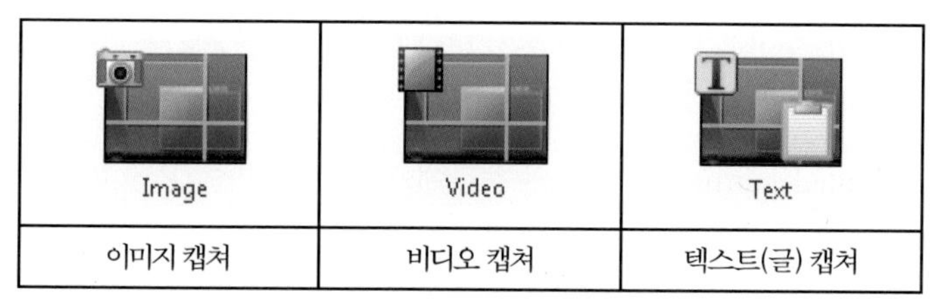

이미지 캡처	비디오 캡처	텍스트(글) 캡처

C <Time-saving Profiles>: 시간절약을 위한 캡처 방식 지정

〈Profiles〉는 다양한 캡처 방식을 지정해서 저장한 설정으로, 캡처를 보다 효과적이고 빠르게 하도록 미리 설정해 놓은 방식을 가리킨다. 즉, [그림1-C]에 있는 5개의 Profiles가 그 예시라고 할 수 있다. 〈Time-Saving〉이라는 것은 말 그대로 '시간절약', 즉 미리 설정되어 있는 Profiles을 사용하여 캡처한 후 편집까지의 시간을 줄일 수 있고, 사용자가 원하는 캡처 방식을 지정해 설정할 수도 있다.

D + ✎ 💾 : 사용자가 원하는 <Profiles>을 설정하는 키

E <Capture Profiles>에 대한 저장 방식, 효과 변경

F <Options>의 세 가지 기능

	캡처된 화면 안에 화살표 모양 포함
	캡처한 것을 편집기에서 볼 수 있는 기능
	Timer 설정 기능

G <Capture Profiles-B>의 <Image>, <Video>, <Text> 선택 후 시작을 클릭하면 캡처 가능

2) Timer 설정 기능

[그림1-F]의 〈Options〉에서 캡처 시작 시간을 설정할 수 있다.

① 〈Options〉에서 시계 모양의 단축버튼을 클릭하면 [그림2]의 화면이 나타난다.

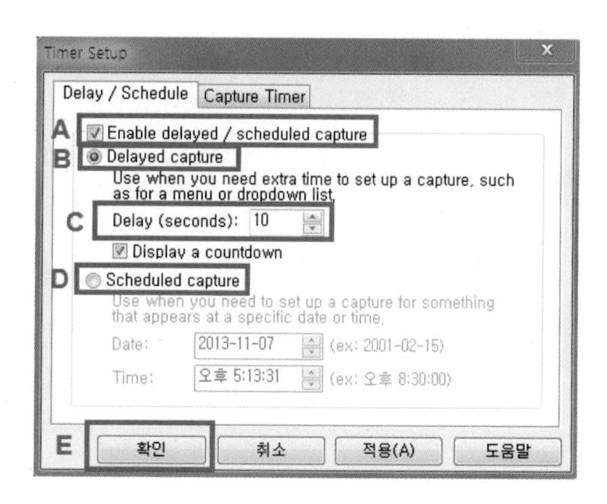

[그림2] Timer Setup(타이머설정) 기본화면

② [그림2-A]의 체크가 되어 있는 부분에 표시를 한다.
③ [그림2-B]의 〈Delayed capture〉를 선택한 후 [그림2-C]에 원하는 시간을 초 단위로 입력한다.
④ [그림2-D]의 〈Scheduled capture〉는 날짜와 시간에 맞춰 예약하는 기능이다.
⑤ [그림2-E]의 확인을 누르면 설정한 시간 후에 캡처가 시작된다.

3) 이미지 캡쳐

① 기본화면의 [그림1-E]의 〈Capture Type〉에서 이미지 캡쳐 방식을 선택한다. Region, Window, All-in-one, Scrolling Window, Free Hand 등 다양한 방법 중에서 사용자가 원하는 방식을 선택한다. 여기서는 Scrolling Window[2]를 선택하기로 한다.
② [그림1-G]에서 〈Image〉를 선택한 후 시작버튼을 누른다.
③ [그림3-B]에서 화살표 부분을 클릭하면 윈도우 화면에 보이지 않는 부분 전체를 캡처한다. [그림3-A]는 Scrolling Window하는 방법을 설명해주는 〈Help〉기능이다.

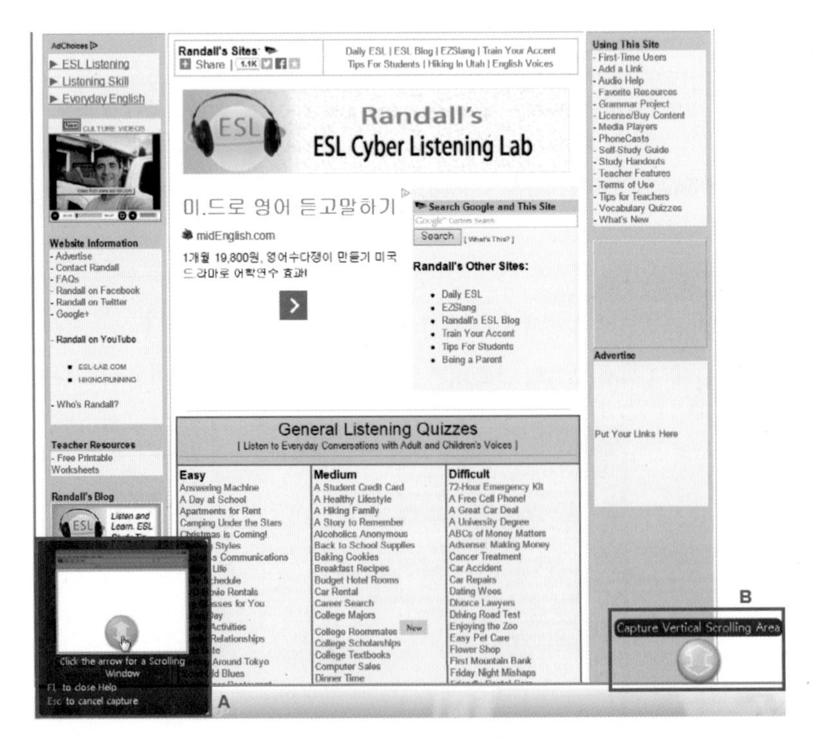

[그림3] Scrolling Window 화면

2 www.esl-lab.com

2. 스내그잇 편집기

1) 기본화면

스내그잇 편집기를 사용하여 캡쳐한 이미지를 편집한다. 이미지가 캡쳐된 후 [그림4]와 같은 편집기가 실행된다. 편집기 메뉴에는 〈File〉, 〈Draw〉, 〈Image〉, 〈Hotspots〉, 〈Tags〉, 〈View〉, 〈Share〉 기능이 있다.

[그림4] 편집기 기본화면

2) File

〈File〉에는 [그림5]와 같이 기본적인 기능이 포함되어 있다. 새로운 페이지 열기(New), 기존 파일 불러오기(Open), 작업 내용 저장하기(Save), 다른 파일형식으로 저장하기(Save as), 이미지 변형하기(Convert Images), 출력하기(Print), 삭제하기(Delete) 등이 있다. [그림5]의 〈Editor Options〉는 사용자가 원하는 대로 편집기를 설정하는 기능이다.

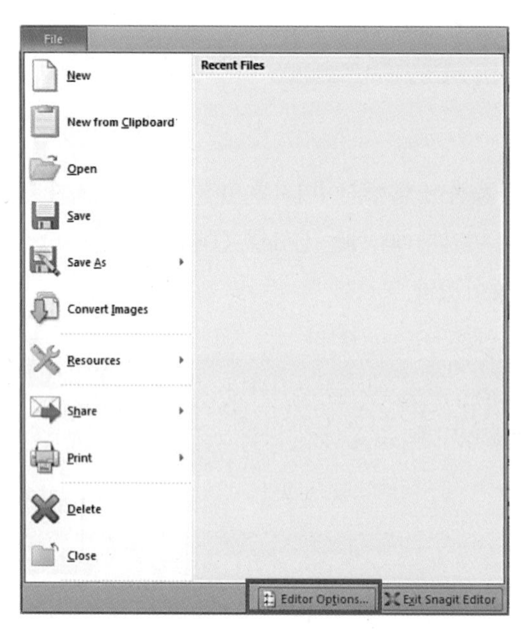

[그림5] SnagIt Editor의 File메뉴 기본화면

[그림6]의 파일을 불러오려면 〈File〉-〈Open〉-파일 선택-〈열기〉를 순서대로 클릭한다.

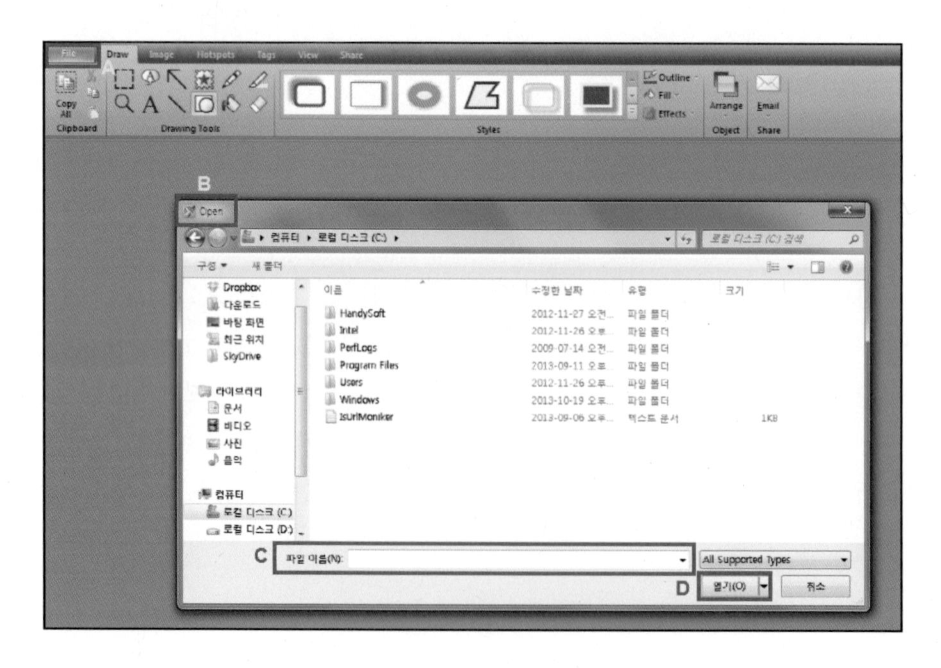

[그림6] Open 기능

[그림7]의 파일을 저장하려면 〈File〉-〈Save as〉-〈파일 이름〉과 파일 형식 선택-〈저장〉을 순서대로 클릭한다.

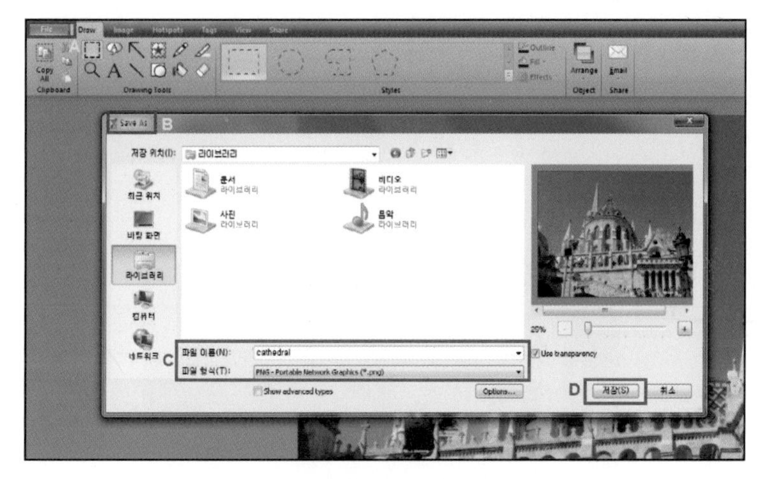

[그림7] Save 기능

3) Draw

〈Draw〉에는 [그림8-A]와 같이 12개의 〈Drawing Tools〉(그리기 도구)가 있다. 각각의 기능을 클릭하면 [그림8-B]와 같이 다양한 〈Styles〉가 나타난다. 각각의 그리기 도구에 대해 알아보자.

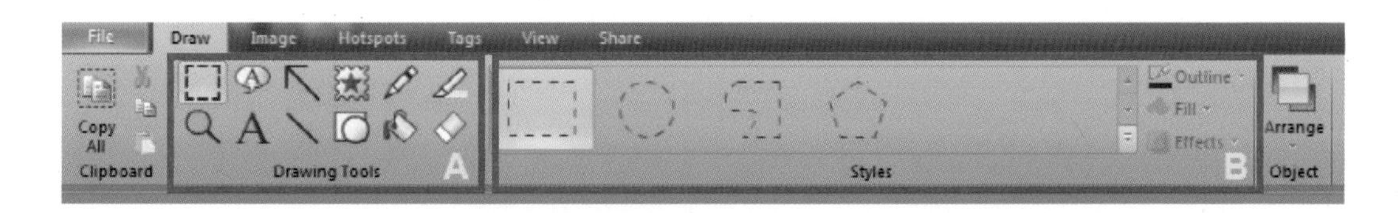

[그림8] Draw의 기본화면

① 〈Selection〉은 캡쳐된 이미지 중 일부를 직사각형, 원 등의 형태로 선택하여 이동, 복사, 자르기를 할 수 있다.

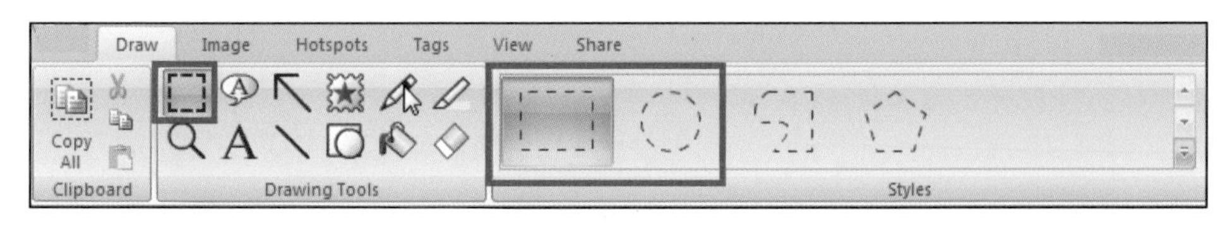

[그림9] Selection 기능

② 〈Callout〉은 다양한 형태의 말풍선에 여러 가지 글자체를 삽입할 수 있다.

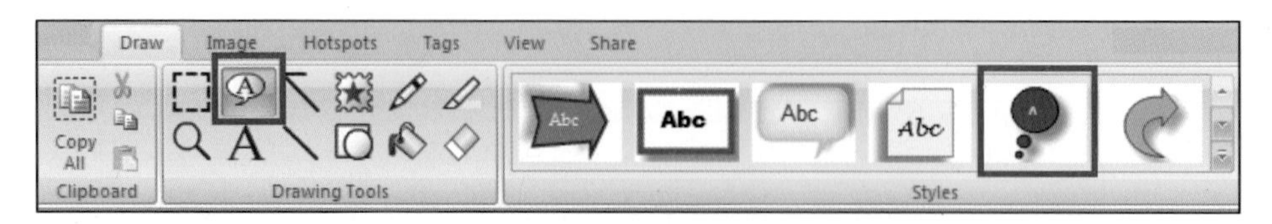

[그림10] Callout 화면

[그림11]은 〈Selection〉과 〈Callout〉을 사용한 예시이다.

[그림11] Selection과 Callout을 사용한 예시

③ 〈Arrow〉로 여러 가지 모양과 색깔의 화살표를 삽입할 수 있다.

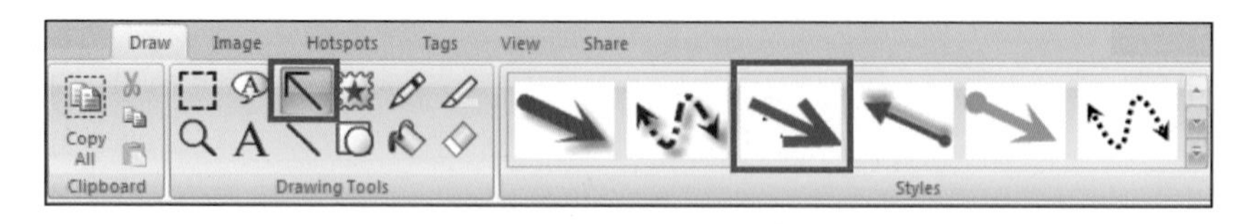

[그림12] Arrow 화면

④ 〈Stamp〉는 이미지 안에 작은 도형, 숫자, 글자, 그림 등을 도장처럼 찍는 기능이다. 사용자가 원하는 모양을 홈페이지에서 다운받을 수 있다.

[그림13] Stamp 화면

⑤ 〈Pen〉은 선(line)을 삽입하는 기능이다. 선의 색깔, 굵기, 모양 등은 조정이 가능하다.

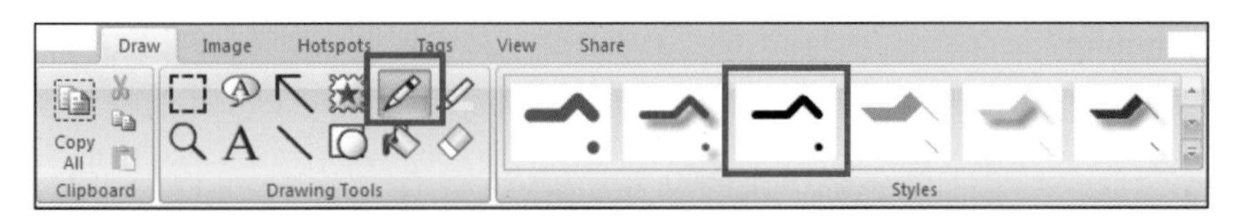

[그림14] Pen 화면

⑥ 〈Highlight〉는 하이라이트 기능으로, 강조하고 싶은 영역을 〈Selection〉도구로 선택한 후 원하는 색을 클릭하여 사용한다.

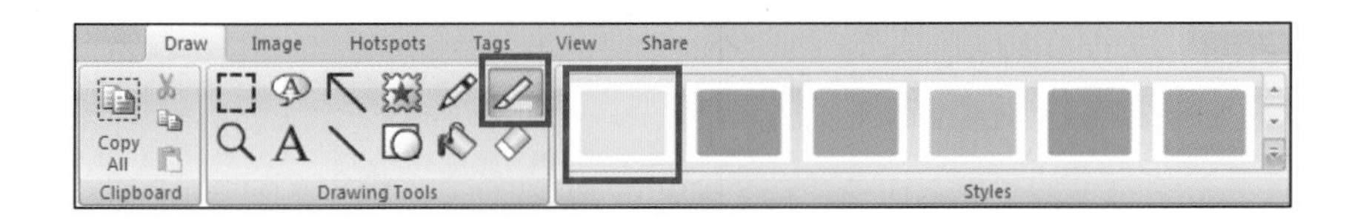

[그림15] Highlight 화면

[그림16]은 지도를 이미지로 캡쳐하고 5가지 〈Draw〉도구를 활용한 예시이다.[3]

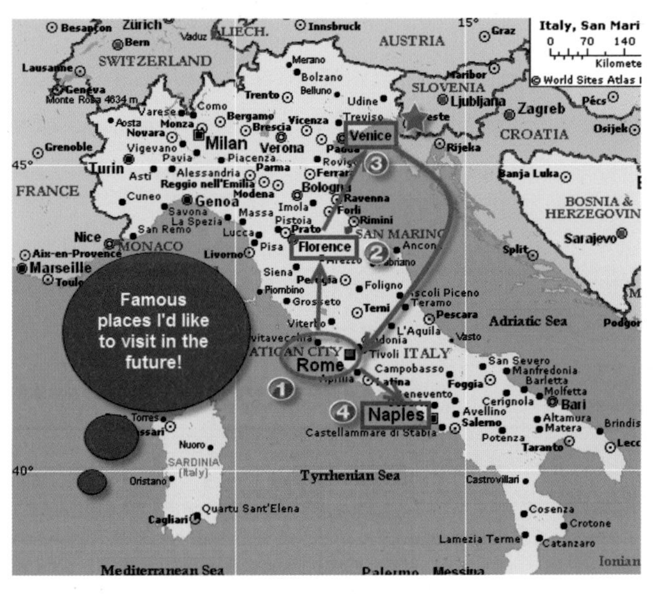

[그림16] 5가지 Draw기능을 활용한 예시

3 출처: http://blog.naver.com/PostView.nhn?blogId=figure33&logNo=120069998131

- ⟨Callout⟩ "Famous places I'd like to visit in the future"라는 문구 삽입
- ⟨Arrow⟩ 화살표로 여행지의 순서 표시
- ⟨Stamp⟩ 도장으로 여행지의 순서 표시. 또한, 보라색 별 도장으로 가장 가고 싶은 여행지 표시
- ⟨Shape⟩ 타원과 직사각형으로 가고 싶은 도시명 강조
- ⟨Highlight⟩ 노란색으로 주변 바다 이름 강조

⑦ ⟨Zoom in/out⟩으로 캡쳐한 이미지를 확대/축소하여 볼 수 있다.

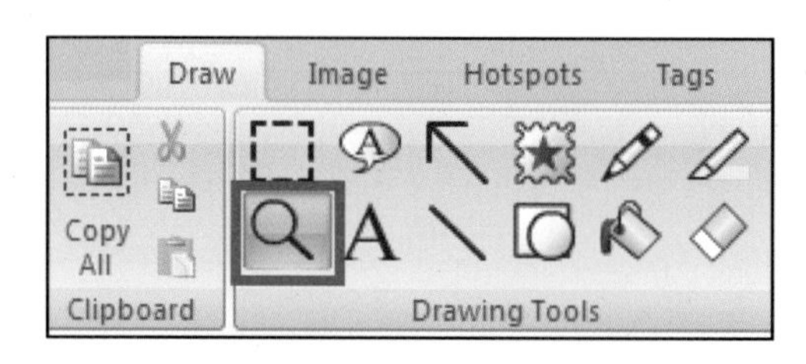

[그림17] Zoom in/out 화면

[그림17]에 있는 ⟨Zoom in/out⟩을 클릭한 후 마우스의 좌클릭하면 확대된 이미지를, 우클릭하면 축소된 이미지를 보여준다.

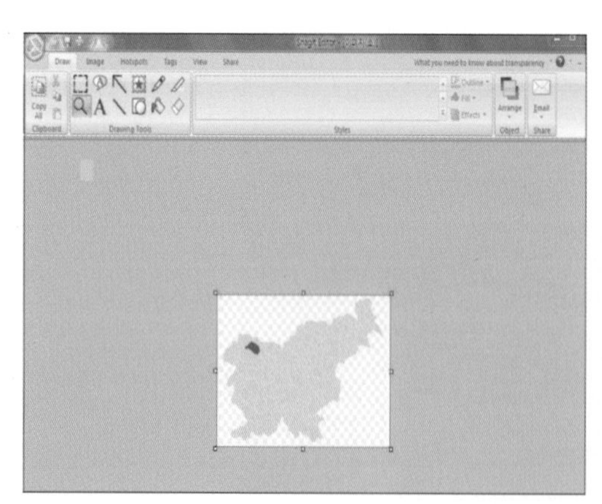

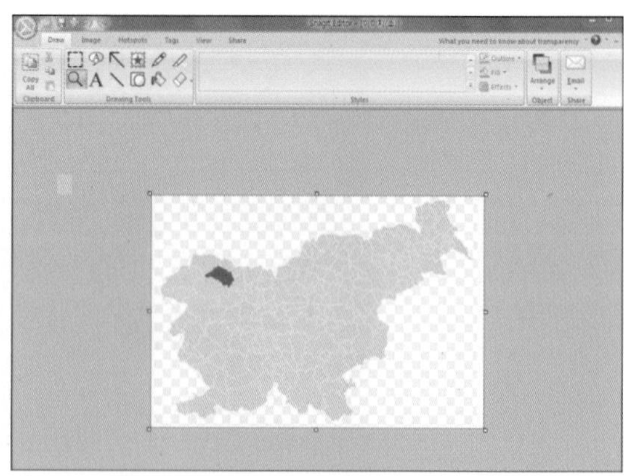

[그림18] Zoom in/out의 예시[4]

4 출처: http://upload.wikimedia.org/wikipedia/commons/d/d3/Karte_Bled_si.png

⑧ 〈Text〉로 이미지 안에 글자를 삽입할 수 있다. 글자의 서체, 크기, 스타일 등을 선택할 수 있다.

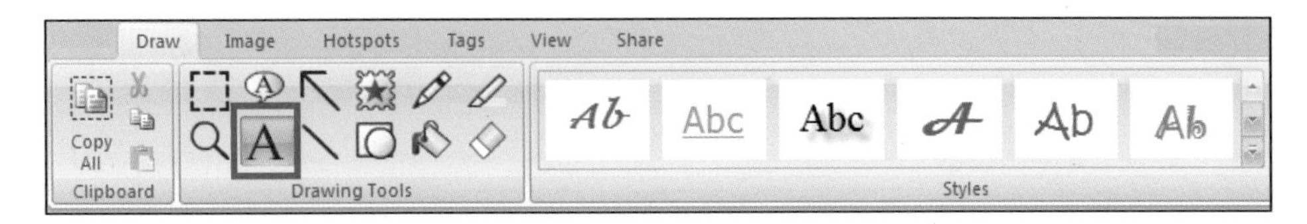

[그림19] Text 화면

⑨ 〈Line〉으로 이미지에 다양한 선을 삽입한다. 스타일, 색깔, 굵기 등을 선택할 수 있다.

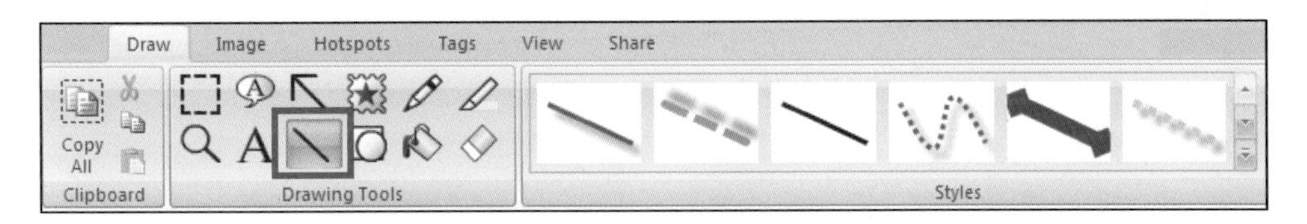

[그림20] Line 화면

⑩ 〈Shape〉로 다양한 모양, 색깔의 도형을 삽입할 수 있다.

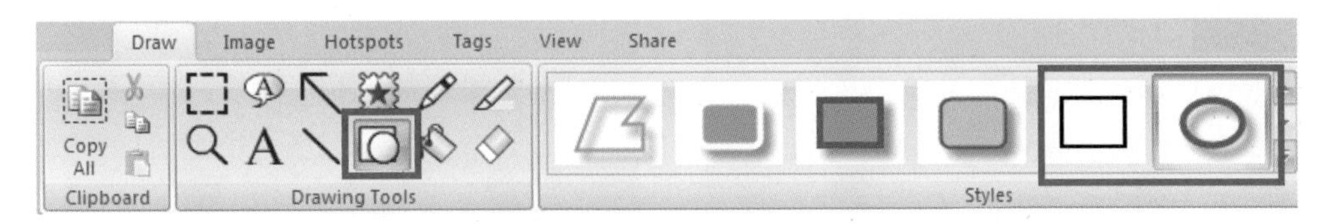

[그림21] Shape 화면

⑪ 〈Fill〉로 선택한 영역에 원하는 색상을 채울 수 있다.

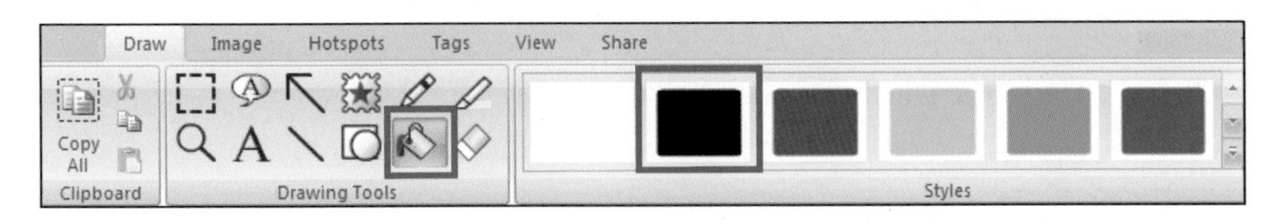

[그림22] Fill 화면

⑫ 〈Erase〉로 선택한 영역을 지울 수 있다.

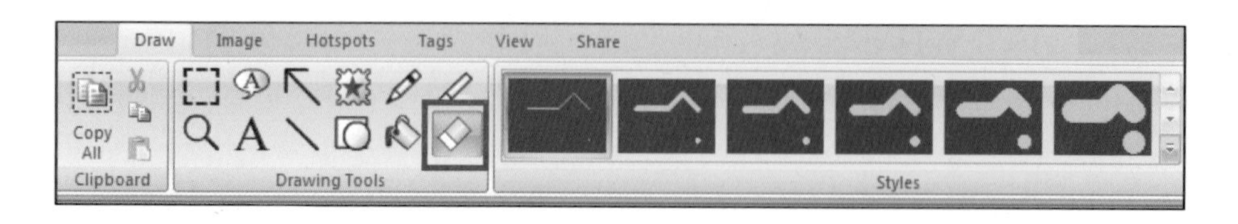

[그림23] Erase 화면

[그림24]는 5가지 새로운 〈Draw〉도구를 활용한 예시이다. 원본 그림의 텍스트, 색깔, 모양 등을 편집하여 '다른 그림 찾기' 자료를 제작한 것이다.

[그림24] 5가지 Draw기능을 활용한 예시 – 오른쪽이 수정 후 그림

〈Erase〉 "The Magic Flute"에서 "Flute"를 지움

〈Text〉 "Hat" 입력

〈Fill〉 "Hat"의 박스 색깔 입력

〈Pen〉 등장인물 표시 선 그리기

〈Line〉 "enterance" 단어 아래 흰색으로 밑줄 추가

4) Image

〈Image〉는 〈Canvas〉, 〈Image Style〉, 〈Modify〉의 세 가지 기능으로 나뉜다.

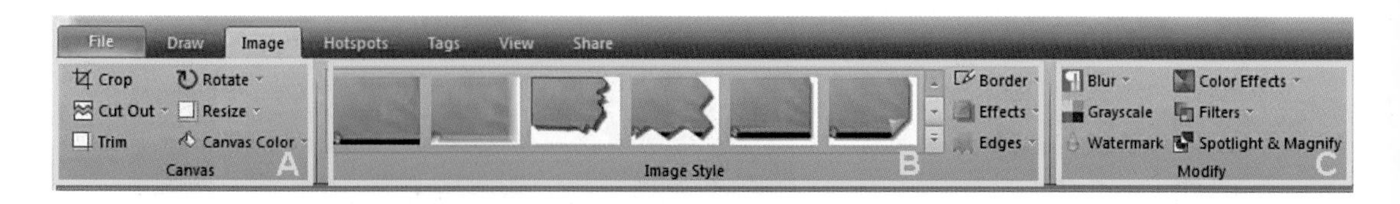

[그림25] Image 기본화면

A 〈Canvas〉 6개의 메뉴를 사용해 이미지 변형
B 〈Image Style〉 이미지 스타일 종류
C 〈Modify〉 이미지 효과 삽입

〈Canvas〉의 6가지 메뉴를 설명하고 예시를 제시한다.

① 〈Crop〉은 캡쳐한 이미지에서 원하지 않는 부분을 삭제할 수 있다. 즉, 원하는 부분을 먼저 선택하고 〈Crop〉을 클릭하면 나머지 부분은 삭제가 가능하다.

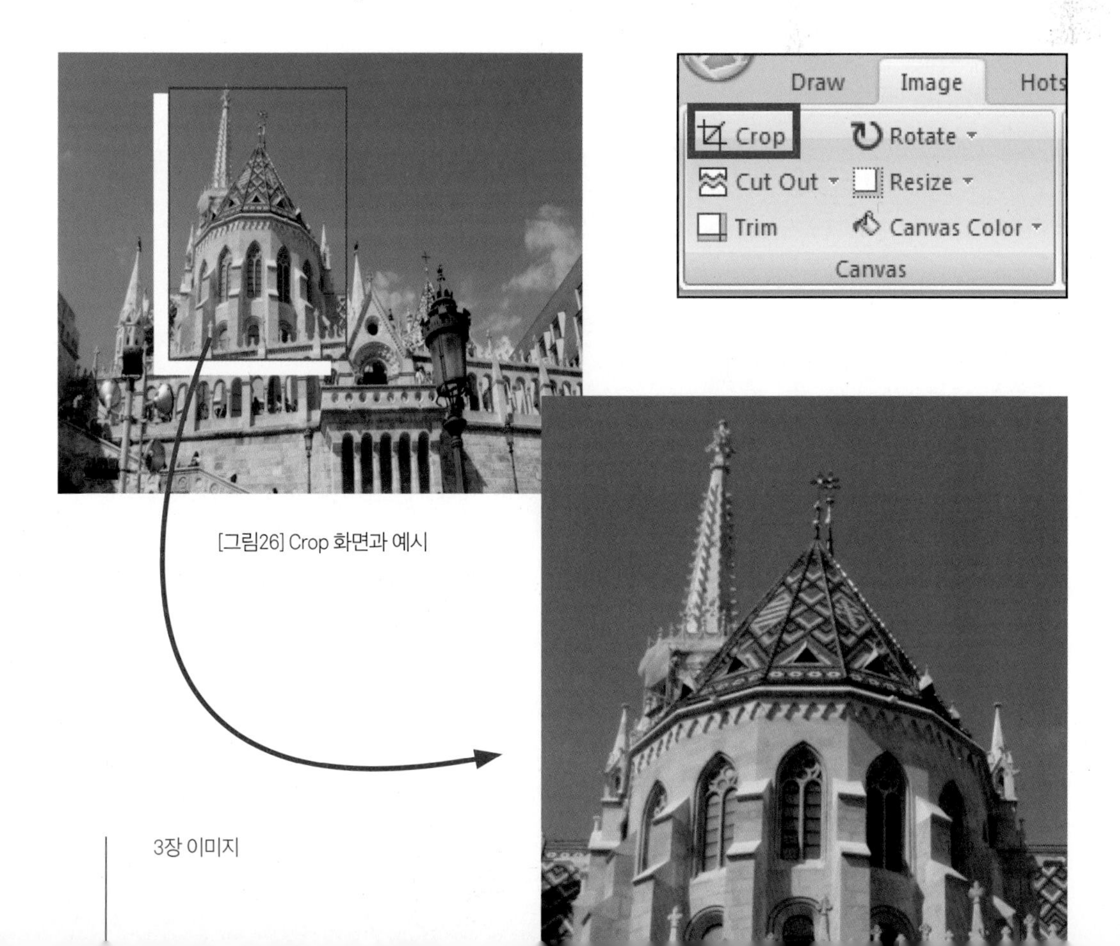

[그림26] Crop 화면과 예시

② 〈Cutout〉은 가로나 세로 방향으로 이미지를 잘라낼 수 있는 기능이다. 모서리 모양은 선택할 수 있다.

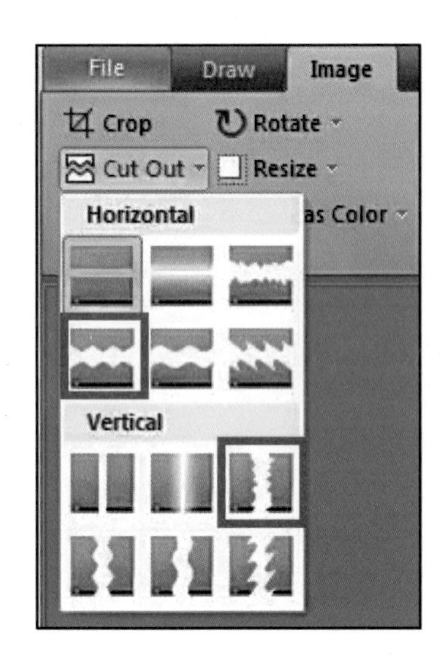

[그림27] Cutout 화면 종류와 예시

③ 〈Trim〉은 선택한 사진에서 필요 없는 부분을 자동으로 잘라준다.

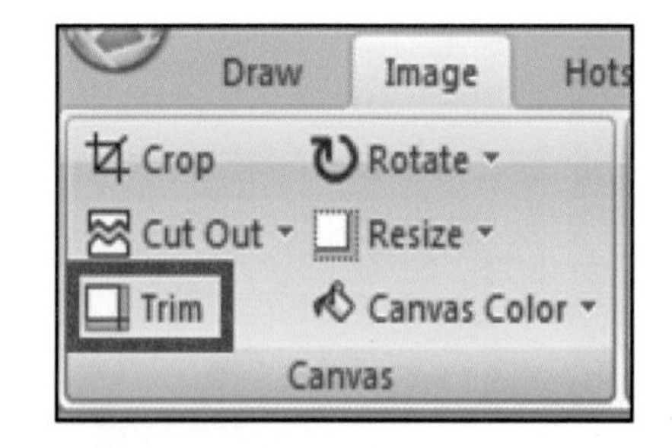

[그림28] Trim 화면과 예시

④ 〈Rotate〉는 이미지를 회전하는 기능이다. [그림29]에 화살표가 가리키는 부분을 클릭하면 〈Horizontal〉이나 〈Vertical〉을 선택할 수 있다.

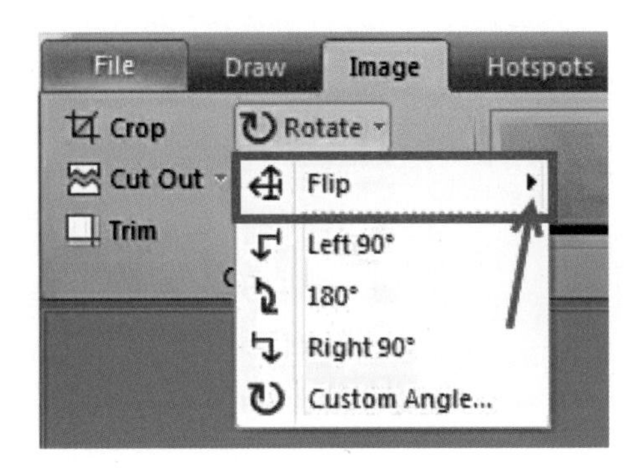

[그림29] Rotate 화면

[그림30]의 좌측 이미지에서 〈Rotate〉-〈Flip〉-〈Horizontal〉을 선택하면 우측 이미지처럼 자동차와 나무의 위치가 바뀐다.

[그림30] Rotate 실행 화면

⑤ 〈Resize〉는 이미지 Canvas와 배경화면의 크기를 변경할 수 있다.

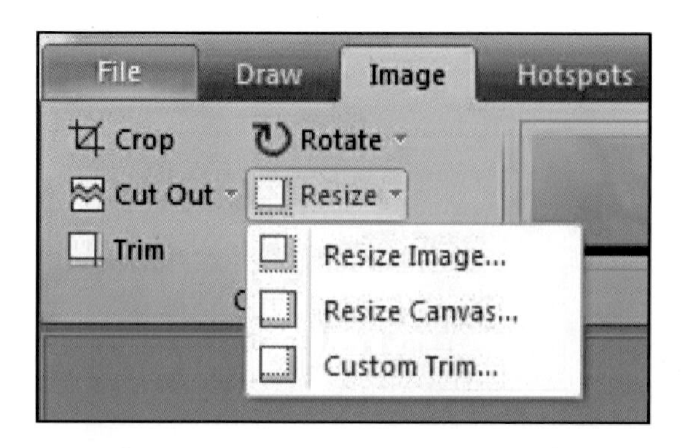

[그림31] Resize 화면

⑥ 〈Canvas Color〉로 배경화면의 색깔을 지정할 수 있다. 이미지가 돋보이도록 배경화면의 색깔을 선택하면 된다.

[그림32] Canvas Color 화면

5) Tags

〈Tags〉는 캡처된 이미지를 분류하기 위해 태그를 삽입하는 기능으로, 〈Important〉, 〈Funny〉, 〈Personal〉 등으로 나뉜다.

[그림33] Tags 기본화면

6) View

〈View〉는 캡처한 이미지를 보는 방법이다. 여러 이미지를 한번에 보기(Cascade or Arrange All), 줌을 사용해 크거나 작게 보기(Zoom), 캡처한 모든 이미지가 담겨있는 〈Library〉 등이 있다.

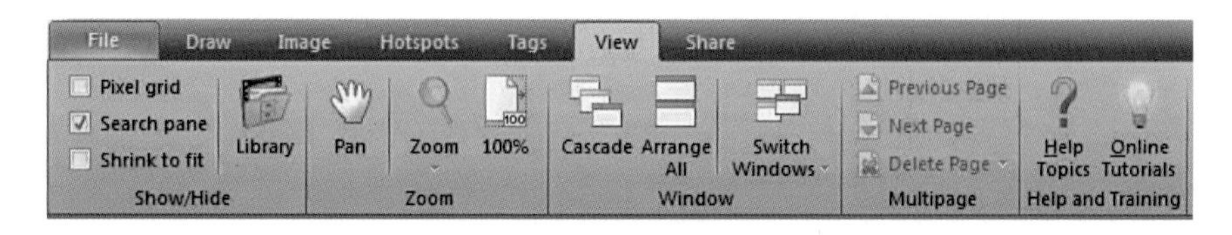

[그림34] View 기본화면

7) Share

〈Share〉메뉴는 편집한 이미지를 이메일, 워드, 파워포인트 등으로 보내는 기능이다. 〈More Accessories〉를 클릭하면 〈TechSmith〉 사이트로 이동한다. 여기서 유튜브, 페이스북, 에버노트(Evernote), 트위터 등의 공유 프로그램을 다운로드하여 설치하면 〈Share〉메뉴의 하위메뉴로 포함된다.

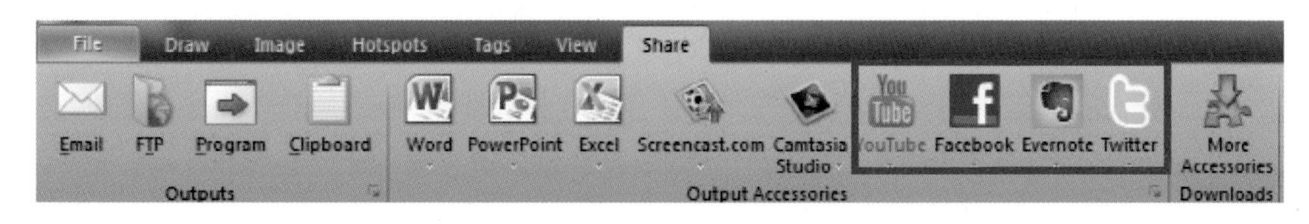

[그림35] Share 기본화면

스내그잇 활용하기

- 유럽 지도의 이미지를 다양한 〈Draw〉기능을 활용해 편집한 후 학습자가 가고 싶은 여행지에 대해 목표 언어로 발표할 수 있다. 강조된 시각적인 효과를 통해 학습동기를 유발시키며 유의미한 학습이 가능하다.
- "두 이미지에서 다른 부분 찾기"라는 자료를 통해 듣기, 쓰기, 말하기 과제로 활용이 가능하다. 하나의 그림으로 두 가지 다른 시각자료를 만들어낼 수 있다. 예를 들면, 사람들의 머리모양, 머리색, 눈동자 색, 옷의 모양과 색깔 등을 다양하게 바꾸어서 서로 다른 점을 듣고 써보는 연습문제나 말하기 활동으로 활용할 수 있다. 또한, 같은 자료로 정보차 활동(Information Gap)을 통한 학습자 사이의 활발한 상호작용으로 효과적인 언어학습을 기대할 수 있다.
- 텍스트 파일을 언어활동에 맞추어서 〈Draw〉의 다양한 기능으로 편집할 수 있다. 예를 들면, 다음과 같은 절차로 듣기활동에 활용할 수 있다.
  - ① 팝송가사를 인터넷에서 텍스트 상태로 캡처한다.
  - ② 팝송가사를 듣고 빈칸 채우기 활동을 할 경우, 〈Draw〉메뉴에서 〈Erase〉를 사용해 단어를 지울 수 있다.
  - ③ 지운 곳에 〈Line〉이나 〈Shape〉을 사용해서 빈칸을 만들고, 〈Stamp〉를 사용해 번호 삽입도 가능하다
  - ④ 반복적으로 나오는 후렴부분은 〈Stamp〉에서 중요 표시를 찾아 삽입할 수 있다.
  - ⑤ 〈Text〉를 사용해 다른 단어를 삽입해 원래 가사와 틀린 단어를 찾는 활동도 가능하다.
- ①~⑤까지의 편집을 마친 후 〈Share〉의 〈Word〉를 활용해 파일로 만든 후 프린트하여 교실환경에서 사용할 수 있다.
- 위의 예시와 같이 선택한 이미지나 텍스트를 다양한 방법으로 편집할 수 있고, 이렇게 제작된 학습자료들을 〈Share〉메뉴를 통해, 파워포인트, 워드, 소셜네트워크(SNS)로 전송할 수 있다. 이렇게 전송된 자료들로 교실 안과 교실 밖, 다른 나라의 학습자들과의 언어적인 상호교류가 가능하고, 그 나라의 문화를 학습하는 데도 유용하게 사용할 수 있다.

9 알캡쳐 (AL Capture)

알캡쳐 이해하기

알캡쳐는 알툴바 프로그램에서 제공하는 이미지 캡쳐 기능으로 편리성 때문에 사용자가 점차 늘어나는 추세다. 알캡쳐는 손쉽고 빠르게 이미지를 캡쳐하게 도와줄 뿐 아니라 간단한 편집 기능까지 함께 제공하고 있다. 인터넷 종합 포털사이트에서 알툴바를 검색하여 프로그램을 설치한다. 이때 제작사의 다른 프로그램들(알송, 알집, 알FTP 등)이 설치되지 않도록 제시되는 물음에 꼼꼼하게 답하면서 진행한다. 일반적으로 이미지를 캡쳐하기 위해서 마우스 우클릭 메뉴의 <다른 이름으로 그림 저장하기>를 이용하거나 키보드의 <PrtSc>버튼을 사용하는데, 간혹 저장을 막아 놓은 이미지나 화면에 캡쳐할 이미지가 많은 경우에 알캡쳐를 사용하는 것이 더 유용하다.

알캡쳐 사용하기

알툴바가 설치되면 인터넷 브라우저 화면 상단에 [그림1]의 알툴바 화면이 나타난다.

[그림1] 알툴바 화면

알툴바의 〈캡쳐〉를 클릭하면 다양한 방법으로 이미지를 캡쳐할 수 있다.

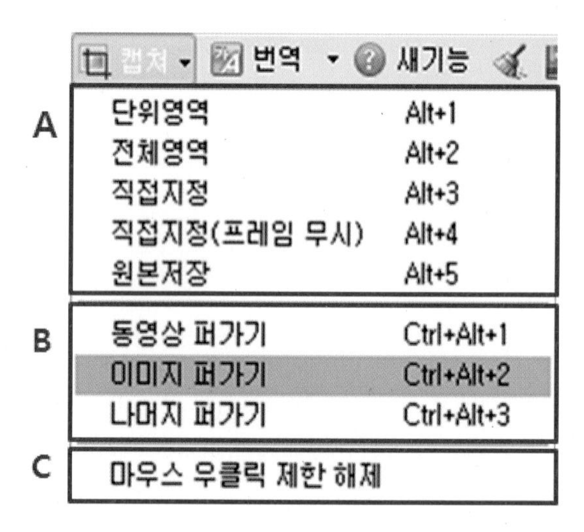

[그림2] 알툴바 캡쳐 메뉴

알캡쳐의 메뉴는 (A) 캡쳐영역 지정, (B) 펴가기, (C) 마우스 우클릭 제한 해제의 세 가지로 구분된다.

1. 캡쳐영역 지정

컴퓨터 화면에서 캡쳐할 영역을 지정하는 메뉴들은 다음과 같다.

- 〈단위영역〉 화면의 프레임 단위 영역 캡쳐
- 〈전체영역〉 화면의 전체 영역 캡쳐

- 〈직접지정〉 사용자가 직접 지정한 영역 캡처
- 〈직접지정(프레임무시)〉 화면의 프레임을 무시하고 사용자가 직접 지정한 영역 캡처
- 〈원본저장〉 이미지 원본 저장

이 가운데 사용자가 가장 자주 사용하게 되는 메뉴는 〈단위영역〉과 〈직접지정〉 메뉴이다. 아래의 순서로 사용한다.

1) 단위영역 메뉴의 사용

① 알캡쳐 메뉴의 〈캡쳐〉-〈단위영역〉을 선택한다.

② 웹사이트의 메뉴, 텍스트, 그림 등의 영역을 프레임 단위로 선택할 수 있다. 캡쳐할 이미지 위에 마우스를 올리면 [그림3-A]처럼 빨간색 상자가 나타난다.

③ 선택한 영역을 클릭하면 [그림3-B]의 알캡쳐 미리보기 팝업창이 나타나고 선택한 단위영역의 캡쳐본이 생성된다.

④ [그림3-C]의 〈저장〉을 클릭하여 이미지를 저장한다.

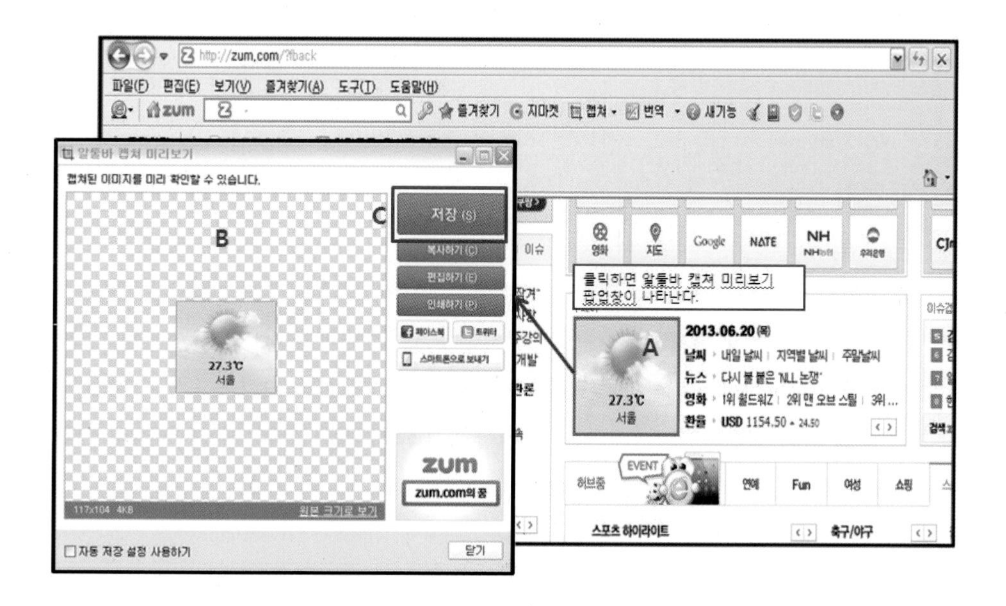

[그림3] 단위영역 메뉴 실행 화면[1]

---

1 출처: http://zum.com

2) 직접지정 메뉴의 사용

① 알캡쳐 메뉴의 〈캡쳐〉-〈직접지정〉을 선택한다.

② [그림4-A]와 같이 마우스가 십자 모양으로 바뀌고 원하는 구역으로 이동할 수 있다. 이때 화면의 정해진 프레임 단위를 무시하고 선택할 수 있다.

③ 원하는 그림의 시작과 끝을 드래그해서 지정한다.

④ [그림4-B]의 알툴바 캡쳐 미리보기 팝업창에 선택한 이미지가 나타난다.

⑤ [그림4-C]의 〈저장〉을 클릭하여 이미지를 저장한다.

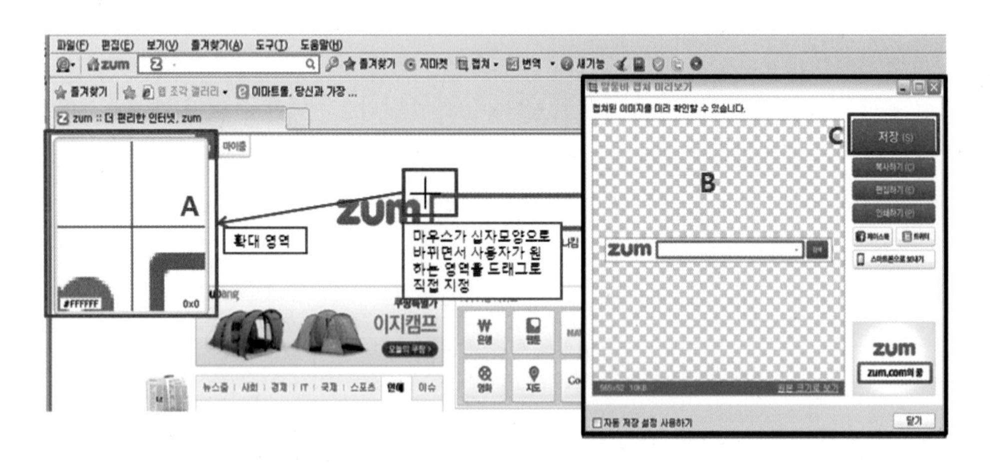

[그림4] 직접지정 메뉴 실행 화면

2. 퍼가기

1) 이미지 퍼가기

〈이미지 퍼가기〉는 현재 보고 있는 컴퓨터 화면에 나타난 이미지를 컴퓨터로 다운로드하는 메뉴이다. 〈이미지 퍼가기〉 메뉴를 클릭하면 화면에 있는 여러 개의 그림들이 다운로드받을 수 있는 파일 목록으로 제시되는데, 이 목록에서 필요한 파일을 선택하면 한번에 여러 개의 파일을 다운로드할 수 있다. 이는 이미지를 하나씩 캡쳐해서 저장하고 편집하는 것에 비해 매우 편리하다. 아래의 순서로 사용한다.

① 알캡쳐 메뉴의 〈캡쳐〉-〈이미지 퍼가기〉를 선택한다.

② [그림5]의 〈이미지 퍼가기〉 팝업창이 나타나고 화면의 모든 그림파일 목록이 보인다(그림5-A 참조).

③ 파일명을 하나씩 클릭하여 원본을 미리보기로 확인한다.

④ 파일명의 좌측 박스를 선택(√)하거나 다운로드할 파일명을 선택한 후 [그림5-B]의 〈체크〉를 클릭한다.

⑤ [그림5-C]의 〈폴더열기〉를 클릭하여 저장할 위치를 지정한다.

⑥ [그림5-D]의 〈다운로드〉를 클릭해서 파일을 저장한다.

[그림5] 이미지 퍼가기 팝업창

[그림6] 이미지 검색 화면

[그림5-E]의 〈검색조건〉은 화면상에 이미지가 많은 경우 원하는 이미지를 고르기 위해 사용한다. 예를 들어 원본 이미지의 크기가 너무 작은 경우 다른 프로그램에서 사용하기 어려울 수 있다. 이때 일정크기 이상의 이미지를 검색하여 선택적으로 다운로드하면 이미지를 편집하기에 용이하며, 다른 응용프로그램에서 편리하게 사용할 수 있다. [그림6]은 가로/세로의 크기가 150픽셀 이상인 이미지만 다운로드하도록 설정한 것이다. 〈검색조건〉에 150을 입력한 후 〈적용〉을 클릭하면 해당 이미지만 목록에 나타난다.

2) 동영상 퍼가기

〈동영상 퍼가기〉는 화면상의 동영상을 다운로드하는 메뉴이다. 컴퓨터에 알툴바가 설치된 후 웹 화면에서 동영상이 재생될 때 동영상의 오른쪽 상단에 마우스를 올리면 [그림7]과 같이 다운로드 화살표가 나타난다. 이 화살표를 클릭하면 동영상을 플래시 파일(.flv)로 저장할 수 있다. 아래의 순서로 사용한다.

[그림7] 동영상 다운로드 화면[2]

① 동영상이 재생되면 우측 상단에 마우스를 올리고 〈Down〉 화살표를 클릭한다.

② [그림8-A]와 같이 동영상 다운로드 설정창이 보이면 ... 폴더열기 를 클릭하여 동영상 저장 위치를 지정한다.

③ 하단의 〈다운로드〉를 클릭하면 [그림8-B]의 다운로드 매니저가 나타나면서 다운로드가 진행된다.

④ 다운로드가 완료되면 [그림9]의 〈열기〉를 클릭하여 파일을 실행시키거나 〈폴더 열기〉를 클릭하여 저장된 파일을 확인한다.

⑤ 〈퀵전송〉은 다운로드한 동영상파일이나 출처(URL), 메시지 등을 컴퓨터의 다른 폴더로 전송하거나 아이폰, 안드로이드 폰, 홈페이지 등으로 전송하고자 할 때 숫자 코드를 생성해주는 기능이다. 전송한 동영상이나 텍스트 파일 등은 보낸 목록에 저장된다.

---

2 출처: http://blog.naver.com/mbpa1?Redirect=Log&logNo=110152755008

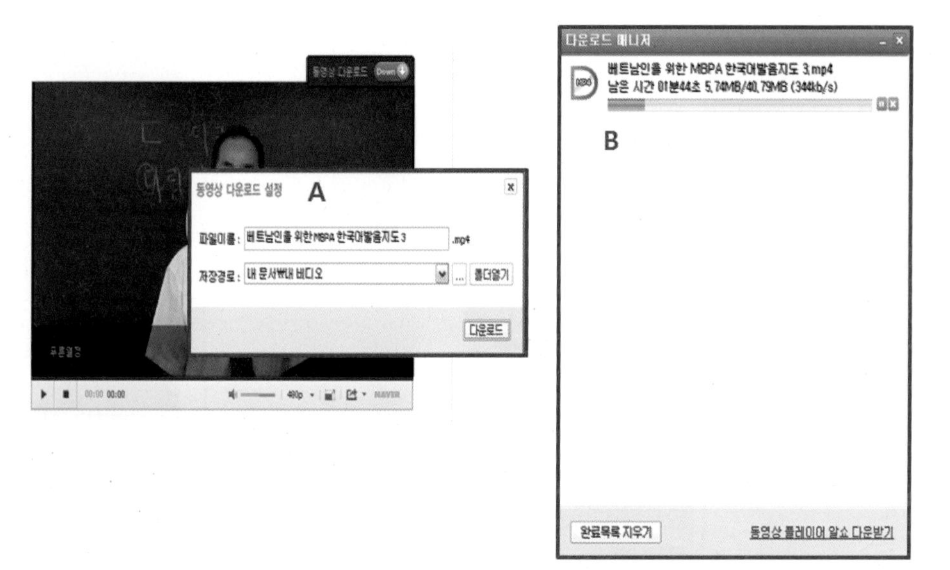

[그림8] 동영상 다운로드 설정창과 다운로드 매니저 화면

[그림9] 다운로드 완성 화면

3. 마우스 우클릭 제한 해제

〈마우스 우클릭 제한 해제〉 메뉴는 일종의 서명 작업으로 인터넷상의 콘텐츠를 사용할 수 있게 허용하는 기능이다. 인터넷에 업로드된 텍스트나 이미지 가운데 복사나 다운로드가 허용되지 않는 경우 텍스트를 드래그해서 복사하거나 마우스 우클릭하여 〈다른 이름으로 사진 저장하기〉메뉴를 사용할 수 없게 된다. 이때 알툴바 캡처의 〈마우스 우클릭 제한 해제〉 메뉴를 선택(√)하면 제한된 텍스트를 드래그해서 복사하거나 이미지를 끌어오는 것이 허용된다. 아래의 순서로 사용한다.

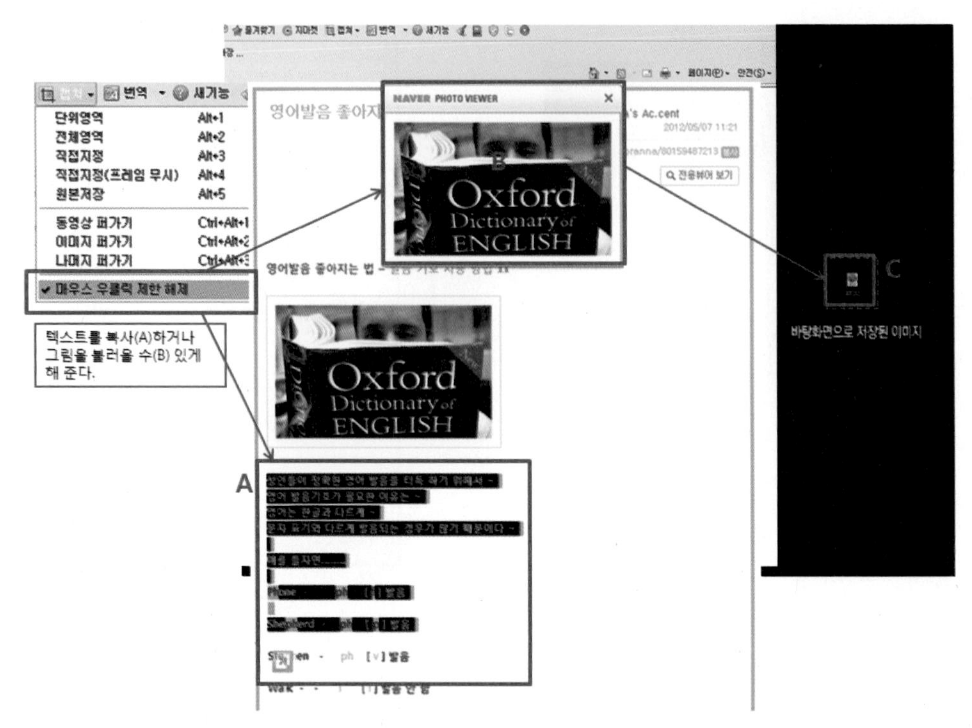

[그림10] 마우스 우클릭 제한 해제 실행 화면3

① 다운로드하려는 이미지나 텍스트가 있는 웹 화면을 열어둔다.

② 알캡처의 〈마우스 우클릭 제한 해제〉를 선택(√)한다.

③ [그림10-A]와 같이 텍스트 내용을 드래그하여 선택한 후 복사-붙여넣기 할 수 있다.

④ 그림을 클릭하면 [그림10-B]와 같이 미리보기 창이 나타난다.

⑤ 미리보기 창의 그림을 클릭하여 바탕화면으로 드래그하면 [그림10-C]와 같이 바탕화면에 이미지가 저장된다.

---

3 출처: http://blog.naver.com/doctoranna?Redirect=Log&logNo=80159487213

알캡쳐 활용하기

알캡쳐로 저장한 이미지나 동영상 파일은 언어 교수·학습자료를 제작하는 데 다양하게 활용될 수 있다.

- 알툴바의 캡쳐 기능은 인터넷상의 콘텐츠를 사용자가 임의로 다운로드할 수 있게 하고 특히 이미지나 동영상을 저장하여 교실수업의 자료로 사용할 수 있다. 언어 학습에 있어서 단어나 문장 등의 텍스트를 그림과 함께 제공하면, 학습자의 단기 기억력을 향상시키고 장기 기억력에도 큰 영향을 줄 수 있다. 예를 들어 어휘 학습에서 새로운 단어와 이미지를 함께 제공하면 학습자가 단어의 뜻과 상황을 함께 기억하게 되고 실제 상황에서 쉽게 적절한 단어를 사용하여 발화할 수 있게 된다.
- 알캡쳐를 사용하여 다운로드한 이미지에 강조 표시, 하이라이트 등을 삽입하면[4] 입력 강화(input enhancement)를 위한 학습자료를 제작할 수 있다. 또한 캡쳐한 시각적 자료에 텍스트, 음성파일 등을 첨부하여 제공한다면 이중부호화 이론(dual-coding theory)[5]에 맞는 학습자료가 되는데, 이는 학습자가 입력된 내용을 훨씬 쉽게 기억할 수 있는 환경을 만들어준다.
- 알캡쳐 기능은 학습용 이미지 자료를 만드는 데 있어 교사, 콘텐츠 개발자, 학부모, 학생 들이 편리하게 사용할 수 있다. 또한 개인용 웹사이트, 블로그, 트위터, 페이스북 같은 SNS를 이용해 자료를 공유할 수 있다. 다만 인터넷상의 자료들을 다운로드하거나 활용하는 데 있어 저작권의 문제가 없는지 확인하는 것이 필요하다.

---

4 알캡쳐와 동시에 제공되는 알편집기를 사용하거나 스내그잇같은 이미지 편집 프로그램을 사용한다.

5 이중부호화 이론이란 인간의 뇌에 영상이나 이미지를 처리하는 우뇌와 언어 정보(verbal information)를 처리하는 좌뇌가 존재하며 효과적인 암기를 위해서는 시각적 이미지와 언어 정보가 동시에 제시되어야 한다는 이론이다(Anderson & Bower, 1973).

10 시각자료 (Image)

시각자료 이해하기

이미지는 다양한 시각자료를 활용하여 외국어 학습을 흥미롭게 하기 위해 활용되는 미디어다. 지금까지는 이미지가 단순히 텍스트의 보조도구로 활용되어 왔다. 그러나 최근의 학습자들은 텍스트보다 이미지에 더 친숙한 반응을 보이는 경향이 있어서 이미지를 활용하면 높은 학습 효과를 기대할 수 있다. 이 장에서는 덤퍼[1]와 프레이저[2] 같은 인터넷 기반 이미지 제작도구를 사용하여 외국어 교육 자료를 제작하는 방법을 소개한다.

1 http://www.dumpr.net

2 http://www.pimpampum.net/phrasr

시각자료 사용하기

1. 덤퍼(Dumpr) 사용하기

덤퍼는 간단한 절차를 통해 그림을 재미있는 방식으로 조작할 수 있는 사이트이다. [그림1]은 덤퍼의 기본화면으로 우측 상단의 〈Register〉를 클릭하여 회원가입을 한 후 로그인하여 사용한다.

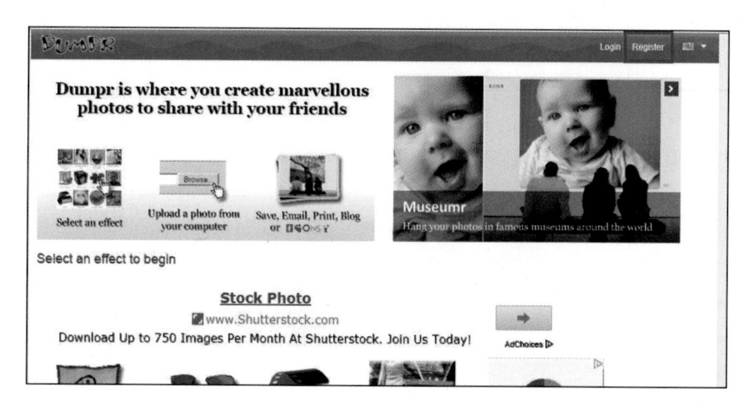

[그림1] Dumpr 기본화면

① 로그인하면 [그림2]의 화면이 열린다.

② 상단의 〈Create〉을 클릭하면 다양한 효과들이 제시된다. 이 가운데 원하는 효과를 선택하여 클릭한다. 여기서는 〈Scatch Artist〉를 선택하여 제작한다.

③ 〈Select your photo〉에서 효과를 주려 하는 이미지를 불러온다. 이미지를 불러오는 방법에는 다섯 가지가 있는데 〈Upload〉로 컴퓨터에 저장되어 있는 이미지를 불러올 수 있고, 〈Facebook〉, 〈Picasa[3]〉, 〈Flickr〉에서 이미지를 찾아 사용하거나 〈Web URL〉을 복사하여 이미지를 불러올 수 있다.

④ [그림3]은 컴퓨터에 저장되어 있는 이미지를 불러오는 과정이다. [그림3-A]의 〈Upload〉를 선택한 후 [그림3-B]의 〈찾아보기〉에서 컴퓨터에 저장되어 있는 이미지를 찾아 불러온다.

---

3 사진을 수정 및 관리할 수 있는 프로그램 (http://picasa.google.com).

[그림2] 효과선택

⑤ [그림3-C]의 〈Make photo as public〉은 모든 사람들에게 공개하고 싶을 때만 체크해둔다.

⑥ 이미지를 불러온 후 [그림3-D]의 〈Continue〉를 클릭하면 선택한 이미지가 [그림4]와 같이 변형된 것을 확인할 수 있다.

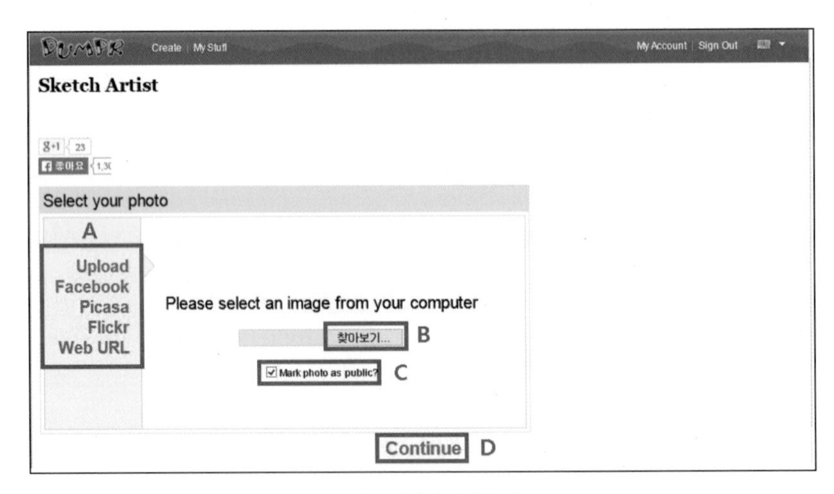

[그림3] 이미지 선택하기

⑦ 완성된 화면에 대한 설명은 다음과 같다.

[그림4] 이미지 변형된 화면

A 제목을 입력한 후 <OK>를 클릭하여 이미지 제목을 정할 수 있다.

B 저장, 이메일 전송, 삭제를 할 수 있는 영역이다. <Save>를 클릭하여 저장한다.

C 사진에 대한 코멘트를 할 수 있다.

D 내 앨범에 저장된 최근 작업 사진을 보여 준다.

E 작업한 이미지에 대한 URL링크가 생성되어 이메일로 전송이 가능하다.

F 여러 종류의 SNS에 공유할 수 있도록 <Embeded code>가 생성되어 있다. 다른 학생들에게 코멘트를 할 수 있는 기회를 준다.

⑧ [그림5]는 저장된 이미지의 모습이다.

[그림5] 저장된 완성 이미지

⑨ [그림6]은 다른 효과를 사용하여 이미지를 변형한 것이다. 좌측은 〈Super Mouse-pad〉를, 우측은 〈Celebrity Paparazzi〉를 통해 제작한 모습이다.

[그림6] 다른 이미지 예시[4]

4 출처: http://ask.nate.com/knote/view.html?num=128020

2. 프레이저(Phrasr) 사용하기

프레이저 사이트에서는 어휘나 구(phrase), 혹은 문장을 입력하여 그와 연결된 그림으로 표현할 수 있다.

① [그림7]의 프레이저[5] 기본화면에서 〈Write a phrase〉에 문장이나 구를 입력한 후 〈Start〉를 클릭한다.

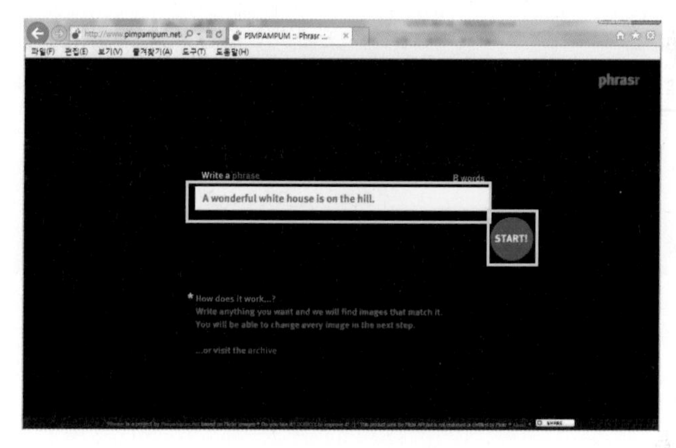

[그림7] Phrasr 메인화면

② [그림8]과 같이 각 단어별로 이미지가 생성된다. 자동으로 생성된 이미지를 바꾸고 싶을 경우 각 이미지 위에 있는 〈CHANGE〉를 클릭하여 변경할 수 있다.

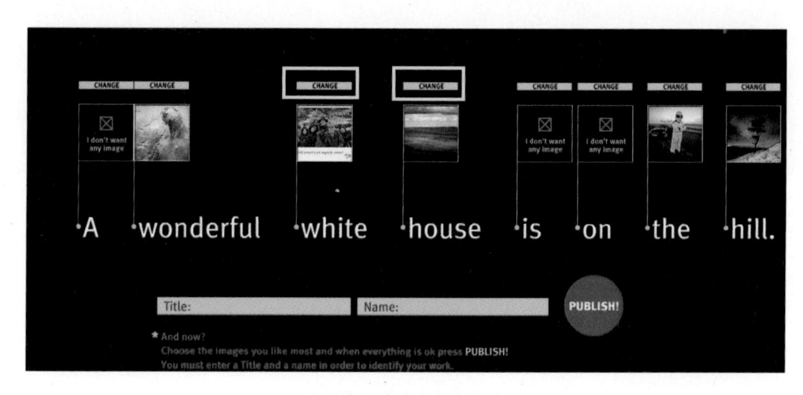

[그림8] 이미지화된 문장

---

5 http://www.pimpampum.net/phrasr

③ [그림9-A]의 〈MORE IMAGES〉를 클릭하여 더 많은 이미지를 확인·선택한 후 [그림9-B]의 〈DONE〉을 클릭하면 [그림9-C]와 같이 선택된 이미지 모습이 나타난다.

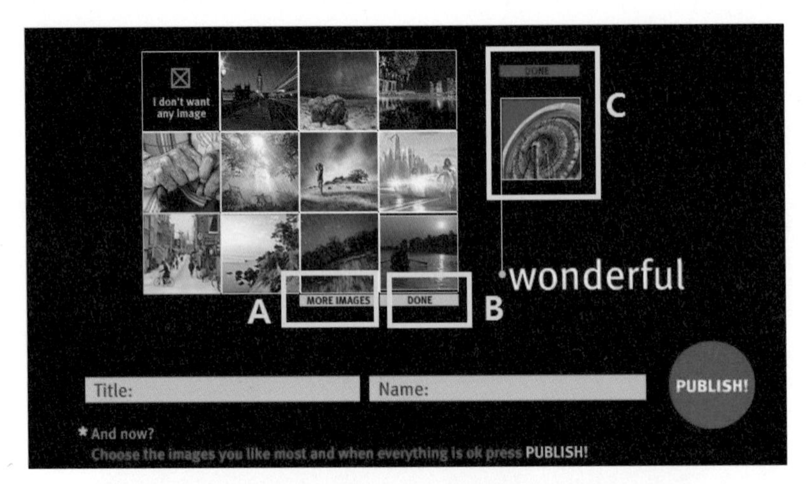

[그림9] 이미지 변경 및 선택

④ 타이틀과 사용자 이름을 입력한 후 〈PUBLISH〉를 클릭하면 저장된다(그림10 참조).

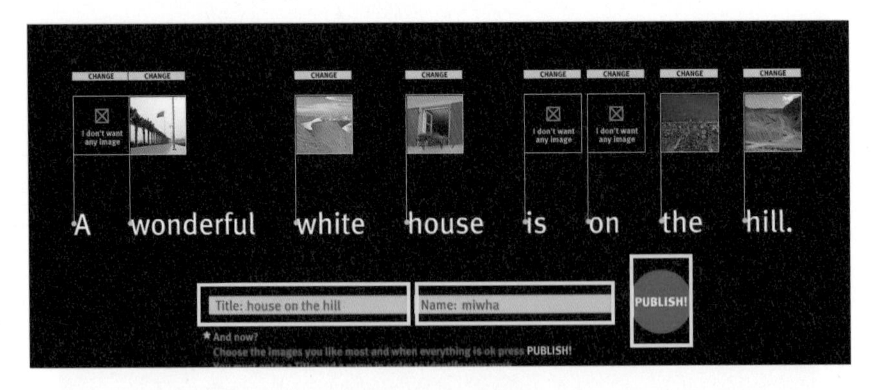

[그림10] Publish 하기

⑤ 슬라이드 쇼가 자동으로 한 번 진행된다. 슬라이드 쇼가 진행된 후 [그림11]의 화면이 나타나는데 이 화면의 〈play it again〉은 저장된 제작물의 슬라이드쇼를 다시 재생하는 기능이고, 〈send to a friend〉는 친구나 교수자에게 전송하는 기능이다. 〈view archive〉에서 다른 사람들의 제작물 중 가장 잘 만들어진 것들을 찾아볼 수 있다.

[그림11] 완성 후 화면

⑥ [그림12]는 <send to a friend>를 클릭했을 때 나타나는 화면이다. 제작자의 이메일과 친구의 이메일 주소를 입력한 후 <send>를 클릭하여 전송한다.

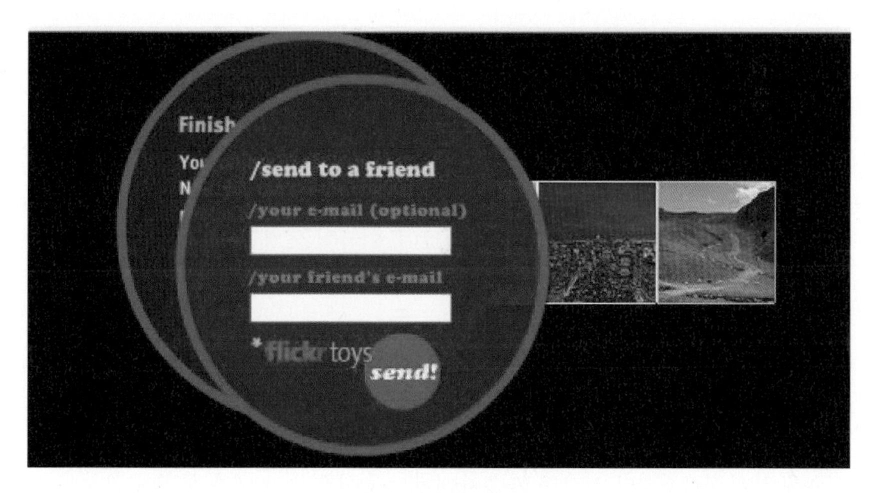

[그림12] 이메일을 통한 공유

⑦ [그림13]의 화면 우측 하단의 〈SHARE〉버튼을 클릭하면 여러 종류의 SNS를 통해 다른 사람과 공유할 수 있다.

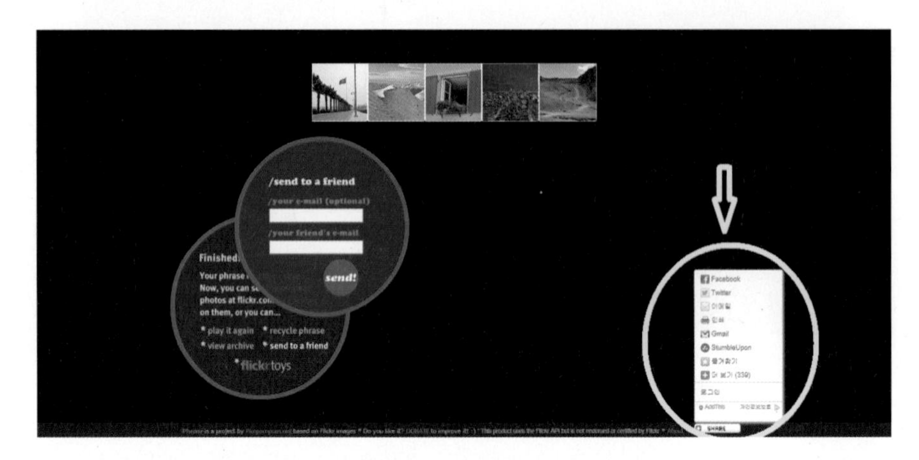

[그림13] SNS를 통한 SHARE

시각자료 활용하기

- 덤퍼를 사용하여 흥미로운 방식으로 사진을 변형·제작한 후 마인드맵, 무비메이커 및 애니메이션에 첨부해서 교수학습자료로 활용할 수 있다.
- 이미지에 대한 코멘트를 목표 언어로 써보며, 외국어 쓰기활동을 해볼 수 있는 기회를 제공한다.
- 프레이저로 이미지를 보고 한 단어나 구 혹은 문장을 추측해보면서 의미있는 어휘 학습을 할 수 있다.
- 특히 초급 학습자들에게 관련된 이미지를 표현하는 기회를 줌으로써 이미지를 통해 기억력을 강화시켜주거나 시각형 학습자에게 외국어 학습에 대한 동기를 부여하고 흥미를 유발하도록 할 수 있다.
- 유사한 그림을 짝과 다르게 주고 그 그림에 해당하는 단어를 맞출 수 있는 인포갭(Information Gap) 활동에 활용할 수 있다.

4장

프레젠테이션

11 프레지 (Prezi)

프레지 이해하기

프레지(Prezi)[1]는 클라우드 기반의 프레젠테이션 자료 제작 도구다. 보통 한 장씩 내용을 만들어가는 파워포인트와는 달리 한 장의 캔버스를 상, 하, 좌, 우로 확장해나가며 발표 자료를 완성할 수 있다. 텍스트, 이미지, 동영상, 파일 등을 사용자가 원하는 형태로 입력할 수 있으며, 패스를 통해 내용의 순서를 지정할 수 있다. 또한 화면의 확대와 축소를 통해서 역동적으로 화면을 연출하고 프레젠테이션 내용을 표현할 수 있는 도구이다. 다른 프레젠테이션 제작도구와 달리 프레지 사이트상에서 작업을 하고, 클라우드에 저장되기 때문에 인터넷만 연결되어 있으면 언제 어디서나 프레젠테이션을 할 수 있다.

---

1 http://www.prezi.com

프레지 사용하기

1. 회원가입 및 로그인

프레지를 시작하기에 전에 미리 가입을 해야 한다.

① 프레지 화면 우측 하단에 〈시작하기〉를 누른다.

[그림1] 프레지 웹사이트

② 프레지는 기능에 따라 무료로 이용 가능한 〈Public〉 버전과 이용료를 지불해야 하는 〈Enjoy〉, 〈Pro〉, 〈팀〉 버전이 있다. 좀 더 다양한 기능을 원하는 사용자는 〈Enjoy〉나 〈Pro〉로 가입한다. 여기에서는 〈Public〉으로 가입한다.

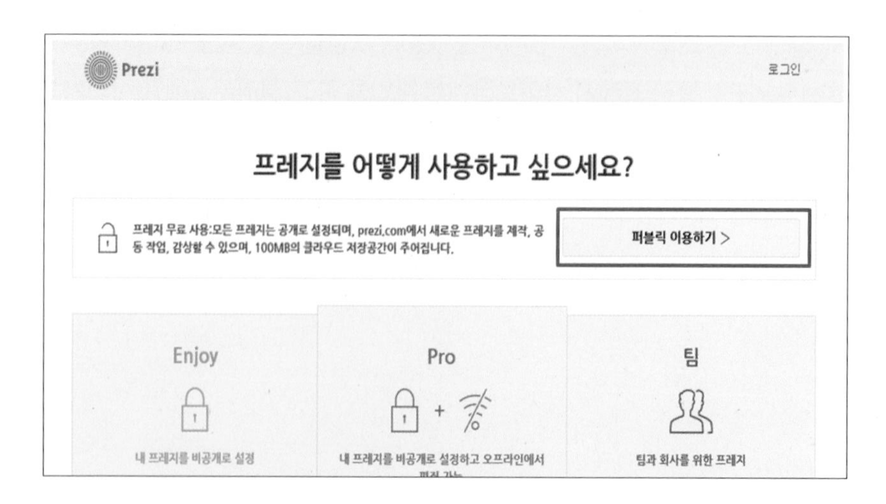

[그림2] 프레지 가입 조건

③ 프레지에 가입하는 방법은 두 가지가 있다(그림3 참조). 이름과 이메일 등의 개인정보를 입력하여 계정을 만들거나, 링크드인이나 페이스북의 계정으로 회원가입하는 방법이다.

④ 가입 후에 로그인해서 접속하면 [그림4]와 같은 화면이 보인다.

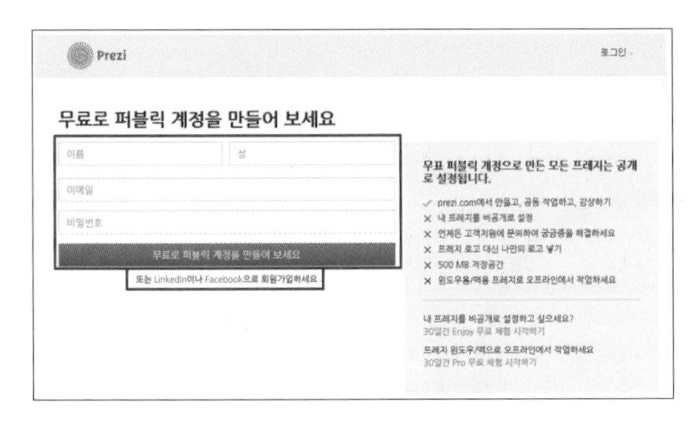

[그림3] 프레지 가입 화면

[그림4] 내 프레지

⑤ 〈새로운 프레지〉를 클릭하면 [그림5]가 나온다. 이때 [그림5-A]에서 원하는 템플릿을 선택해서 작업하거나 [그림5-B]의 빈 프레지를 클릭하여 사용할 수 있다.

[그림5] 템플릿

⑥ 〈빈 프레지 시작〉을 선택하면 [그림6]과 같이 기본화면이 나타난다.

2. 기본화면

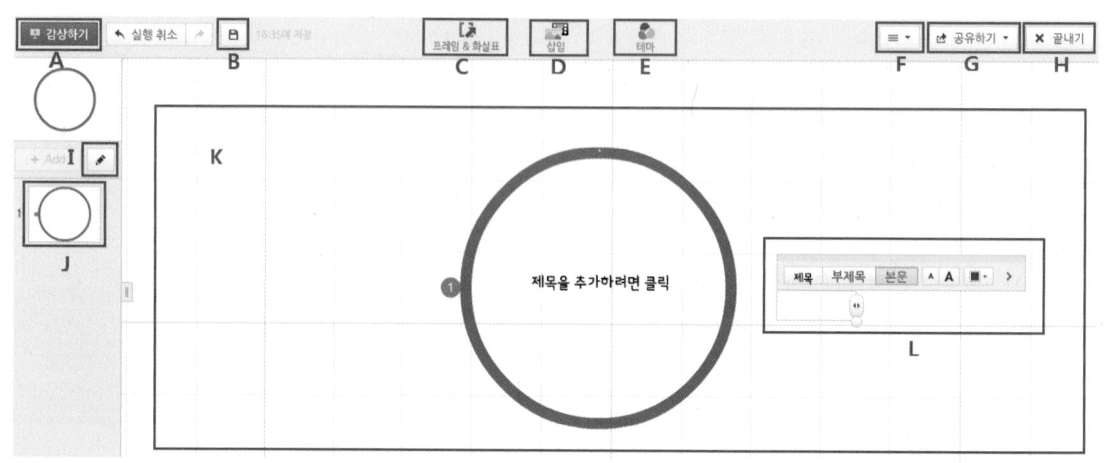

[그림6] 프레지 기본화면

A 감상하기: 큰 화면으로 보기
B 저장
C 프레임 & 화살표 추가
D 삽입: 이미지, 심볼, 레이아웃, 유튜브 동영상, 배경음악, 파일 등을 삽입
E 테마 설정
F 매뉴얼 및 고객지원
G 공유하기
H 끝내기
I 패스 설정 버튼
J 패스 설정 창: 프레지 슬라이드의 순서(패스)를 보여주는 창
K 캔버스: 작업영역 창
L 글자창

3. 프레임 생성

프레임은 프레지에서 하나의 슬라이드를 뜻한다. 상단의 메뉴에서 〈프레임 & 화살표〉를 클릭하면 다양한 프레임을 선택할 수 있다.

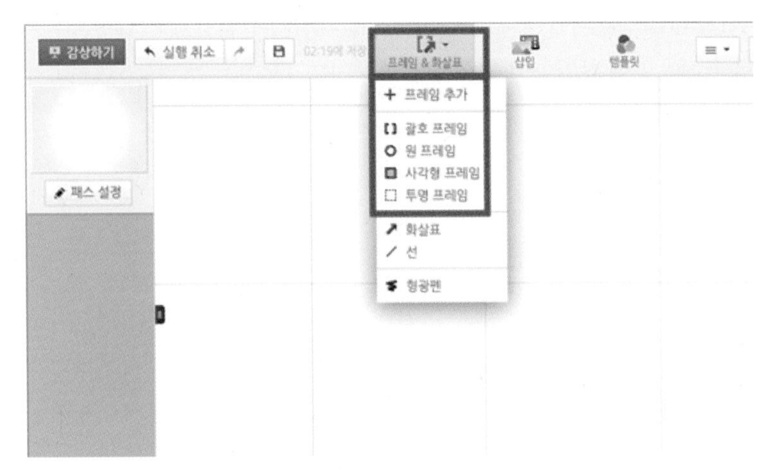

[그림7] 내 프레지

① 메뉴에서 〈프레임 & 화살표〉-〈괄호 프레임〉을 선택하면 [그림8]과 같이 캔버스에 프레임이 나타난다.

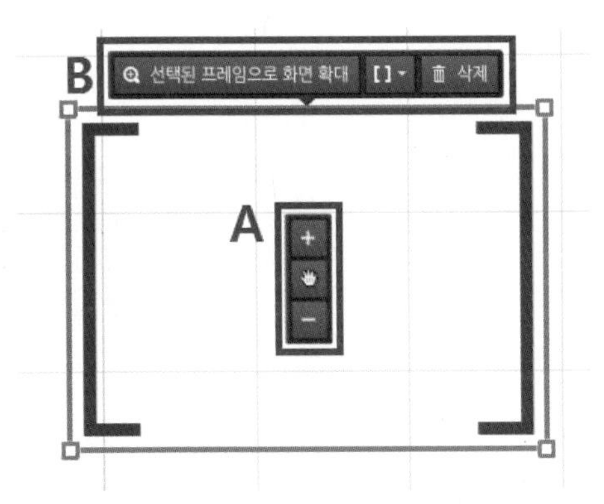

[그림8] 괄호 프레임

② 프레임의 끝 부분에 마우스를 대면 프레임이 활성화되고 이 부분을 클릭하면 [그림8-A]의 단축키가 생성된다.

③ [+], [−]를 이용해서 프레임의 크기를 조정할 수 있고 [손 모양 아이콘]을 이용해서 프레임을 움직일 수 있다.

④ [그림8-B]에서 프레임의 화면을 크게 확대하거나, [ ]를 클릭해서 프레임의 모양을 바꾸거나 삭제할 수 있다.

⑤ 〈선택된 프레임으로 화면 확대〉를 클릭하면, [그림9]와 같이 나타난다. [그림9]의 하단 메뉴로 프레임 안에 삽입할 내용을 설정 가능하며, 〈텍스트만 가능〉, 〈이미지만 가능〉, 〈이미지+텍스트〉, 〈여백〉이 있다.

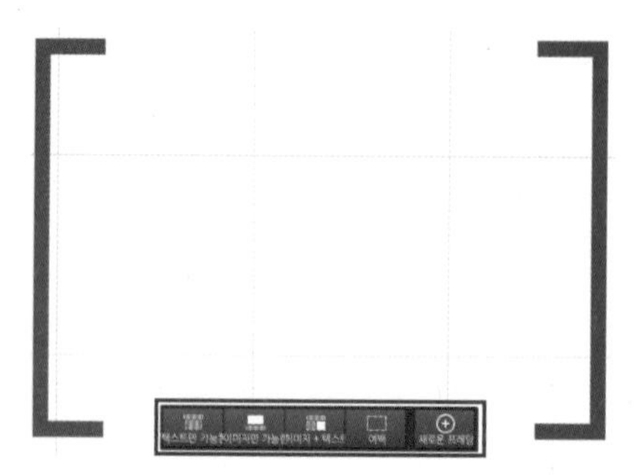

[그림9] 선택된 프레임으로 화면 확대

⑥ [그림10-A]의 〈이미지+텍스트〉 를 선택한다. [그림10-B]에 텍스트를 입력하고 [그림 10-C]를 클릭하여 이미지를 삽입한다.

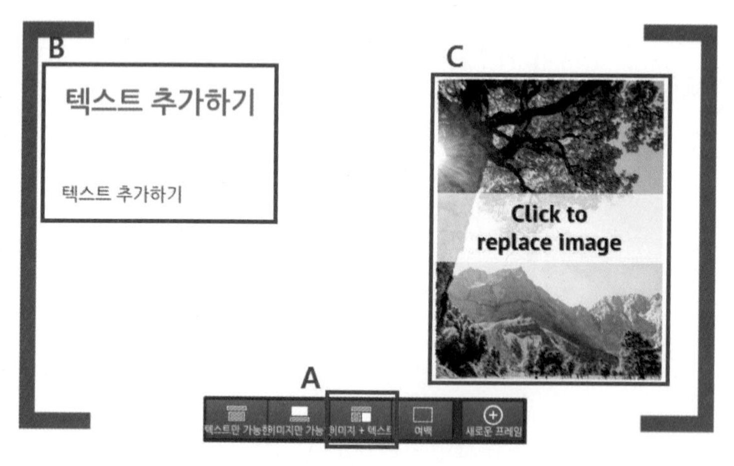

[그림10] 이미지와 텍스트 삽입 프레임

4. 텍스트 삽입

텍스트를 삽입할 위치를 마우스로 클릭하면 [그림11]과 같이 글자창이 나타난다.

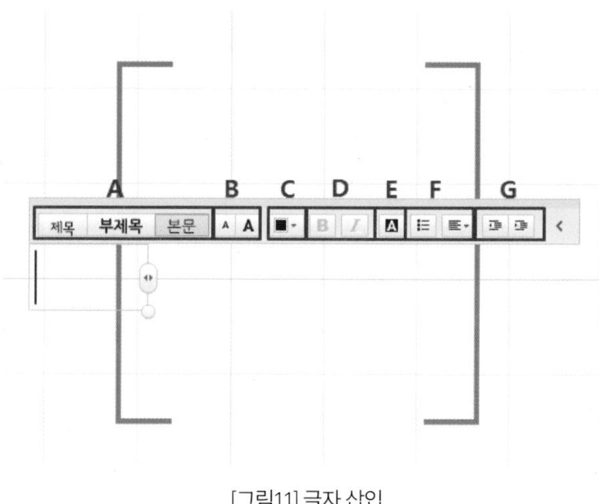

[그림11] 글자 삽입

제목, 부제목, 본문을 클릭하면 글자창이 나타나며 이곳에 텍스트를 입력할 수 있다(그림 11-A 참조). 이때 글자 크기(그림 11-B), 색(그림11-C), 형태(그림11-D), 배경색 설정(그림 11-E), 글머리 기호나 텍스트 맞춤 정렬(그림11-F), 들여쓰기, 내어쓰기(그림11-G) 등을 정할 수 있다.

5. 이미지 삽입

1) 삽입 메뉴

캔버스에 이미지, 심볼, 동영상, 배경음악, 파일, 파워포인트 등을 삽입할 수 있다.

2) 이미지 삽입

이미지를 삽입하는 방법은 웹상에서 불러오거나 내 컴퓨터에서 파일을 가져오는 두 가지 방식이 있다.

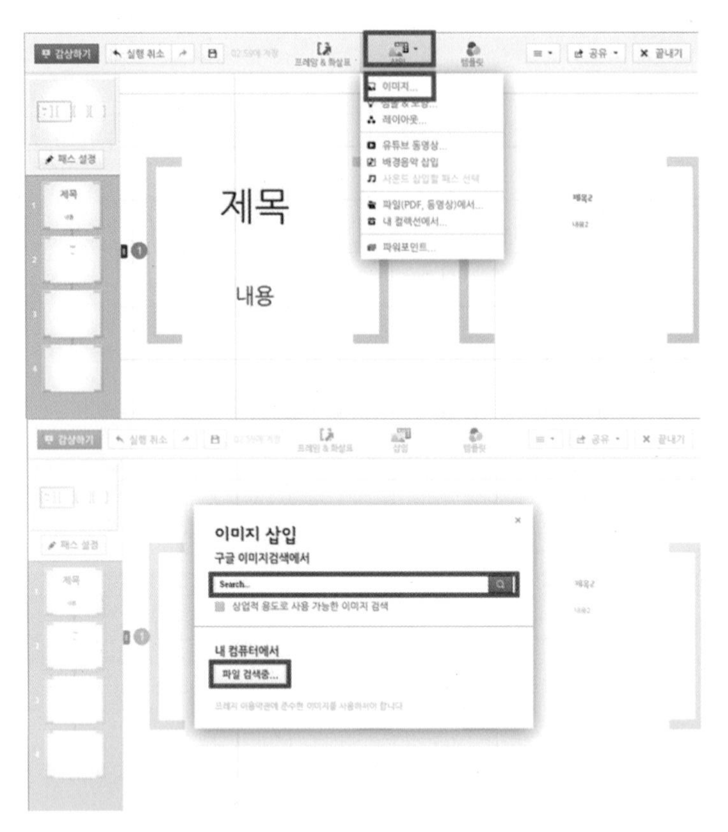

[그림12] 이미지 삽입

① 상단 메뉴 〈삽입〉-〈이미지〉를 선택한다.

② 내 컴퓨터에서 〈파일 검색중〉을 클릭하여 내 컴퓨터에 저장된 이미지 파일을 불러온다 (그림13 참조).

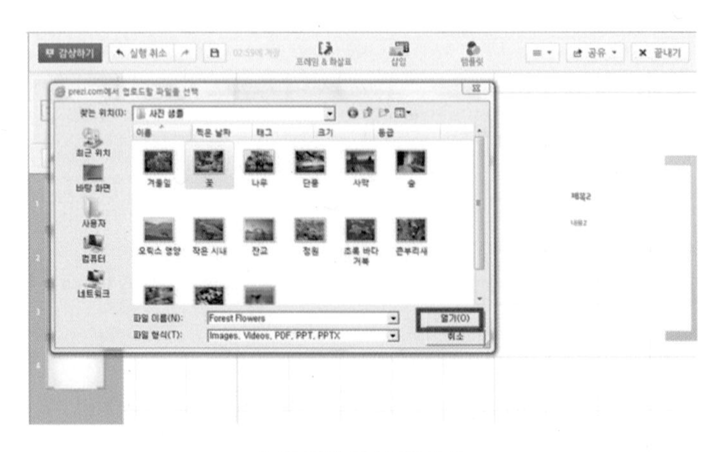

[그림13] 이미지 파일 삽입

③ 〈웹사이트에서 이미지 가져오기〉에 검색어를 입력하면 구글 이미지를 바로 불러올 수 있다(그림14 참조).

④ 원하는 이미지를 선택하고 〈열기〉를 누른다.

[그림14] 구글에서 이미지 삽입

⑤ 이미지가 삽입되면 이미지를 움직여 원하는 프레임 안으로 이동할 수 있다. 이미지를 자르거나 삭제할 수 있고 (그림15-A), 이미지의 크기나 위치를 조정할 수 있으며(그림15-B), 모서리를 잡아당겨 직접 이미지의 크기를 조정할 수 있다(그림15-C).

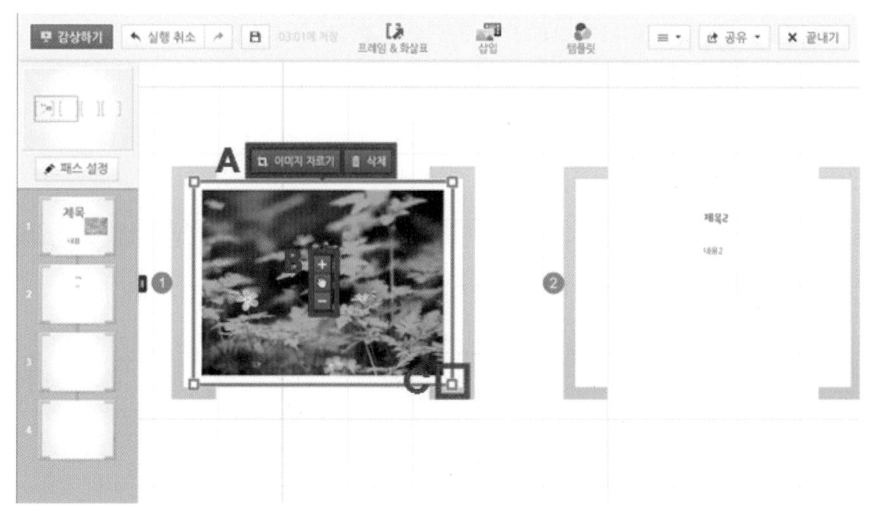

[그림15] 삽입된 이미지 편집

6. 심볼 & 모양 삽입

〈삽입〉-〈심볼 & 모양 삽입〉을 클릭한다. 스타일에 포함된 다양한 심볼이나 모양을 선택하여 사용한다(그림16 참조).

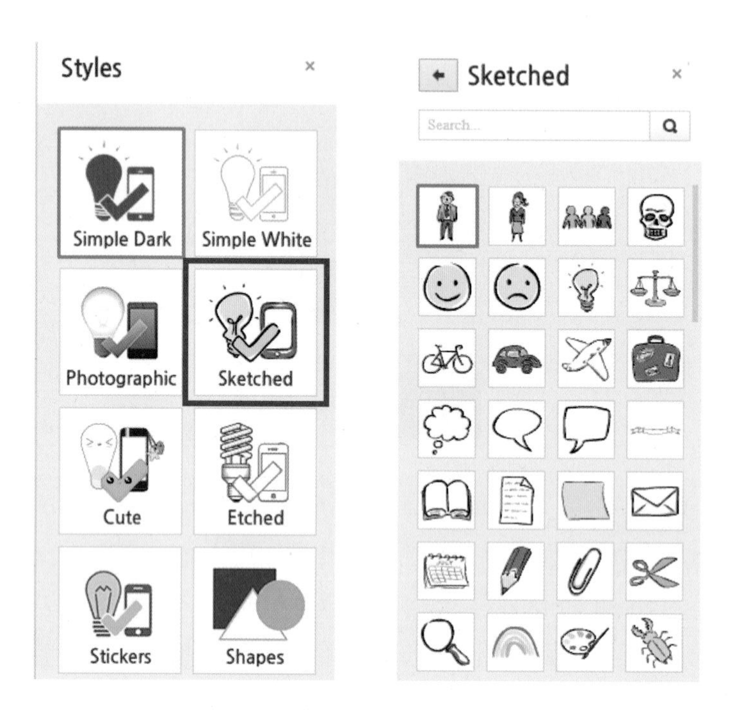

[그림16] 심볼 & 모양 삽입

7. 레이아웃 삽입

입력하려 하는 내용에 적합한 레이아웃을 선택해서 삽입한다. 캔버스에 삽입된 레이아웃 안에 내용을 작성한다.

① 〈삽입〉-〈레이아웃 삽입〉을 클릭하면 다양한 레이아웃이 나타난다(그림17-A 참조).

② 알맞은 레이아웃을 정한 후에 〈선택〉을 누른다(그림17-B 참조).

③ 캔버스에 원하는 레이아웃이 삽입된다(그림17-C 참조).

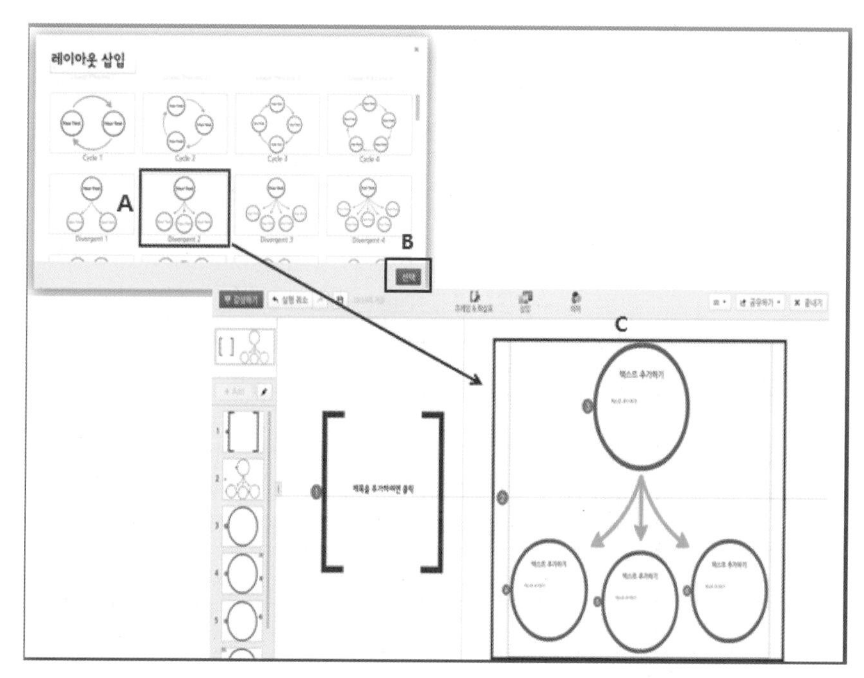

[그림17] 레이아웃 삽입

8. 동영상 삽입

유튜브의 동영상을 바로 가져오려면 메뉴의 〈삽입〉-〈유튜브에서 동영상 가져오기〉를 선택하고, 내 컴퓨터의 파일을 가져오려면 〈파일(PDF, 동영상)에서〉를 선택한다.

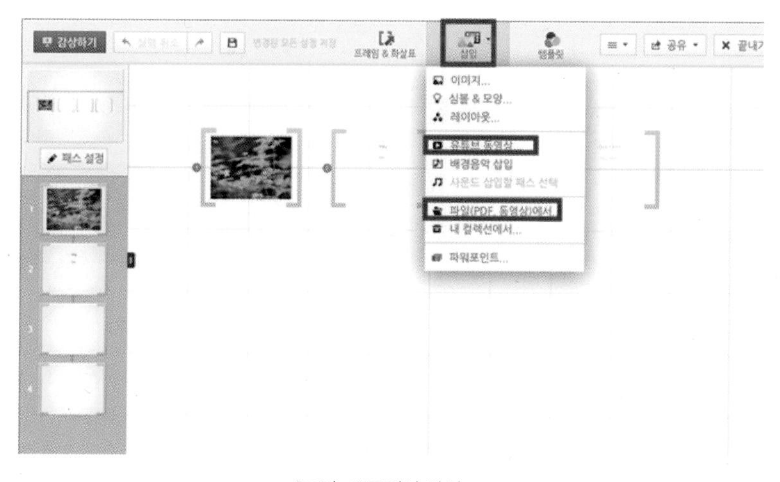

[그림18] 동영상 삽입

① 삽입할 유튜브 동영상의 URL을 복사한다.

② 〈삽입〉-〈유튜브 동영상〉을 클릭한다. [그림19-A]와 같이 복사된 유튜브 동영상의 경로를 붙여놓고 〈삽입〉을 클릭한다.

③ 내 컴퓨터의 동영상을 가져올 경우 〈삽입〉-〈파일(PDF, 동영상)에서〉를 클릭한다. 파일을 찾아 〈열기〉를 누른다(그림19-B 참조).

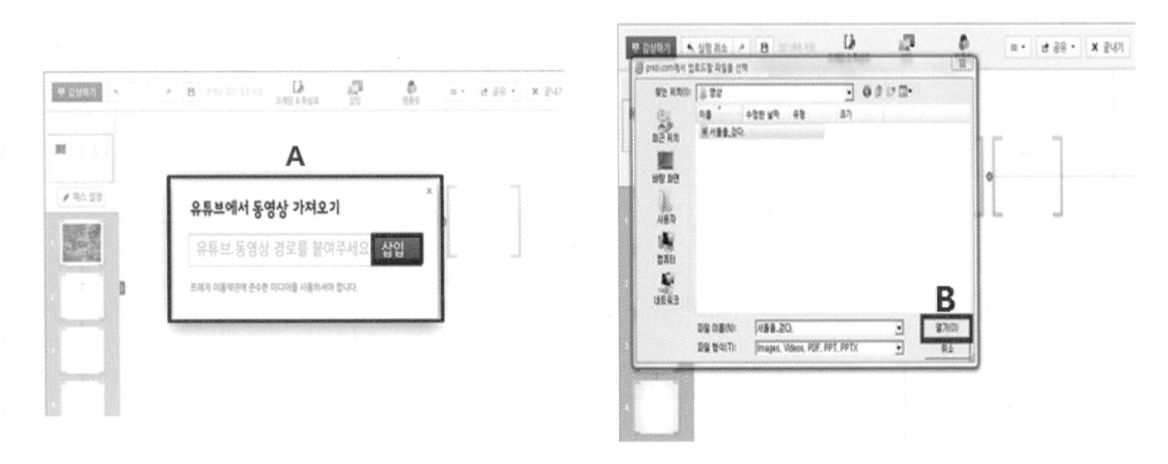

[그림19] 유튜브 동영상 삽입 및 파일 삽입

④ 삽입된 동영상은 삭제하거나(그림20-A), 이동할 수 있으며(그림20-B), 모서리를 잡아 당겨 영상의 크기를 조정할 수 있다(그림20-C). 삽입된 영상 위에 마우스를 올리면 재생, 멈춤, 소리 크기 조정을 할 수 있다.

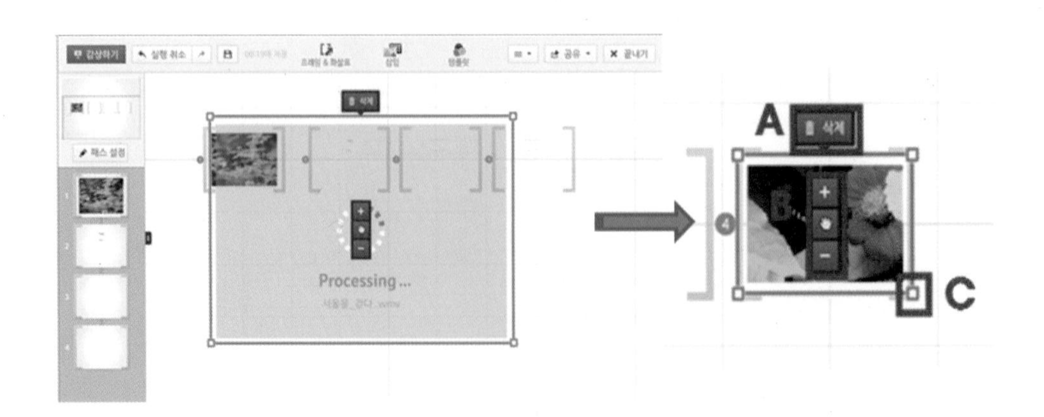

[그림20] 동영상파일 불러오기

9. 배경음악 삽입

① 〈삽입〉 탭에서 〈배경음악 삽입〉을 클릭한다.

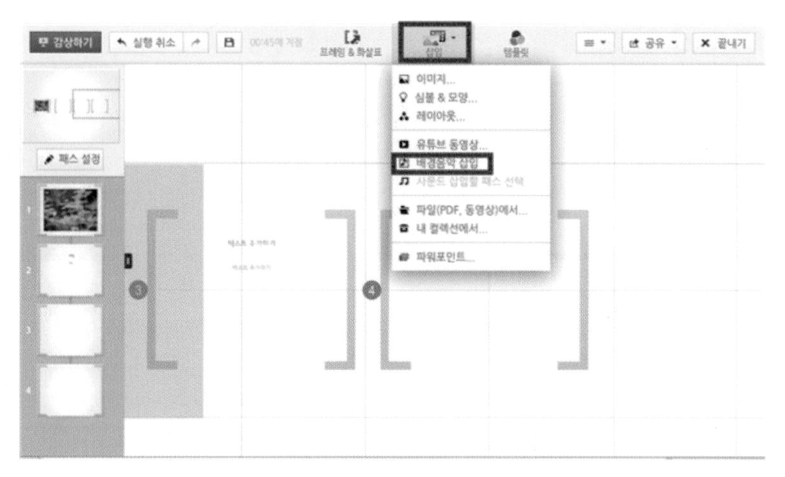

[그림21] 배경음악 삽입

② 원하는 음악을 선택하고 〈열기〉를 클릭한다.

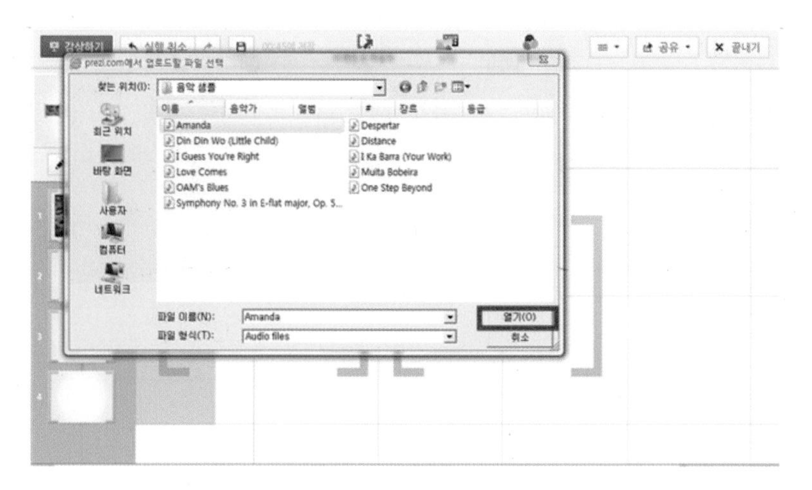

[그림22] 배경음악 파일 열기

③ 좌측 패널에서 배경음악의 업로드 진행 상황이 나타난다.

④ 업로드가 완료된 파일의 제목을 클릭하면 재생된다(그림23 참조).

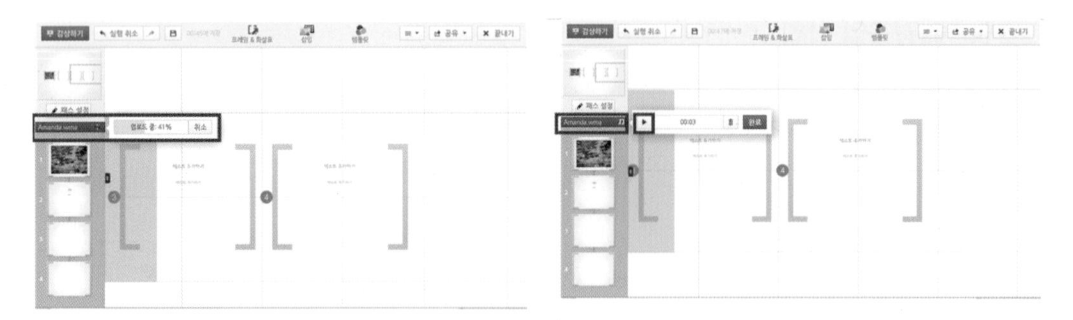

[그림23] 배경음악 업로드

10. 패스 설정

패스는 삽입된 프레임, 텍스트, 이미지, 동영상의 내용들이 재생되는 순서를 설정할 수 있다.

① 패스 설정 을 클릭한다.

[그림24] 패스 설정

② 재생하려는 순서대로 프레임을 클릭한다.

③ 클릭된 순서대로 패스가 설정되고, 그 순서는 패스 설정창에 나타난다(그림25 참조). 패스 설정 창에서 A-B-C-D 순서대로 나타난다.

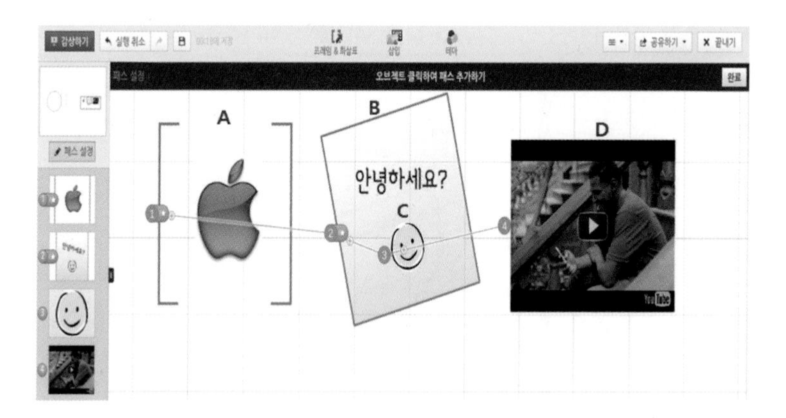

[그림25] 패스 설정 경로

④ 패스 수정을 원할 경우 패스 설정 을 누른 상태로 패스 설정 창 각 프레임에 마우스를 올리면 삭제 표시가 생성되며, 이를 누르면 패스 설정이 삭제된다. 설정된 패스의 순서를 변경하려면 패스 설정 창에서 프레임을 드래그하여 원하는 순서로 옮긴다.

⑤ 패스 설정이 끝나면 패스 설정 을 다시 클릭한다. 완료된 패스 설정이 저장된다.

11. 페이드인 애니메이션 기능

페이드인 애니메이션은 화면이 넘어갈 때 페이드인 효과를 주는 것이다. 파워포인트의 애니메이션 기능과 비슷하다.

① 페이드인 애니메이션 효과는 패스 설정을 활성화한 상태에서 가능하다. 패스 설정 을 클릭한다.

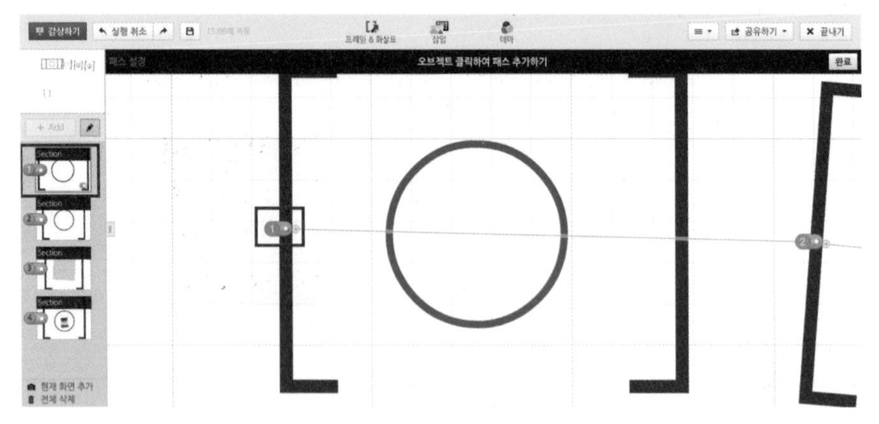

[그림26] 패스 설정 활성화

② 패스 애니메이션 효과를 넣을 슬라이드를 선택한 후 패스번호 옆 아이콘 을 클릭하면, [그림27]처럼 애니메이션 창이 활성화된다. 이 창에서 프레임 안의 오브젝트에 페이드인 효과를 줄 수 있다.

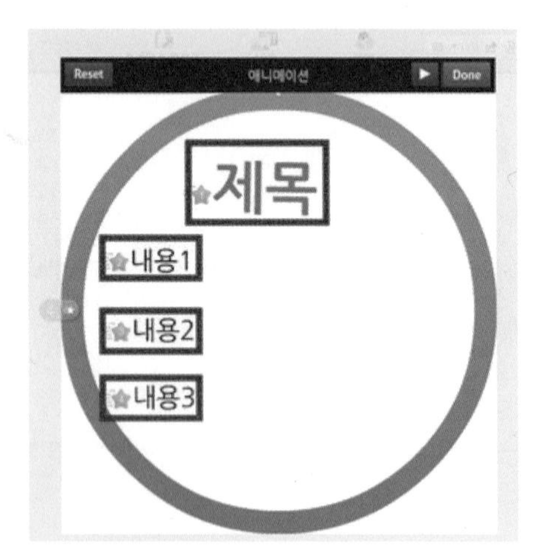

[그림27] 애니메이션 창 활성화

③ 나타나게 할 순서대로 오브젝트를 클릭하면 순서에 맞게 숫자가 입력되면서 애니메이션이 적용된다. 만약 애니메이션 삭제를 원할 경우, 숫자부분에 마우스를 올리면 삭제 버튼이 활성화된다.

[그림28] 애니메이션 순서 지정

④ 각각의 프레임에 설정된 애니메이션을 삭제할 때는 앞의 설명과 같이 숫자부분을 클릭해 지울 수 있지만 삽입한 모든 애니메이션을 지울 때는 〈Reset〉버튼을 사용해야 한다(그림29-A 참조).

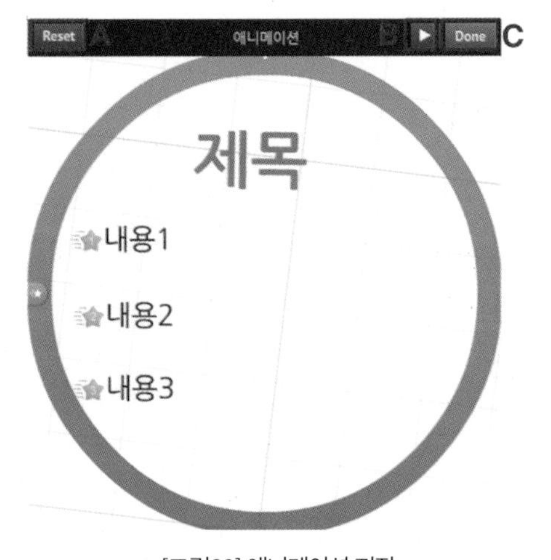

[그림29] 애니메이션 저장

⑤ 재생버튼을 클릭하여 애니메이션을 확인한다(그림29-B 참조).

⑥ 〈Done〉을 클릭하여 작업을 마친다(그림29-C 참조).

12. 테마

〈테마〉메뉴는 다양한 테마로 구성되어 있다(그림30 참조). 각 테마는 배경 색상과 글자 스타일, 색상, 모양 등이 정해져 있어서 원하는 테마를 선택하여 사용할 수 있다.

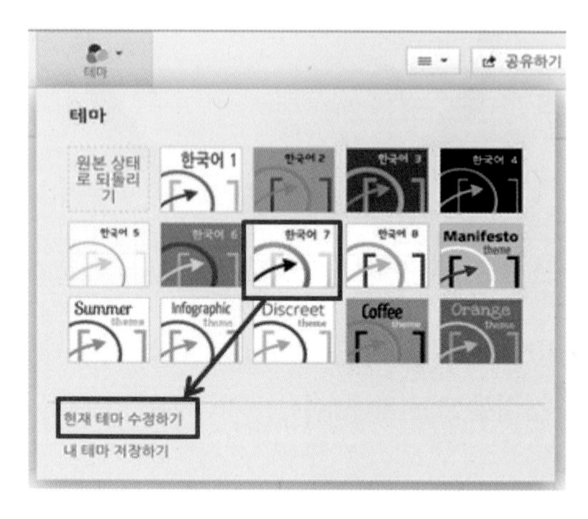

[그림30] 테마 메뉴

테마를 선택한 후 세부 디자인을 수정하고 싶을 경우 〈현재 테마 수정하기〉-〈테마 마법사〉에서 배경, 폰트, 스타일 및 색상 등을 바꿀 수 있다(그림31 참조).

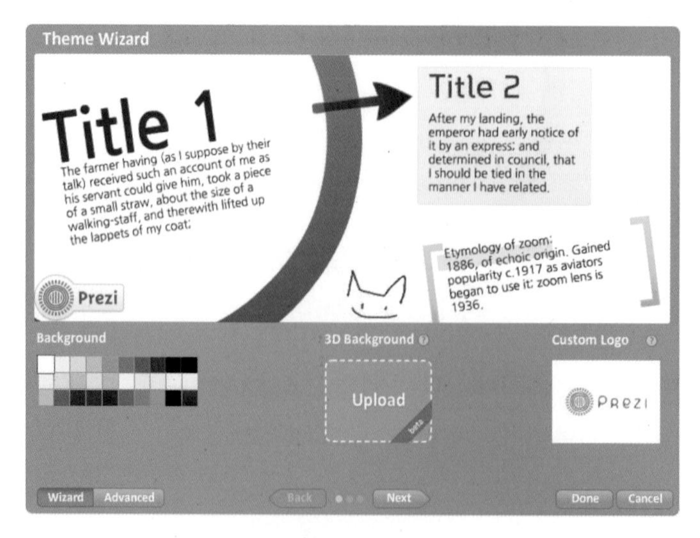

[그림31] 테마 마법사

13. 공유하기

완성된 프레지는 인터넷에서 공유하거나 파일로 저장할 수 있다.

1) 인터넷상에 공유하기

〈공유하기〉-〈프레지 공유하기〉를 클릭하면 [그림32]처럼 나타난다. 〈공동 작업자 추가〉에 다른 작업자의 이메일을 추가하면 같이 작업할 수 있다. 또한 공개 범위에 따라서 재사용 가능한 프레지로 설정할 수 있다(그림32-A 참조).

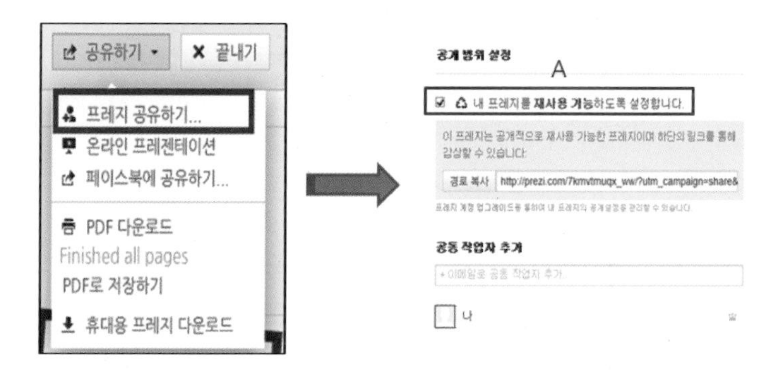

[그림32] 테마 마법사

〈공유하기〉-〈온라인 프레젠테이션〉를 클릭하면 [그림33]과 같이 나타난다. 이 기능을 통해 다른 사람을 초대하여 프레지를 만드는 과정을 함께 감상할 수 있다.

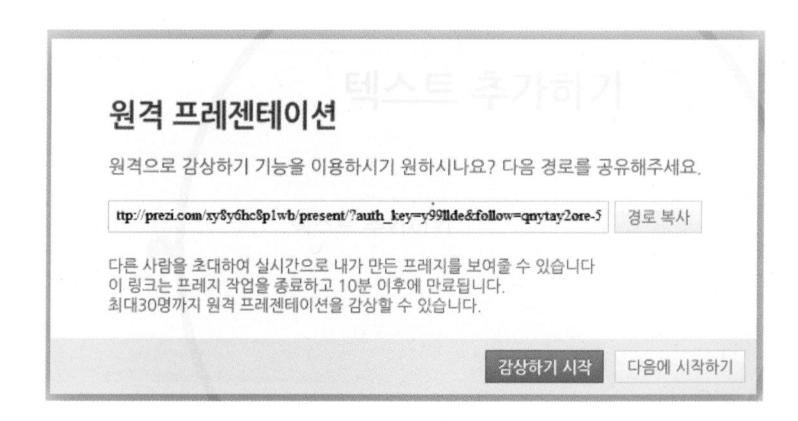

[그림33] 온라인 프레젠테이션

〈공유하기〉-〈페이스북에 공유하기〉를 선택하면 공유하기 팝업창이 나타난다. [그림34]의 〈복사하기〉를 클릭하면 URL이 복사되고 이 주소를 친구나 공동 편집자에게 보내서 공유할 수 있다. 또한 페이스북, 트위터, 링크드인과 같은 소셜네트워크(SNS)에서 공유할 수 있다.

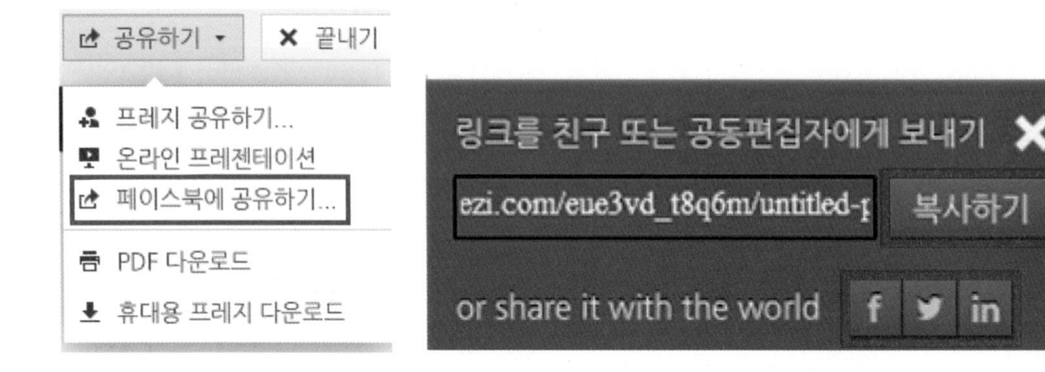

[그림34] 프레지 공유

2) 프레지 PDF로 출판하기

완성한 프레지는 일반적으로 인터넷상에서 발표를 하지만, PDF파일로 저장하면 인터넷이 연결되지 않은 곳에서도 사용할 수 있다. 〈공유하기〉-〈PDF로 저장하기〉를 클릭한다.

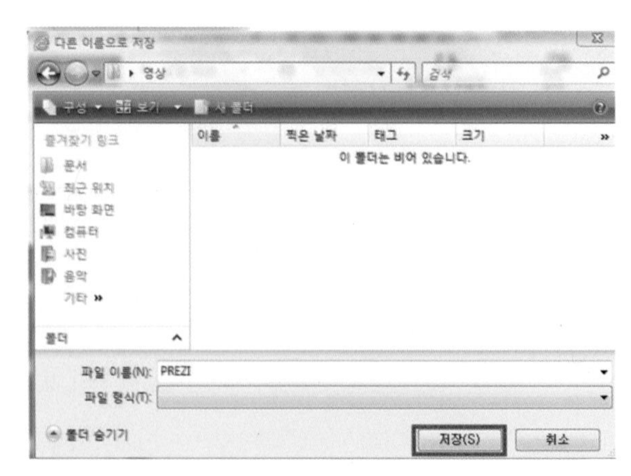

[그림35] PDF 파일 저장

PDF파일로 출판된 프레지는 애니메이션과 같은 역동적인 움직임이 없이 프레임 이동만 된다.

프레지 활용하기

- 프레지는 파워포인트와는 달리 역동적인 프레젠테이션을 시현할 수 있기 때문에 학습자들에게 흥미를 더해주고 내용에 집중하도록 할 수 있다. 사진 및 동영상을 웹에서도 직접 불러올 수 있어 다양한 최신 자료들을 활용해 발표를 할 수 있도록 해준다.
- 읽기 수업에서 내용에 관련된 이미지, 소리, 동영상을 삽입하여 스토리텔링의 형식으로 보여줌으로써 학습자의 내용 이해를 도와줄 수 있다.
- 학습자들은 프레지를 활용하여 발표 준비하면서 자신의 생각을 좀 더 구체화시키고 조직화할 수 있으며, 말하기를 연습할 수 있다. 이를 통해 언어 학습뿐 아니라 발표 기술과 능력을 향상시킬 수 있다.
- 팀 프로젝트 시에 프레지의 공동작업의 기능을 이용한다면 온라인상에서 협업이 가능하며 편리하게 사용할 수 있다.

12 줌잇 (ZoomIt)

줌잇 이해하기

줌잇[1]은 프레젠테이션 도구로서 화면의 특정 부분을 크게 보여주는 프로그램이다. 발표나 수업을 할 때, 글자가 작아서 내용을 제대로 전달하지 못할 때 뒷좌석에 앉아 있는 학생들에게 화면을 확대해서 보여주기 위해 사용한다. 또한 펜 기능을 사용해서 화면 위에 글을 쓰거나 그림을 그릴 수 있다. 마이크로소프트사에서 제공하는 프로그램으로 다운로드하여 사용할 수 있다.

1 http://technet.microsoft.com/en-us/sysinternals/bb897434

줌잇 사용하기

1. 다운로드 및 실행

① 사이트를 방문하면 [그림1]의 다운로드 화면이 뜬다. 여기서 〈Download ZoomIt〉을 클릭하면 Zip파일이 다운로드 되는데 그중에 〈ZoomIt.exe〉 파일의 압축을 풀어 실행한다.

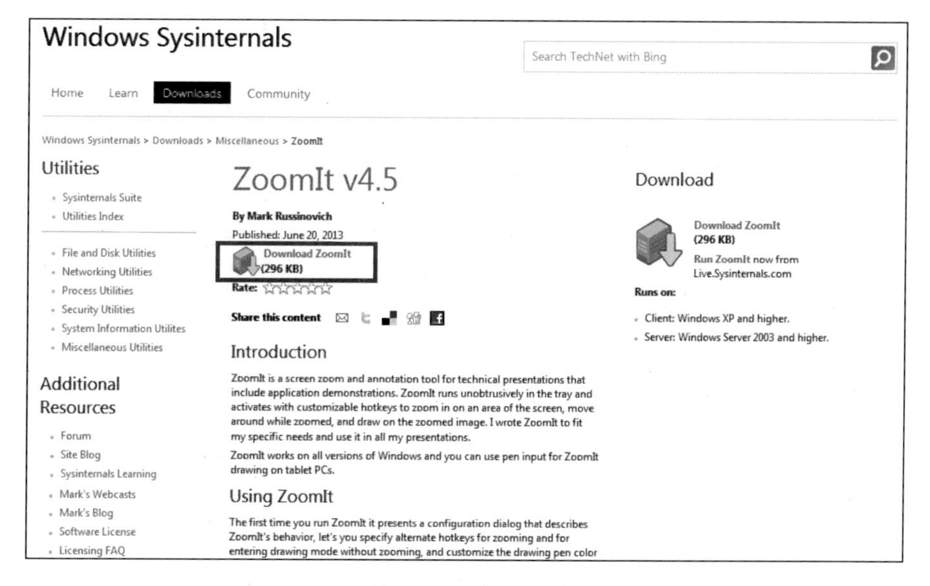

[그림1] ZoomIt 다운로드 화면

② 다운로드가 완료되면 윈도우 화면 우측 하단에 다음과 같은 〈ZoomIt〉아이콘이 생긴다.

③ 줌잇을 실행하면 [그림2]의 기본화면이 나타난다. 각 모드에 대한 기능은 다음과 같다.

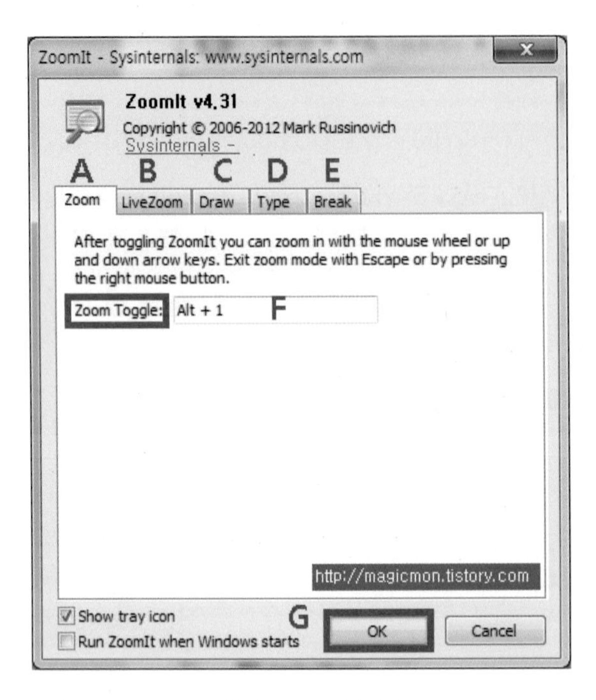

[그림2] ZoomIt 기본화면

A **Zoom: 화면 확대 및 축소**

B **LiveZoom: Zoom한 상태에서 마우스 동작 기능(윈도우 Vista이상에서만 지원됨)**

C **Draw: 화면에 색을 바꿔가면서 선, 원 등을 그릴 수 있는 기능**

D **Type: 화면에 색을 바꿔가면서 글자를 쓸 수 있는 기능**

E **Break: 휴식 시간 표시**

F **Zoom Toggle: 단축키 입력창, 사용자 임의로 지정**

G **OK: 단축키 설정 후 확인**

2. 화면 확대

① [그림2-F]의 〈Zoom Toggle〉에서 단축키를 사용자 편의대로 지정해준다. 사용자가 설정한 단축키를 누르면 화면이 커진다. 여기서는 〈Alt+1〉으로 설정했으므로 〈Alt+1〉을 누른다.

② 마우스 휠이나 자판의 위 아래 화살표를 통해서도 화면의 크기를 조절할 수 있다.

③ 마우스를 움직이면 화면을 좌우로 이동할 수 있어 확대할 영역의 선택이 가능하다.
④ 화면이 확대된 상태에서 마우스를 좌클릭하면 더 이상 화면이 움직이지 않고 고정된다. 이 상태에서 마우스 휠을 사용해 크기 조절이 가능하다.
⑤ 고정된 상태에서 다시 마우스 우클릭을 하면 화면이 움직이게 된다.
⑥ 움직이는 상태를 멈추기 위해서는 마우스를 우클릭한다.

3. 펜 기능

사용자가 〈Draw〉 모드에서 지정한 단축키를 이용하여 〈펜 기능〉을 사용할 수 있다. 화면이 확대된 상태와 확대가 안 된 상태 모두 펜 기능을 사용할 수 있다.

1) 화면 확대가 된 상태

화면이 확대된 상태에서 마우스를 좌클릭하여 화면을 고정시키면 파란색 십자모양이 나타나는데 이것이 펜 기능이다. 십자모양이 뜬 상태에서 마우스 클릭을 한 상태로 움직이면 자유자재로 쓸 수 있다. 선의 굵기나 글자 크기는 자판의 위 아래 화살표를 이용하여 조절한다.

① 직선: Shift를 누른 상태에서 선을 그린다.
② 사각형: Ctrl을 누르고 그린다.
③ 타원: Tab을 누르고 그린다.
④ 화살표: Ctrl+Shift를 누르고 그린다.
⑤ 글자쓰기: t(type)를 클릭하면 화면에 글자창이 생겨서 원하는 글자를 쓸 수 있다.
⑥ 글자색 변경: 키보드 단축키 하나로 글자색이나 선의 색을 바꿀 수 있다. 단축키는 R(red), Y(yellow), B(blue), P(pink), O(orange), G(green)이다.
⑦ 삭제: E(eraser)를 클릭하면 모든 내용이 삭제된다.
⑧ 여기에서 나가거나 원래 화면으로 돌아가려면 〈Esc〉를 누르거나 오른쪽 마우스를 두 번 클릭한다.

2) 화면 확대가 안 된 상태

화면 확대가 안 된 상태에서도 바로 그리기 모드로 변환할 수 있다. 1)의 ①~⑧까지의 방법으로 진행한다. 이 상태에서도 마우스 휠이나 키보드 방향키를 위, 아래로 움직여 화면 크기를 조절할 수 있다. [그림3]은 다양한 펜 기능을 활용한 예를 보여준다.

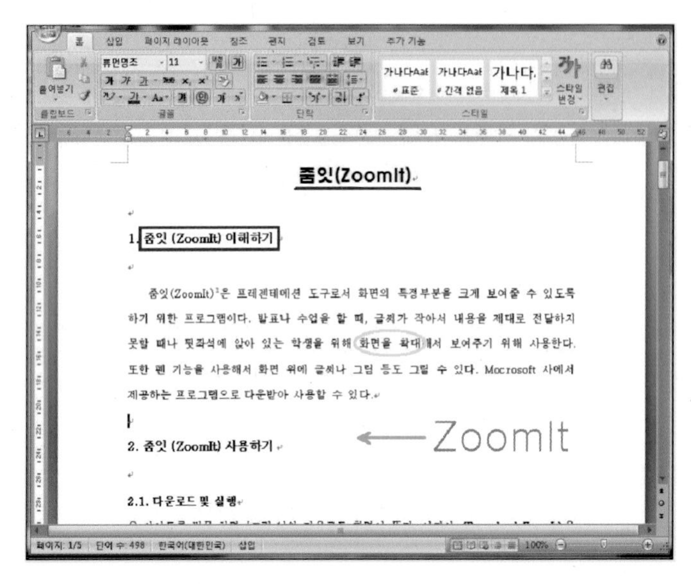

[그림3] 펜 기능의 예

4. 타이머 기능

사용자가 〈Break〉에서 지정한 대로 단축키를 누르면 새로운 화면 가운데 [그림4]처럼 시간이 표시되면서 카운트다운이 시작된다. 또는 줌잇 화면의 〈Timer〉에서 시간을 미리 지정한 후 〈OK〉를 클릭하여 설정할 수 있다.

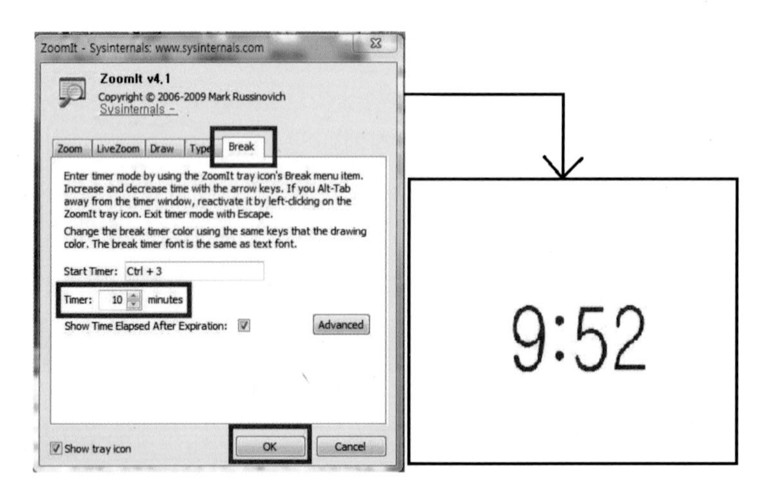

[그림4] 타이머 기능

5. 줌잇 끝내기

줌잇 프로그램의 실행을 멈추기 위해서는 컴퓨터 하단에 생성되었던 줌잇 아이콘을 클릭하여 [그림5]의 〈Exit〉을 클릭하면 아이콘이 사라지며 실행이 중단된다.

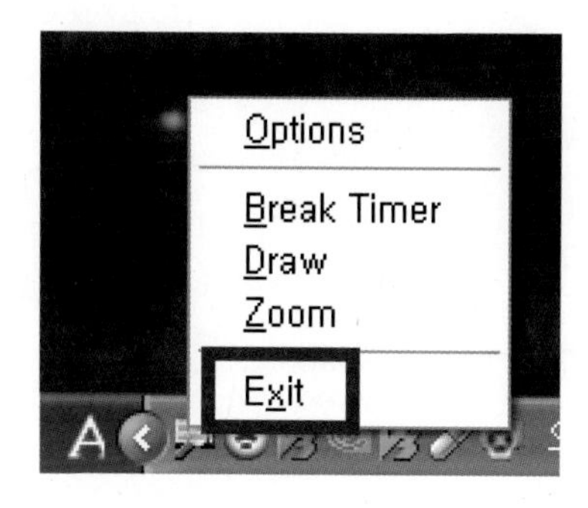

[그림5] 끝내기

줌잇 활용하기

- 줌잇은 문서파일에서 중요한 내용을 강조하고자 할 때, 혹은 뒷자리에 앉은 학생들이 잘 보이도록 화면을 크게 확대하여 보여줄 때 유용하다.
- 중요한 부분에 박스나 원과 같은 도형을 그리거나 펜 기능을 활용하여 글을 써가면서 프레젠테이션을 할 수 있기 때문에 학생들의 관심을 환기시킬 수 있다.
- 문제를 주고 푸는 시간을 정해줄 때나 프레젠테이션 중간에 쉬는 시간이 있을 경우 타이머 기능을 활용하여 시간을 관리할 수 있다.

5장

웹기반

13 워들 (Wordle)

워들 이해하기

워들은 영어로 된 텍스트나 글을 입력하여 단어 구름(word clouds)을 생성하는 사이트이다. 사용 빈도가 높은 단어를 두드러지게 만들 수 있으며, 제시된 단어들을 여러 가지 글자체, 레이아웃, 색깔 등으로 다양하게 표현할 수 있다. 만들어진 인포그래픽스(infographics)는 출력할 수 있으며, 갤러리에 저장할 수 있어서 다른 사용자들과 함께 공유할 수 있다. 또한 워들은 사용자가 가입절차 없이 편하게 인터넷상에서 작업을 하고, 저장할 수 있기 때문에 인터넷만 연결되어 있으면 언제 어디서나 사용할 수 있다.

워들 사용하기

워들 사이트[1]로 들어가면 [그림1]과 같은 메뉴가 보인다.

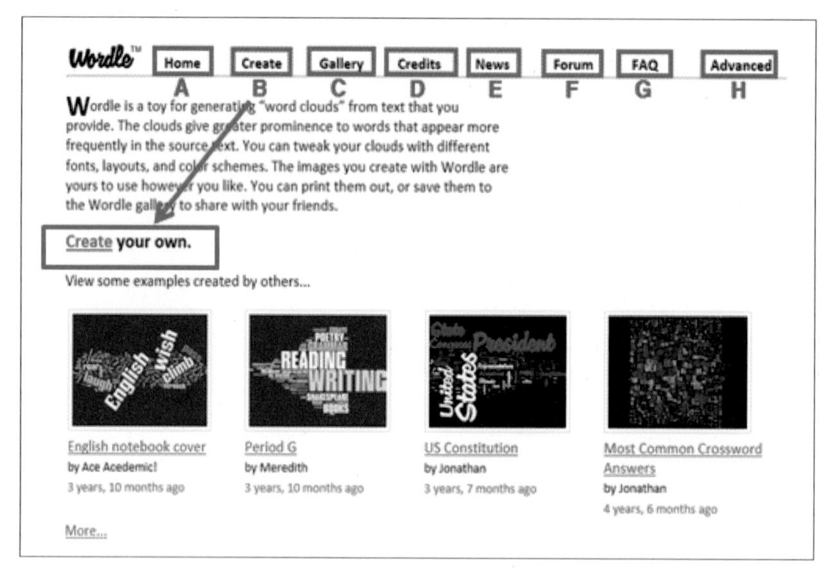

[그림1] 워들 기본화면

A Home: 홈
B Create: 새로운 단어 구름 생성
C Gallery: 작업한 내용 저장소
D Credits: 이 툴을 제작한 사람들 소개
E News: 워들 사용자들의 블로그
F Forum: 워들 사용자들의 온라인 포럼
G FAQ: 자주 하는 질문
H Advanced: 고급 워들 사용메뉴

1. 단어 구름 제작

워드 기본화면에서 〈Create〉를 클릭하면 [그림2]의 화면이 나오게 된다. 텍스트 창에 내용을 직접 입력하거나 다른 소스의 텍스트를 복사하여 붙여준다.

1 http://wordle.net/

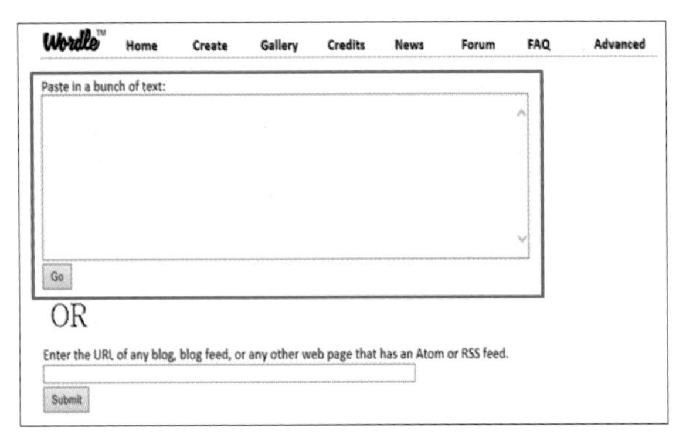

[그림2] 워들 제작하기

여기에서는 코리아 헤럴드[2]에 나온 기사를 복사해서 워들 단어 구름을 제작해보기로 한다 (그림3 참조).

The Korea Herald ENGLISH EDITION

National | Business | Life & Style | Entertainment | Sports | World | Opinion

Culture | Travel | Fashion | Food & Beverage | Books | People | Expat Living | Design | Health

Latest News N.K. likely to get cold shoulder at Asia forum

The Korea Herald > Life&Style > Travel > Travel

NEW YORK (AP) — The Statue of Liberty is scheduled to reopen to visitors on July Fourth for the first time since Superstorm Sandy. But for those who just want a photo op with the statue, there are many other vantage points, from Red Hook, Brooklyn, and Governors Island, to a walk across the Brooklyn Bridge. The Staten Island ferry takes you right past the statue for free, while those on bigger budgets can reserve a room with a view at the luxury Ritz-Carlton hotel.

Here are some ways to get a great look at the Statue of Liberty, starting with the cruises that resume service to Liberty Island on July 4.

Statue cruise to Liberty Island

Statue Cruises _ http://www.statuecruises.com — is the sole operator for boats that take visitors to Liberty Island, where the Statue of Liberty is located. Boats are scheduled to resume departing from the Battery in Lower Manhattan on July 4, when Liberty Island reopens to the public for the first time since Superstorm Sandy last October.

You can buy Statue Cruises tickets in person at the Battery, but the cruises do sell out, so advance online purchase is strongly recommended. There are three types of tickets: Access to the statue's crown, $20 ($17 for seniors, $12 for ages 4-12); or access to the pedestal of the monument or the grounds of Liberty Island, $17 ($14 for seniors, $9 ages 4-12).

Visit http://www.nps.gov/stli/planyourvisit/statue2012reopening.htm for more information.

[그림3] 텍스트 예시[3]

2 http://www.koreaherald.com/

3 출처: http://www.koreaherald.com/view.php?ud=20130628000569

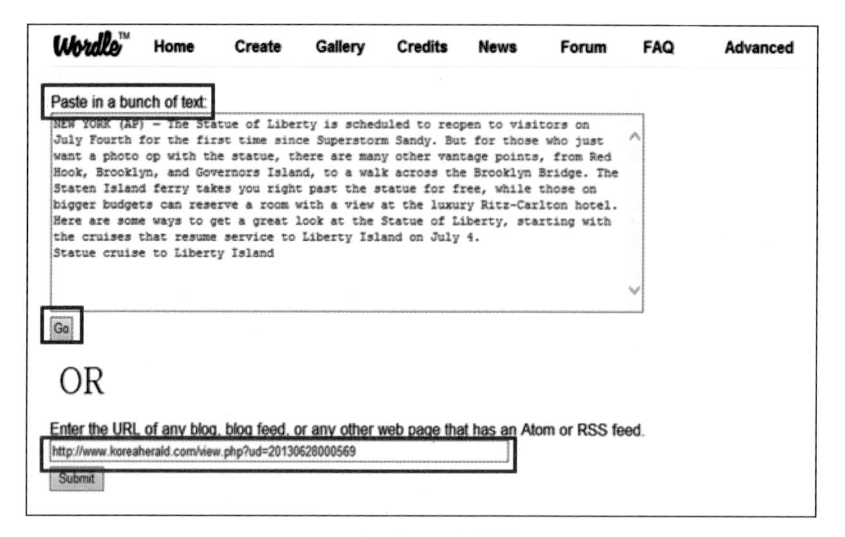

[그림4] 텍스트 삽입하기

① 원하는 텍스트를 복사한다.

② 텍스트 창 〈Paste in a bunch of text〉에 붙여 넣는다.

③ 〈Go〉를 클릭한다.

④ [그림4]와 같이 URL주소를 입력창에 넣어 텍스트를 붙여 넣을 수도 있다.

[그림5] 단어 구름 형성

⑤ [그림5]는 생성된 단어 구름이다. 이때 글자의 크기는 단어가 나온 빈도수에 의해서 크거나 작게 생성된다.

1) Randomize

생성된 단어 구름은 [그림6]하단의 〈Randomize〉를 이용해 여러 가지 다양한 형태로 나타낼 수 있다.

[그림6] 생성된 단어 구름 예시1

〈Randomize〉는 생성된 단어 구름의 글자체, 대소문자, 글자 색깔, 모양 등이 클릭할 때마다 달라진다. 따라서 사용자가 원하는 단어 구름 모양을 선택할 수 있다(그림7 참조).

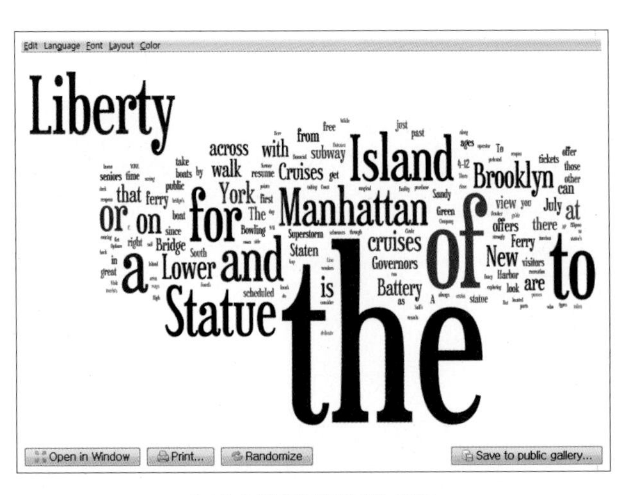

[그림7] 생성된 단어 구름 예시2

2) Print

〈Print〉는 제작된 단어 구름을 출력하기 위해 사용한다. [그림8]과 같이 〈Print〉를 클릭하면, 인쇄를 위한 팝업창이 뜨고, 연결된 프린터기를 선택한 후에 출력한다.

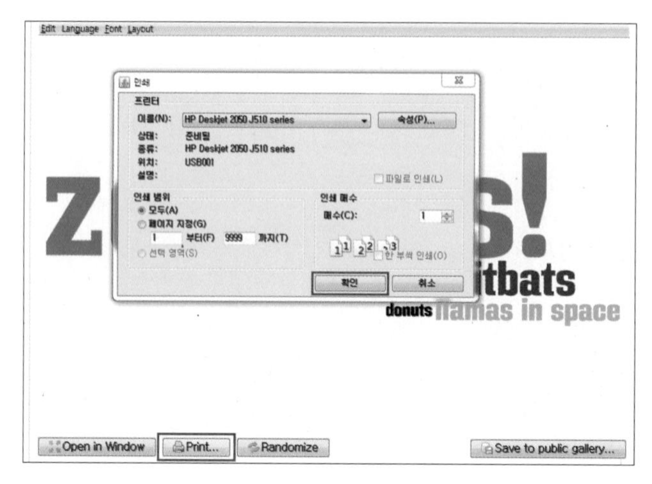

[그림8] 단어 구름 인쇄

3) Save to public gallery

작업을 마친 단어 구름은 클라우드상에 저장할 수 있다. [그림9]와 같이 〈Save to public gallery〉를 클릭하면 저장을 위한 메시지 창이 뜨게 된다.

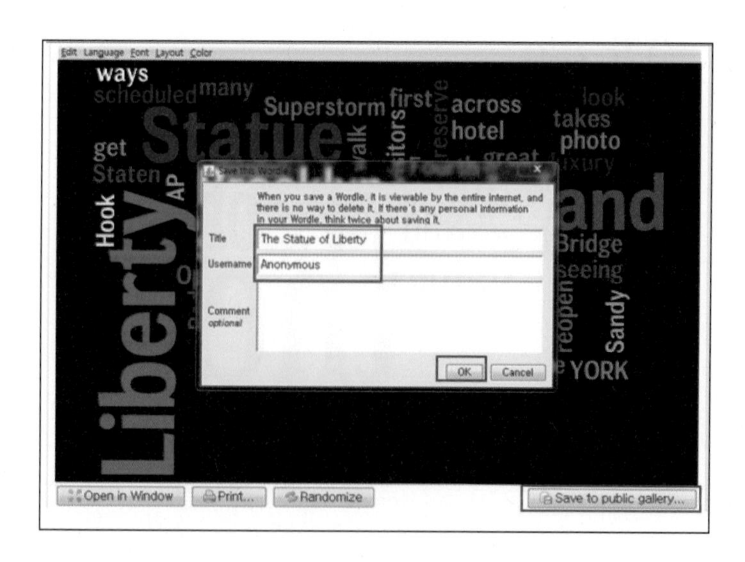

[그림9] 갤러리에 저장하기

〈Title〉에는 제목을, 〈Username〉에는 사용자명을 입력한다. 여기에서는 〈Title〉을 'The Statue of Liberty'로, 〈Username〉을 'Anonymous(익명)'로 하고 〈OK〉를 클릭하여 저장한다. 이때 저장된 파일은 다른 사용자와 공유하게 되며, 〈Gallery〉에서 확인 가능하다. 〈Gallery〉 클릭해서 들어가면 지금 작업한 내용이 맨 위에 나타난다(그림10 참조).

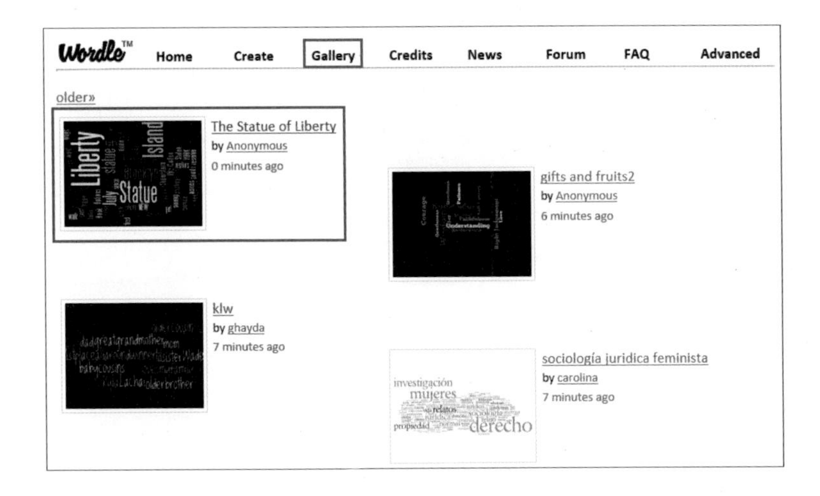

[그림10] 갤러리에서 확인하기

2. 단어 구름 고급 메뉴

〈Advanced〉에서는 글자의 크기나 색을 지정하고 싶을 경우에 숫자나 기호를 직접 입력해야 한다. 글자 크기를 늘리고 싶거나 강조하고 싶은 경우 숫자를 적절하게 넣어 주면 된다(그림11 참조).

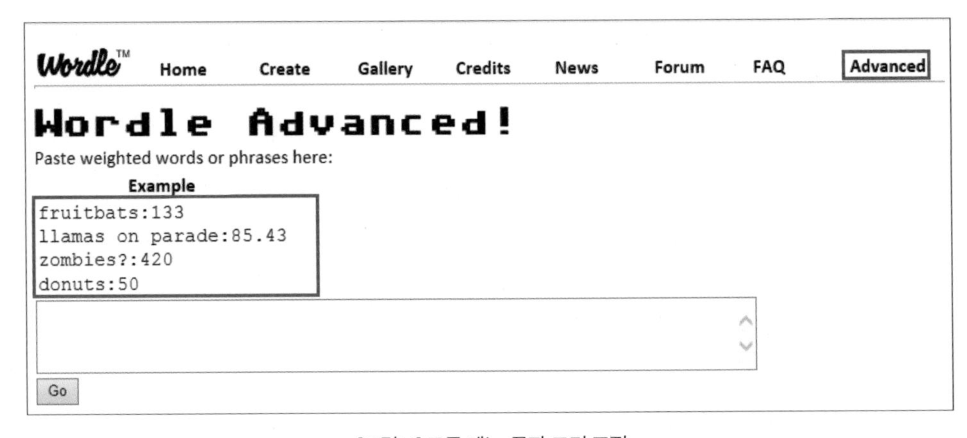

[그림11] 고급 메뉴: 글자 크기 조정

글자의 크기를 조정한 결과가 [그림12]와 같이 나타난다.

[그림12] 고급 메뉴: 글자 크기 조정 결과

워들 활용하기

- 읽기 전 활동이나 듣기 전 활동으로 글의 내용에 대한 단어 구름을 보여주면서 주제를 추측해보거나 배경지식을 활성화시킬 수 있다.
- 쓰기 교육에서는 단어 구름으로 제시된 단어들을 이용해 개별적인 작문을 시킨다거나, 협동 작문을 하도록 할 수 있다. 그 이후에 자신들이 작성한 글과 다른 학생들이 작문한 글의 차이를 비교해보는 활동으로 활용할 수 있다.
- 말하기 활동으로 자기소개를 할 때 자신에 대한 관련된 단어들을 입력하고 워들을 이용하여 단어 구름을 만들어서 발표하는 것 등으로 사용할 수 있다.

14 프리마인드 (Freemind)

프리마인드 이해하기

마인드 맵은 생각하는 개념을 방사형으로 구체화해서 키워드, 색깔, 그림, 기호 등을 이용해 중심 주제를 정하고 가지를 그려가면서 그 중심주제를 확장하는 방식으로 생각을 펼쳐나가는 것이다. 따라서 마인드 맵을 활용할 때는 항상 중심개념과 주제를 먼저 생각하고 위계에 따라 하위 노드를 정리해야 한다. 프리 마인드 사이트[1]에서 프로그램을 다운로드하여 컴퓨터에 설치한 후 사용한다.

---

1 http://sourceforge.net/projects/freemind/

프리마인드 사용하기

1. 다운로드 및 실행

① 사이트를 방문하여 [그림1]의 다운로드 화면에서 〈Download〉를 클릭하여 설치한다.

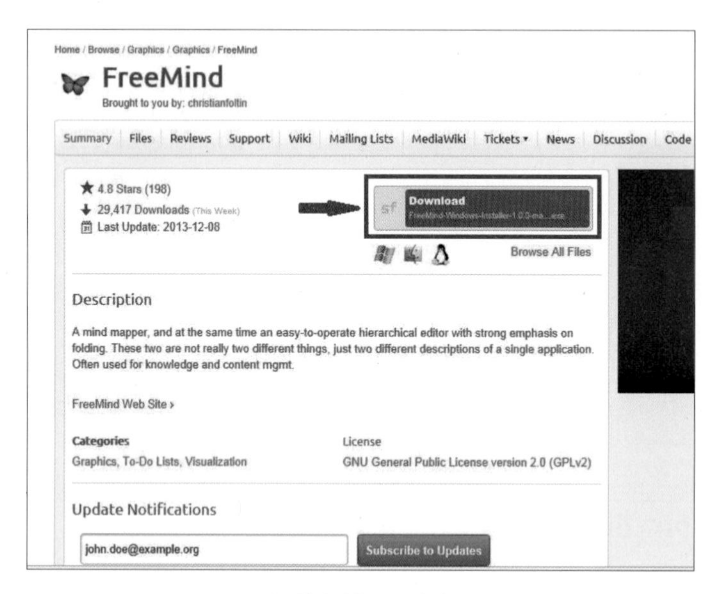

[그림1] 다운로드 화면

② 다운로드가 완료되면 다음과 같은 〈FreeMind〉 아이콘이 생성되며 이 아이콘을 클릭하여 프리마인드를 실행한다.

③ 프리마인드를 실행하면 [그림2]의 기본화면이 나타난다. 각 영역에 대한 기능은 다음과 같다.

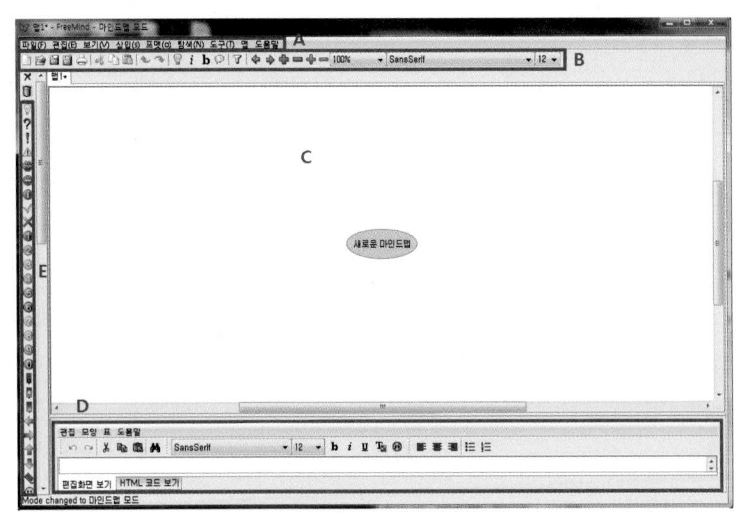

[그림2] 기본화면

A 메뉴바

B 단축 메뉴바

C 작업화면

D 노드의 관련 내용을 추가하고자 할 때 입력하는 창

E 아이콘 단축바

2. 파일 제작

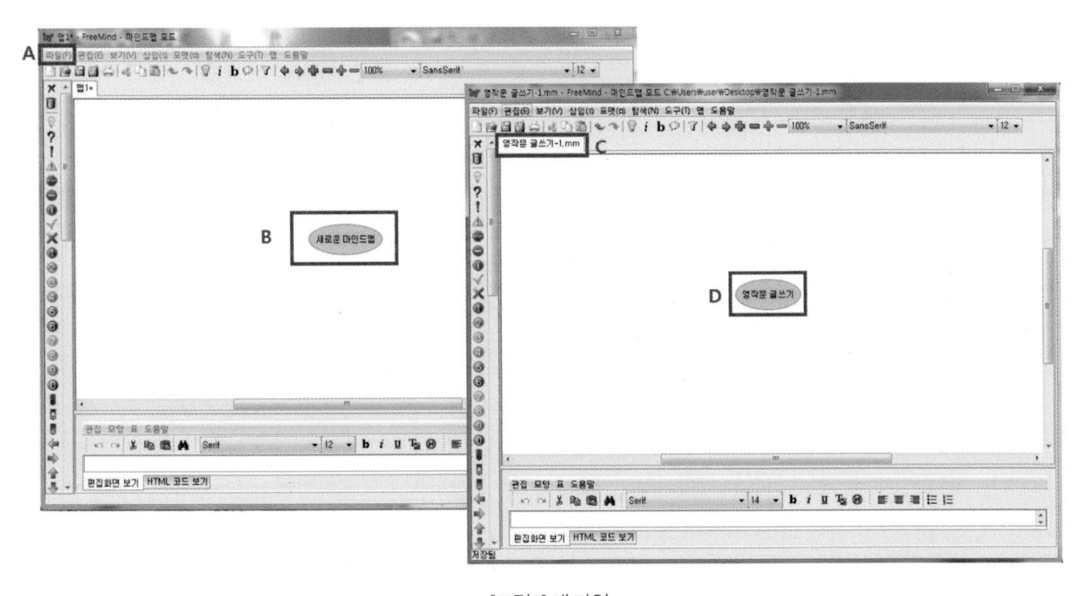

[그림3] 새 파일

1) 새 파일 만들기

① [그림3-A]의 〈파일〉-〈새파일〉로 〈새로운 마인드맵〉을 시작한다.

② [그림3-A]의 〈파일〉-〈저장하기〉에서 새로운 파일을 원하는 폴더에 저장한다. 확장명 .mm 파일로 저장해야 차후에 수정 및 편집이 가능하다. [그림3-C]에 지정한 파일명이 반영된다.

③ [그림3-B]에 마우스를 클릭하여 작성하고자 하는 마인드맵의 중심개념을 입력하면 [그림3-D]와 같이 나타난다.

2) 하위노드 만들기

하위노드를 생성할 때는 생성하려는 상위노드에 커서를 올린 상태에서 다음과 같은 세가지 방법으로 진행한다.

① 단축 메뉴바의 〈삽입〉-〈하위노드〉를 선택하여 추가한다(그림4참조).

[그림4] 하위노드 생성1

② 하위노드를 추가할 노드에 마우스를 놓고 우클릭하면 [그림5]처럼 바로가기 창이 나타난다. 이 바로가기 창을 이용하면 하위노드 추가가 가능하다.

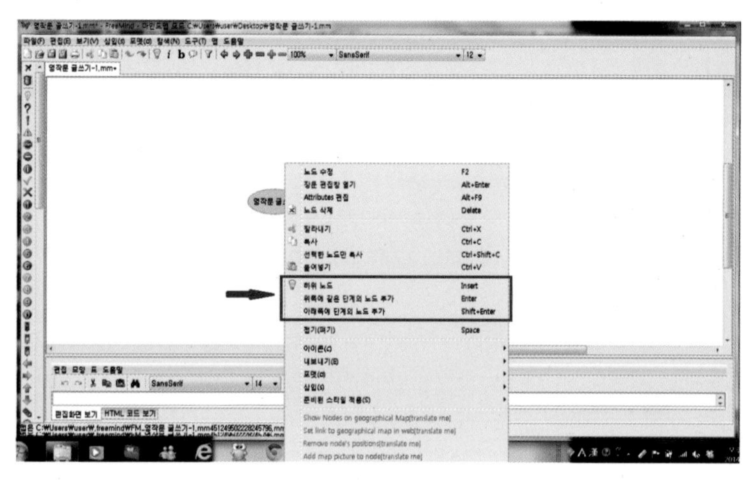

[그림5] 하위노드 생성2

③ 작업창에서 엔터키를 치면 하위노드가 생성된다. 중심노드를 클릭한 다음 엔터키를 치면서 원하는 개수만큼의 하위노드를 만들어 놓는다(그림6참조).

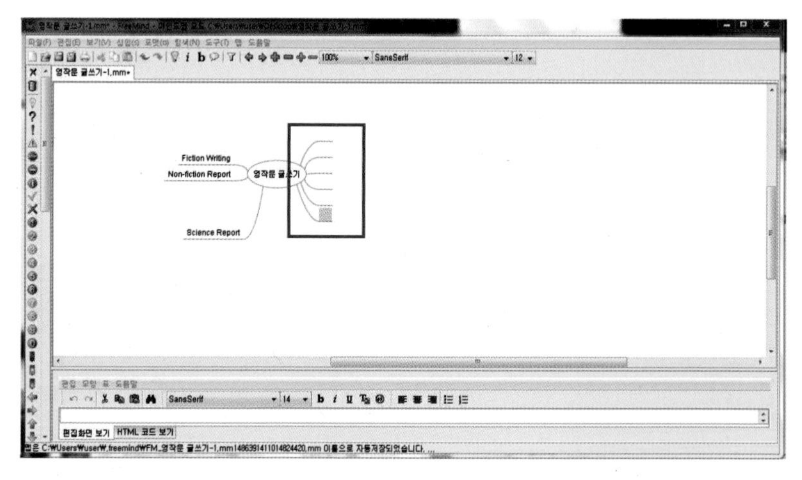

[그림6] 하위노드 생성3

3) 노드위치 변경

생성된 하위노드의 위치를 변경하고자 할 때는 중심노드와 가까운 쪽인 노드의 머리부분에 마우스를 올리면 [그림7-A]와 같은 타원이 나타나면서 [그림7-B]와 같은 설명이 나온다. 이 부분을 마우스로 잡고 이동하면서 위치나 거리를 변경할 수 있고 더블클릭하여 다시 원래의 위치로 보낼 수 있다.

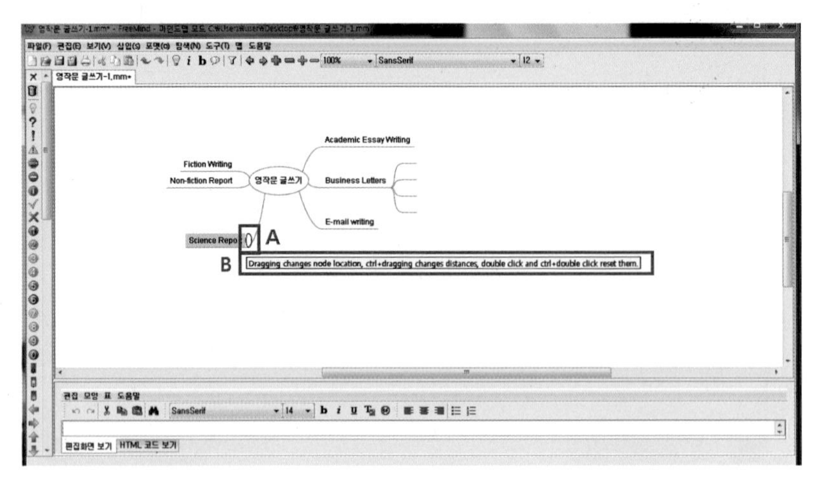

[그림7] 노드위치 변경

4) 노드모양 변경

노드모양, 색상, 가지선 변경 등 노드에 관한 것을 변경 혹은 수정하려면, 메뉴바의 〈포맷〉을 클릭하여 노드에 관한 모든 것을 수정할 수 있다. 또한 원하는 노드를 클릭한 후 마우스 우클릭을 하여 포맷을 선택하면 노드에 관한 메뉴로 바로가기 할 수 있다.

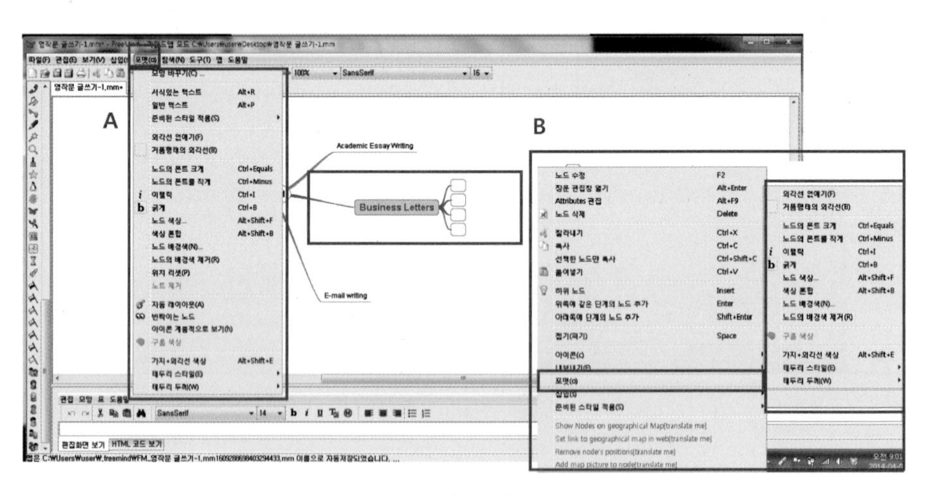

[그림8] 포맷

[그림8-A]의 〈포맷〉-〈모양바꾸기〉를 선택하여 [그림9]와 같은 창을 통해 노드형태를 한번에 수정할 수 있다. 노드 형태에 대한 변경 내용을 설정한 후 하단의 〈확인〉을 클릭하여 저장한다.

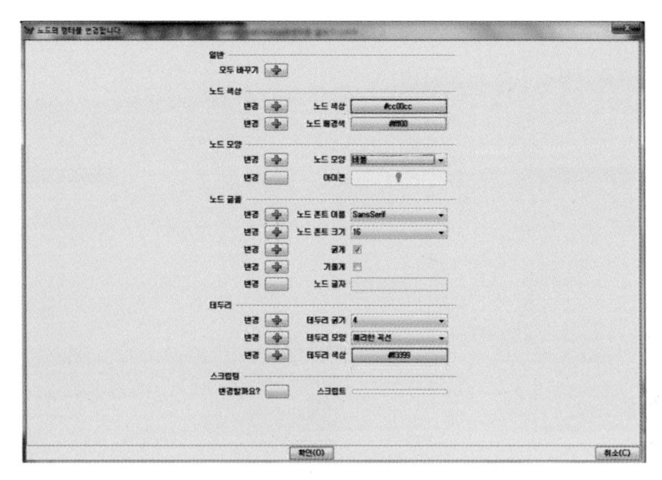

[그림9] 노드형태 한번에 바꾸기

5) 노드수정

노드에 입력한 내용을 수정하기 위해서는 [그림10-A]의 〈편집〉-〈노드수정〉을 통해 변경하거나 [그림10-B]와 같이 마우스 우클릭을 통해 수정 가능하다. 또한 수정할 노드를 마우스로 두 번 클릭하면 수정이 가능하다

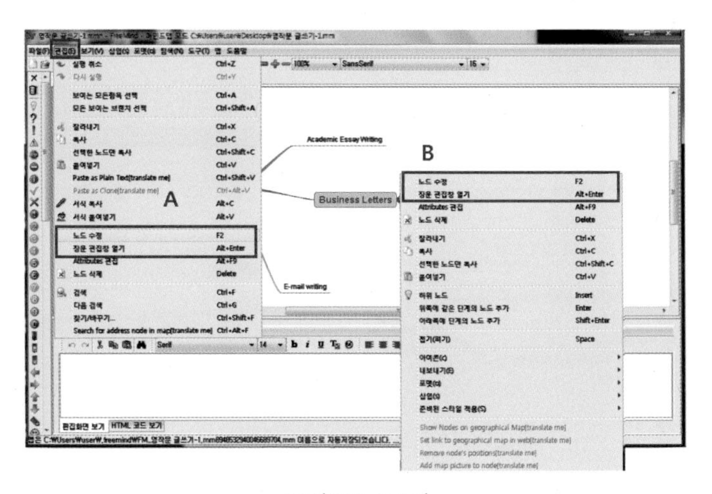

[그림10] 노드수정

6) 장문편집

노드에 긴 내용을 입력해야 하는 경우 [그림10]의 〈편집〉-〈장문 편집창 열기〉를 선택하면 [그림11-A]와 같은 팝업창이 열린다. [그림11-B]에 내용을 입력한 후 [그림11-C]의 편집영역

을 이용하여 폰트 크기나 모양, 색깔을 정할 수 있고, 정렬을 설정할 수 있다. 모든 작업이 끝나면 [그림11-D]의 〈확인〉을 클릭한다.

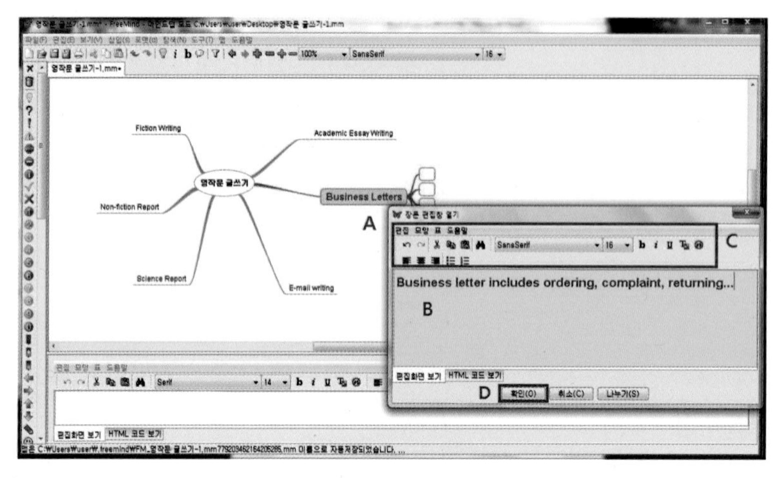

[그림11] 장문편집

노드에는 간략하게 제목만 입력하고 관련 내용을 입력하기 위해서는 하단의 노트창을 이용하는 방법이 있다. [그림12-A]의 화면에 내용을 입력하면 [그림 12-B]와 같이 노드에 노트 모양의 아이콘이 생기게 된다. 그 노드를 클릭하면 하단에 내용이 나타난다.

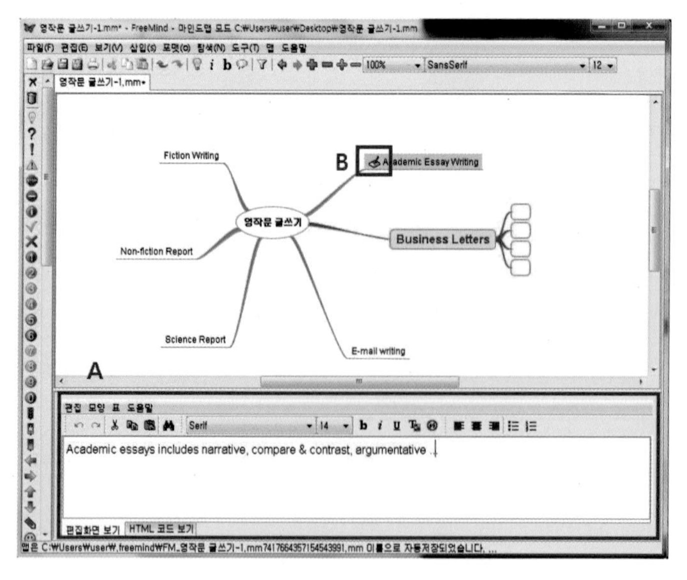

[그림12] 노트창

7) 아이콘 입력하기

중요한 노드를 강조하거나 특정 의미를 표시하기 위해서 아이콘을 삽입할 수 있다. 아이콘을 삽입하는 방법은 두 가지가 있는데 삽입할 노드를 지정한 상태에서 [그림13-A]의 〈삽입〉-[그림13-B]의 〈아이콘〉을 선택하여 나타난 [그림13-C]의 아이콘 중에서 클릭한다. 또한 프리마인드 작업창의 좌측(화살표 영역)에는 아이콘이 항상 떠있으므로 삽입하고자 하는 노드를 지정한 상태에서 원하는 아이콘을 클릭하면 삽입이 된다. [그림13-D]는 노드에 아이콘이 삽입된 모습이다.

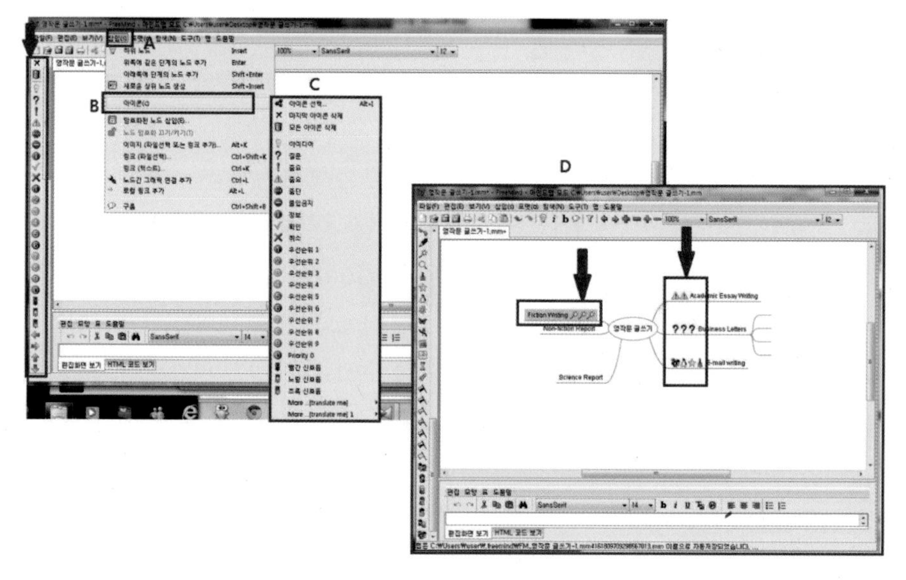

[그림13] 아이콘 입력

8) 아이콘 삭제하기

[그림14-A]의 아이콘이 입력된 노드에서 마우스를 우클릭하여 [그림14-B]의 〈아이콘〉을 선택하면 [그림14-C]와 같이 〈마지막 아이콘 삭제〉 혹은 〈모든 아이콘 삭제〉가 있다. 필요에 따라서 둘 중 하나를 선택하여 입력한 아이콘을 삭제할 수 있다.

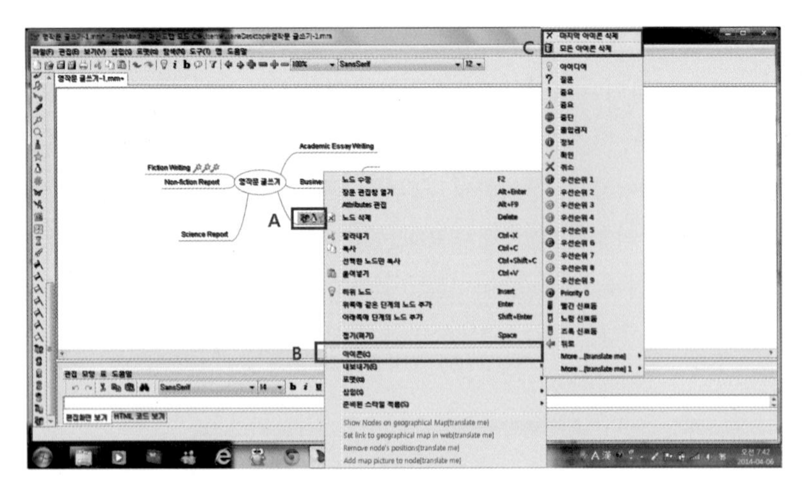

[그림14] 아이콘 삭제

9) 이미지 입력하기

이미지를 입력할 노드를 선택한 후 [그림15-A]의 〈삽입〉-〈이미지〉를 클릭하여 저장해 둔 이미지를 찾아 입력한다. 이미지 크기는 이 작업창에서 조절이 안되므로 적당한 크기로 미리 저장해둔다. 이미지가 입력됨과 동시에 노드의 내용이 삭제되므로 이미지를 먼저 삽입한 다음 필요한 내용을 입력한다. 이미지를 한번 클릭하면 [그림11]의 〈장문 편집창〉이 열리는데 이곳에 내용을 입력하면 된다. [그림15-B]는 이미지와 내용이 입력된 모습이다.

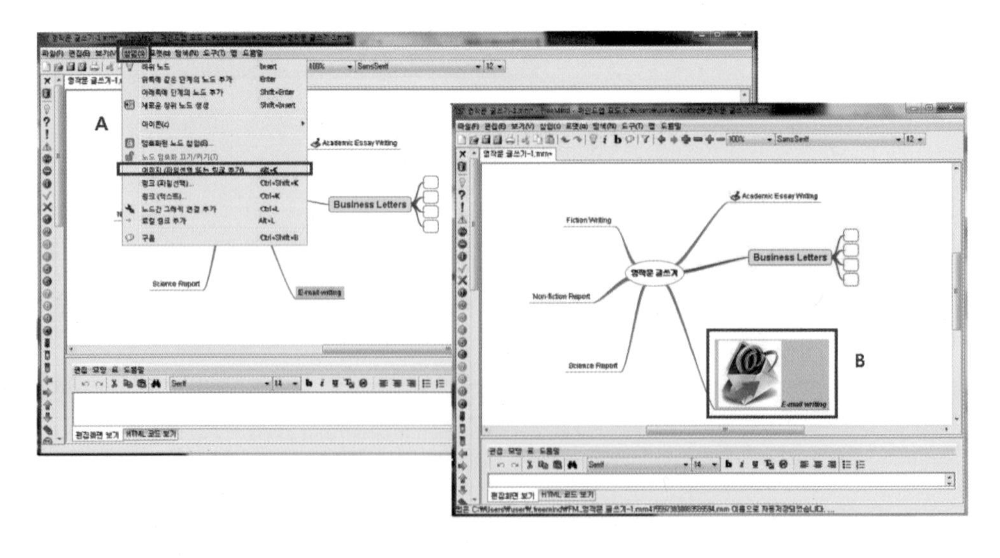

[그림15] 이미지 삽입

10) 링크 삽입하기

링크 삽입할 노드를 선택한 후 [그림16-A]의 〈삽입〉-〈링크〉를 클릭한다. 이때 〈링크(파일선택)〉은 PPT, 한글, 워드파일 등의 기존 파일을 링크할 때 선택하고 〈링크(텍스트)〉는 웹사이트를 링크할 때 선택한다. [그림16-B]의 〈입력〉창이 열리면 파일 경로를 찾아 입력하거나 웹사이트 주소를 복사하여 붙여넣기 한 후 〈확인〉을 클릭한다. 링크가 삽입된 노드에는 [그림16-C]와 같이 화살표가 나타난다. 파일이나 텍스트 중 하나만 링크할 수 있다.

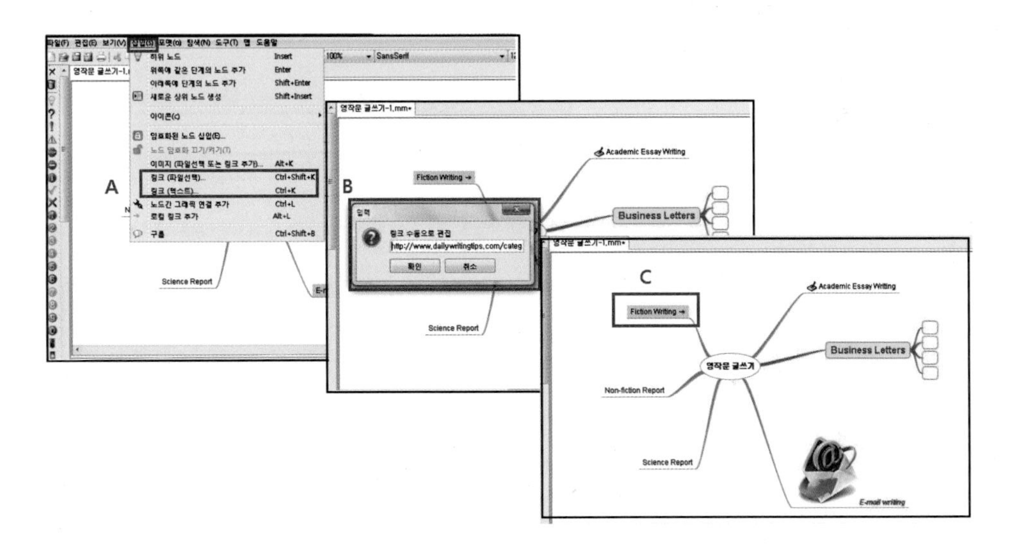

[그림16] 링크 삽입

11) 노드간 그래픽 연결하기

연결할 노드 두 개를 먼저 선택한다. 첫 번째 노드는 마우스 클릭으로, 두 번째 노드는 〈Ctrl+노드〉로 선택한다. [그림17-A]와 [그림17-B]와 같이 선택된 노드는 색이 변한다. [그림17-C] 메뉴의 〈삽입〉-〈노드간 그래픽 연결 추가〉를 선택한다.

노드간 연결선이 생성된 후 색상이나 모양을 변경하려면 연결선 위에서 마우스 우클릭을 하여 [그림18-A]와 같은 메뉴창을 연다. 〈링크화살표색상〉을 클릭하여 [그림18-B]의 색상표에서 원하는 색을 선택한 후 〈확인〉을 클릭하면 [그림18-C]와 같이 화살표 색상이 변경된다.

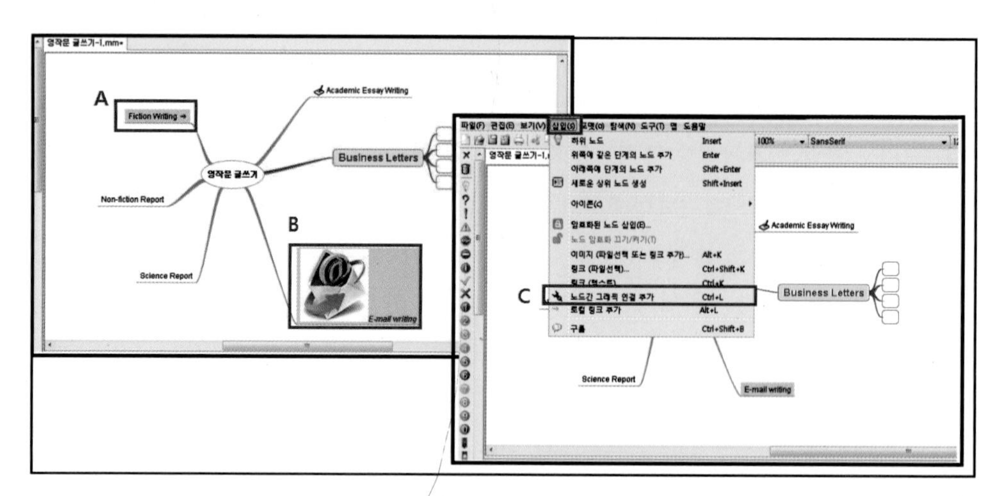

[그림17] 노드간 그래픽 연결

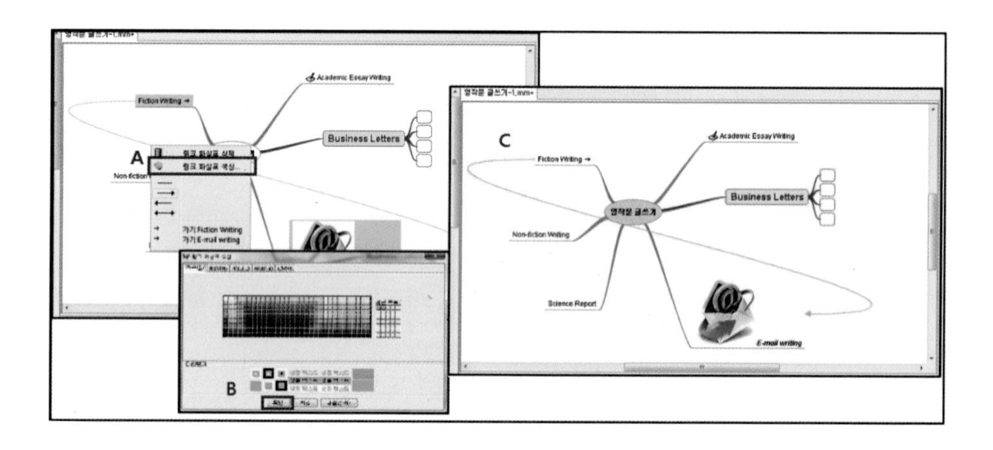

[그림18] 링크 화살표 색상 변경

12) 구름 입력하기

특정 노드를 강조해서 보여주고자 할 때 노드의 모양을 구름모양으로 변경할 수 있다. 구름을 입력하는 방법은 먼저 노드를 선택한 후 [그림19-A] 메뉴의 〈삽입〉-〈구름〉을 선택하면 [그림19-B]와 같이 구름모양의 노드가 삽입된다.

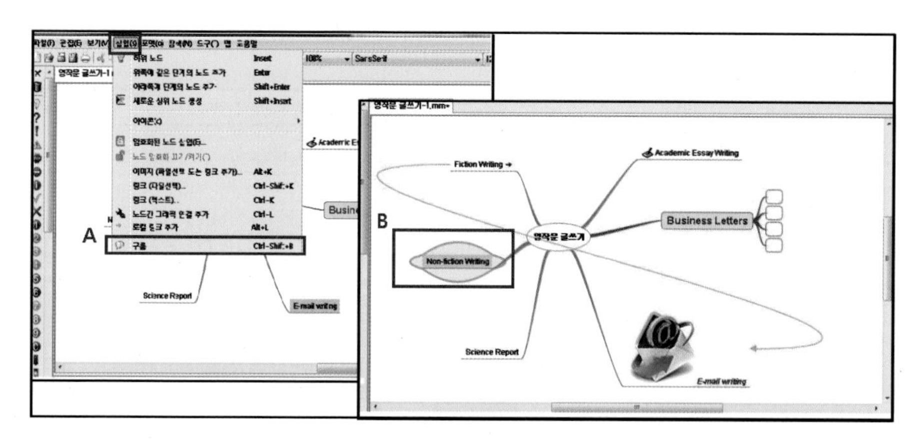

[그림19] 구름 삽입하기

삽입된 구름의 색상을 바꾸기 위해서는 [그림20-A]의 메뉴 〈포맷〉-〈구름색상〉을 클릭하면 [그림18-B]의 팔레트가 열린다. 원하는 색상을 선택한 후 〈확인〉을 클릭하면 [그림20-B]와 같이 구름색상이 변한다.

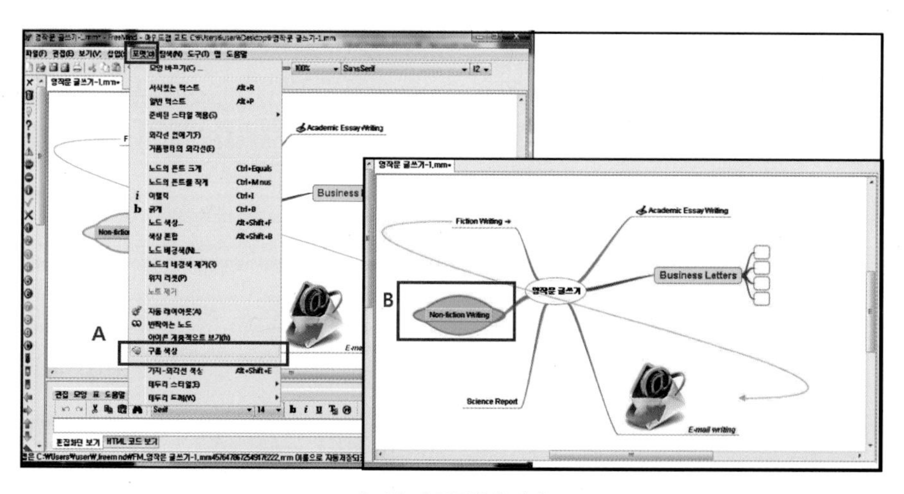

[그림20] 구름색상 변경

13) 반짝이는 노드

특정 노드를 강조하고자 할 때 〈반짝이는 노드〉를 사용할 수 있다. 먼저 [그림21-A]와 같이 강조할 노드를 선택한 후 [그림21-B]의 〈포맷〉-〈반짝이는노드〉를 선택하면 [그림21-C]와 같이 노드를 점등시키며 계속해서 글자색상이 변하면서 반짝거리게 된다. 중요도에 따른 주의 집중을 위한 것이므로 너무 많은 노드에 적용하는 것은 주의해야 한다.

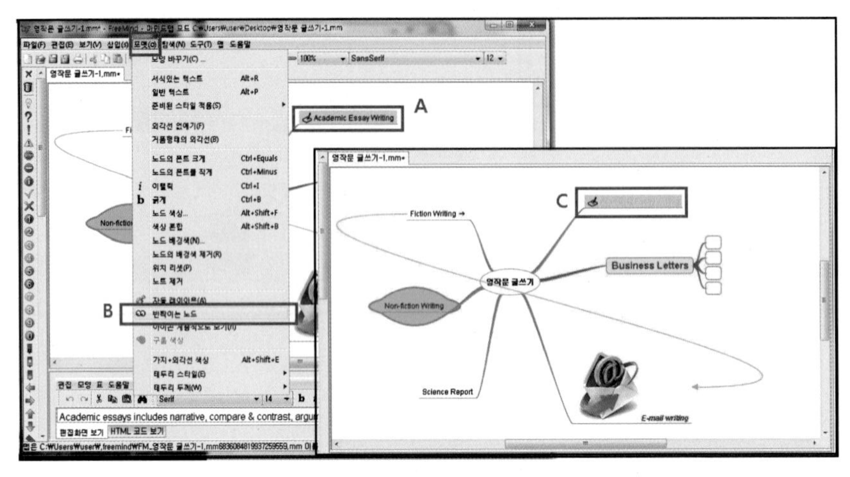

[그림21] 반짝이는 노드

14) 노드접기

하위노드가 많이 생성되었을 경우 발표시에 슬라이드쇼와 같은 효과를 주기 위해 노드를 접었다 펼 수 있다. 하위노드가 생성된 노드의 입구에 마우스를 올리면 [그림22-A]와 같은 이미지가 뜬다. 이 곳을 클릭하면 이 노드의 하위노드가 모두 접히면서 [그림22-B]와 같은 이미지로 변경된다. 발표 시에 노드를 열고자 할 경우 이 이미지를 클릭하면 다시 펼쳐진다.

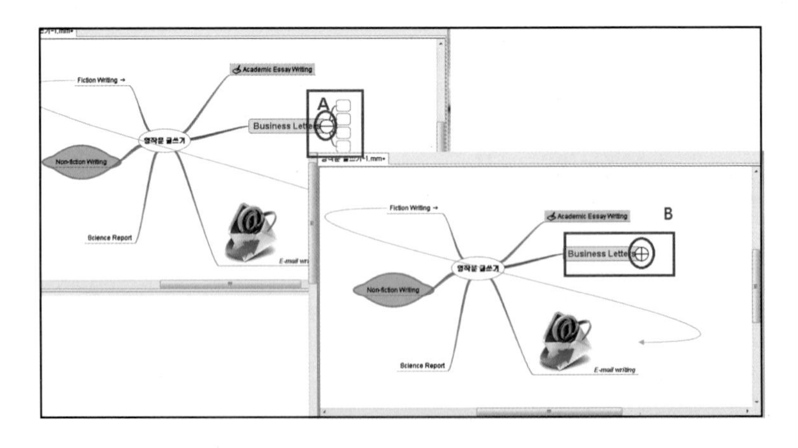

[그림22] 노드 접기

15) 내보내기

완성된 맵은 〈내보내기〉를 통해 다양한 형태의 확장명으로 저장할 수 있다. 현재 이 파일은 프리마인드의 확장명인 .mm 파일로 저장되어 있다. 이 .mm 파일의 경우는 프리마인드 프로그램이 설치되어 있는 곳에서만 열 수 있기 때문에 모든 컴퓨터에서 열고자 할 경우에는 FLASH, HTML, JPEG등의 파일로 저장해야 한다. PDF파일의 경우는 접히거나 움직임이 없지만 안정적이고 평면적인 파일로 사용할 수 있다. [그림23-A]의 〈파일〉-〈내보내기〉를 선택하여 [그림23-B]의 메뉴에서 선택하여 저장한다.

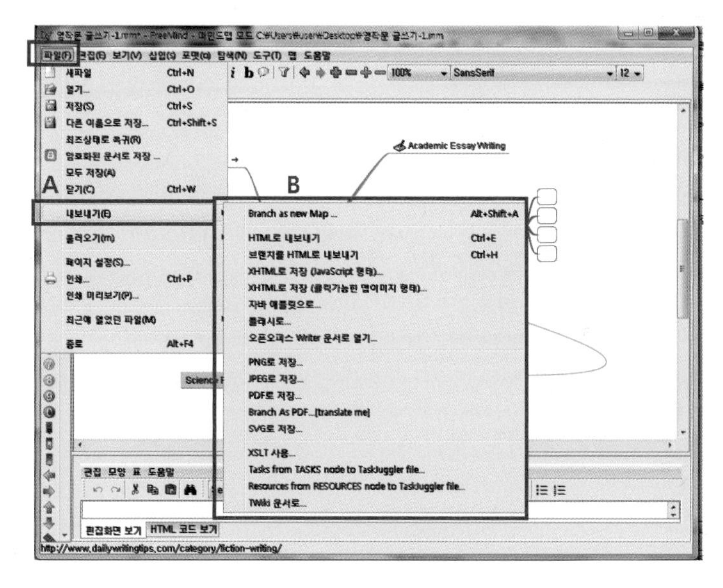

[그림23] 내보내기

프리마인드 활용하기

- 브레인 스토밍(Brainstorming)을 할 때 아웃라인을 생성하면서 중심주제의 세부 내용을 정리해나갈 수 있다. 특히 말하기와 쓰기, 또는 프로젝트를 시작하기 전에 마인드맵으로 브레인 스토밍을 하면서 주제의 세부 사항에 대한 아이디어를 시각적으로 정리할 수 있다. 온라인 맵은 수정이 용이하고 불필요한 내용에 대한 삭제가 쉽다.
- 어휘학습 지도 시에 시각자료와 병행하여 사용할 수 있다. 이미지를 노드에 입력해 놓고 그에 상응하는 단어들을 하위노드로 접었다 폈다 하면서 보여주거나 반대로 단어

를 상위노드에 이미지를 하위노드에 입력하여 활용할 수 있다.

- 독해 이해(reading comprehension)의 확인을 위해 사용할 수 있다. 등장인물별로 혹은 사건별로 노드를 만들고 이야기 전개에 따라 하위노드를 생성해가면서 사건의 전개를 시각적으로 정리하여 이해를 도울 수 있다.
- 창의적인 제작을 할 수 있어서 학습자들의 창의력 향상에 도움을 줄 수 있고 협력작업이 가능하다.

15 마인드 마이스터 (Mindmeister)

마인드 마이스터 이해하기

마인드 마이스터는 온라인 마인드맵 프로그램이다. 마인드맵이란 마음속에 지도를 그리듯이 생각을 정리하는 방법으로, 핵심 단어를 중심으로 거미줄처럼 사고가 파생되고 확장되어 가는 과정을 시각화하는 방법이다. 이 프로그램을 활용하여 중심개념에서 하부개념으로 생각을 확장하고 정리할 수 있다. 웹 브라우저에서 사용하는 프로그램으로 따로 설치가 필요하지 않고, 항상 최신 버전으로 사용할 수 있다. 무료회원으로 가입한 경우 3개의 마인드맵을 작성할 수 있고 제한적으로 기능을 사용할 수 있으며, 전체 기능을 사용하기 위해서는 유료 가입을 해야 한다. 일정관리 기능도 제공하며 파일이나 이미지, 동영상을 올릴 수 있고 웹사이트로 연결이 가능하다. 또한 모바일 앱으로도 다운로드 가능하다.

마인드 마이스터 사용하기

1. 가입 및 로그인

① 메인화면에서 무료로 사용할 수 있는 〈Basic〉으로 가입한다.

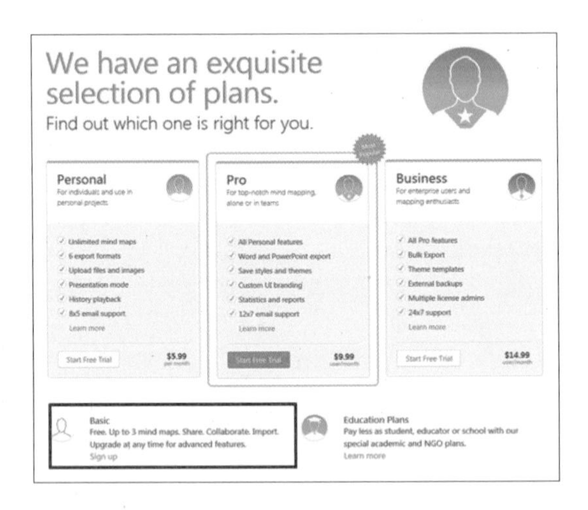

[그림1] 가입 화면1

② 가입할 때 작성한 메일 주소로 링크를 보내주고, 링크를 따라 확인절차를 진행한 후 가입이 승인된다.

[그림2] 가입 화면2

로그인을 하면 [그림3]과 같은 화면이 보인다. 〈Start〉를 클릭하면 〈My First Mind Map〉이 설정되어 있다.

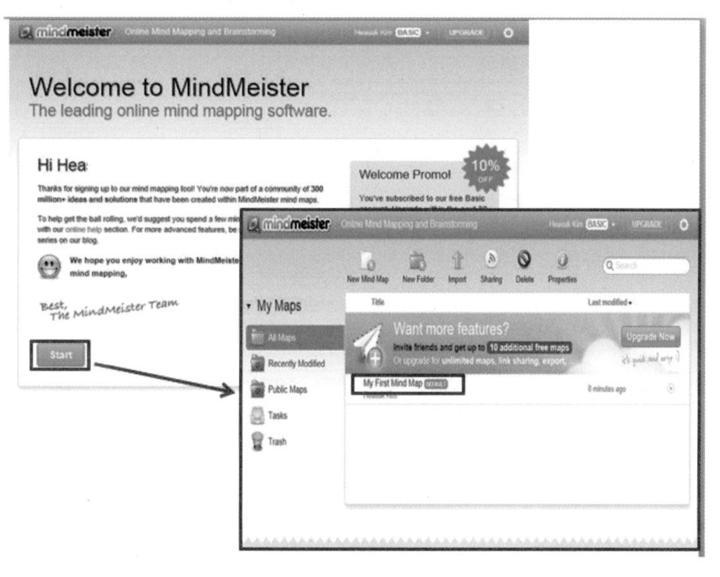

[그림3] 시작 화면

2. 기본화면

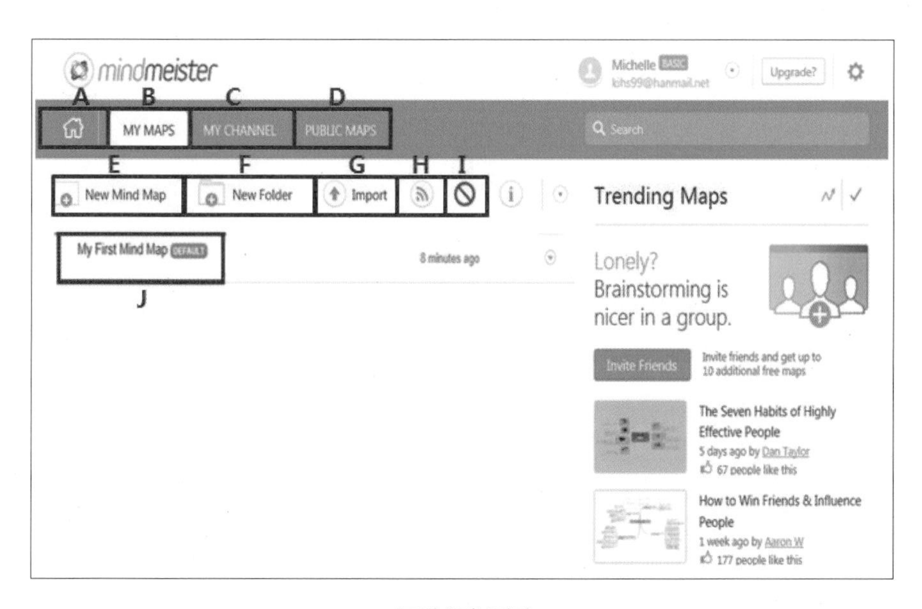

[그림4] 기본화면

A 홈으로 가기
B MY MAPS: 작업한 마인드맵
C MY CHANNEL
D PUBLIC MAPS: 출판된 마인드맵
E New Mind Map: 새로운 마인드맵 만들기
F New Folder: 새로운 폴더 만들기
G Import: 하드드라이브에 있는 마인드맵 가져오기
H Sharing: 협동 작업을 위해 공동 사용자의 이메일 불러오기
I Delete: 마인드맵 삭제하기
J My First Mind Map: 기본 마인드맵

3. 새로운 마인드맵 만들기

① [그림5-A]의 〈New Mind Map〉을 클릭하면 템플릿을 설정할 수 있다. [그림5-B]의 〈Blank〉를 선택하여 마인드맵을 만들어보기로 한다.

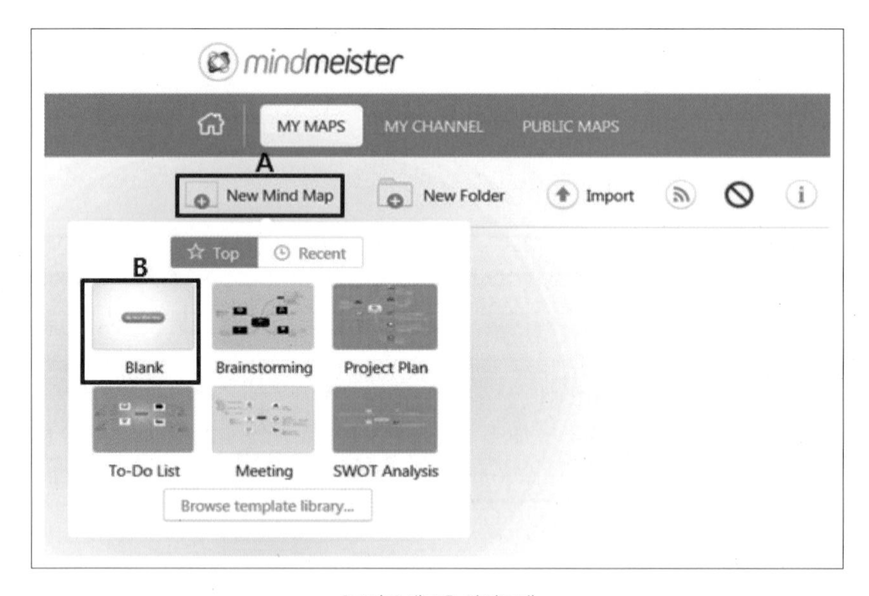

[그림5] 새로운 마인드맵

② 〈Blank〉를 클릭하면 [그림6]과 같이 나타난다. [그림6]의 메뉴바의 내용은 아래 표에 제시되어 있다.

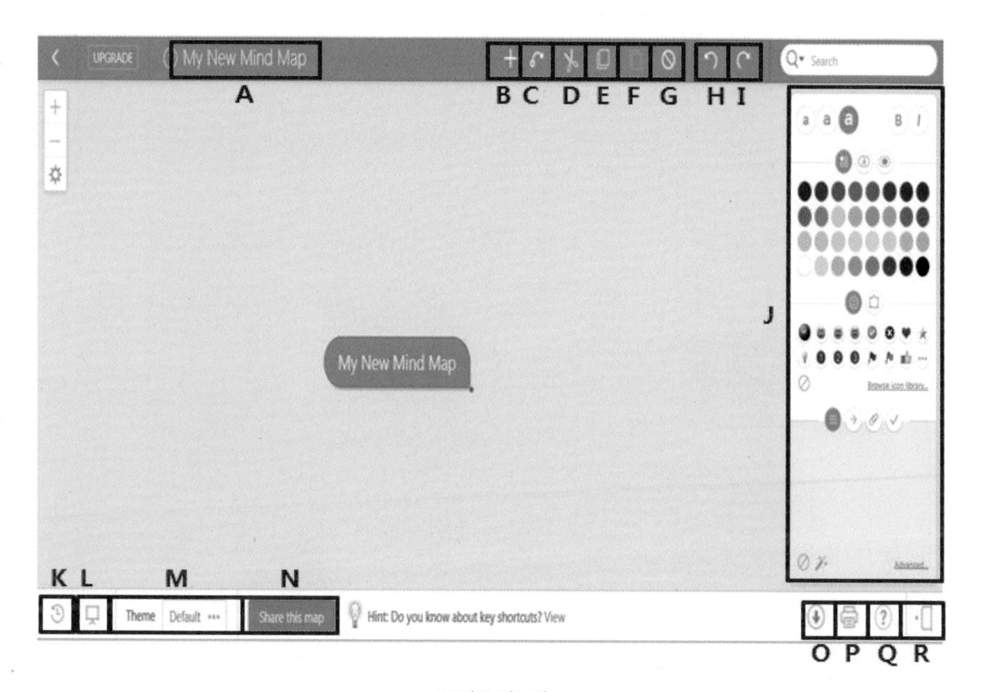

[그림6] 메뉴바

A	새로운 마인드맵 만들기	J	속성
B	삽입하기	K	히스토리
C	연결하기	L	프레젠테이션 설정
D	잘라내기	M	테마 설정
E	복사하기	N	공유하기
F	붙이기	O	내보내기
G	삭제하기	P	출력하기
H	되돌리기	Q	도움말
I	되살리기	R	토글버튼 감추기

4. 기본기능

1) 개념 생성하기

① [그림7]과 같이 중심개념인 'My Life'에서 엔터키나 탭키를 누른다. 하위개념을 먼저 만들고 'Career'를 입력한다. 같은 방법으로 'Interests'를 입력한다.

② 'Career'를 마우스로 클릭한 후 같은 방법으로 엔터키나 탭키를 이용하여 세부개념을 생성한다. 'Now'와 'In 10 years'를 입력한다.

③ 'Interests' 입력도 위와 같은 방법으로 진행한다.

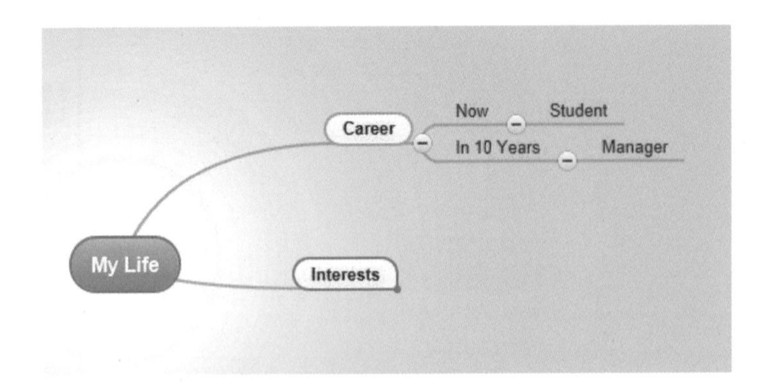

[그림7] 그리기

2) 삭제, 이동, 선택, 저장하기

- 삭제: 마우스로 삭제할 개념을 클릭한 후 〈delete〉키를 누른다.
- 이동: 이동하려는 개념을 드래그하여 원하는 위치에 놓는다.
- 선택: 여러 개를 동시에 선택하려는 경우에는, 〈shift〉나 〈ctrl〉를 누른 상태에서 원하는 개념을 클릭한다. 중심개념을 클릭하면 모든 개념을 한번에 선택할 수 있다.
- 저장: 작업한 마인드맵은 자동으로 저장된다.

3) 개념 연결하기

두 개의 개념을 연결하는 방법은 다음과 같다.

① 하나의 개념을 클릭한 후 [그림8-A]의 연결선을 클릭한다. 연결선이 나타나면, 연결하려는 두 번째 개념을 클릭한다.

② [그림8-B]를 드래그하여 연결선의 각도를 맞춘다.

③ [그림8-C]에 마우스를 올리고 좌클릭하면 연결선에 대한 옵션 메뉴가 나타난다. 〈Change Color〉에서 연결선 색을 바꿀 수 있고, 〈Add Label〉에서는 연결선의 이름을 정해줄 수 있다. 〈Delete Connection〉을 이용해서 연결선을 삭제할 수 있다(그림8-D 참조).

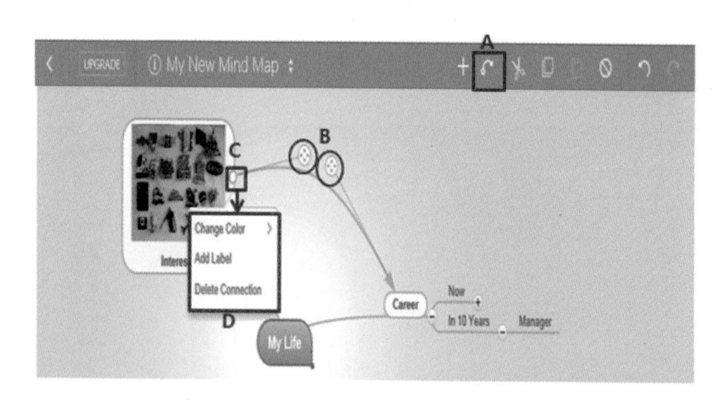

[그림8] 연결하기

4) 복사하기

① 복사하려는 개념인 'Career'를 클릭한다.

② [그림9-A]를 클릭한다.

③ 붙이고자 하는 위치의 상위개념인 'My Life'를 클릭한다. 그 후 [그림9-B]를 클릭한다.

④ [그림 9]의 하단 부분과 같이 나타난다.

⑤ [Ctrl + C]와 [Ctrl + V]로 복사와 붙여넣기가 가능하다.

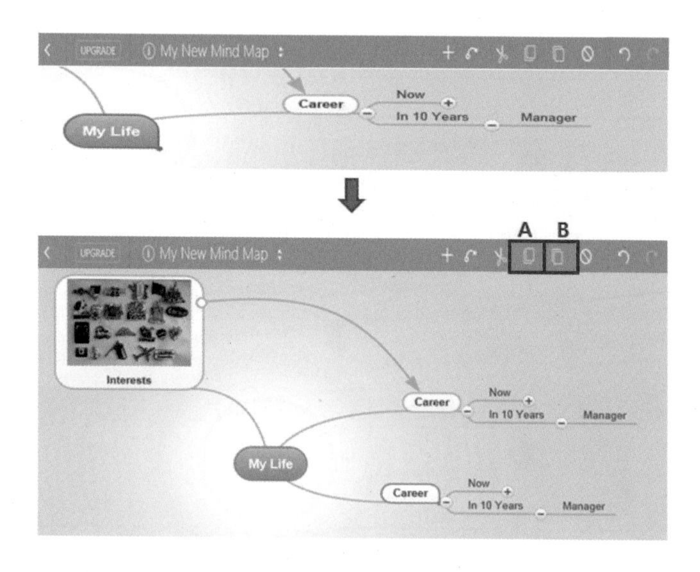

[그림9] 복사하기

[그림10-A]와 같이 ⊕ 가 나타나면 하위개념이 감추어져 있다는 것을 의미하며, [그림

10-B]와 같이 ⊖ 가 나타나면 하위개념이 존재하지 않는다는 것을 의미한다. 하위개념을 보이지 않게 하려면 ⊖ 를 다시 클릭하면 된다.

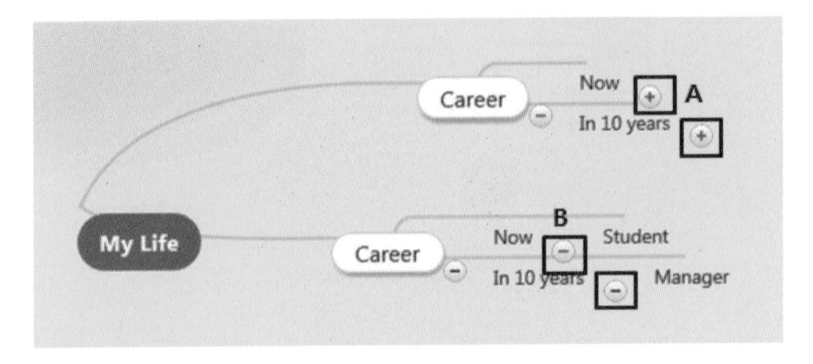

[그림10] 하위개념 표시

5) 자르기 및 삭제하기

① 자르기: 자르려는 개념인 'Career'를 선택한 후 [그림11-A]를 클릭한다. 자르기를 한 개념이 클립보드에 저장된다. 붙이려는 개념에 [그림11-B]를 클릭하면 자르기를 한 개념이 다시 보여진다.

② 삭제: 삭제하려는 개념을 클릭한 후 [그림11-C]를 클릭한다. [그림11]의 아래와 같이 'Career'가 삭제된 것을 확인할 수 있다.

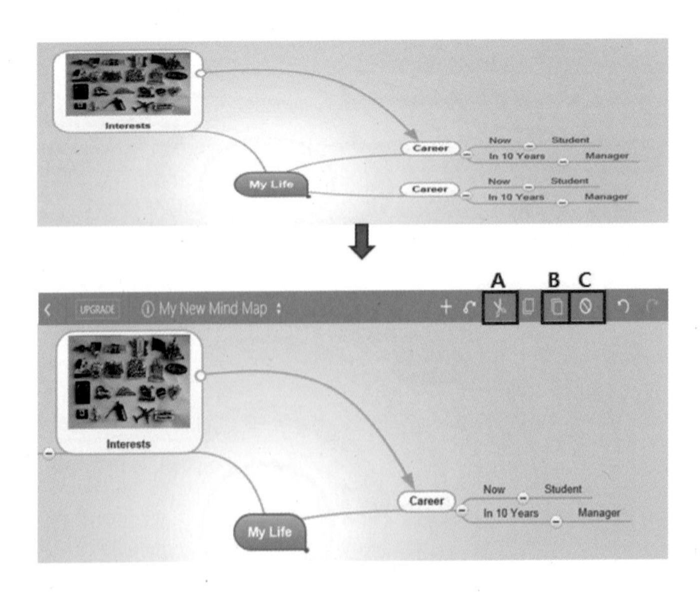

[그림11] 자르기

원하는 개념에서 마우스 우클릭을 하면 [그림12]와 같이 팝업 메뉴창이 뜨며, 이 메뉴로도 복사, 자르기, 붙이기 등이 가능하다.

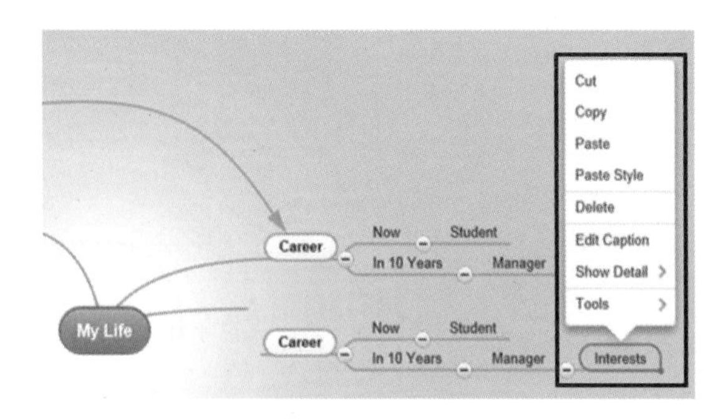

[그림12] 편집메뉴 팝업창

6) 글자 속성 바꾸기

글자 크기(그림13-A), 글자체(그림13-B), 색상(그림13-C)을 지정할 수 있다.

① 바꾸고자 하는 개념을 선택한다. 여기에서는 'Family'를 선택한다.

② [그림13-A]를 클릭하여 글자 크기를 설정한다.

③ [그림13-B]를 클릭하여 글자를 진하게 한다.

④ [그림13-C]를 클릭하여 글자색을 변경한다.

⑤ 바뀐 설정으로 [그림13-D]와 같이 나타난다.

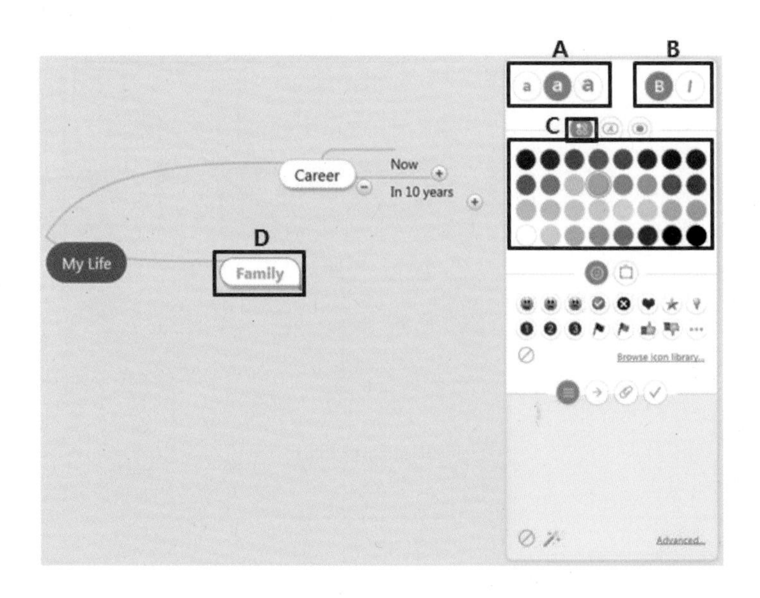

[그림13] 글자 크기와 색 바꾸기

⑥ [그림14-A]를 클릭하여 글자의 색상, 스타일, 테두리 모양을 선택할 수 있다. 원하는 글자 스타일을 선택하면 바로 적용된다(그림14-B 참조).

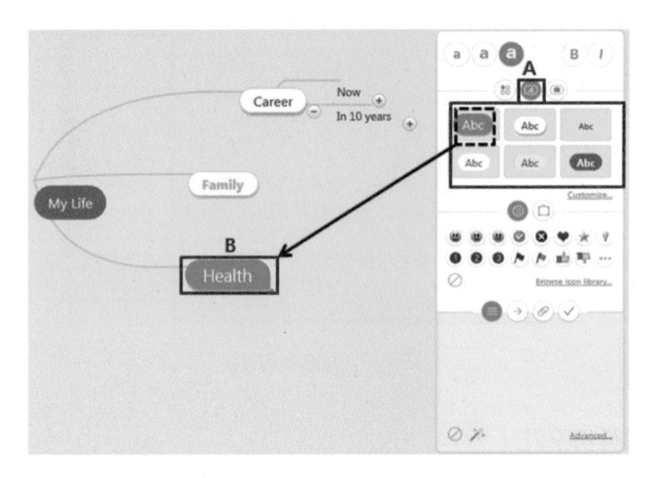

[그림14] 글자 스타일

⑦ [그림15-A]를 클릭하여 원하는 테두리 모양을 선택한다. [그림15-B]와 같이 개념에 테두리가 적용된다.

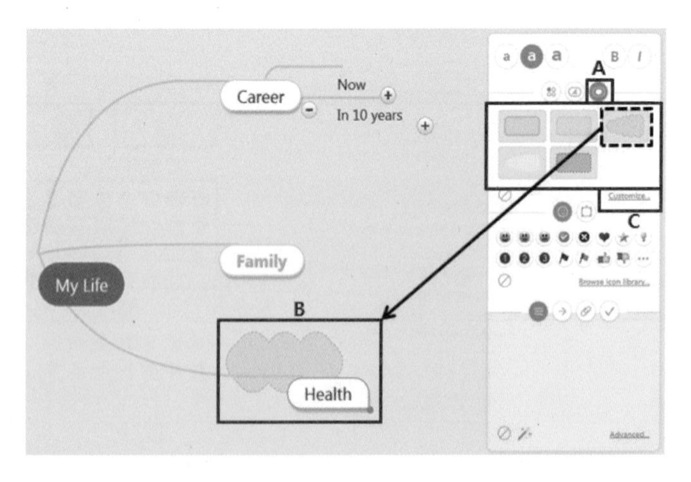

[그림15] 글자 테두리

⑧ [그림15-C]와 같이 〈Customize...〉를 클릭해서 원하는 스타일로 만들 수도 있다. 여기에서 글자, 배경색, 경계선을 각각 선택하여 바꿀 수 있다(그림16 참조).

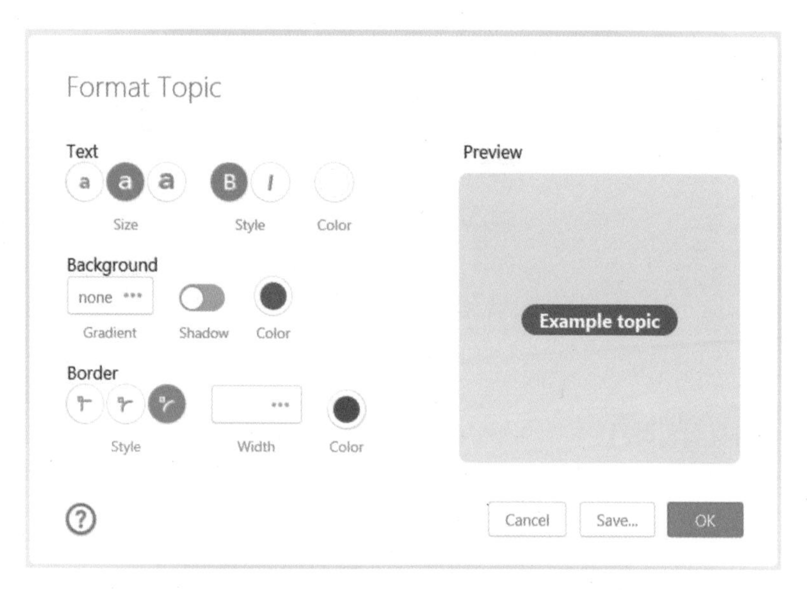

[그림16] 글자 크기와 색 바꾸기

5. 아이콘 및 이미지 삽입하기

1) 아이콘 삽입하기

마인드맵에 저장되어 있는 아이콘을 삽입하거나, 구글에서 아이콘을 바로 찾아서 올릴 수 있다.

① 아이콘을 삽입하고자 하는 개념을 클릭한다.

② [그림17-A]와 같이 삽입하고 싶은 아이콘을 클릭하면, [그림17-B]처럼 나타난다.

③ 삽입한 아이콘을 삭제하려면 [그림17-C]를 클릭한다.

④ 〈Browse icon library〉를 클릭하면 더 많은 아이콘을 볼 수 있다(그림17-D 참조).

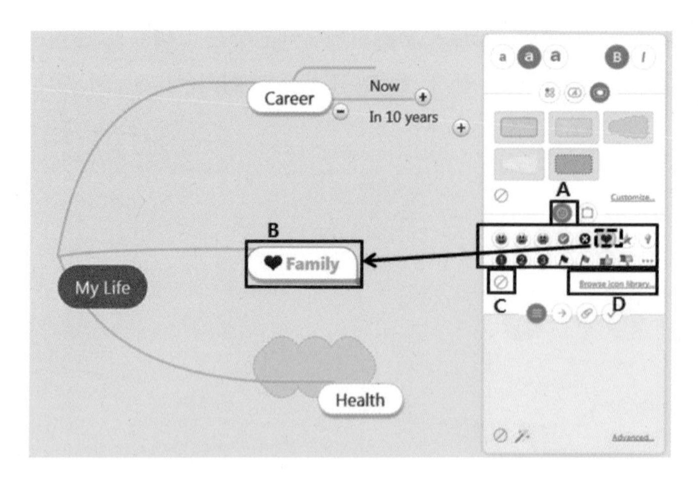

[그림17] 아이콘 삽입

2) 이미지 삽입하기

① 이미지를 삽입할 개념을 클릭한다.

② [그림18-A]를 클릭하면 [그림18-B]처럼 이미지가 나타난다. [그림18-C]의 〈Browse image library〉를 클릭하면 이미지가 추가적으로 나타난다.

③ [그림18-C]의 ✨를 클릭하면 내용에 맞는 이미지가 자동으로 나타난다.

④ [그림18-C]의 ＋를 클릭하면 [그림18-D]가 보인다. 〈Use web image〉를 클릭하면 웹에서 이미지를 찾아 삽입할 수 있다. 삽입한 이미지는 [그림18-E]와 같이 나타난다.

⑤ 들어간 이미지를 삭제하고 싶은 경우 [그림18-C]의 ⊘를 클릭한다.

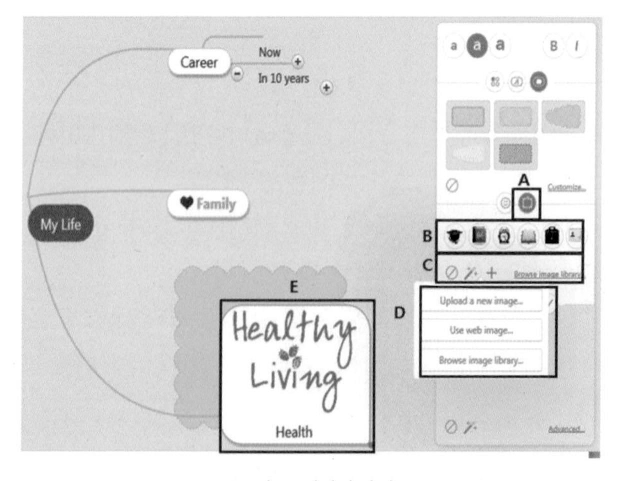

[그림18] 이미지 삽입

6. 노트, 링크, 파일, 과업 삽입하기

1) 노트 삽입하기

개념을 자세하게 설명하고 싶을 경우, 또는 공동작업자가 내용을 알아야 할 경우 사용한다.

① [그림19-A]를 클릭한다.

② 노트를 삽입할 개념을 클릭한다.

③ [그림19-B]과 같이 노트창에 원하는 글자를 삽입한다.

④ 노트가 삽입된 개념에는 [그림19-C]와 같이 노트패드 모양의 아이콘이 생성된다.

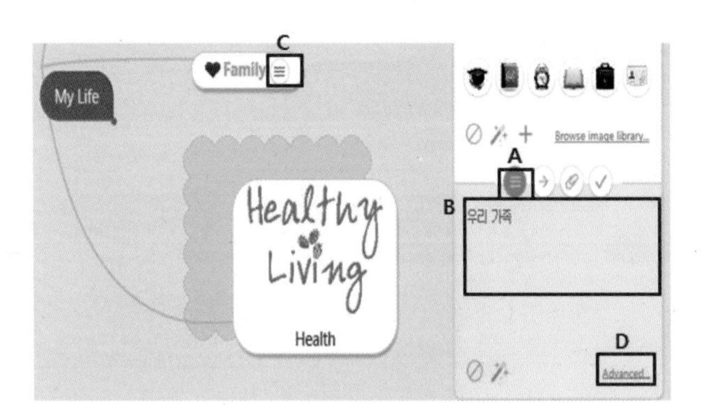

[그림19] 노트 삽입

⑤ [그림19-D]의 〈Advanced...〉를 클릭하면 [그림20]과 같이 나타나며, 글자의 크기, 색상, 정렬 등의 속성을 편집할 수 있다(그림20-A 참조). 편집이 끝난 후 [그림20-B]의 〈OK〉를 클릭하면 편집된 내용으로 삽입이 된다.

[그림20] 노트 편집

2) 주제 링크하기

① 개념과 관련된 웹사이트 링크를 삽입할 수 있다.

② [그림21-A]와 같이 URL창에 웹사이트 주소를 입력한다.

③ [그림21-B]의 를 클릭하면 주제에 맞는 링크가 자동으로 삽입된다.

④ [그림21-B]의 를 클릭하여 삽입된 웹사이트를 지울 수 있다.

⑤ [그림21-C]의 〈Advanced...〉를 클릭하면 웹사이트(URL), 주제어(Topic), 또는 이메일 주소(Email Address)를 링크할 수 있다. 링크가 삽입되면 제목 옆에 화살표 모양의 아이콘이 생성된다.

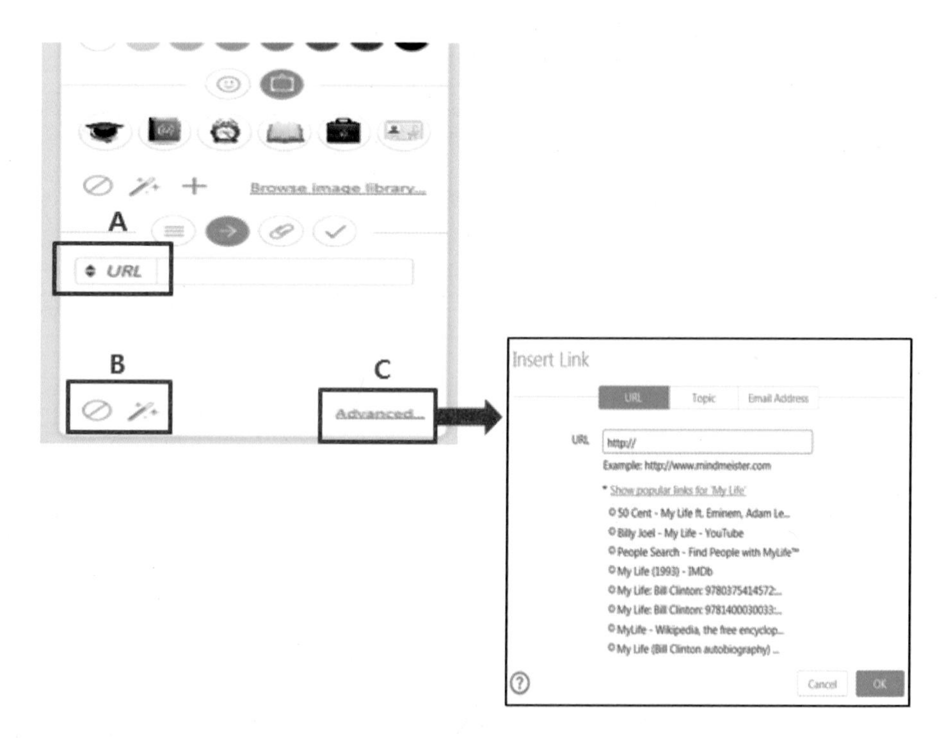

[그림21] 주제 링크

3) 파일 삽입하기

로컬디스크나, 드롭박스, 구글드라이브와 에버노트에 있는 파일을 올릴 수 있다.

① [그림22-A]를 클릭한 후, [그림22-B]를 클릭한다.

② [그림22]와 같이 로컬 드라이브나 드롭박스 등의 해당 부분에 삽입할 파일을 선택한다. 단, 유료회원일 경우에만 쓸 수 있는 기능이다.

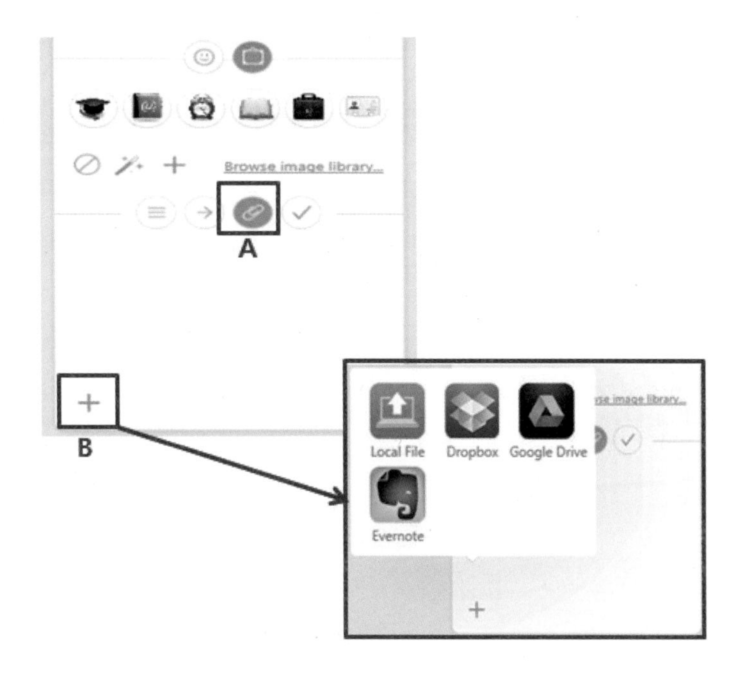

[그림22] 파일 삽입

4) 과업 선정하기

과업의 마감일과 임무, 참여자 등을 설정할 수 있다.

① [그림23-A]를 클릭한다.

② 〈Completion〉에서 과업의 완료단계, 〈Priority〉에서 우선순위를 설정한다.

③ 〈Assigned to〉에서 과업자, 〈Due Date〉에서 마감일을 설정한다.

④ [그림23-B]의 를 클릭하면 주제에 맞는 과업이 자동으로 설정된다.

⑤ [그림23-B]의 를 클릭하여 삽입된 과업을 지울 수 있다.

⑥ [그림23-C]의 〈Advanced...〉를 클릭하면 시작할 날짜, 마감 날짜, 기간, 완성 정도를 설정할 수 있다. 또한 협업자에게 이메일을 보내서 과업의 진행과 날짜를 상기시킬 수 있다(그림23-D참조).

⑦ 과업이 삽입되면 개념에 체크박스 모양의 아이콘이 생성된다.

[그림23] 과업 세부사항 정하기

7. 마인드맵 테마 바꾸기

① 기본화면 하단부분의 [그림24-A]를 클릭하여 마인드맵의 테마를 선택할 수 있다.

② [그림24-B]의 〈Theme〉를 클릭한다. 〈Rose...〉를 클릭하면 [그림24-C]와 같이 설정된 테마로 바뀌어 나타난다.

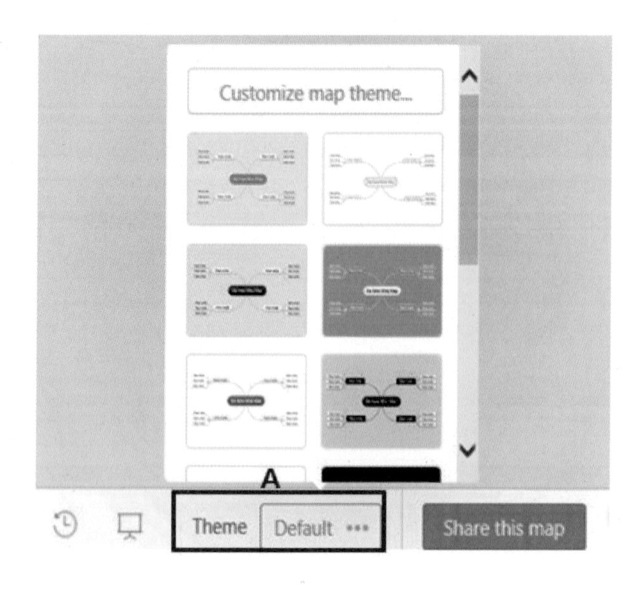

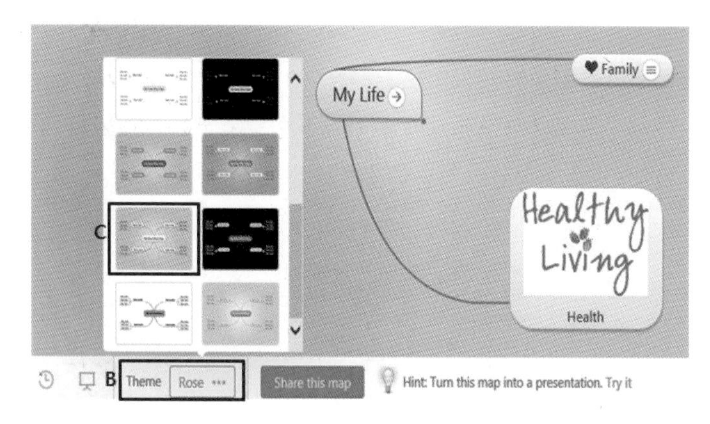

[그림24] 테마 바꾸기

8. 프레젠테이션

마인드맵의 프레젠테이션 기능을 활용하여 발표를 할 수 있다.

① [그림25-A]를 클릭한다. 첫 번째로 보여주려는 개념을 클릭한다.

② 보이기를 원하는 순서대로 클릭한다.

③ 마인드맵의 개념에 번호가 적힌다.

④ [그림25-B]와 같이 순차적으로 슬라이드가 나타난다.

⑤ [그림25-C]의 〈Start Slideshow〉를 클릭하면 번호 순서대로 시현된다.

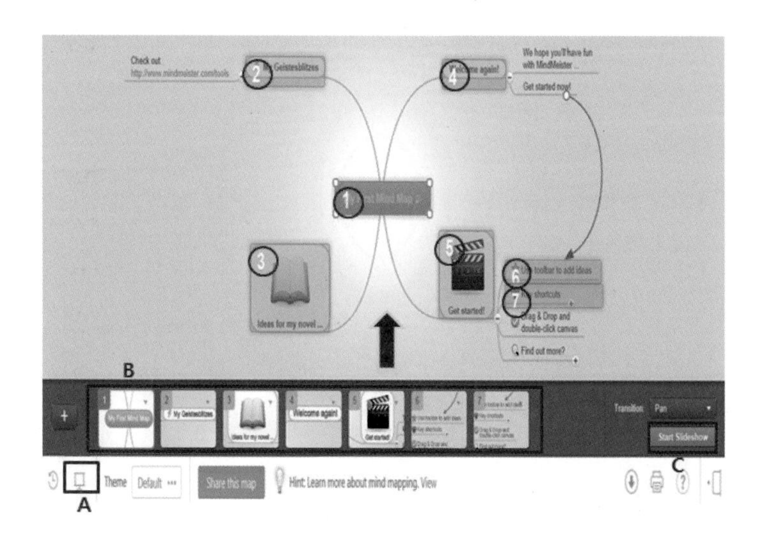

[그림25] 프레젠테이션 설정

9. 공유하기

[그림26] 〈Sharing Settings〉에서는 제작자만 볼 수 있도록 하는 〈Private〉, 지정한 사람들과 공유할 수 있는 〈Shared〉, 모든 사람과 공유할 수 있는 〈Public〉으로 나뉜다.

[그림26] 공유하기

10. 내보내기

제작한 마인드맵을 [그림27-A]와 같이 여러 가지 파일 형식으로 내보낼 수 있다. 마인드맵 파일 형식, MS워드, 파워포인트, PDF, 이미지 파일의 형식으로 내보낼 수 있으며 출력도 가능하다.

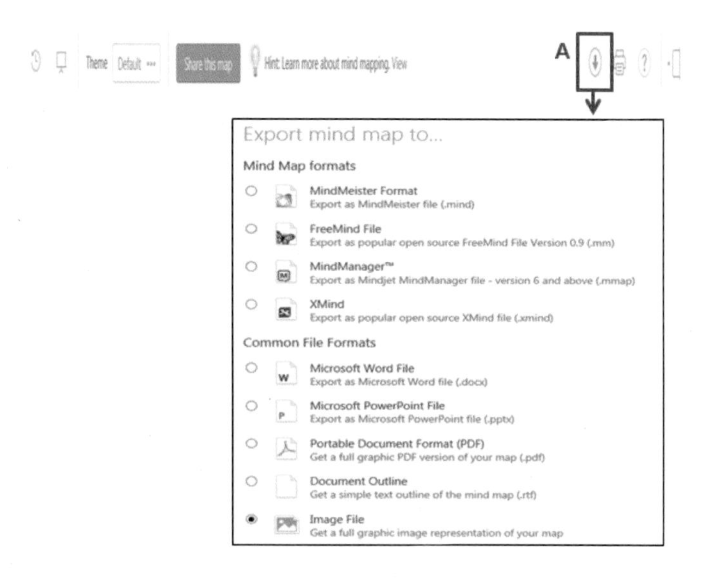

[그림27] 파일저장

마인드 마이스터 활용하기

- 읽기 수업에서 독해 중간에 내용 이해를 확인하거나, 독해 후 활동으로 전체적인 흐름을 정리하기 위해 마인드맵을 활용할 수 있다.
- 쓰기 수업에서 과정중심의 쓰기(process writing)활동으로 마인드맵을 활용하면 작문의 재미와 흥미를 느끼고 동시에 부담감을 줄이면서 쓰기 능력을 증진시킬 수 있다. 또한, 작문의 계획단계(brainstorming)에서 마인드맵을 사용하여 떠오르는 생각을 작성한 후 개념들끼리 묶어 내용을 정리하면 효과적이며 체계적인 작문을 할 수 있다.
- 프레젠테이션이나 강의 내용을 준비할 때 마인드맵을 활용하면 전체적인 내용의 틀을 쉽게 알 수 있어 효과적으로 활용할 수 있다.
- 협동 작업 시 과업 마감일과 임무 수행자를 지정하고 단계별 작업 정도를 확인하는 기능을 활용할 수 있다.
- 외국 문화 수업에서 여행하고 싶은 나라를 정한 후 마인드맵을 활용하여 그 나라의 생활 습관, 음식, 에티켓, 금기 사항 등을 만드는 과제를 학습자에게 부여할 수 있다.
- 어휘 학습에서 주제별로 관련된 단어들을 정리하고 학습하는 데 활용할 수 있다.

16 디피티 타임라인 (Dipity Timeline)

디피티 타임라인 이해하기

디피티(Dipity)는 무료 디지털 타임라인 웹사이트[1]이다. 특정 내용에 대해 시간대별로 혹은 날짜나 연대기별로 정리하여 타임라인을 만들 수 있다. 생각을 정리하고 분류할 때 유용하며, 스스로 타임라인을 제작해보도록 하면 능동적인 학습에 도움을 줄 수 있다. 그룹으로 지정된 조원들은 내용을 추가 및 편집할 수 있으므로 협력 제작이 가능하다. 타임라인에는 비디오, 오디오, 이미지, 텍스트, 링크, 소셜 미디어, 장소와 타임스탬프(날짜와 시간표현) 등을 추가할 수 있다.

1 http://www.dipity.com

디피티 타임라인 사용하기

1. 기본화면

[그림1]은 디피티 기본화면이다.

[그림1] 디피티 기본화면

A Create a Timeline: 타임라인 시작하기
B Sign In: 로그인하기
C Join Dipity: 회원가입하기
D Zoom: 줌인 줌아웃 바
E Events: 삽입된 이벤트 표시
F Sample: 타임라인 샘플(Steve Jobs 타임라인 선택 중)

2. 타임라인 제작하기

① 디피티 사이트를 열어 절차에 따라 회원가입(그림1-C)하고 로그인(그림1-B)한다.

② [그림2]의 화면에서 〈Create a Timeline〉의 〈Get Started〉를 클릭한다.

[그림2] 타임라인 시작하기

③ [그림3]은 타임라인을 개설하는 화면이다. 세부 내용은 다음과 같다.

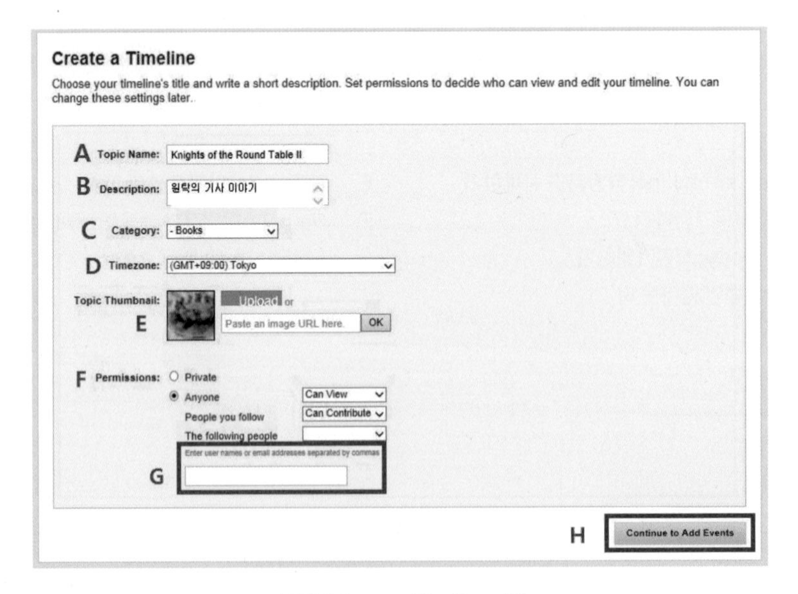

[그림3] Create a Timeline 설정

A **Topic Name: 제목**

B **Description: 타임라인 주제와 관련된 간단한 설명**

C **Category: 범주 선택**

D **Timezone: Tokyo 시간대 선택**

E **Topic Thumbnail: 주제 관련 대표 이미지 업로드**

F **Permissions: 공유 범위 및 사용자 권한 부여**

1) Private: 제작자만 열람, 편집 가능
2) Anyone: 모든 사용자
3) People you follow: 친구 맺은 사람
4) The following people: 특정사용자 지정
   - Can View: 열람만 가능
   - Can Contribute: 이벤트 추가만 가능, 편집 불가
   - Can Edit: 이벤트 추가, 편집, 삭제 가능

G **이메일: 지정한 공유자 이메일 입력, 콤마로 구분**

H **Continue to Add Events: 설정완료 후 클릭**

④ [그림4]는 개설된 타임라인 화면이다. [그림3-A]에서 입력한 제목이 상단에 나타나고 그 이름으로 타임라인이 형성되었음을 보여준다. 〈Continue〉를 클릭하여 다음 단계로 진행한다.

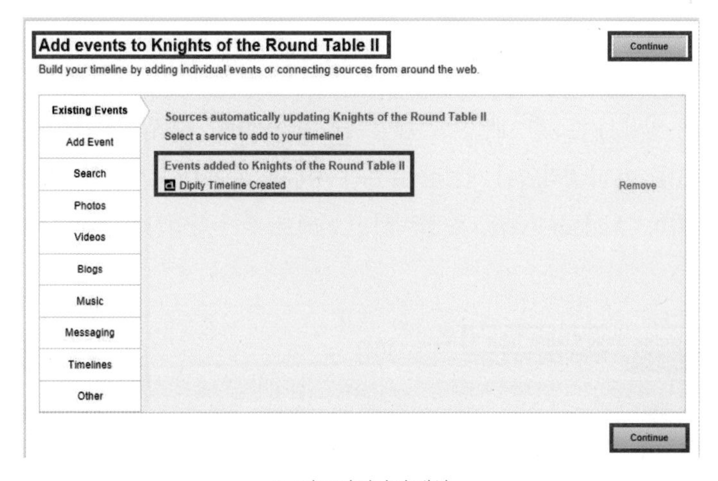

[그림4] 타임라인 개설

⑤ [그림5]의 〈Advanced Settings〉를 위한 화면이 나타나면 줌 레벨(Default Zoom)과 중앙에 올 날짜(Center on Date), 태그(Tags), 테마(Themes) 등을 설정할 수 있다. 이 가운데 〈Allow Comments〉에서 〈On Events〉와 〈On Timeline〉에 댓글 달기 허용 여부를 설정한다. 〈Save and View Timeline〉을 클릭하여 다음 단계로 진행한다.

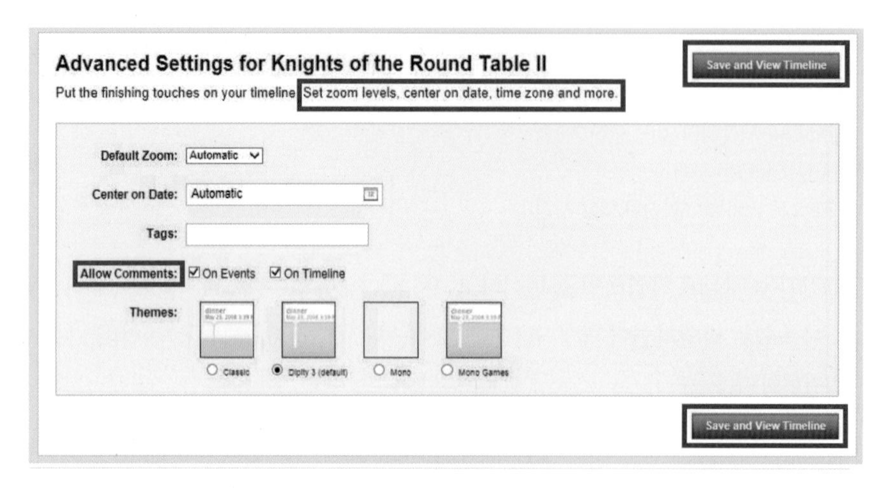

[그림5] Advanced Settings

⑥ [그림6]은 앞에서 설정한 내용으로 개설된 타임라인이다. [그림6-A]는 입력한 제목이고 [그림6-B]는 이 타임라인이 개설된 날짜와 시간을 보여준다. 이벤트를 추가하기 위해 [그림6-C]의 〈Add an Event〉를 클릭하면 이벤트 추가 팝업창이 열린다.

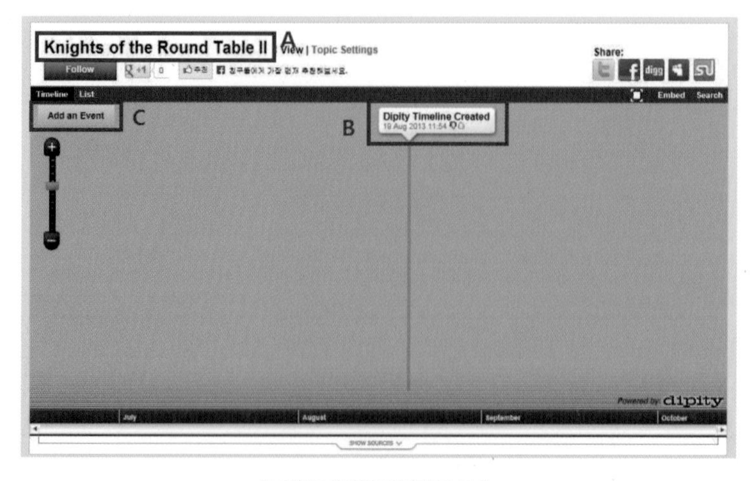

[그림6] 개설된 타임라인 모습

⑦ [그림7]의 이벤트 추가 팝업창에서 각 목록에 대한 내용을 입력해준다.

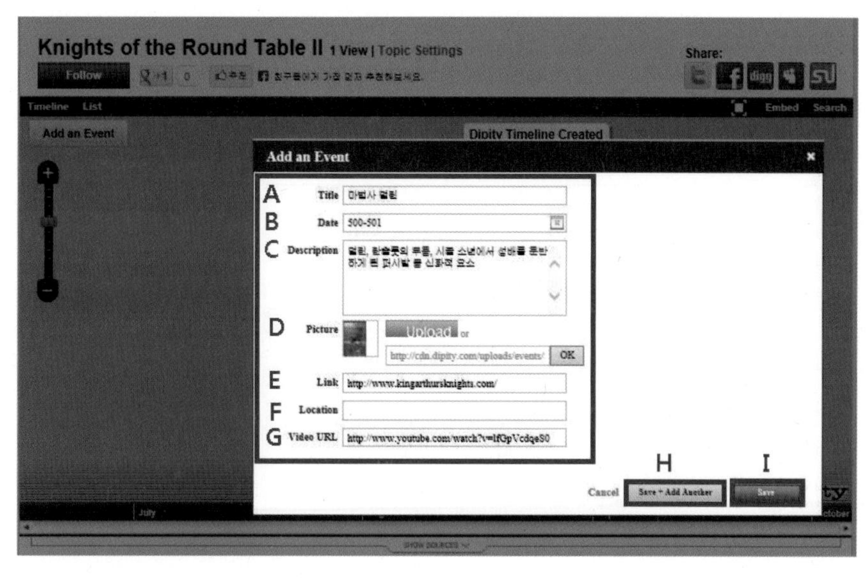

[그림7] 이벤트 추가하기

A Title: 이벤트 제목

B Date: 날짜 (월, 일, 연도 순: July 5, 2013 혹은 연도 기간: 2001-2013 입력 가능)

C Description: 이벤트에 대한 세부 설명

D Picture: 이미지입력 (컴퓨터에 저장된 이미지 입력 혹은 링크 연결)

E Link: 관련된 글이나 정보 링크

F Location: 이벤트 장소에 대한 지도나 위치

G Video URL: 관련 동영상 링크

H Save+Add Another: 이벤트를 계속 추가하고자 할 때

I Save: 이벤트 추가가 끝났을 때

⑧ 이벤트 추가가 끝나면 [그림7-I]의 〈Save〉를 클릭하여 생성된 타임라인을 확인할 수 있다. [그림8-A]는 추가된 이벤트를 보여주는 타임라인이다. 이렇게 형성된 이벤트는 [그림8-B]의 줌 바를 이용하여 줌인과 줌아웃을 하면서 확인할 수 있다. [그림8-C]의 〈Add an Event〉에서 이벤트를 계속 추가해가면서 타임라인을 완성한다. [그림8-D]에서 여러 종류의 소셜네트워크를 통해 제작한 타임라인을 공유할 수 있다.

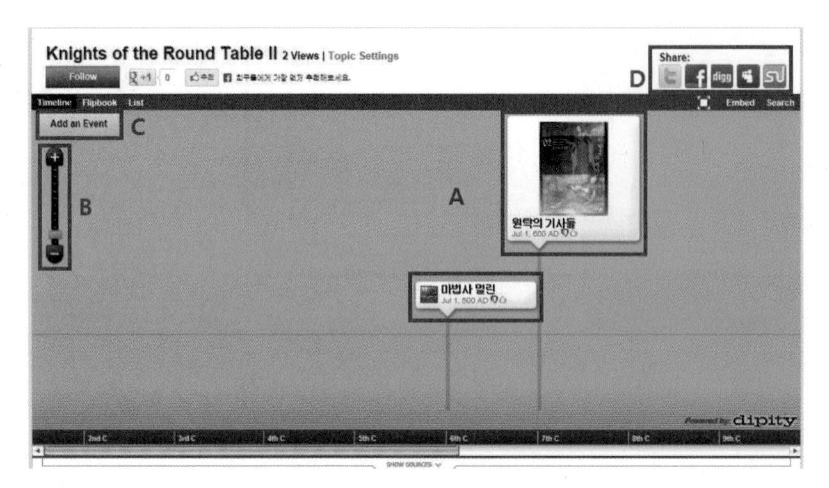

[그림8] 추가된 이벤트 미리보기

⑨ 타임라인의 각 이벤트를 클릭하여 [그림9-A]와 같이 입력된 동영상이나 사진을 재생할 수 있다. [그림10-B]의 〈Descriptions〉에서는 입력된 내용을 확인할 수 있고 〈Comments〉에서는 이 이벤트에 대해 코멘트를 입력할 수 있다. [그림9-C]에서 편집 〈Edit〉, 삭제〈Delete〉도 가능하다. 오른쪽 상단의 〈X〉를 클릭하여 전체 타임라인으로 나갈 수 있다.

[그림9] 이벤트 재생

⑩ 제작한 타임라인은 자동으로 저장 보관된다. [그림10]과 같이 〈My Topics〉에서 생성한 타임라인을 확인하고 클릭하여 수정 및 코멘트를 할 수 있다. 화살표 부분의 〈Topic Settings〉에서는 〈Timeline Information〉, 〈Advanced Settings〉, 〈Events and Event Sources〉 등 이 타임라인에 대해 설정했던 모든 내용을 수정할 수 있다.

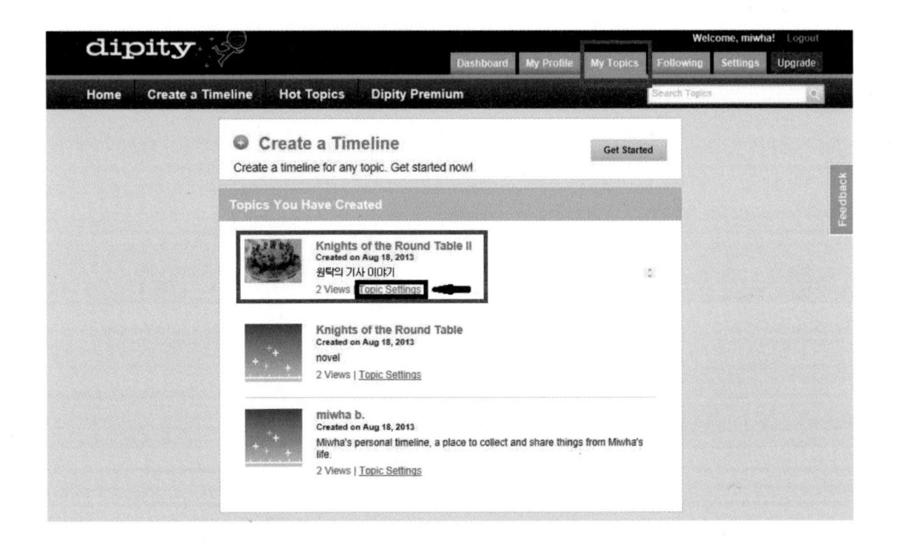

[그림10] My Topics

디피티 활용하기

- 읽기 후 활동으로 책의 내용을 타임라인으로 구성해볼 수 있으며, 연대기처럼 이벤트도 많고 사건이 많은 이야기를 읽고 나서 타임라인으로 구성해보도록 할 수 있다. 독후감 쓰기를 대체할 수 있는 활동이다.
- 어떤 사건에 대해 시간상으로 정리할 때나, 어떤 인물에 대한 일대기를 정리할 때 활용할 수 있다. 개인 과제로 자기 자신이나 가족에 대한 일대기를 구성해보도록 할 수 있다.
- 목표 언어로 타임라인을 제작하도록 할 수 있다. 협동 작업도 가능해서 팀원들은 누구나 사이트에 접속하여 이벤트를 추가할 수 있고 다른 팀원들의 타임라인 이벤트에 코멘트를 하도록 독려해서 목표 언어로 글쓰기를 할 수 있다.
- 타임라인은 온라인 포트폴리오의 형태로 대체 평가(alternative assessment)나 수행 평가로 활용할 수 있다.

17 퍼즐 (Puzzle)

퍼즐 이해하기

인터넷상에 있는 퍼즐 사이트를 활용해서 간단하고 다양한 퍼즐을 만들 수 있다. 여기서는 두 개의 사이트, Puzzlemaker와 PuzzleFast를 소개하려고 한다. 퍼즐메이커는 Discovery Education 사이트에서 제공하는 도구로, 무료로 사용할 수 있는 10가지의 다양한 퍼즐이 있다. 또 다른 퍼즐 사이트인 PuzzleFast도 무료로 사용 가능하며, 사용자가 퍼즐을 직접 만들 수도 있고, 만들어져 있는 것을 목적에 맞게 활용할 수도 있다.

퍼즐 사용하기

1. Puzzlemaker

1) 기본화면

구글 검색에서 퍼즐메이커[1](Puzzlemaker)를 검색하면 [그림1]의 화면으로 이동한다.

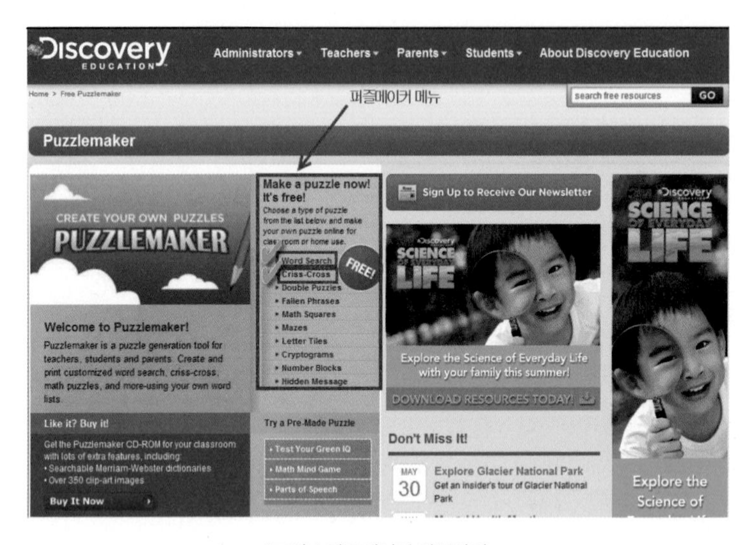

[그림1] 퍼즐메이커 기본화면

2) Word Search 제작하기

Word Search는 무작위로 섞어 놓은 글자 배열 안에서 학습 목표 단어를 찾는 퍼즐이다. [그림1] 에 나와 있는 퍼즐메이커 메뉴에서 〈Word Search〉를 클릭하면 [그림2]와 같은 화면이 나타난다. Step 1부터 Step 6까지 나와 있는 순서대로 진행하면 간단하게 퍼즐을 만들 수 있다.

1 퍼즐메이커 http://www.discoveryeducation.com/free-puzzlemaker/

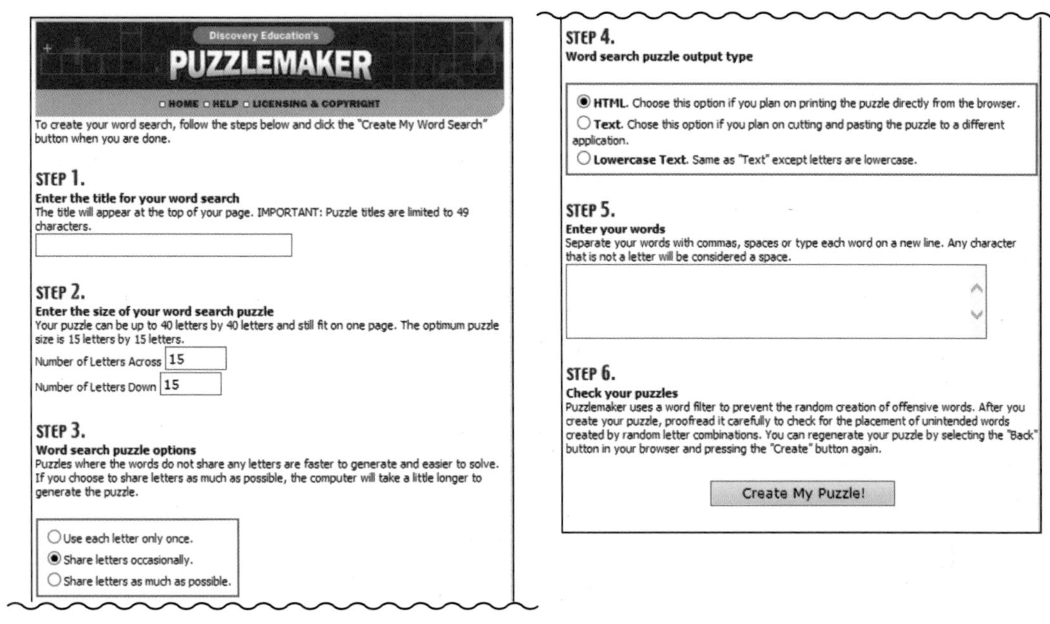

[그림2] Word Search 기본화면

① Step 1: 퍼즐 제목을 입력한다.

제목은 퍼즐 상단에 보인다. 이때 알파벳이 49개를 넘으면 더 이상 입력되지 않는다. [그림3]은 'Fruit'이라는 제목으로 입력한 화면이다.

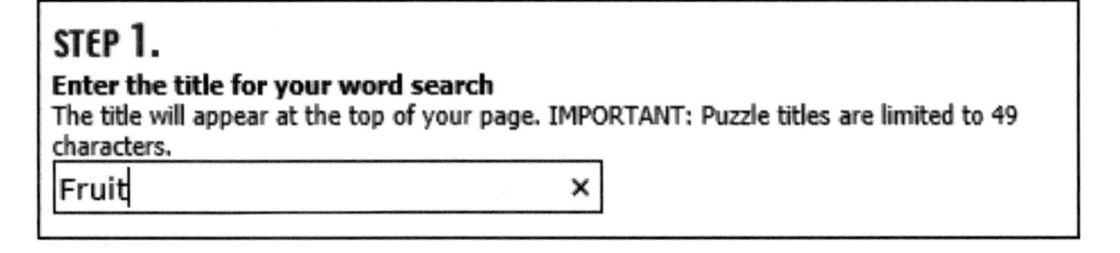

[그림3] Step 1 화면

② Step 2: 가로(Across)와 세로(Down)에 글자 수를 입력한다.

한 퍼즐 안에 글자를 40개까지 만들 수 있고, 적절한 크기는 가로 15, 세로 15이다. [그림4]는 가로 15, 세로 15의 글자를 입력한 화면이다.

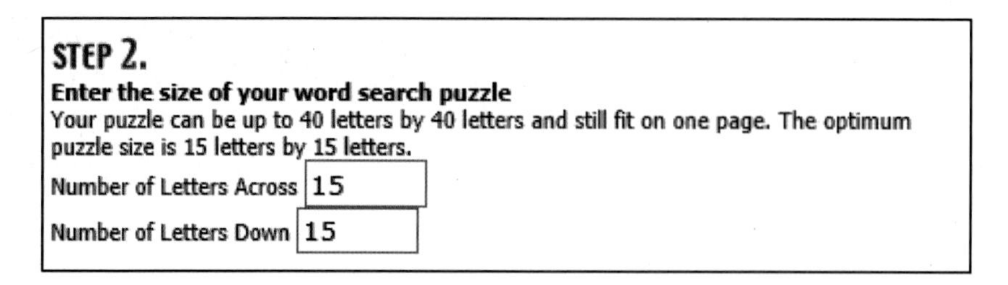

[그림4] Step 2 화면

③ Step 3: 퍼즐 옵션을 선택한다.

STEP 3.
Word search puzzle options
Puzzles where the words do not share any letters are faster to generate and easier to solve. If you choose to share letters as much as possible, the computer will take a little longer to generate the puzzle.

◉ Use each letter only once.
○ Share letters occasionally.
○ Share letters as much as possible.

[그림5] Step 3 화면

〈Use each letter only once〉는 [그림5-A]와 같이 단어가 가로, 세로, 대각선 등 각 한 줄에 한 개씩 나열되어 있다. 〈Share letters occasionally〉는 [그림5-B]와 같이 시작하는 철자가 다른 철자와 겹쳐져 있고, 〈Share letters as much as possible〉은 [그림5-C]와 같이 여러 단어의 철자가 서로 겹쳐져 있다는 것을 의미한다. 철자가 적게 겹칠수록 퍼즐을 생성하는 시간이 적게 걸린다. 즉 [그림5-C]의 〈Share letters as much as possible〉의 경우 철자가 가장 많이 겹치기 때문에 퍼즐을 만드는 시간이 오래 걸릴 수 있다.

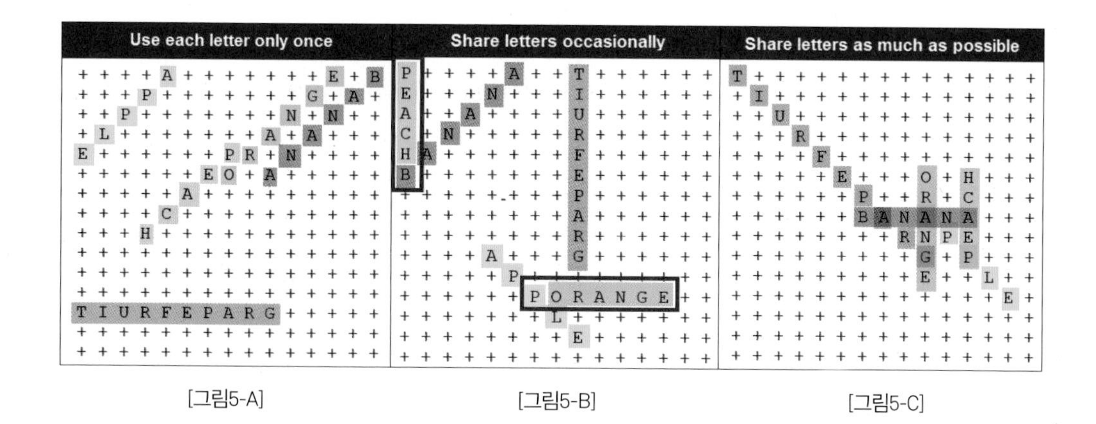

[그림5-A] [그림5-B] [그림5-C]

④ Step 4: 화면 출력방법을 입력한다.

〈HTML〉은 화면에서 직접 프린트하는 것을 말한다. 〈Text〉는 한글이나 워드와 같은 애플리케이션으로 복사할 때 선택한다. 〈Lowercase Text〉는 〈Text〉와 방법이 같지만, 글자는 소문자로 표기된다. [그림6]은 화면 출력방법을 〈Text〉로 선택한 화면이다.

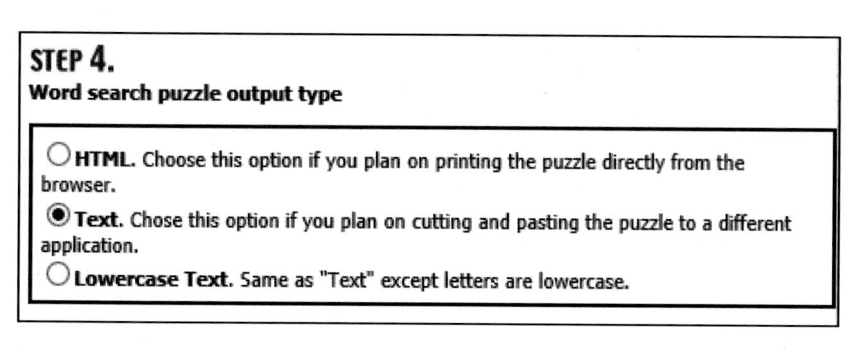

[그림6] Step 4 화면

⑤ Step 5: 단어를 입력한다.

입력하는 방법에는 단어와 단어 사이에 빈칸(space)이나 쉼표를 사용하는 것과 한 줄에 한 단어씩 입력하는 것이 있다. [그림7]은 과일에 관련된 단어 10개를 쉼표를 사용해서 입력한 화면이다.

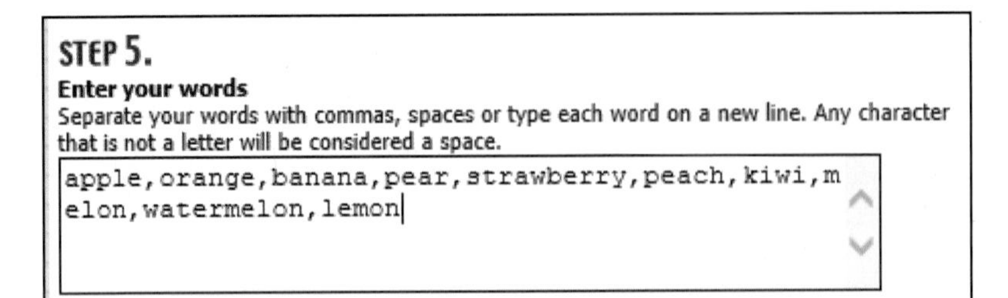

[그림7] Step 5 화면

⑥ Step 6: 입력한 단어를 확인한다.

[그림8]의 〈Create My Puzzle〉을 클릭하면 [그림9]와 같이 완성된 퍼즐이 나타난다.

STEP 6.
Check your puzzles
Puzzlemaker uses a word filter to prevent the random creation of offensive words. After you create your puzzle, proofread it carefully to check for the placement of unintended words created by random letter combinations. You can regenerate your puzzle by selecting the "Back" button in your browser and pressing the "Create" button again.

Create My Puzzle!

[그림8] Step 6 화면

[그림9]의 우측 상단에 〈Print this page〉를 선택하면 출력할 수 있다. 우측 하단에 〈Solution〉을 클릭하면 퍼즐의 해답이 제시된다(그림10 참조).

[그림10]의 〈Over, Down, Direction〉은 단어의 위치를 확인하는 방법이다. 예를 들면, APPLE (11, 14, W)란 왼쪽(Over)에서 11번째, 위(Down)에서 14번째 칸에 APPLE의 첫 글자인 A가 시작되고, 서쪽 방향(Direction)으로 철자가 나열됨을 의미한다.

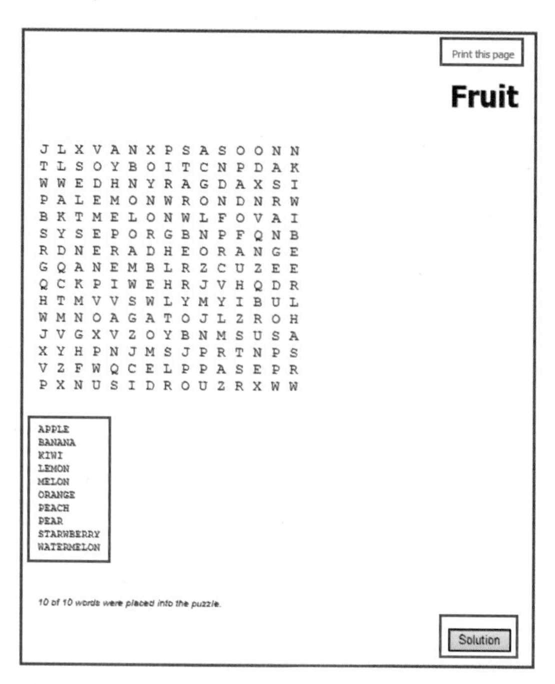

[그림9] 완성된 퍼즐 화면

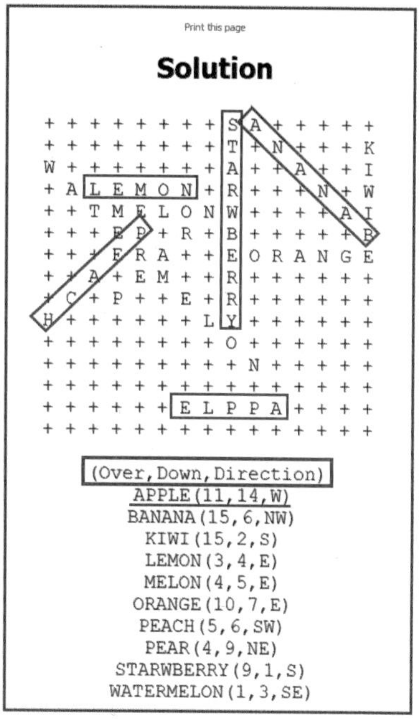

Print this page

Solution

(Over, Down, Direction)
APPLE(11,14,W)
BANANA(15,6,NW)
KIWI(15,2,S)
LEMON(3,4,E)
MELON(4,5,E)
ORANGE(10,7,E)
PEACH(5,6,SW)
PEAR(4,9,NE)
STARWBERRY(9,1,S)
WATERMELON(1,3,SE)

[그림10] 퍼즐 해답 화면

3) Criss-Cross 제작하기

Criss-Cross는 힌트를 보면서 가로와 세로의 단어를 맞춰가는 게임으로 crossword 퍼즐과 동일하다(그림11 참조). 퍼즐메이커 메뉴에서 〈Criss-Cross〉를 클릭하면 [그림12]의 화면이 나타난다. Step 1부터 Step 4까지 나와 있는 순서대로 진행하면 간단하게 퍼즐을 만들 수 있다.

[그림11] 퍼즐메이커 기본화면

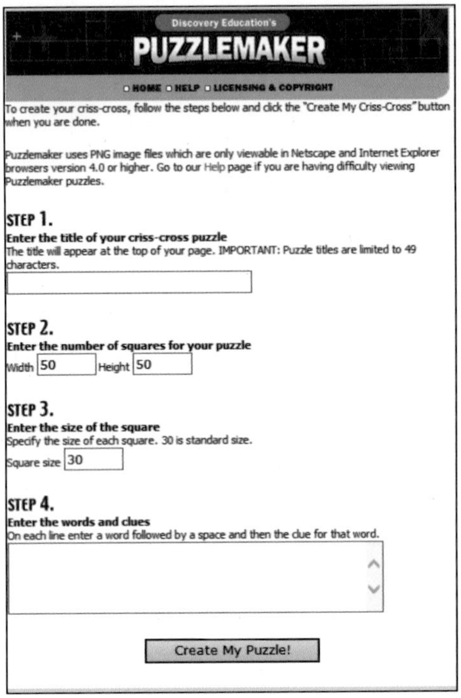

Discovery Education's
PUZZLEMAKER

HOME HELP LICENSING & COPYRIGHT

To create your criss-cross, follow the steps below and click the "Create My Criss-Cross" button when you are done.

Puzzlemaker uses PNG image files which are only viewable in Netscape and Internet Explorer browsers version 4.0 or higher. Go to our Help page if you are having difficulty viewing Puzzlemaker puzzles.

STEP 1.
Enter the title of your criss-cross puzzle
The title will appear at the top of your page. IMPORTANT: Puzzle titles are limited to 49 characters.

STEP 2.
Enter the number of squares for your puzzle
Width 50 Height 50

STEP 3.
Enter the size of the square
Specify the size of each square. 30 is standard size.
Square size 30

STEP 4.
Enter the words and clues
On each line enter a word followed by a space and then the clue for that word.

Create My Puzzle!

[그림12] Criss-Cross 기본화면

① Step 1: 제목을 입력한다.

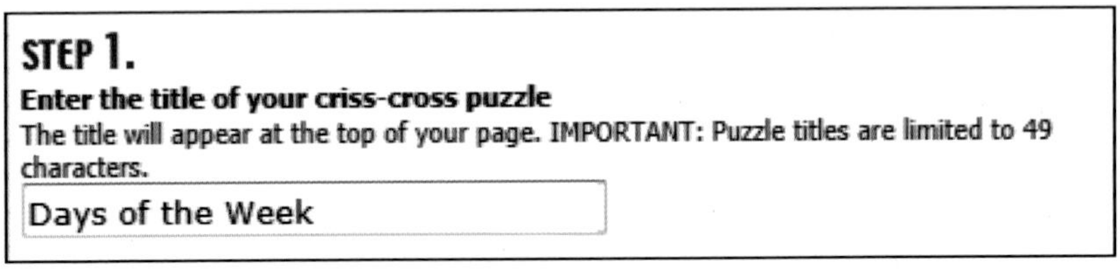

STEP 1.
Enter the title of your criss-cross puzzle
The title will appear at the top of your page. IMPORTANT: Puzzle titles are limited to 49 characters.
Days of the Week

[그림13] Step 1 화면

② Step 2: Criss-Cross의 가로(Width)/세로(Height) 칸의 숫자를 입력한다.

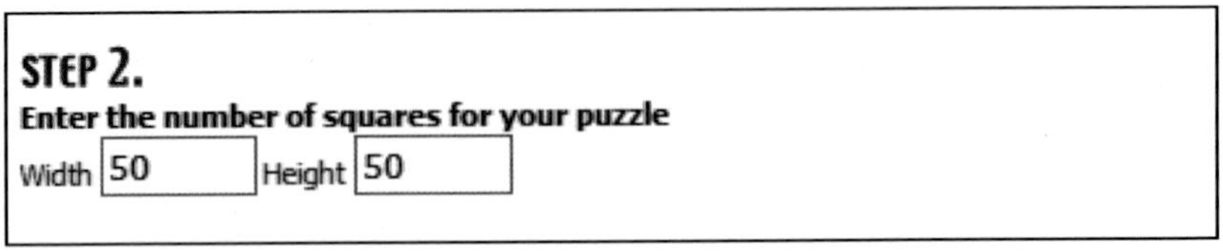

STEP 2.
Enter the number of squares for your puzzle
Width 50 Height 50

[그림14] Step 2 화면

③ Step 3: 칸의 크기를 입력한다.

30이 보통 크기이며, 숫자가 커질수록 칸의 크기가 커진다.

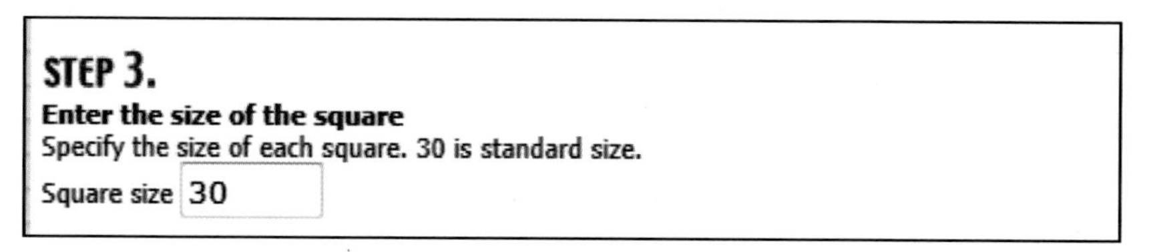

[그림15] Step 3 화면

④ Step 4: 단어와 힌트를 입력한다.

각 줄에 단어(Monday)와 힌트(the first day of the week)를 입력한다. 단어와 힌트는 빈칸(space)로 구분한다.

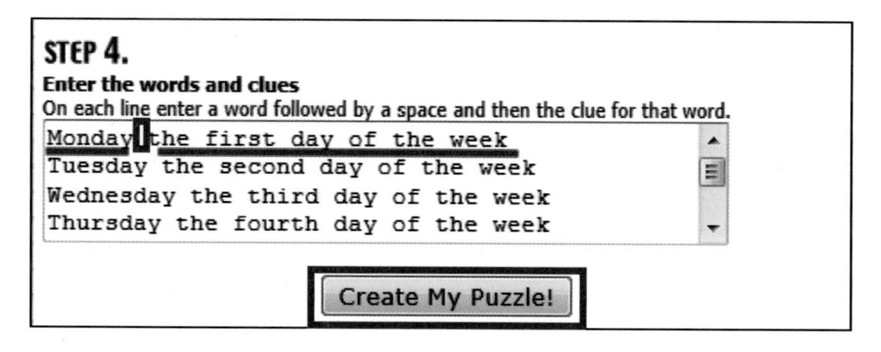

[그림16] Step 4 화면

⑤ 〈Create My Puzzle〉을 클릭하면 [그림17]과 같이 완성된 퍼즐의 화면이 나타난다.

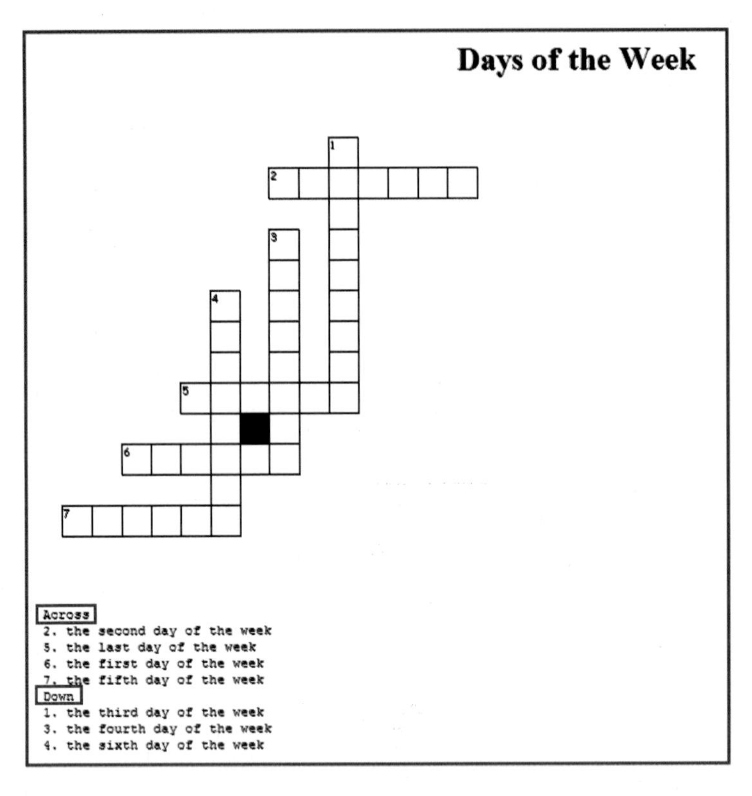

[그림17] Criss-Cross 퍼즐 완성 화면

2. PuzzleFast

1) 기본화면

[그림18]은 PuzzleFast[2]의 기본화면이다.

[그림18] 기본화면

2 www.puzzlefast.com

A　On demand: 이미 만들어져 있는 퍼즐
B　Bible: 영어성경으로 만들어져 있는 퍼즐
C　Play: 상호작용 퍼즐(Interactive Puzzles)
D　Terms: 퍼즐 서비스에 대한 내용

기본화면 메뉴의 세부적인 내용은 다음과 같다.
[그림18-A]의 〈On Demand〉는 이미 만들어져 있는 퍼즐을 선택해서 사용할 수 있는 메뉴로, 클릭하면 [그림19]의 화면이 나온다. 〈Word Search〉, 〈Fill-In Cross Word〉와 〈Bible Puzzle Makers〉를 클릭하면 주제별, 크기별로 이미 만들어진 퍼즐을 사용할 수 있다.

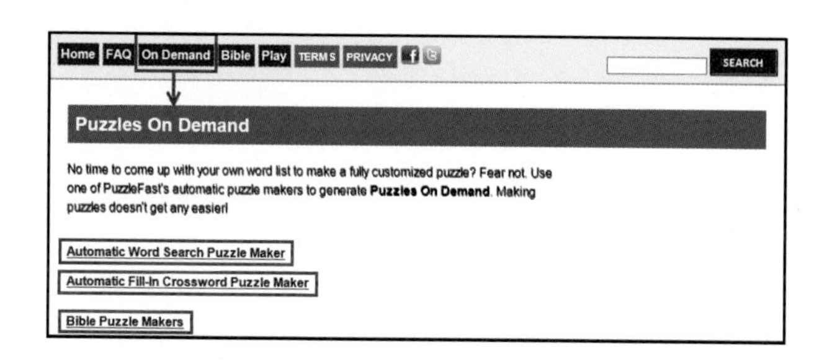

[그림19] On Demand 화면

[그림18-B]의 〈Bible〉은 [그림19]의 〈Bible Puzzle Makers〉와 같은 것이다. 영어 성경에 나와 있는 단어들로 구성되어 있고 창세기부터 요한계시록까지 많은 양의 퍼즐이 다양한 종류의 양식으로 만들어져 있다.
[그림18-C]의 〈Play〉는 〈Interactive Puzzles〉이며 기호에 맞게 선택해서 사용할 수 있다. 이때 〈Interactive Puzzles〉란 컴퓨터와 사용자 간의 상호작용을 말하며, 인터넷에서 직접 퍼즐을 풀면 바로 해답을 제시하는 것을 뜻한다.
[그림18-D]의 〈Terms〉는 PuzzleFast 서비스의 사용과 관련된 주의사항이다.

2) 샘플보기

[그림20]은 퍼즐 종류를 선택하는 화면이다. 각 퍼즐 종류 옆에 있는 〈sample〉을 클릭하면 퍼즐의 완성된 모습을 볼 수 있다.

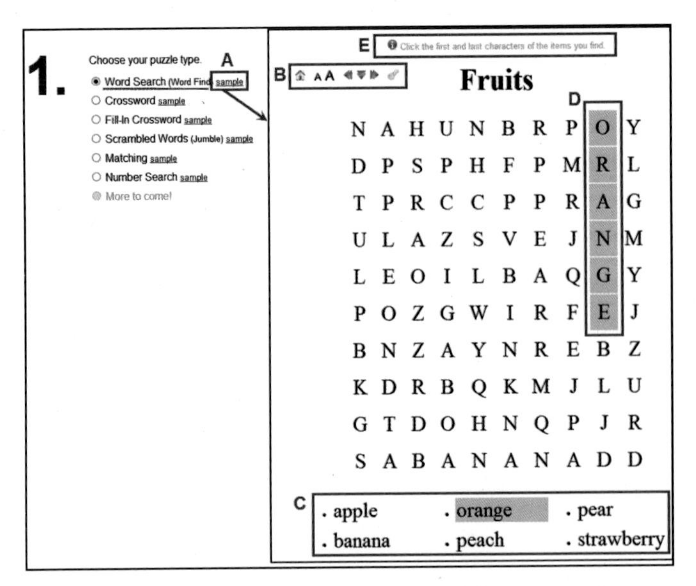

[그림20] PuzzleFast sample 화면

A **<Word Search>의 <sample> 화면**

B **단축메뉴: 퍼즐의 해답을 보려면 열쇠모양 클릭**

C **단어 목록**

D **정답 예시**

E **단어의 첫 번째 철자와 마지막 철자를 클릭해서 단어를 찾을 수 있다는 설명**

3) Word Search 제작하기

퍼즐 제작을 위해서는 1~4의 순서대로 진행한다.

① 퍼즐 종류를 결정한다. 여기서는 〈Word Search〉를 선택한다.

② 제목(Color)을 입력한다.

③ 퍼즐에 사용될 단어를 각 줄에 한 개씩 입력한다. 퍼즐의 종류에 따라 단어를 입력하는 방법이 다르다.

④ 〈Make My Puzzle〉을 클릭하면 [그림22]와 같이 〈Word Search〉퍼즐이 완성된다.

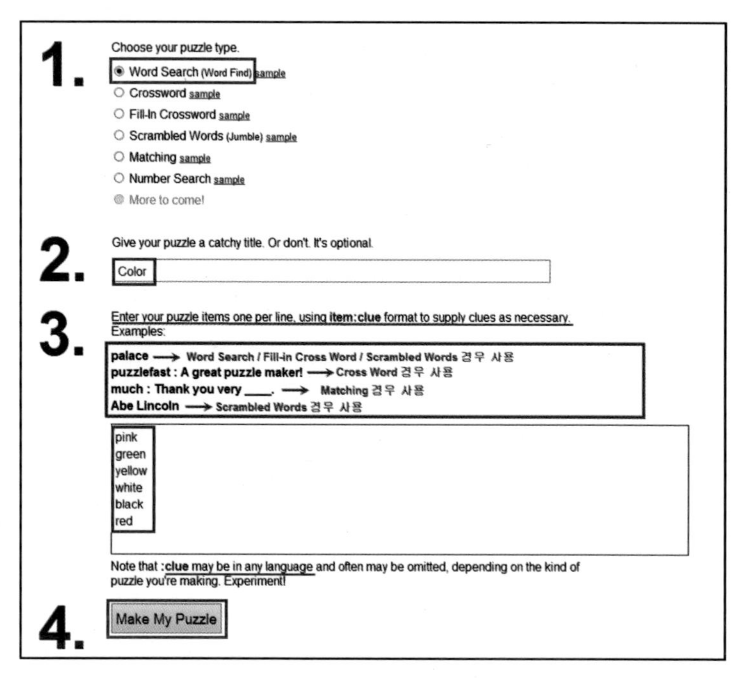

[그림21] Word Search 제작

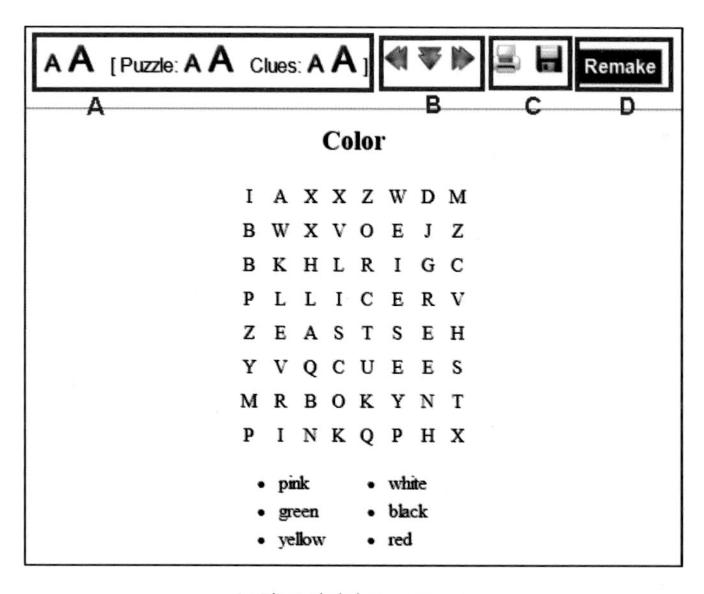

[그림22] 완성된 Word Search

- **A** 글자의 크기를 조절할 수 있는 기능
- **B** 퍼즐 내용과 단어 리스트 위치를 설정하는 기능(그림23 참조)
- **C** 프린트, 저장 기능
- **D** 다양한 조합의 정답으로 변경하는 기능(그림24 참조)

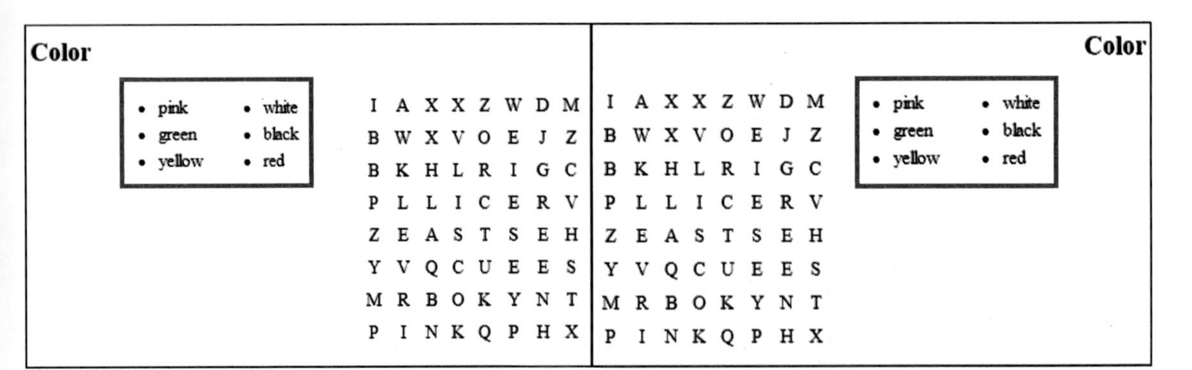

[그림23] Word Search 단어 리스트 위치 변경

Color

I A X X Z W D M
B W X V O E J Z
B K H L R I G C
P L L I C E R V
Z E A S T S E H
Y V Q C U E E S
M R B O K Y N T
P I N K Q P H X

- PINK
- GREEN
- YELLOW
- WHITE
- BLACK
- RED

Color

N I I D H I K Q L
J R E D K N F N L
Y H P C P N B I Z
X E A I E O J X Z
A L L E N F Z X K
B L R L X K O X A
C G L E O A N W P
K H O U D W P M F
J W H I T E C H S

- YELLOW
- GREEN
- PINK
- BLACK
- WHITE
- RED

[그림24] Word Search 다른 조합

4) Scrambled Words(Jumble) 제작하기

〈Scrambled Words〉는 한 단어의 철자가 뒤섞인 것을 바르게 맞추는 퍼즐이다. 〈Word Search〉와 같은 순서로 제작한다. [그림25]는 Color 관련 단어로 만들어진 퍼즐이다.

AA Remake

Color

RDE

KNIP

ALKBC

REGEN

ITEWH

LWEOLY

AA Remake

Color

1. LCAKB
2. REGEN
3. PNKI
4. DRE
5. TEHWI
6. LELYWO

[그림25] Scrambled Words 다른 조합

5) Fill-In Cross Word 제작하기

〈Fill-In Cross Word〉는 일반 〈Cross Word〉와는 달리 힌트 대신 단어목록을 제시하고 이를 퍼즐박스에 맞추는 것이다. 제작하는 순서는 다른 퍼즐 종류와 동일하다. [그림26]은 〈Fill-In Cross Word〉로 〈Remake〉를 클릭하면 여러 가지 조합으로 퍼즐을 만들 수 있다. 철자를 전혀 주지 않은 퍼즐과, 철자 'L'과 'K'를 주는 퍼즐이 제시되어 있다.

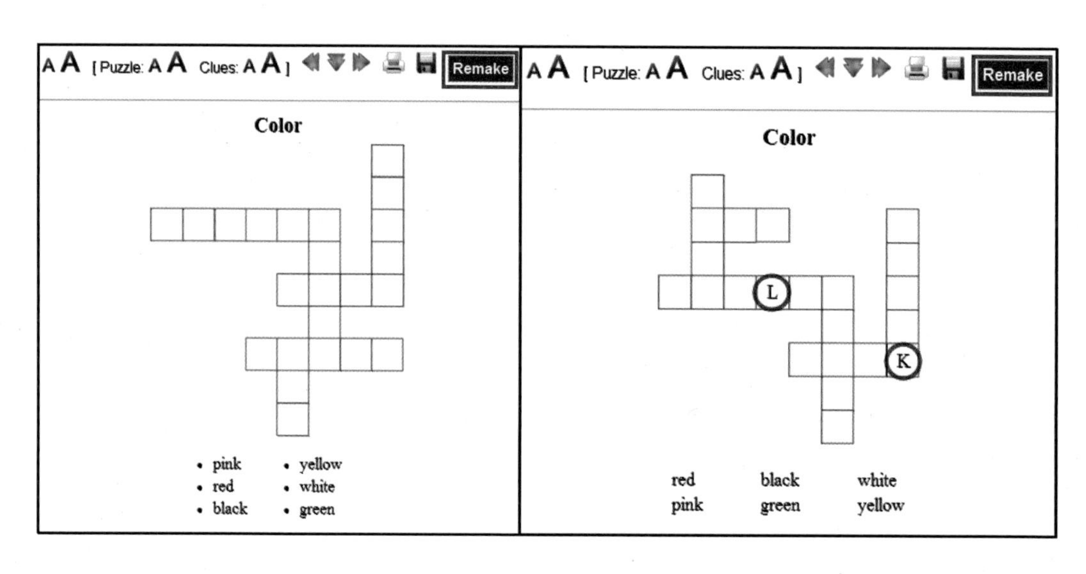

[그림26] Fill-In Cross Word 다른 조합

6) Matching 제작하기

〈Matching〉은 좌측목록과 우측목록의 짝을 맞추는 퍼즐이다. 앞서 설명한 퍼즐과 동일한 순서로 제작한다(그림27 참조).

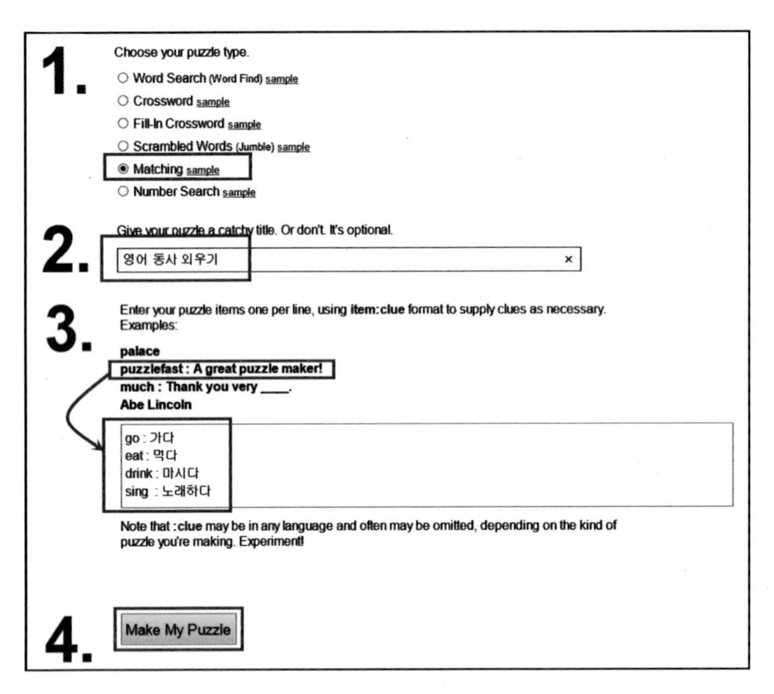

[그림27] Matching 퍼즐 제작

제작된 퍼즐은 〈Remake〉버튼을 사용하여 여러 가지 조합으로 만들 수 있다.

A A Remake

영어 동사 외우기

____	1. sing	A. 가다
____	2. eat	B. 마시다
____	3. drink	C. 노래하다
____	4. go	D. 먹다

A A Remake

영어 동사 외우기

1. 노래하다	A. eat
2. 마시다	B. drink
3. 가다	C. sing
4. 먹다	D. go

[그림28] Matching 퍼즐 다른 조합

퍼즐 활용하기

- Puzzlemaker, PuzzleFast의 Word Search는 학습자들이 단어에 대한 인식을 하는 단계에서 활용할 수 있다. 이 경우, 단어 리스트를 제공하고 단어 철자를 생각해보면서 단어를 찾도록 한다.
- 단어리스트를 다른 도구(워드, 파워 포인트 등)로 제작하여 제시한다. 이때 시간제한을 주고 단어리스트를 보여준 후 단어를 기억하게 한다. 단순히 단어를 외워서 쓰는 것 보다 단어의 철자를 더 정확하게 학습하는 방법이 될 수 있다.
- 퍼즐은 개인, 짝, 조별 활동이 가능하고 흥미를 유발시켜 단어학습을 효과적으로 할 수 있다.
- 교수자가 읽기 전 활동에서 새로운 단어를 제시하거나 읽기 후 활동에서 단어를 복습할 때 활용할 수 있다. 예를 들면, 각 단어의 정의(의미)를 제시하고, 단어를 맞춰보는 criss-cross 퍼즐을 활용해볼 수 있다.
- PuzzleFast에서는 같은 단어 리스트를 가지고 다양한 다른 조합의 퍼즐을 제작한 후 모둠별로 게임을 한다면 더 흥미롭게 진행할 수도 있다.

18 핫 포테이토즈 (Hot Potatoes)

핫 포테이토즈 이해하기

핫 포테이토즈는 무료 웹기반 학습 활동 제작도구이다. 여섯 가지 모듈로 구성되어 있고 각기 다른 유형의 온라인 대화형 언어 학습활동을 제작할 수 있다. 따라서 언어 교수자는 학습자 수준과 교수 환경을 고려한 학습내용을 선정하여 창의적인 학습 활동을 만들 수 있다. 핫 포테이토즈는 사용자 친화적 인터페이스를 가지고 있기 때문에 복잡한 상호작용적 연습 활동을 교수자가 손쉽게 제작할 수 있다. 또한 학습자에게 즉각적인 피드백을 제공하고 컴퓨터와의 상호작용을 통해 정답을 입력하도록 유도한다. 핫포테이토즈로 제작한 학습활동은 교실 수업뿐 아니라 교실 밖 원격 학습에도 유용하게 사용될 수 있다.

핫 포테이토즈 사용하기

핫 포테이토즈[1]의 여섯 가지 모듈은 [그림1]과 같다.

[그림1] 핫 포테이토 기본 화면

- A JQuiz: 다지선다형, 단답형, 하이브리드형 문제 제작 모듈
- B JCloze: 문장 또는 문단에 포함된 빈칸 채우기 문제 제작 모듈
- C JMatch: 좌·우 열의 내용 짝 맞추기 문제 제작 모듈
- D JCross: 퍼즐 문제 제작 모듈
- E JMix: 내용 순서 맞추기 문제 제작 모듈
- F The Masher: A~E에서 제작한 활동들을 하나의 단원으로 묶어주는 모듈

1. JQuiz

JQuiz는 다지선다(Multiple-choice)형, 단답(Short-answer)형, 하이브리드(Hybrid)형, 복수정답(Multi-select)형의 퀴즈를 제작할 수 있는 모듈이다. 각 질문에 대한 정답은 제작자의 의도에 따라 한 개 이상으로 정할 수 있고 정답 수에 제한은 없다. 또한 제작자가 원하는

---

1 http://hotpot.uvic.ca

대로 학생들이 선택한 답에 대한 피드백을 제공할 수 있으며, 문제를 풀고 나면 피드백과 함께 정답률이 표시된다. 여기에 그림, 음성, 동영상 등을 추가 자료로 함께 제시할 수 있는데, 이는 학습자의 이해를 돕고 배경지식을 활성화하는 데 도움이 된다. 기본화면에서 JQuiz를 클릭하면 [그림2]의 JQuiz 제작 화면이 나타난다.

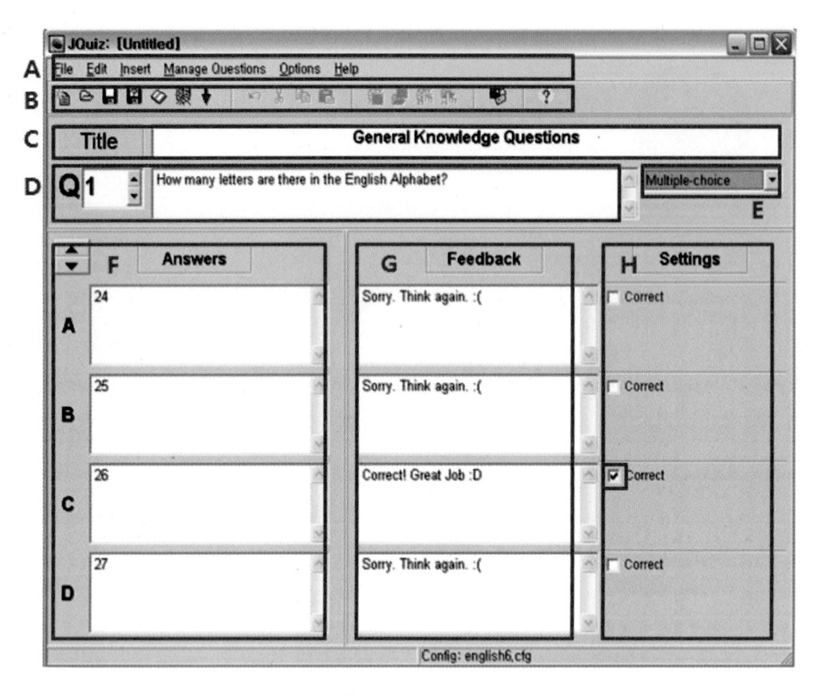

[그림2] JQuiz 제작 화면

- **A** **메뉴바**
- **B** **단축 메뉴바: 빈번하게 사용되는 메뉴 버튼**
- **C** **Title: 퀴즈 제목 입력**
- **D** **문항번호대로 문제 입력(위아래 화살표로 문항 추가/수정)**
- **E** **문제 유형 선택: Multiple-choice, Short answer, Hybrid, Multi-select 가운데 선택**
- **F** **Answers: 정답/오답 입력(위아래 화살표로 선택지 항목 추가)**
- **G** **Feedback: 각 선택지에 적절한 피드백 입력**
- **H** **Setting: 정답에 체크(√)**

1) JQuiz 제작하기

JQuiz를 사용한 퀴즈 제작은 다음의 순서대로 진행한다.

① JQuiz를 실행하면 [그림2]의 제작 화면이 나타난다.

② [그림2-C]에 퀴즈 제목을 입력한다.
③ [그림2-D]에 첫 번째 문제를 입력한다.
④ [그림2-E]에서 문제유형을 선택한다. 여기서는 다지선다형 문제를 제작한다.
⑤ [그림2-F]에 선택지의 내용을 입력한다.
⑥ [그림2-G]에 각각의 선택지에 대한 피드백을 입력한다. 사용자가 별도의 피드백을 입력하지 않은 경우 핫 포테이토즈가 정한(default) 피드백[2]이 입력된다.
⑦ [그림2-H]에서 정답을 체크(√)한다.
⑧ 다음 문항을 추가하기 위해 [그림2-D]의 위 화살표(▲)를 클릭하고, ③~⑦의 과정을 반복한다.
⑨ 완성된 퀴즈를 저장한다. 이때 저장된 퀴즈의 확장명은 *.jqz이다.

2) 퀴즈 내보내기

JQuiz에서 제작된 퀴즈를 웹에서 확인하거나 유인물로 인쇄해 사용하려면 퀴즈 내용을 내보내기(export)해야 한다. 퀴즈 내보내기는 핫 포테이토즈의 모든 모듈에서 동일하게 적용된다. 다음의 순서대로 진행한다.

① 웹버전 퀴즈로 내보내기 위해서 메뉴의 〈File〉-〈Create Web Page〉-〈Standard Format〉을 선택하거나 단축메뉴의 〈Export to Web browser 〉를 클릭한다.
② 파일 이름을 정하고 〈저장〉을 클릭한다.
③ [그림3-A]의 팝업창에서 View the exercise in my browser 를 클릭한다.
④ [그림3-B]의 웹버전 퀴즈가 생성된다. 이때 만들어진 파일은 별도의 웹버전 파일(*.htm)로 저장된다.
⑤ 출력본으로 내보내기 위해서 메뉴의 〈File〉-〈Export for printing〉을 선택한다.
⑥ 퀴즈 내용이 클립보드에 복사된다.
⑦ 문서파일(한글, 워드)을 열고 복사된 내용을 붙여넣기 한다.

---

2 정답은 Good Job, 오답은 Wrong으로 표시된다. 메뉴의 <Options>-<Configure Output>-<Prompts/Feedback>에서 변경할 수 있다.

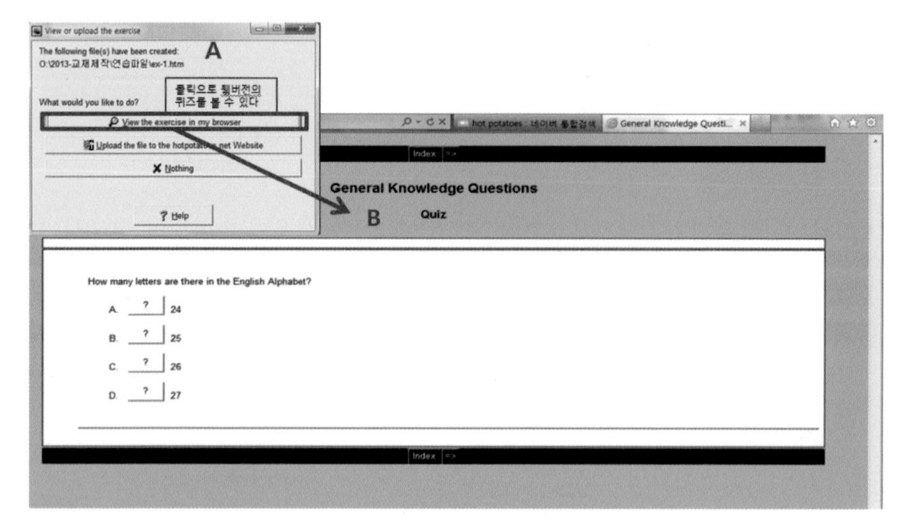

[그림3] JQuiz로 제작한 퀴즈의 웹버전 화면

3) 옵션 설정하기

[그림3]의 웹버전 퀴즈 화면은 배경색(회색), 글자색(검정색), 폰트(Arial) 등이 임의(default)로 지정된다. 제작자는 JQuiz 제작 화면의 〈Options〉 메뉴에서 자신이 원하는 출력 환경을 설정할 수 있으며, 핫 포테이토즈의 모든 모듈에서 동일하게 적용된다. [그림4]는 옵션설정 팝업창으로 JQuiz 제작화면 메뉴에서 〈Option〉-〈Configure Output〉를 선택하여 퀴즈의 제목, 지시문, 피드백, 버튼, 배경색, 글자색, 타이머 등을 변경할 수 있다.

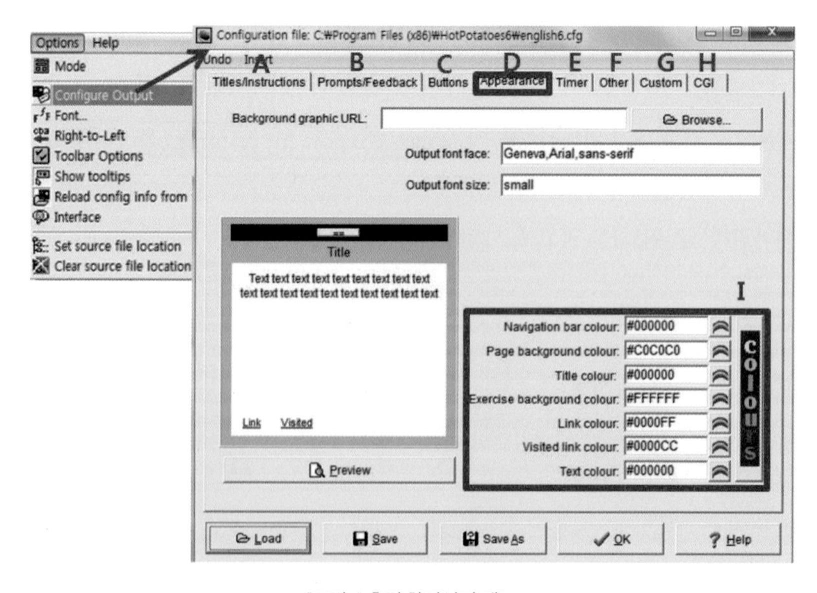

[그림4] 출력 환경설정 메뉴

A Title/Instructions: 퀴즈 소제목(subtitle)과 지시문 설정
B Prompts/Feedback: 퀴즈 팝업창의 메시지 및 피드백 설정
C Buttons: 퀴즈 화면의 버튼 내용 설정
D Appearance: 퀴즈 화면의 바탕색, 글자색 등의 배경 설정
E Timer: 퀴즈 풀이시간 제한 설정
F Other: 정답, 피드백 등의 팝업창 표시상태 설정
G Custom: 사용자 지정 HTM 코딩
H CGI(Computer Gateway Interface): 웹서버가 핫포테이토즈 실행파일을 구현하는 방법으로 URL, 메일, 제작자 이름 등을 생성(정식으로 라이센스를 구매한 경우에만 사용 가능)
I Colour Palette: 화면 바탕색, 글자색 등의 색상을 선택할 수 있는 팔레트

퀴즈 화면의 배경색, 글자색을 설정하기 위해 다음의 순서로 진행한다.

① 메뉴에서 〈Option〉-〈Configure Output〉을 선택한다.
② Configuration File 팝업창에서 [그림4-D]의 〈Appearance〉탭을 선택한다.
③ [그림4-I]에서 Page background colour 옆에 위치한 색상 팔레트( ) 버튼을 클릭하고 원하는 배경색을 선택한다.
④ 이 밖에 Navigation bar(검색바), Title(제목), Link(링크) 등의 색상을 팔레트 버튼을 클릭하여 설정한다.

2. JCloze

JCloze는 빈칸 채우기 문제를 제작하는 모듈로 문장이나 문단의 목표 단어에 빈칸을 넣어 학습자가 정답을 유추해내는 퀴즈이다. 또는 텍스트와 함께 소리파일을 첨부하고 특정 부분을 빈칸으로 만든 다음 듣고 받아쓰기(Dictation)하는 학습 활동을 제작할 수 있다. 핫포테이토즈 시작화면에서 JCLoze를 클릭하여 실행시킨다. [그림5]는 JCloze를 사용하여 듣고 받아쓰기 학습자료를 제작하는 화면으로, 본문의 특정 단어들을 빈칸으로 넣고 첨부된 음성파일을 들으면서 정답을 유추하는 퀴즈를 제작한다.

1) JCloze 제작하기

JCloze를 사용한 퀴즈 제작은 다음의 순서로 진행한다.

① JCloze를 실행하면 [그림5]의 제작 화면이 나타난다.
② [그림5-B]에 퀴즈 제목을 입력한다

③ [그림5-C]에 본문 내용을 입력한다.

④ 빈칸으로 할 단어(구문)를 선택하고 [그림5-D]의 〈Gap〉을 클릭한다. 빈칸으로 지정된 단어는 밑줄 친 빨간 글자로 바뀌고 웹버전에서 빈칸으로 나타난다.

⑤ [그림6]의 〈Gapped word alternatives〉 팝업창이 나타나면 해당 단어의 Clue(힌트)를 입력한다. 하단의 Alternative correct answers(대체답안)에는 정답을 대체할 수 있는 답안들을 입력한다.

⑥ 다음 빈칸 단어를 선택하고 ④~⑤의 순서를 반복하면서 힌트와 대체답안을 입력한다.

⑦ 입력된 힌트를 확인하거나 수정하기 위해 [그림5-H]의 〈Show Words〉를 클릭하면 [그림6]의 팝업창이 나타난다.

⑧ 완성된 파일을 저장한다. JCloze로 제작된 파일의 확장명은 *.jcl이다.

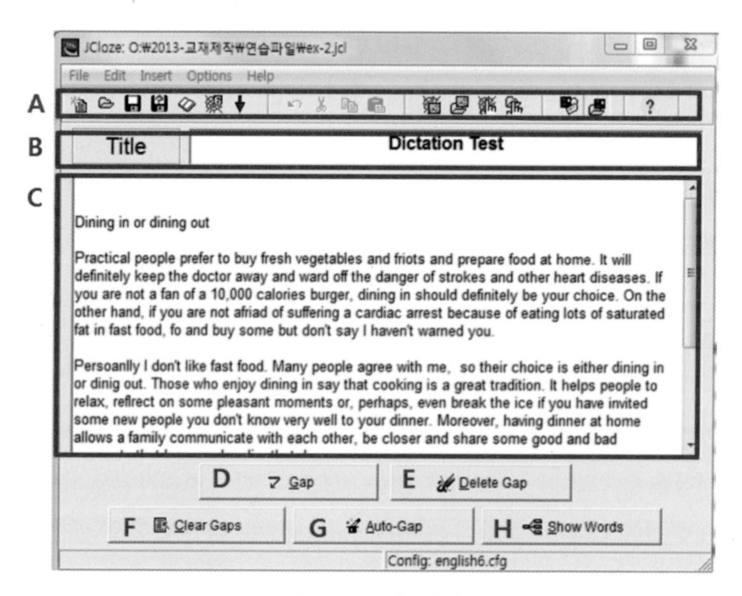

[그림5] JCloze 제작 화면

A 단축 메뉴바: 빈번하게 사용되는 메뉴 버튼 모음
B Title: 퀴즈의 제목 입력
C Working Space: 퀴즈에 사용할 내용 삽입
D Gap: 선택한 단어에 빈칸 삽입
E Delete Gap: 선택한 단어의 빈칸 삭제
F Clear Gap: 삽입한 빈칸 모두 삭제
G Auto-Gap: 매 0번째 단어에 자동으로 빈칸 삽입
H Show Words: 빈칸으로 지정된 단어의 힌트 입력/수정 팝업창

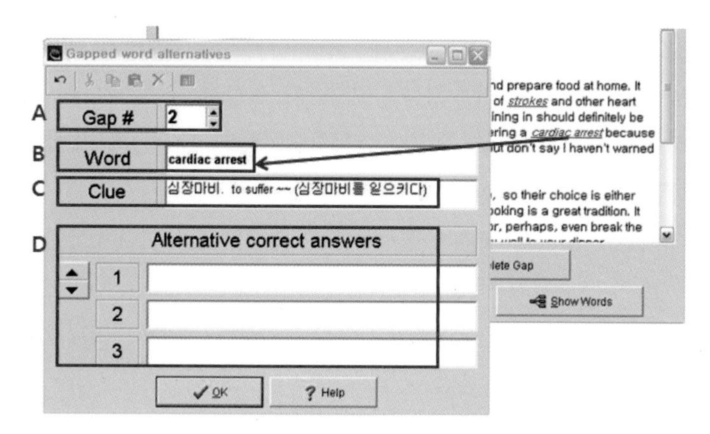

[그림6] 빈칸에 대한 힌트 넣기 화면

A Gap#: 빈칸으로 설정된 단어의 번호
B Word: 빈칸 단어
C Clue: 빈칸 단어에 대한 힌트
D Alternative correct answers: 대체 답안(위/아래 화살표를 클릭하여 대체답안의 수를 조정)

2) 미디어 삽입하기

받아쓰기 퀴즈의 경우 텍스트와 음성파일(혹은 동영상파일)이 동시에 제시되어야 한다. [그림7]은 JCloze 제작 과정에서 미디어 파일을 삽입하는 화면으로 아래의 순서로 진행한다.[3]

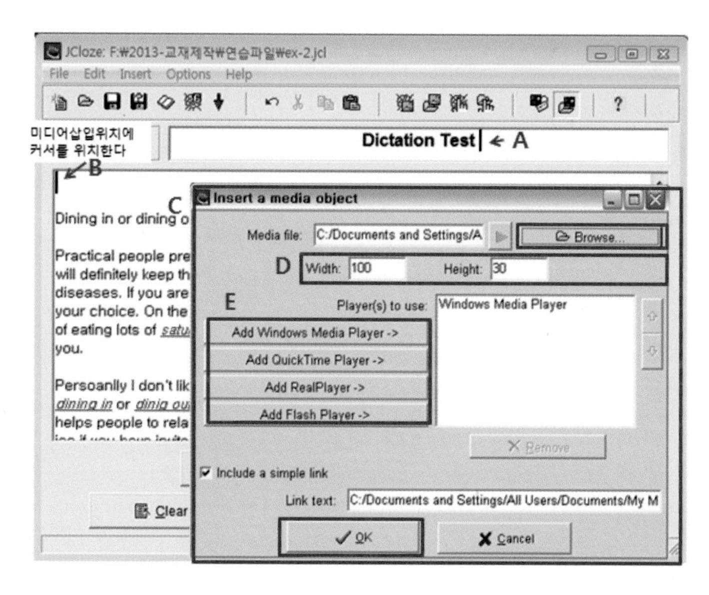

[그림7] 미디어 파일 삽입 팝업창

3 핫 포테이토즈의 모든 모듈에서 그림이나 미디어 파일 등의 삽입 방법은 모두 동일하다. 이때 퀴즈 파일을 우선 저장한 다음 그림, 미디어 파일들을 삽입할 수 있다.

① 음성파일을 삽입하려는 위치에 커서를 위치한다. 예를 들어 퀴즈의 제목 옆에 음성파일을 삽입하려면 [그림7-A]의 제목 옆을 클릭하고, 퀴즈의 내용 상단에 삽입하려면 [그림7-B]의 작업창 상단을 클릭한다.

② 메뉴의 〈Insert〉-〈Media Object〉를 선택하면 [그림7-C]의 미디어 삽입 팝업창이 나타난다.[4]

③ 〈Browse...〉를 클릭하여 미디어 파일을 찾아 삽입한다. 재생버튼(▶)으로 미리듣기 할 수 있다.

④ [그림7-D]에서 웹버전 화면에 나타날 미디어 플레이어의 크기를 지정한다.[5]

⑤ [그림7-E]에서 원하는 미디어 플레이어를 클릭하여 선택한다.

⑥ 하단의 〈OK〉를 클릭한다. 이때 JCloze 퀴즈 파일과 미디어 파일의 저장 경로가 다르면 [그림8]의 오류 메시지 창이 나타난다. 인터넷에 업로드했을 때 파일을 재생하지 못할 수 있으므로 반드시 퀴즈 파일과 미디어 파일을 같은 폴더에 저장한다.

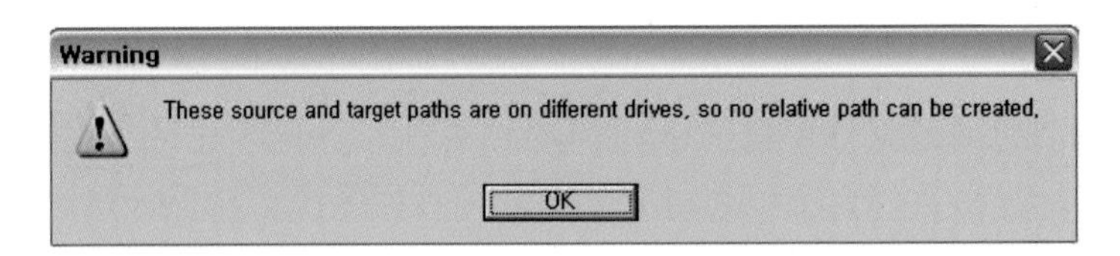

[그림8] 파일 삽입 경로 오류 메시지 창

JCloze퀴즈에서 오디오 파일이 삽입되면 화면상에는 [그림9-A]와 같이 HTML 코딩으로만 나타난다. 단축 메뉴의 〈Export to Web Browser 〉를 클릭하여 웹버전 파일(*.htm)로 내보내기 하면 [그림9-B]의 미디어 플레이어가 나타난다.

---

4 퀴즈 파일을 저장하지 않은 상태에서 미디어를 삽입하면 오류 메시지가 나타난다.

5 100x30크기는 재생, 정지, 일시정지 버튼만을 포함한 오디오 파일에 최적화된 크기다. 비디오 파일의 경우 최소 640x480크기로 설정해야 한다.

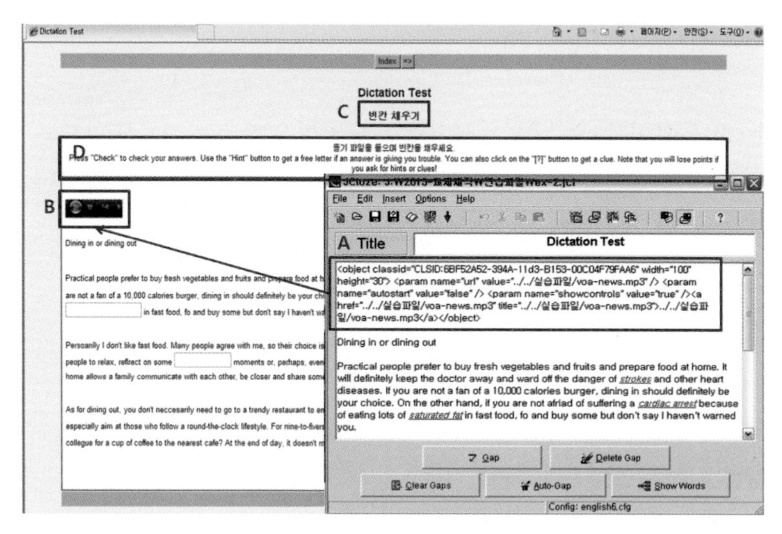

[그림9] JCloze 제작 화면과 웹버전 화면

A 미디어 파일과 플레이어 삽입에 관한 HTML 코딩

B 웹버전 미디어 플레이어

C Exercise subtitle(퀴즈 소제목)

D Instructions(퀴즈 지시문)

3) 옵션 설정하기

[그림9-C]의 소제목과 [그림9-D]의 지시문은 제작자가 옵션 설정에서 변경할 수 있다. JCloze 메뉴의 〈Options〉-〈Configuration Output〉에서 〈Titles/Instructions〉탭을 사용한다(그림10 참조).

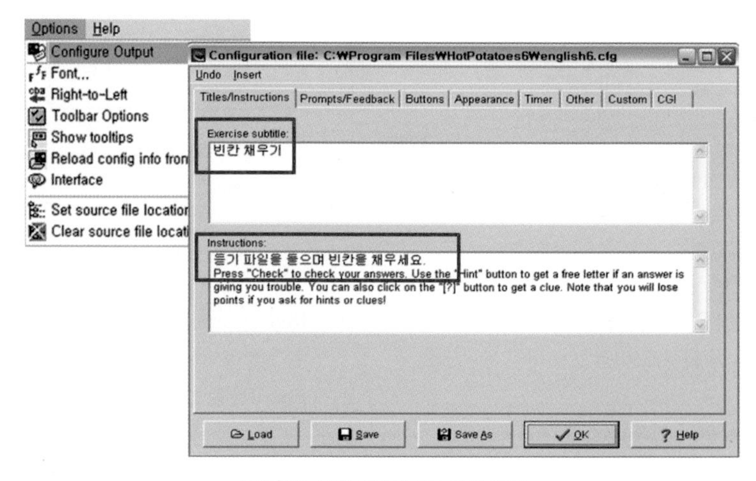

[그림10] 소제목 및 지시문 입력 화면

3. JMatch

JMatch는 좌/우에 연결되는 내용을 배치하고 서로 짝을 맞추는 퀴즈를 만드는 모듈이다. 핫 포테이토즈 기본화면에서 JMatch를 클릭하여 사용하며 그림, 오디오 등의 매체와 단어, 문장 등의 텍스트를 서로 연결하는 퀴즈를 제작할 수 있다.

1) JMatch 제작하기

JMatch를 사용한 퀴즈 제작은 다음의 순서로 진행한다.

① JMatch를 실행하면 [그림11]의 제작 화면이 나타난다.

② [그림11-A]에 퀴즈 제목을 입력한다.

③ 미디어(그림)파일을 삽입하기 위해 퀴즈 파일을 우선 저장한다. JMatch퀴즈로 제작한 퀴즈파일의 확장명은 *.jmt이다.

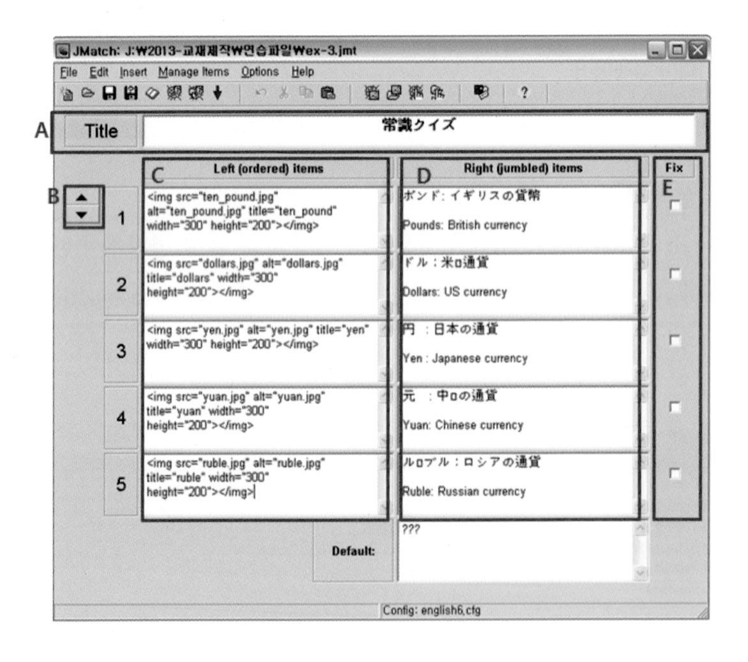

[그림11] JMatch 제작 화면

A **Title: 퀴즈 제목 입력**

B **문항 이동 화살표: 이전 또는 다음 문항으로 이동**

C **Left (ordered) items: 좌측 항목으로 순서가 고정됨**

D **Right (jumbled) items: 우측 항목으로 퀴즈를 풀 때마다 순서가 뒤섞임**

E **Fix: 고정할 번호 항목 선택(√)**

④ [그림11-C]에 그림을 삽입한다. 메뉴의 〈Insert〉-〈Picture〉-〈Picture from Local File〉을 선택하면 사용자의 컴퓨터에 위치한 그림 파일을 찾아 삽입할 수 있다(그림12 참조). 이때 삽입된 그림파일은 JMatch 제작 화면에서 HTML 코딩으로만 표시된다.

⑤ [그림11-E]에 각 그림에 대응되는 내용을 입력한다. 여기서 입력한 내용이 퀴즈의 정답이다.

⑦ 순서를 고정하고 싶은 항목이 있으면 [그림11-F]의 Fix란에 표시(√)한다.

⑧ [그림11-B]를 클릭하면 더 많은 문항을 추가할 수 있다.

⑨ 완성된 파일을 다시 저장한다.

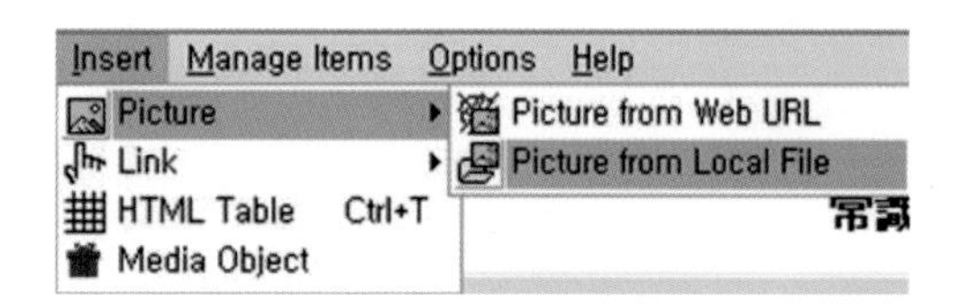

[그림12] 그림 삽입 메뉴

2) 퀴즈 내보내기

제작된 JMatch퀴즈는 두 가지 웹버전 파일형식으로 내보내기 할 수 있다. 이는 핫 포테이토즈의 JMix모듈에서도 동일하게 적용된다.

① 단축메뉴의 〈 〉 버튼 사용하여 내보내기: Export to Hot Potatoes version 6 Web page 기능으로 [그림13-A]와 같이 보기가 드랍다운 박스로 표시

② 단축메뉴의 〈 〉 버튼 사용하여 내보내기: Export this exercise to create a drag-and-drop Web page for version 6 browser 기능으로 [그림13-B]와 같이 보기를 하나씩 드래그하는 형식으로 표시

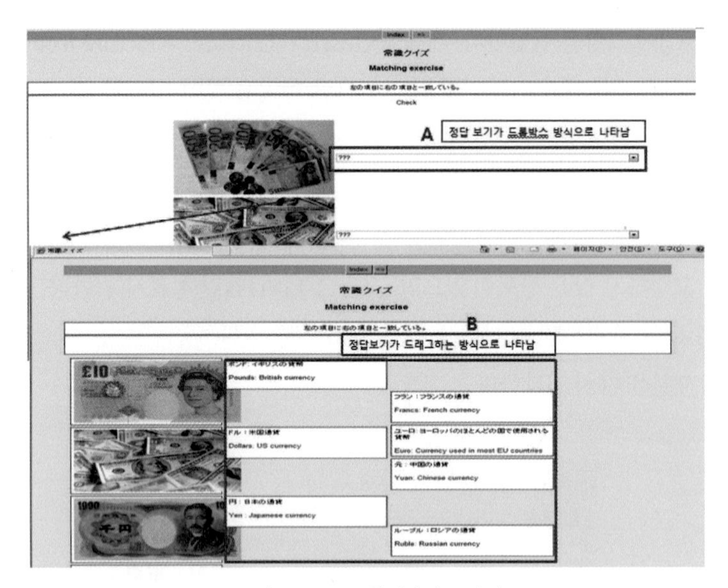

[그림13] JMatch 웹버전 퀴즈 화면

학습자는 〈Check〉버튼을 클릭하여 정답을 확인할 수 있다. 이때 정답(률)과 함께 피드백이 주어지는데, 퀴즈의 제작 단계에서 제작자는 학습자가 받을 지시문이나 피드백을 직접 입력할 수 있다. [그림14]와 같이 메뉴의 〈Options〉-〈Configuration Output〉에서 〈Prompts/Feedback〉탭을 사용한다.

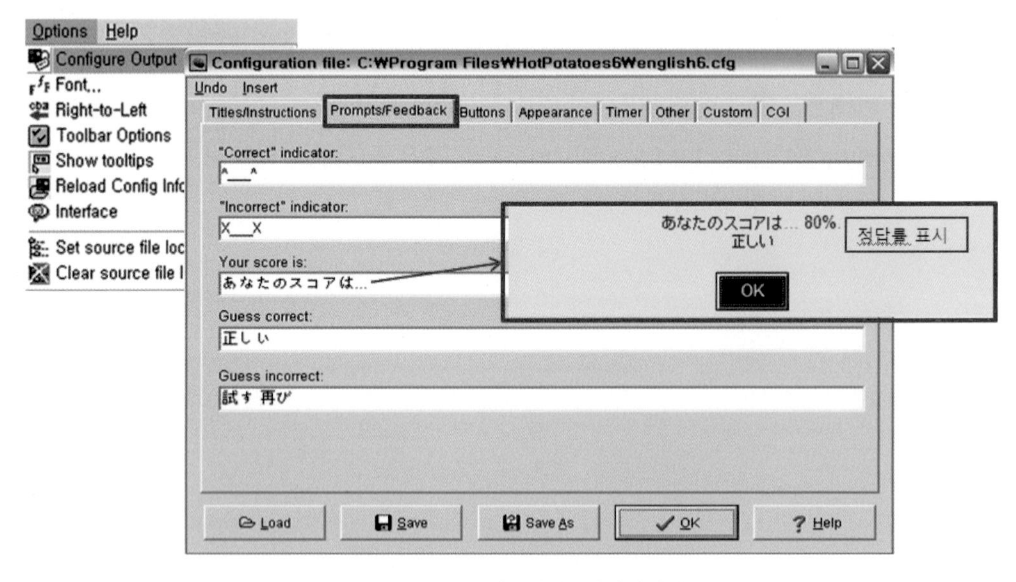

[그림14] 프롬프트(힌트)와 피드백 화면 설정

4. JCross

JCross는 Crossword Puzzle을 제작하는 모듈로 어휘 관련 퀴즈를 제시하는 데 사용된다. 핫 포테이토즈의 기본화면에서 JCross를 클릭하여 사용하며 자동 퍼즐 제작(Automatic Grid-Maker) 메뉴를 사용하여 손쉽게 퍼즐을 제작할 수 있다.

1) JCross 제작하기

JCross를 사용한 퀴즈 제작은 다음의 순서대로 진행한다.

① JCross를 실행하면 [그림15]의 화면이 나타난다.

② [그림15-A]에 퍼즐의 제목을 입력한다.

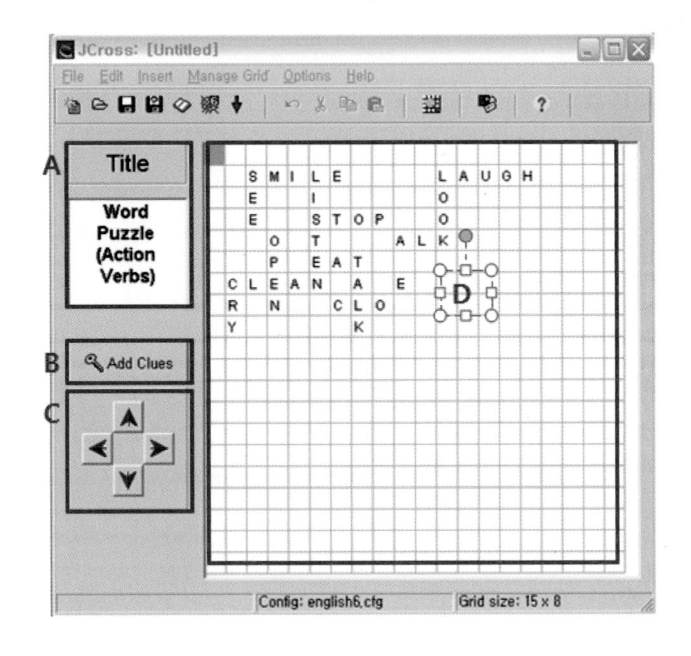

[그림15] JCross 제작 화면

A	Title: 퍼즐 퀴즈의 제목 입력	C	방향키: 격자에 있는 단어 철자의 위치 조정
B	Add Clues: 각 단어의 힌트 입력	D	Grid: 단어 격자창

③ 메뉴에서 〈Manage Grid〉-〈Automatic Grid-Maker〉를 선택하면 자동 격자생성 작업창이 [그림16]과 같이 실행된다.

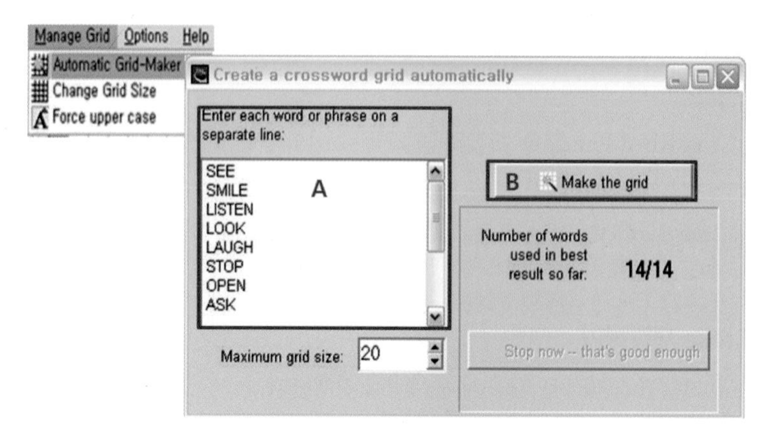

[그림16] 자동 격자생성 작업창

④ [그림16-A]에 퍼즐에 삽입할 단어들을 입력한다. 이때 사용하는 단어는 한 줄에 하나씩 입력한다.

⑤ [그림16-B]의 〈Make the grid〉를 클릭하면 자동 퍼즐이 완성된다. 이때 [그림15-C]의 방향키를 이동하면 격자의 위치가 변경되어 철자가 삭제될 수 있으니 주의한다.

⑥ [그림15-B]의 〈Add Clues〉를 클릭하면 [그림17]의 힌트 삽입 팝업창이 나타난다.

⑦ 가로/세로 열쇠의 단어들을 하나씩 클릭해서 힌트를 입력한다. 이때 텍스트 외에 그림, 음성자료, 동영상 등을 힌트로 삽입할 수 있다.

⑧ 모든 단어의 힌트가 입력되면 하단의 〈OK〉를 클릭한다.

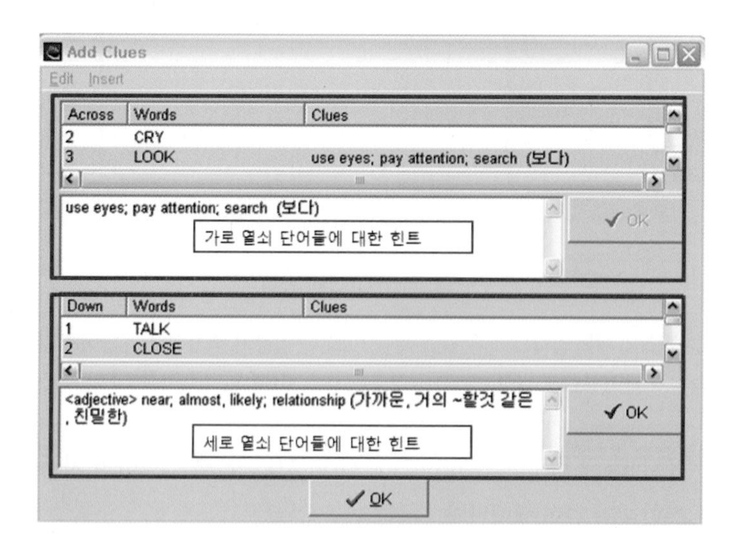

[그림17] 힌트 삽입 팝업창

⑨ 완성된 JCross 파일을 저장한다. 이때 저장된 퀴즈 파일의 확장명은 *.jcr이다.

2) 퀴즈 내보내기

웹버전 퍼즐 퀴즈를 보기 위해서는 아래의 순서로 진행한다.

① JCross 제작 화면에서 단축메뉴의 〈 〉 버튼을 클릭한다.

② 파일이름을 입력한 후 〈저장〉을 클릭한다.

③ [그림18]의 웹버전 퍼즐 퀴즈 화면으로 바뀐다.

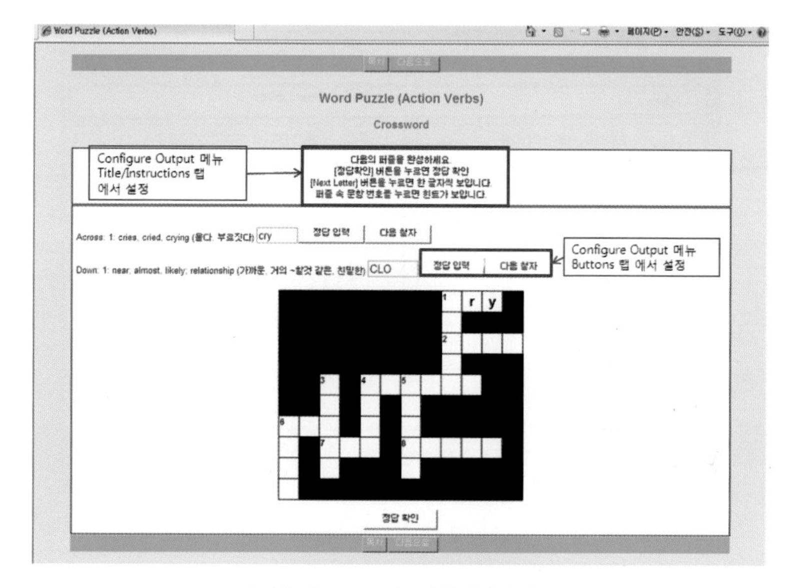

[그림18] JCross 퀴즈의 웹버전 화면

3) 옵션 설정하기

[그림18]과 같이 지시문, 버튼 등을 변경하는 것은 메뉴에서 〈Option〉-〈Configure Output〉에서 가능하다. 또한 메뉴의 〈Manage Grid〉-〈Change Grid Size〉를 선택하여 퍼즐의 격자 크기를 조절할 수 있으며 메뉴의 〈Option〉-〈Font〉를 선택하여 글자의 크기(폰트)를 조절할 수 있다.

5. JMix

JMix를 활용하면 단어를 배열하여 문장을 만들거나 문장이 뒤섞인 것을 바르게 맞추는 퀴즈를 제작할 수 있다. 문법지도에서 특정 언어구조의 정확성을 향상시키기 위한 문장순서 배열하기(scrambled sentences) 연습이나 작문지도에서 문단 구성을 위한 문장배열 연습을 하는데 활용할 수 있다. 핫 포테이토즈의 시작 화면에서 JMix를 클릭하여 사용한다.

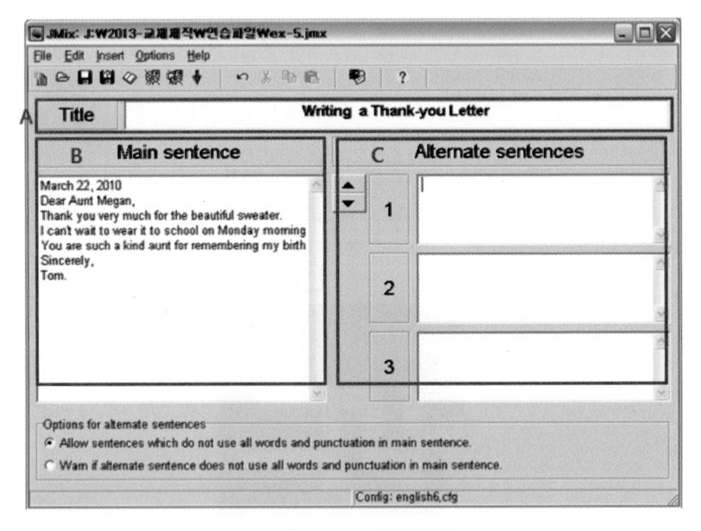

[그림19] JMix 제작 화면

A　Title: 퀴즈의 제목 입력
B　Main sentence: 퀴즈를 구성하는 주요 문장, 문단 등을 제작자의 의도대로 입력
C　Alternate sentences: 허용 가능한 대체 답안 입력

1) JMix 제작하기

JMix를 사용한 퀴즈 제작은 다음의 순서로 진행한다.

① JMix를 실행하면 [그림19]의 제작 화면이 나타난다.

② [그림19-A]에 퀴즈의 제목을 입력한다.

③ [그림19-B]에 문장을 입력한다. 여기서 입력한 순서가 정답이 되며 단어, 문장 단위는 엔터키를 쳐서 구분한다.

④ [그림19-C]에 정답을 대체할 수 있는 문장들을 입력한다. 여기서 입력된 내용들은 정답

으로 허용된다.

⑤ 완성된 파일을 저장한다. JMix로 제작한 퀴즈파일의 확장명은 *.jmx이다.

2) 퀴즈 내보내기

① 웹버전 파일로 전환하기 위해 단축메뉴에서 〈 〉 버튼을 클릭한다.[6]

② [그림20]처럼 웹버전의 JMix 퀴즈 화면이 제시된다.

③ 퀴즈 풀이에 시간제한을 주기 위해서 메뉴의〈Option〉-〈Configure Output〉에서 〈Timer〉탭을 사용한다.

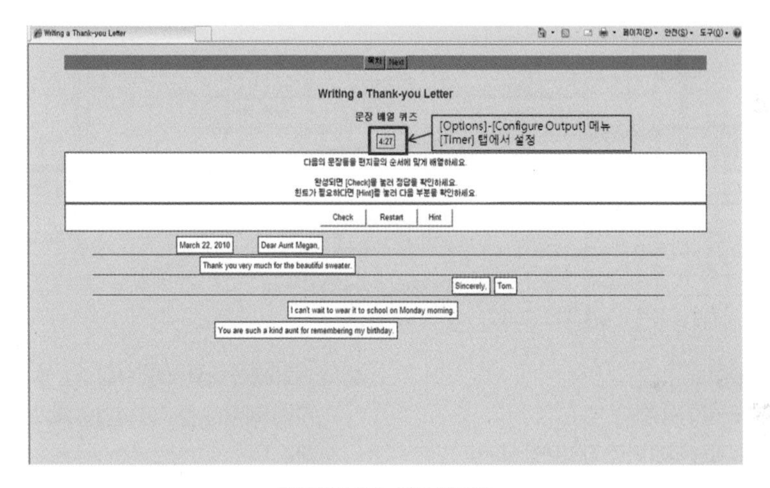

[그림20] JMix 퀴즈 웹화면

6. The Masher

The Masher 모듈은 핫 포테이토즈로 제작한 퀴즈들을 하나의 단원(unit)으로 통합해서 연결해준다. 제작 초기부터 The Masher를 사용하여 여러 가지 종류의 퀴즈가 포함된 단원을 제작하거나 개별적으로 제작된 퀴즈들을 첨부하여 하나의 단원으로 구성할 수 있다. 핫 포테이토즈의 기본화면에서 The Masher를 클릭하면 [그림21]과 같이 제작 화면이 나타난다. 이때 제작한 퀴즈 파일 및 그림, 이미지, 동영상파일들은 하나의 폴더 안에 저장되어 있어야 한다.

---

6 앞서 설명한대로 JMatch와 JMix는 두 가지 방법으로 저장할 수 있다. 웹버전 화면에서 보기를 drop-down box 형식으로 주는 것과 drag-and-drop 형식으로 주는 것이다.

1) The Masher 제작 화면

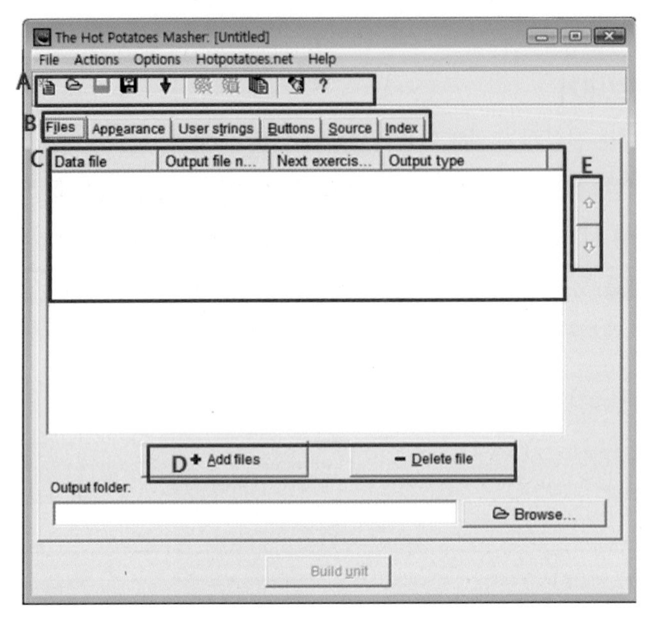

[그림21] The Masher 제작 화면

A 단축 메뉴바

B Masher의 기능 탭

C 작업창: 기능탭에 따라 작업내용 표시

D 파일 제어 버튼: 작업창에 퀴즈를 첨부(Add files)하거나 첨부된 파일을 제거(Delete files)

E 방향키: 작업창에 첨부된 퀴즈 파일들의 순서를 조정

2) The Masher 기능

The Masher는 [그림21-B]의 기능 탭을 이동하면서 사용할 수 있다. 각각의 설명은 다음과 같다.

- 〈Files〉 단원으로 연결하려는 퀴즈 파일들을 첨부/제거한다.
- 〈Appearance〉 The Masher로 제작한 퀴즈 단원의 배경 화면이나 텍스트 등의 색상을 설정한다. 여기에서 설정한 색상은 각각의 퀴즈를 제작할 때 설정한 색상보다 우선적으로 적용된다는 점을 유의한다.
- 〈User strings〉 사용자 정의 문자열로, 사용자가 방문했던 서버에 방문 여부를 확

인시키기 위해 브라우저가 보내는 신호다. 인터넷에 업로드했을 때 서버의 소통량 통계 측정을 위해 설정하기도 하는데, 일반 사용자가 사용할 일은 거의 없다.

- 〈Buttons〉 퀴즈 화면에 위치한 버튼의 모양이나 표시(이전, 목차, 다음)를 설정한다.
- 〈Source〉 The Masher에서 제작한 퀴즈의 HTML 코딩을 보여준다. 일반 사용자가 사용할 일은 거의 없다.
- 〈Index〉 퀴즈 단원의 목차 페이지를 설정하며 기능 탭 가운데 가장 유의해야 할 항목이다(그림22 참조). 우선 [그림22-A]와 같이 퀴즈 단원의 제목은 “Comprehension Quizes”로 지정한다. [그림22-B]에는 “index.htm”이 기본제목(default)으로 지정되어 있는데, 이 제목은 인터넷 업로드 작업을 거치면 웹의 시작 페이지 주소(URL)가 된다. 따라서 “index.htm”을 반드시 다른 이름(예: title.htm, quiz.htm 등)으로 바꾸어 저장한다.

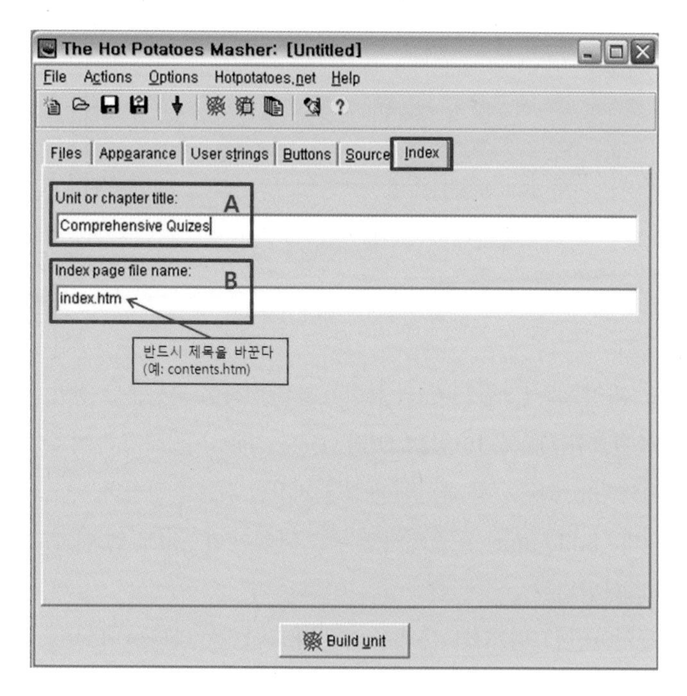

[그림22] The Masher의 Index 탭 사용 화면

3) The Masher 제작하기

The Masher를 이용한 퀴즈 단원 제작은 다음의 순서로 진행한다.

① The Masher를 실행하면 [그림23]의 제작 화면이 나타난다.

② 〈Files〉탭을 선택한다.

③ [그림23-D]의 〈Add Files〉를 클릭한 후 핫 포테이토즈로 제작한 퀴즈 파일을 찾아 선택한다. [그림24]의 〈File Export settings〉 팝업창에서 〈OK〉를 클릭하면 [그림23-B]의 작업창에 단원으로 묶을 퀴즈 파일들이 첨부된다. 한 개 이상의 퀴즈를 동시에 첨부할 경우 첨부할 파일을 모두 선택한 후 〈OK to All〉을 클릭한다.

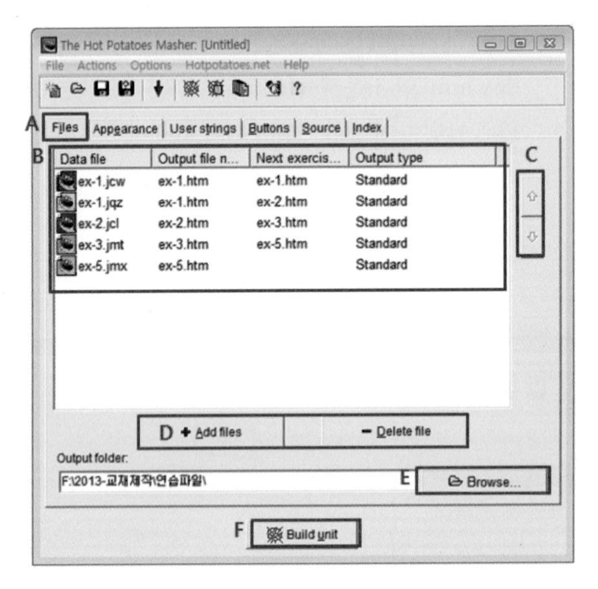

[그림23] The Masher 제작 화면

④ 첨부된 퀴즈 파일들은 [그림23-C]의 화살표를 클릭하여 순서를 조정할 수 있다.

⑤ 단원에서 불필요한 파일은 [그림23-D]의 〈Delete Files〉를 사용하여 삭제한다.

⑥ [그림23-E]의 〈Browse...〉를 클릭해 파일을 저장할 위치를 정한다.

⑦ [그림23-F]의 〈Build unit〉를 클릭하면 퀴즈 단원이 완성되고 웹화면으로 이동할지를 묻는 창이 나타난다.

⑧ 〈Yes〉를 클릭하면 [그림25]와 같이 웹 버전 퀴즈 단원이 나타난다.

⑨ 각각의 퀴즈 제목을 클릭하면 해당 퀴즈로 링크된다.

⑩ The Masher 파일을 저장한다. 이때 저장된 파일의 확장명은 *.jms이다.

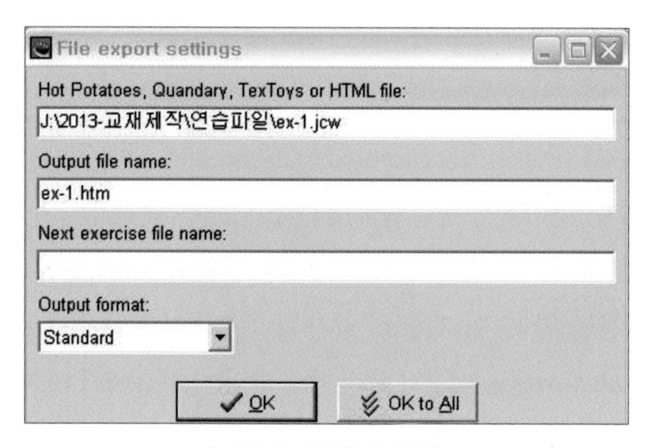

[그림24] 파일첨부 팝업창

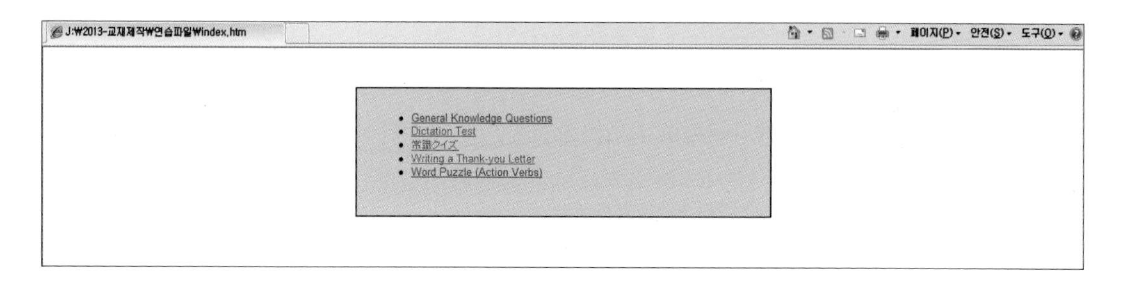

[그림25] The Masher의 웹화면

핫 포테이토즈 활용하기

핫 포테이토즈는 사용자가 간단한 조작만으로 손쉽게 온라인 대화형 언어 학습 활동을 제작할 수 있기 때문에 교실 수업이나 개별 학습에 널리 활용될 수 있다.

- JQuiz로 제작된 퀴즈는 이해 점검(comprehension check)을 위한 연습 문제로 사용하거나 읽기나 듣기 학습의 후행활동 자료로 활용할 수 있다.
- JCloze로 제작된 빈칸채우기 퀴즈를 활용하면 읽기나 듣기 학습에서 목표 어휘나 구문에 집중하게 하고 효과적으로 암기하게 하는 활동이 가능하다. 학습자에게 문단이나 이야기, 편지와 같은 읽기 자료를 제공한 후 핵심 어휘, 주제어 등의 단어에 빈칸을 주고 맥락을 보며 유추하도록 하면 의미있는 읽기 학습이 가능하다. 또한 오디오나 비디오와 같은 듣기자료를 퀴즈에 삽입하고 빈칸의 단어를 받아쓰기하는 활동은 하향식 듣기 기능 향상에 유용하게 사용된다.
- JMatch로 제작한 퀴즈는 어휘 학습에서 단어(혹은 그림)와 의미를 대응시키는 활동으로 제시할 수 있다. 또한 말하기 학습에서 질문에 대한 적절한 답변을 찾는 활동을 할

수 있는데, 이는 발화의 내용을 텍스트로 확인해보는 말하기 학습 후행 활동으로 사용할 수 있다.

- JMix는 문장 순서 배열하기(Scrambled Sentences)와 같은 학습자료를 제작하는 데 유용하다. 특히 문법이나 쓰기 학습에서 단어-단어를 연결해서 문장의 정확한 어순을 확인한다거나 문장-문장들을 연결하고 적절한 전환어(transition words)를 찾게 하는 문단 수준의 작문을 할 수 있다. 또한 읽기 학습에서 읽은 내용의 요약본(summary)을 문장 단위로 주고 순서대로 배열하게 하거나 말하기 학습에서 대화의 내용을 순서대로 배열하게 하는 학습활동으로 활용할 수 있다.
- JCross를 사용한 퍼즐은 어휘 학습에서 활용할 수 있다. 특히 단어 학습의 지루함을 줄이고 학습 동기를 부여하는 데 도움을 줄 수 있다. 특히 단어 퍼즐을 게임으로 제공하여 모둠 활동 수행에 활용할 수 있다.
- The Masher로 몇 가지 유형의 퀴즈들을 단원으로 구성하여 제시하면 학습자의 이해도를 종합적으로 확인하거나 한 단원에 대한 수행평가 도구로 활용할 수 있다.
- 핫 포테이토즈의 퀴즈 제작 시 학습자의 수준과 학습 스타일에 따라 그림이나 오디오, 동영상과 같은 미디어 자료를 삽입할 수 있다. 이는 학습자의 이해를 돕고 언어 학습에 대한 두려움을 줄이는 데 도움을 준다. 또한 학습자가 학습 활동을 수행하는 동안 언어 지식이나 내용 지식뿐만 아니라 사회언어학적 지식을 넓히는 데도 도움이 된다.
- 핫 포테이토즈로 제작한 퀴즈를 인터넷에 업로드하여 학생들에게 과제로 부여하면 개별 학습자를 위한 학습자료로 활용할 수 있다.

19 만화 제작프로그램 (Making Cartoon)

만화 제작 프로그램 이해하기

교사가 학습내용을 제시할 때 만화를 사용하면 시각자료와 언어자료를 좀 더 흥미롭게 전달할 수 있다. 또한 학습자들이 목표 언어를 사용하여 직접 만화를 제작해봄으로써 글쓰기나 일상생활에서 자주 쓰이는 표현법을 익히는 데 도움이 될 수 있다. 만화 제작 사이트를 선택할 때는 제작 과정이 단순한 것을 선택하는 것이 바람직한데 이는 언어 학습보다 만화 제작 자체에 더 치중하는 오류를 방지하기 위함이다.

만화 제작 프로그램 사용하기

1. 캠브리지 잉글리쉬 온라인을 이용한 만화 제작

캠브리지 잉글리쉬 온라인 사이트[1]에서는 [그림1]과 같이 〈Cartoon Maker〉와 〈SUPER-HERO Cartoon Maker〉 두 종류의 제작 프로그램을 제공한다. 로그인이 필요 없으며 사이트를 열어 직접 작업할 수 있다. 제작한 만화는 출력, 저장, 혹은 공유할 수 있다.

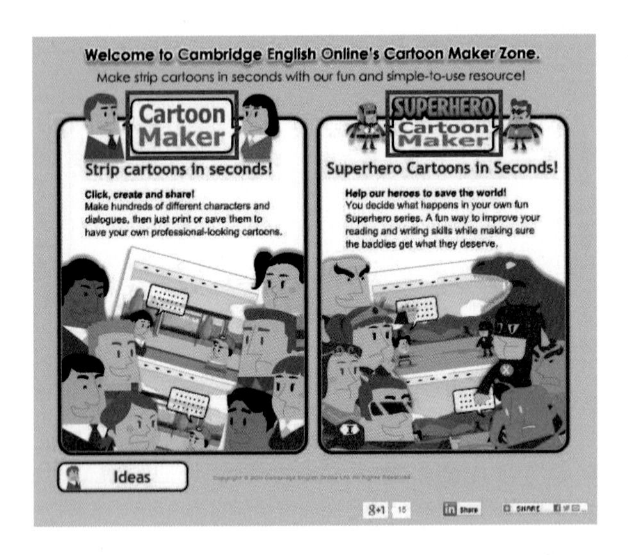

[그림1] 캠브리지 잉글리쉬 온라인

1) Cartoon Maker

카툰 메이커[2]는 캠브리지 잉글리쉬 온라인 사이트에서 제공하는 첫 번째 만화 제작 프로그램이다.

(1) 기본화면

[그림2]는 카툰 메이커의 기본화면이다. 만화의 장면을 1컷, 2컷, 4컷으로 제공하므로 필요한 장면의 숫자를 선택한다.

---

1 http://www.cambridgeenglishonline.com/Cartoon_Maker/

2 http://www.cambridgeenglishonline.com/Cartoon_Maker/CM/

[그림2] Cartoon Maker 기본화면

(2) 만화 제작하기

① 2컷을 선택해본다. 장면을 선택하면 [그림3]의 작업창이 뜬다.

② 〈General〉영역을 설정한다.

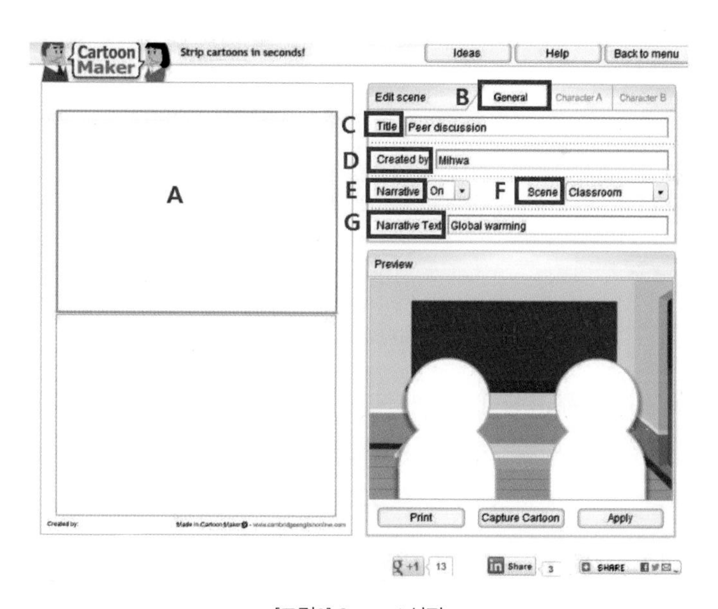

[그림3] General 설정

A 작업창: 현재 활성화하여 작업하고 있는 창

B General: 배경 및 제목 등을 선택

C Title: 제목 입력

D Created by: 만화 제작자 이름

E Narrative: 소제목 (On으로 설정시 G가 나타남)

F Scene: 배경 설정(Classroom, House, Park 등)

G Narrative Text: 소제목 기입

H Preview: 미리 보기

③ [그림4-A]의 〈Character A〉를 클릭하여 [그림4-B] 부분을 설정한다. 말풍선(Text Bubble), 성별(Character), 머리모양(Hair), 얼굴 형태(Face), 의상(Clothes), 두상(Head) 및 감정 상태(Emotion)까지 선택할 수 있다. [그림4-C]의 말풍선에 대사를 입력한다.

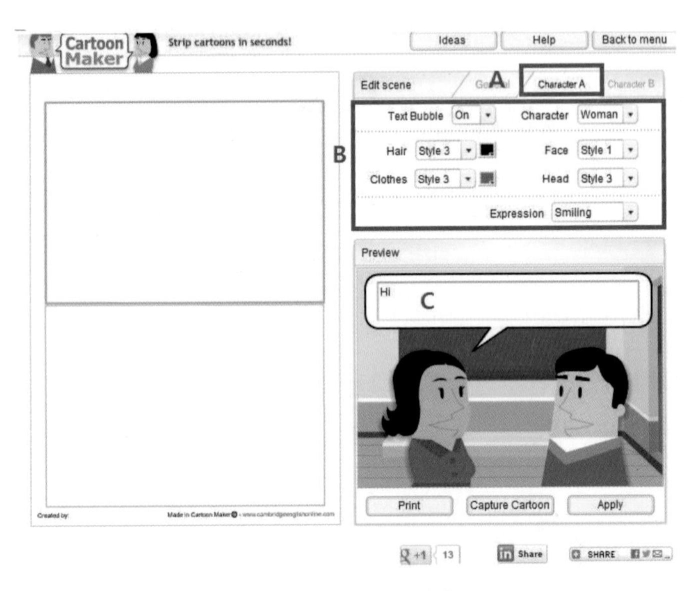

[그림4] Character A 설정

④ [그림5-A]의 〈Character B〉를 클릭하여 위의 ③과 같은 방식으로 설정하고 대사를 입력한다.
⑤ [그림5-B]의 〈Apply〉를 클릭한다.
⑥ [그림5-C]는 완성된 만화의 장면이다.
⑦ [그림5-D]는 〈General〉에서 설정한 〈Title〉과 〈Narration〉이 반영되었다.
⑧ [그림5-E]의 두 번째 장면을 클릭하여 ③-⑤의 순서로 제작한다.

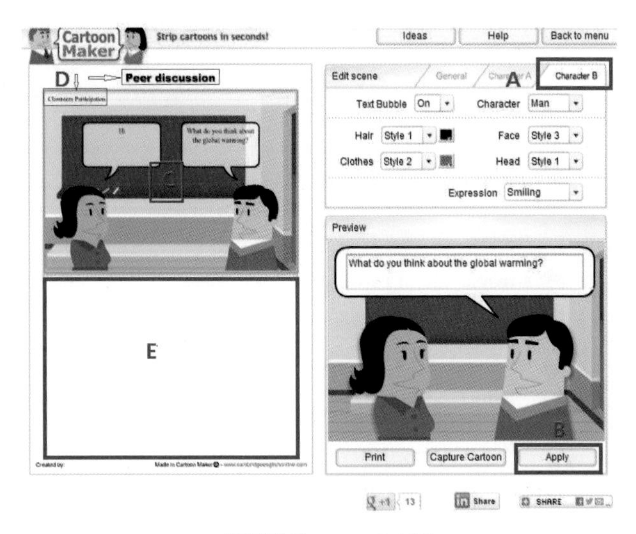

[그림5] Character B 설정

⑨ 완성된 만화는 [그림6-A]의 〈Print〉를 클릭하여 출력할 수 있고 〈Capture Cartoon〉을 클릭하여 JPG파일로 저장할 수 있다.

⑩ [그림6-B]의 〈SHARE〉는 200여 종류의 소셜네트워크에 공유할 수 있는 기능이다.

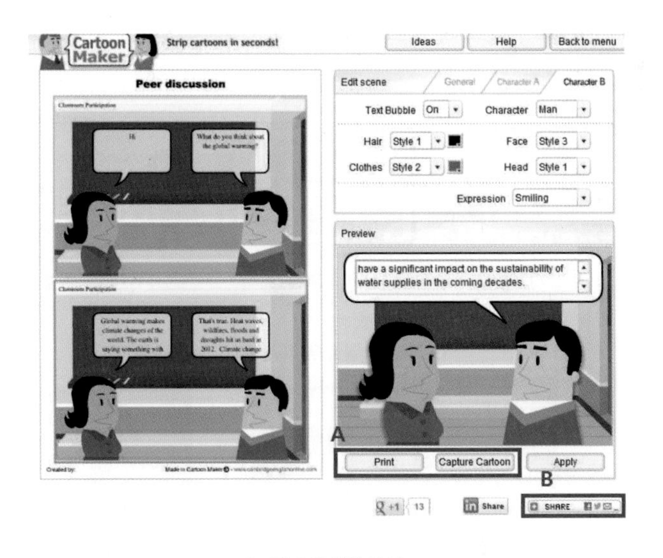

[그림6] 완성된 만화

⑪ [그림7]은 〈SHARE〉를 클릭하여 나타난 다양한 종류의 공유 사이트이다.

[그림7] 공유하기

2) SUPERHERO Cartoon Maker

캠브리지 잉글리쉬 온라인에서 제공하는 두 번째 만화 제작 프로그램은 SUPERHERO Cartoon Maker[3]이다. 1컷, 2컷, 4컷 장면으로 제공된다.

(1) 기본화면

[그림8]은 수퍼히어로 카툰 메이커 기본화면이다. 필요한 장면의 숫자를 선택한다.

[그림8] 수퍼히어로 기본화면

3 http://www.cambridgeenglishonline.com/Cartoon_Maker/SHCM/

(2) 만화 제작

① 2컷 장면을 선택한다. 장면을 선택하면 [그림9]의 작업창이 뜬다.

② 〈General〉 영역을 설정한다. 구체적인 내용은 앞의 〈Cartoon Maker〉의 〈General〉 설정과 같다.

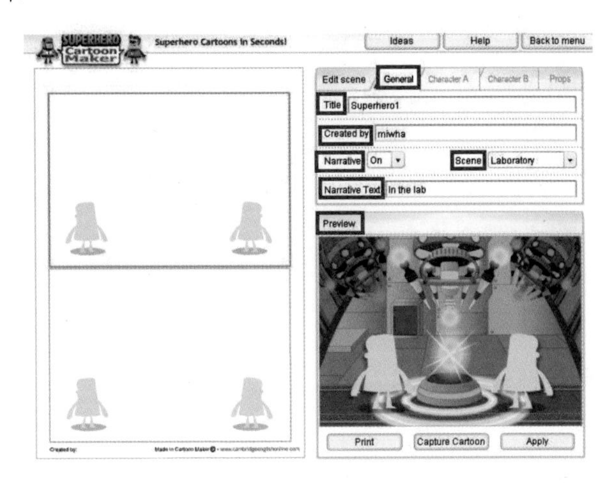

[그림9] General 설정

③ Character 설정을 한다. 캐릭터 설정에 관한 세부 내용은 다음 [그림10]과 같다.

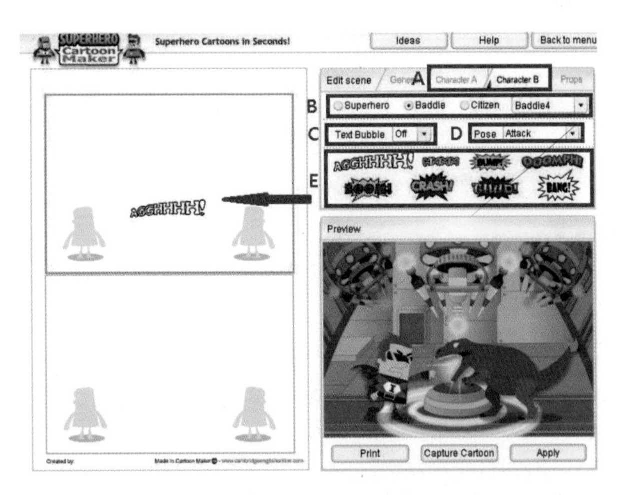

[그림10] Character 설정

A **Character A와 B**

B **등장인물 선택: Superhero(영웅), Baddie(악당), Citizen(시민) 등 각 인물별 여덟 개 선택 옵션**

C **Text Bubble(말풍선) 입력 여부**

D **Pose: 여섯 가지 포즈 중 선택**

E **의성어 표현: 두 번 클릭하면 장면에 직접 입력됨. 한 장면에 하나만 입력 가능. 마우스로 드래그하면서 위치 결정**

④ 각 장면에 대한 설정이 끝날 때마다 [그림11]의 〈Apply〉를 클릭한다.

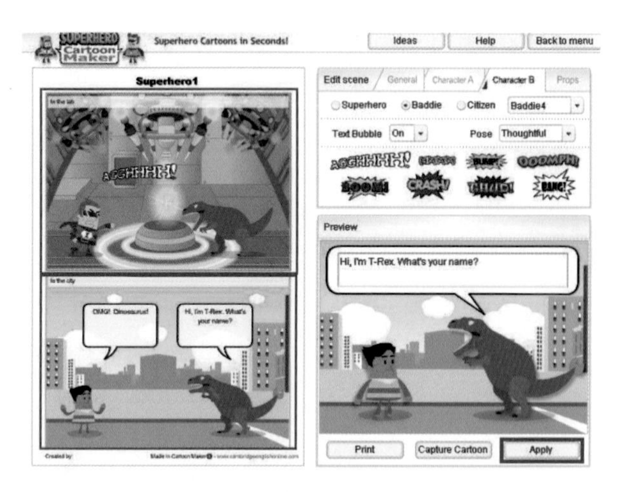

[그림11] Apply

⑤ 장면이 완성되면 [그림12-A]의 〈Props〉(소품)를 클릭한다. 방향을 달리한 몇 개의 소품들이 제시된다. 입력할 장면을 클릭하여 선택한 후 원하는 소품을 두 번 클릭한다. 화면으로 자동 입력된 소품은 마우스로 드래그하면서 위치를 정할 수 있다. [그림12-B]와 [그림12-C]와 같이 선택한 소품이 각 장면에 입력되어 있다.

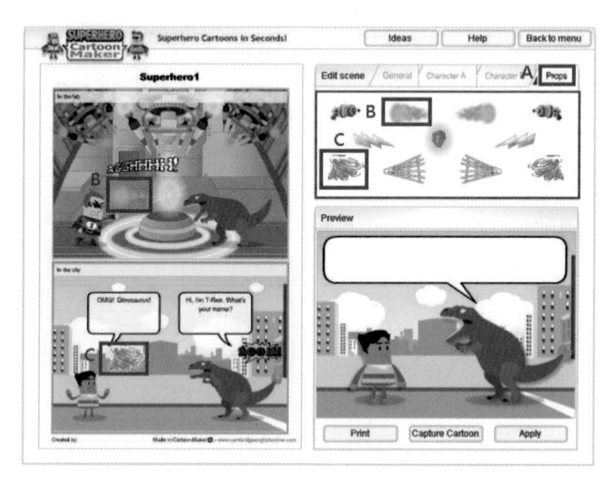

[그림12] Props

⑥ 완성된 만화는 [그림13-A]를 클릭하여 출력할 수 있고 [그림13-B]를 클릭하면 이미지로

저장할 수 있다.

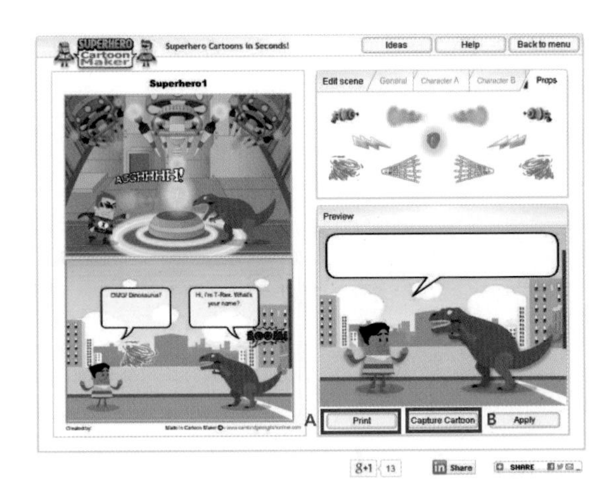

[그림13] Print 및 Capture

⑦ [그림14]는 캡처한 화면이며, [그림14-A]는 캡처 방법에 대한 설명이다. [그림14-B]의 〈Capture〉를 클릭하여 새로운 웹브라우저에 이미지를 띄운 다음 마우스를 우클릭하여 JPG파일로 저장한다. [그림14-C]의 〈Back〉을 클릭하면 제작 페이지로 돌아간다.

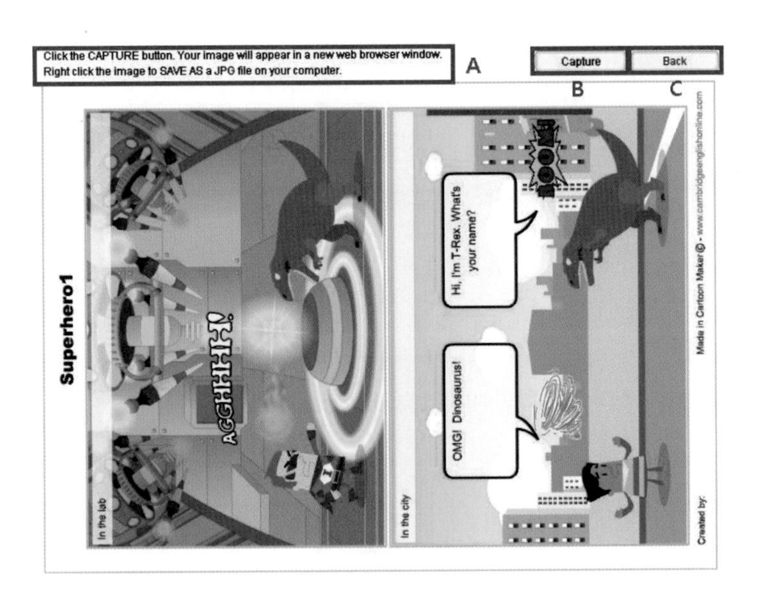

[그림14] Capture 화면

⑧ [그림15-A]의 〈SHARE〉를 클릭하면 완성된 만화를 공유할 수 있다. 간단히 페이스북, 트위터, 이메일 등으로 공유하기 위해서는 〈SHARE〉에 마우스를 올려 [그림15-B]처럼 원하는 소셜네트워크(SNS) 형식을 선택한다.

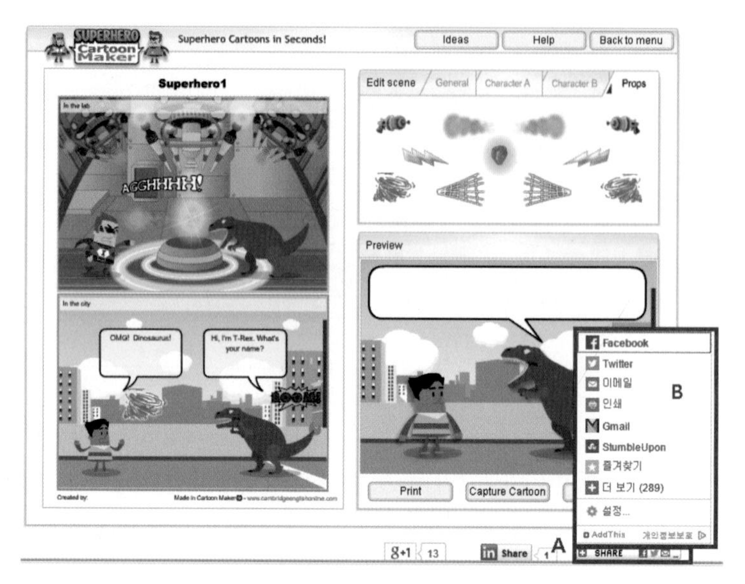

[그림15] Share 화면

2. 위티코믹스를 이용한 만화 제작

위티코믹스[4]는 세 컷의 만화 제작에 적절한 만화 제작 사이트이다. 위티코믹스 사이트에서 회원가입 후 로그인을 한다. 회원가입 시에 기입한 이메일로 비밀번호가 발송되며 로그인을 해야 완성된 만화가 저장된다.

1) 기본화면

[그림16]은 위티코믹스의 기본화면이며 각 영역 설명은 다음과 같다.

4 http://www.wittycomics.com

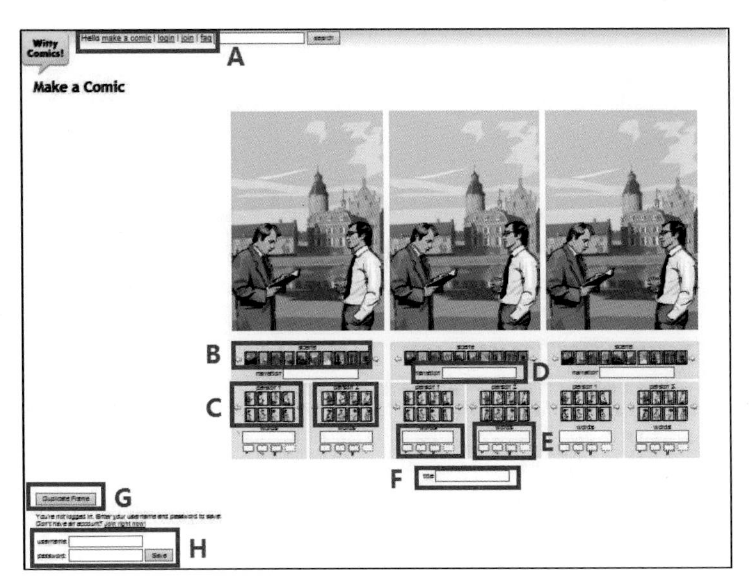

[그림16] 위티코믹스 기본화면

- A Join & Log In: 회원가입 및 로그인
- B Scene: 배경 선택
- C Person 1&2: 인물 선택
- D Narration: 대화 제목
- E Words: 대화 입력 및 말풍선 선택
- F Title: 제목 입력
- G Duplicate Frame: 프레임 복제
- H Username & Password: 로그인 창

2) 만화 제작

① [그림16-B]와 같이 각 장면 아래에 위치한 〈Scene〉에서 배경을 선택하여 클릭한다. 좌우의 화살표를 이동하면서 원하는 배경을 선택한다.

② [그림16-C]에서 〈Person 1〉과 〈Person 2〉를 따로 선택한다. 좌우 화살표를 이동하면서 선택한다. 동일한 배경과 등장인물을 두 번째 장면에서도 사용하고자 할 때는 [그림16-G]의 〈Duplicate Frame〉을 클릭하면 옆 두 장면도 첫 장면과 동일하게 바뀐다. [그림17]에서는 배경과 〈Person 2〉가 각 장면마다 다르게 설정되어 있다.

[그림17] 배경과 인물 설정된 모습

③ 〈Title〉은 만화 전체의 제목을, 〈Narration〉은 각 장면상의 부제목을 입력하는 곳으로 [그림18-A]에 입력한 내용이 [그림18-B]에 반영되고 [그림18-C]에 입력하면 [그림18-D]에 그대로 반영된다. 한글 입력도 가능하다.

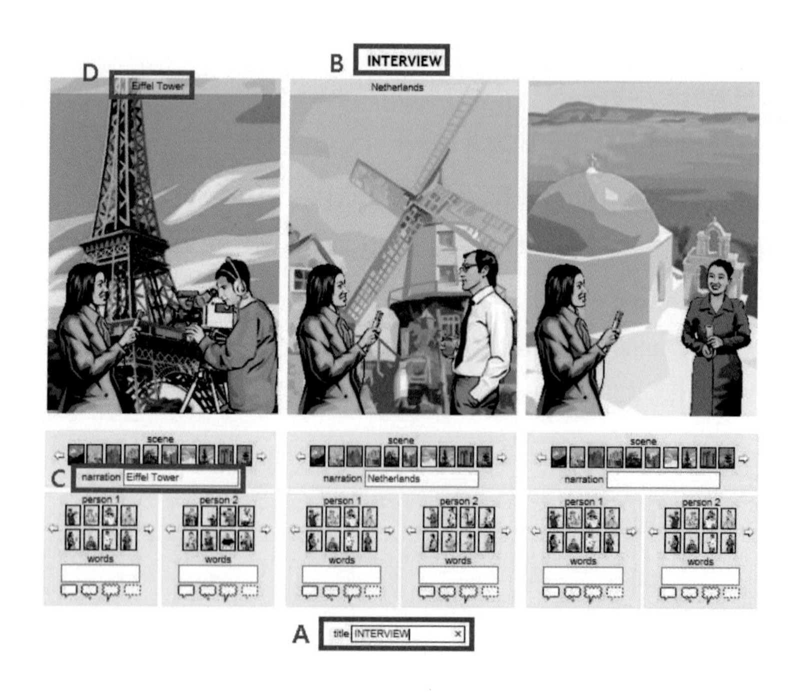

[그림18] Title 및 Narration 입력

④ 각 장면에 원하는 모양의 말풍선을 선택하여 대화 내용을 입력한다. [그림19-A]에 입력한 〈Person 1〉의 대화 내용은 [그림19-A2]의 말풍선에, [그림19-B]에 입력한 〈Person 2〉의 대화 내용은 [그림19-B2]의 말풍선에 각각 반영된다.

[그림19] 대화 내용 입력

⑤ 제작이 완료된 만화는 [그림20]의 좌측 하단의 〈Save〉를 클릭하면 제작자 폴더에 자동으로 저장된다.

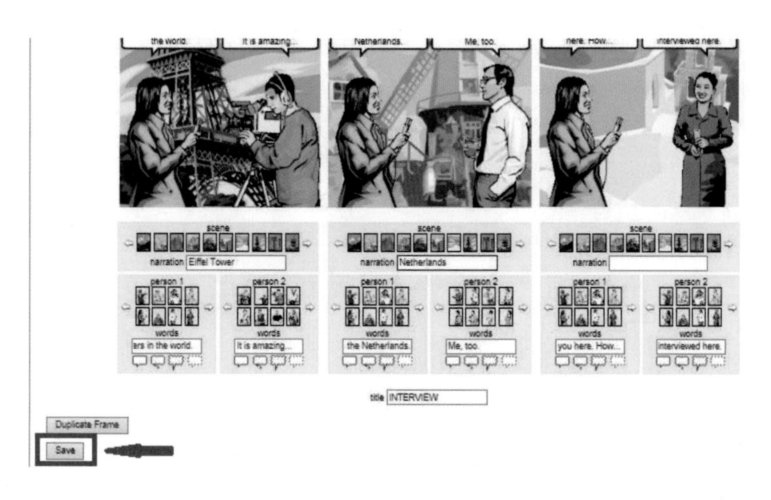

[그림20] 만화 저장하기

⑥ 저장 후에는 [그림21]과 같이 방금 제작한 만화로 돌아갈 수 있는 화면이 나타난다. 화살표 영역을 클릭하면 방금 전 제작한 만화를 조회할 수 있다.

[그림21] 저장된 모습1

⑦ [그림22-A]는 만화 제목, 제작자, 제작된 날짜이고, [그림22-B]는 출력할 수 있는 곳이지만 아직 인쇄 지원은 되지 않고 있다. [그림22-C]는 이전에 제작한 만화 보기이며 [그림22-D]는 새로운 만화 제작을 위한 버튼이다. 인쇄가 지원되지 않으므로 캡쳐하여 사용할 수 있다.

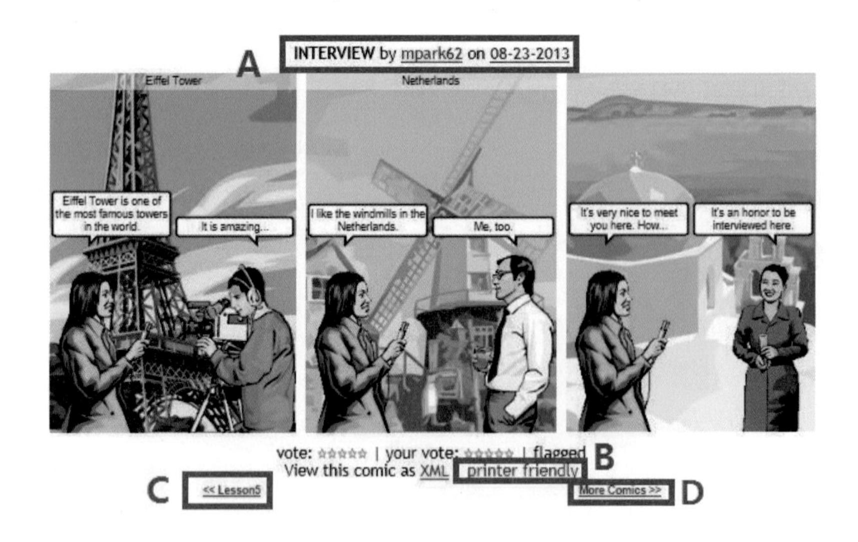

[그림22] 저장된 모습2

만화 제작 프로그램 활용하기

- Cartoon Maker와 같은 프로그램으로 제작한 만화는 〈Share〉를 통해 여러 종류의 소셜네트워크(SNS)에 공유할 수 있다. 학생들에게 만화 제작에 관한 과제를 출제했을 경우 이러한 공유를 통해 다른 학생들이 만든 만화에 목표 언어로 피드백을 달아보도록 하는 활동을 할 수 있다.
- 학습자들에게 대화 암기를 위한 방법으로 만화를 제작해보도록 할 경우, 대화 내용과 적절한 상황 및 인물을 설정해봄으로써 단순히 문자만 보고 기계적으로 암기(rote memory)하는 것보다는 시각적 자극을 통해 좀 더 효과적으로 암기하고 이해할 수 있다.
- 이미 그려진 만화를 보면서 이를 목표어로 묘사해보도록 하거나 다이알로그를 작성해보도록 하는 말하기자료나 말하기 시험에서 사용할 수 있다.

20 고 애니메이트 (Go Animate)

고 애니메이트 이해하기

GoAnimate[1]는 애니메이션 제작에 필요한 내용들을 상황에 맞게 선택하여 활용할 수 있는 사이트이다. 애니메이션 제작 시 배경화면은 이 사이트에서 제공해주는 것을 그대로 사용하거나 제작자가 직접 사진을 찍어 올려 사용할 수 있다. 등장인물은 각 인물별로 가능한 동작이나 움직임, 표정 등을 선택할 수 있다. 대화 내용은 Text-to-Speech로 되어 있어 말풍선에 text를 입력하면 음성으로 구동된다. 영어 외에도 20여 개국 언어가 연동되어 있고 각 언어를 성별로도 구분하여 선택할 수 있다. 그뿐만 아니라 대화 내용을 직접 녹음해서 업로드하여 사용할 수 있으며 제작 화면 안에서 바로 녹음할 수도 있다. 무료로 제공되는 템플릿이 있으며, 좀 더 다양한 영상으로 제작할 수 있는 기능들은 유료화되어 있다. 이 사이트는 페이스북과 트위터 등과 연계되어 있어 제작물을 공유할 수 있다. 기본화면이나 무료 사용 가능한 템플릿은 자주 변경된다.

1 http://goanimate.com

고 애니메이트 사용하기

1. 회원가입 및 템플릿 기본화면

① GoAnimate 사이트에서 계정을 만들어 로그인한다. [그림1-A] 〈Your Account〉의 〈Dashboard〉와 〈Your Video〉에서 모든 제작물을 확인할 수 있으며, 최근에 제작한 목록도 확인할 수 있다.

② [그림1-B]의 〈Make a Video〉를 클릭하면 [그림1-C]의 〈Select A Theme〉이 나타난다.

[그림1] GoAnimate 기본화면

③ [그림2-A]의 〈Select A Theme〉 하단에 보이는 각각의 템플릿에 마우스를 올리면 [그림2-B]와 같이 〈Make a Video〉라는 버튼이 나타난다. 템플릿에 마우스를 올렸을 경우 등록하라는 문구로 유료임을 알리는 것들도 있으나 무료로 제공되는 것들도 있다. 여기서는 〈Comedy World〉를 선택하여 제작한다.

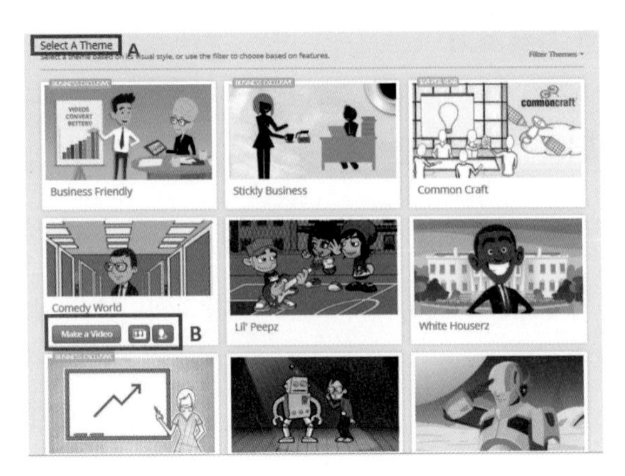

[그림2] 템플릿 선택

④ [그림3]은 템플릿의 기본화면이다.

[그림3] 템플릿 기본화면

A 템플릿 선택

B 제작도구: Characters(인물), Text(말풍선), Backgrounds(배경화면), Props(소품), Sound(음악), Effects(효과) 선택 도구

C 작업창: 애니메이션 제작 작업영역

D 화면설정 및 추가: 화면의 애니메이션 효과 설정 및 화면 추가

E 타임라인: 화면 및 음악의 길이 조절

F 단축 버튼: Copy, Paste, Undo, Redo, PREVIEW, SAVE

G 배경화면 줌 설정

2. Backgrounds

① [그림4-A]의 〈Backgrounds〉를 클릭하여 제작하는 애니메이션의 상황과 어울리는 배경을 선택한다. 선택된 배경은 [그림4-B]와 같이 작업창과 타임라인에 반영된다.

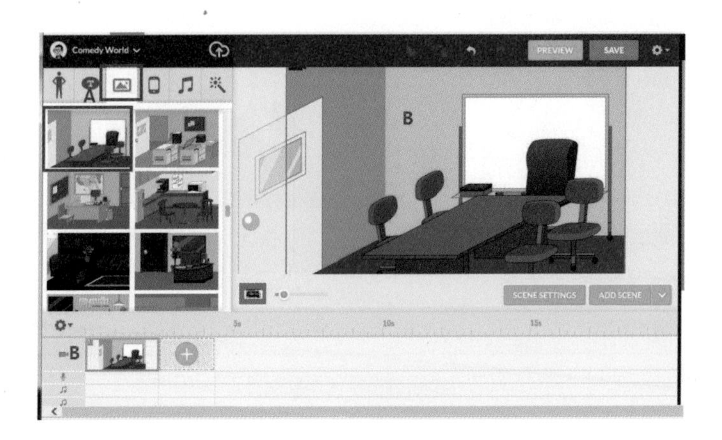

[그림4] Backgrounds 선택

② 템플릿의 배경 속에 있는 소품을 하나씩 클릭하면 [그림5-A]와 같은 박스 영역이 나타나며 동시에 [그림5-D]의 작업 영역도 나타난다. 이를 통해 이동경로 설정, 좌우 전환, 크기 조절, 삭제 등을 설정할 수 있다. 또한 좌측의 〈Prop Settings〉 영역에서 놓여진 상태(STATES), 입장/퇴장(ENTER/EXIT), 색상(COLORS)을 설정할 수 있다. [그림5-A]의 소품을 선택한 상태에서 [그림5-B]의 〈STATES〉를 클릭하여 이 소품이 놓여질 상태를 [그림5-C]의 〈FRONT〉와 〈SIDE〉 중 선택할 수 있다.

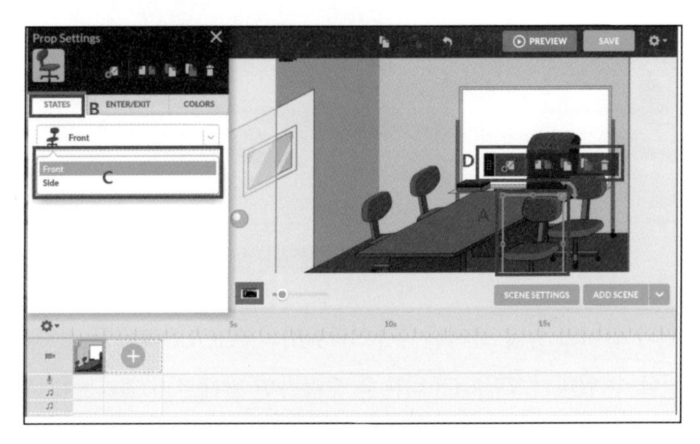

[그림5] 템플릿 내 소품 상태 설정

③ [그림6-B]의 〈ENTER/EXIT〉은 소품에 나타나기와 이동 혹은 사라지기 등과 같은 특수효과를 주기 위한 것으로 [그림6-A]와 같이 효과를 주기 위한 소품을 선택한 후 [그림6-C]의 〈ADD MOTION〉을 클릭하면 [그림7]과 같이 나타난다.

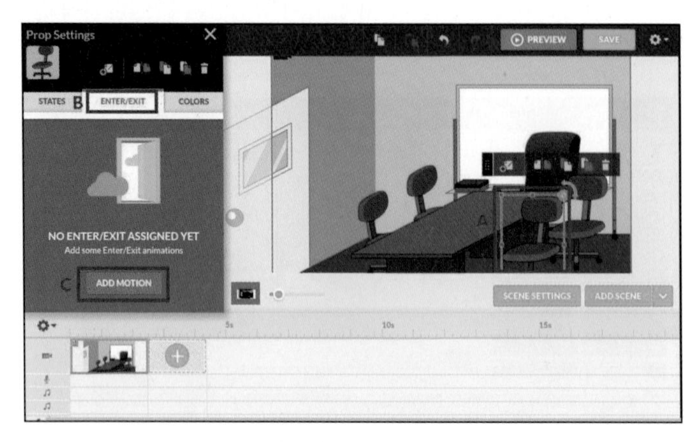

[그림6] 템플릿 내 이동 설정

④ [그림7-A]에서 나타나기(Enter), 이동(Motion), 사라지기(Exit)를 설정할 수 있다. 이전 상태와의 연속 여부 및 시간, 나타나는 스타일 등을 설정한 후 [그림7-B]의 버튼을 클릭하면 [그림7-C]에 반영된다.

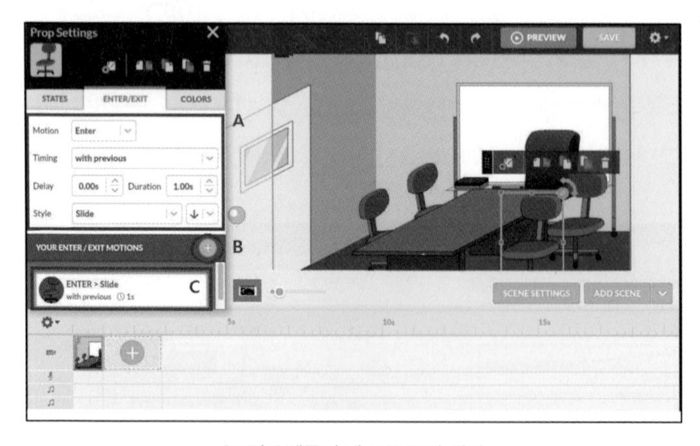

[그림7] 템플릿 내 소품 등장 설정

⑤ [그림8-A]와 같이 소품을 선택한 후 [그림8-B]의 〈COLORS〉를 클릭하여 소품의 색상을 변경할 수 있다. [그림8-C] 버튼을 클릭하면 팔레트가 열리는데, 원하는 색을 선

택하면 소품에 반영된다. 원래의 색으로 돌아가고자 할 때는 [그림8-D]의 〈RESTORE DEFAULT〉를 클릭한다. 모든 설정이 끝나면 [그림8-E]의 X를 클릭한다.

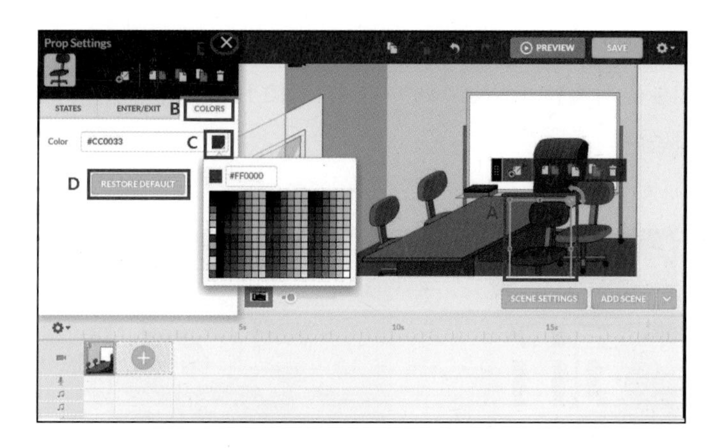

[그림8] 템플릿 내 소품 색상 변경

3. Characters

① [그림9-A]를 클릭하여 인물을 선택한다. 마우스로 드래그하여 화면 속의 원하는 곳에 위치시킨다(그림9-B참조). 현재 메뉴 화면에 나타나는 인물들은 무료로 사용 가능하다. [그림9-C]는 〈Import〉버튼으로 내 컴퓨터에 저장된 캐릭터 파일을 불러올 수 있다. [그림9-D]를 클릭하면 더 많은 인물을 유료로 사용할 수 있다.

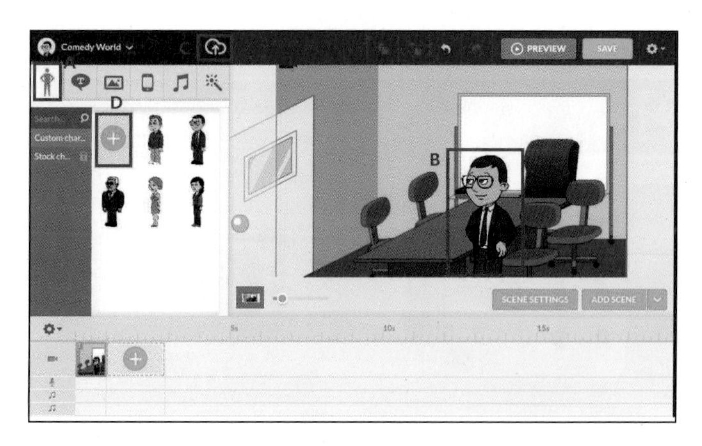

[그림9] Characters 선택

② Characters 특징 설정: 화면에 입력된 인물을 클릭하면 동작, 목소리, 이동경로를 설정할 수 있는 화면이 나타난다. [그림10-A]의 〈Action〉에서 인물의 동작을 선택한다. 여기서는 [그림10-B]의 앉아 있는 동작을 선택한다. [그림10-C]의 드랍다운 버튼을 클릭하여 얼굴 표정을 선택한다. [그림10-D]는 인물의 이동, 회전, 사물의 앞이나 뒤에 배치, 입력한 인물을 삭제할 수 있는 도구이다. [그림10-E]의 활성화된 창으로 크기와 각도를 설정해준다.

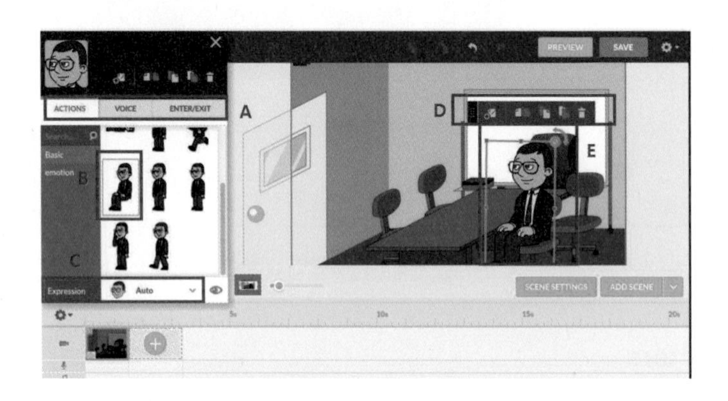

[그림10] Character의 특징 설정

③ 대화 상대의 인물을 추가하여 입력한다. [그림11-A]를 클릭하여 인물의 이동을 설정해준다. [그림11-B]의 화살표를 클릭하여 이동 방향과 거리를 설정할 수 있다. 이동 전과 후에 인물의 크기를 조절하여 원근효과를 줄 수 있다.

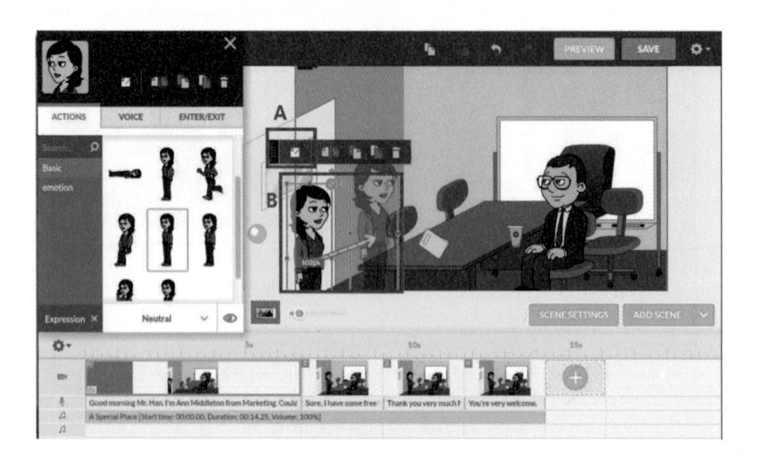

[그림11] Character의 이동 동선

④ 대화내용을 입력할 인물을 클릭하여 [그림12-A]의 〈VOICE〉를 선택한다. 현재 이 사이트에서는 20여 개의 언어(그림12-B)를 제공하고 있으며 각 언어별로 성별에 따라 음성을 선택하여 사용할 수 있다(그림12-C).

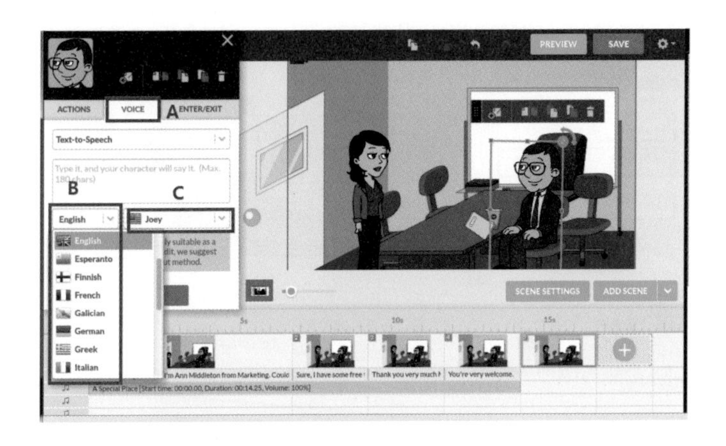

[그림12] VOICE선택

⑤ 〈VOICE〉를 추가할 수 있는 방법은 세 가지가 있다. [그림13]과 같이 〈Text-To-Speech〉는 대화 내용을 text로 입력하면 선택한 성별과 언어로 구동되는 방법이고, 〈Mic Recording〉은 직접 녹음하는 방법이며, 〈File Upload〉는 이미 저장된 음성파일을 업로드하는 방법이다. 여기에서는 〈Text-To-Speech〉를 사용하여 대화 내용을 입력한다.

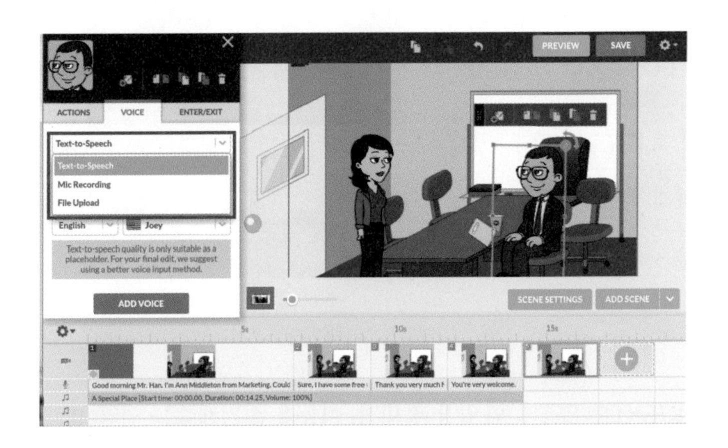

[그림13] VOICE추가 방법의 종류

⑥ [그림14-A]의 〈Text-To-Speech〉를 선택한 후 [그림14-B]에 대사를 입력한다. [그림14-C]의 언어와 성별을 선택한 후 [그림14-D]의 〈ADD VOICE〉를 클릭한다. 입력한 대사가 음성으로 구동된다.

[그림14] Text-to-Speech를 이용한 대화내용 입력

⑦ [그림15-A]는 다시 듣기, 볼륨 조절, 대화 내용 삭제를 할 수 있는 기능이다. 입력된 대사는 [그림15-B]와 같이 타임라인에 반영된다.

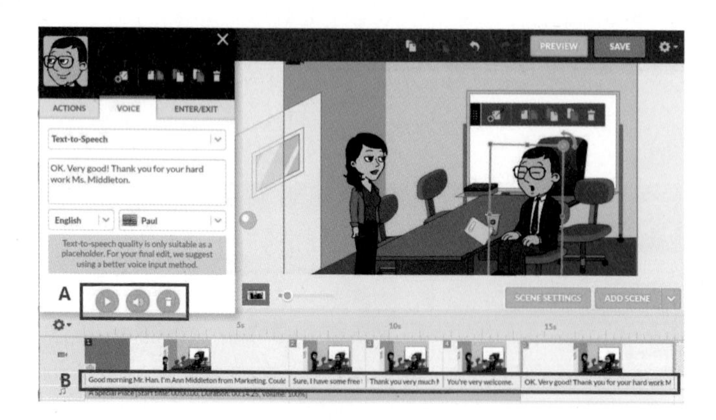

[그림15] VOICE 구동

⑧ 〈ENTER/EXIT〉은 인물의 입장과 퇴장, 이동을 설정해주는 영역이다. 인물의 입장시 동작, 등장시기, 등장하는 방법 등을 구체적으로 설정할 수 있다. [그림16-A]의 〈Motion〉은 인물의 입장, 움직임, 퇴장할 때 방법을 선택하는 것이다. 〈Timing〉은 〈after previous〉와 〈with previous〉 중 선택한다. 〈Delay〉과 〈Duration〉으로 동작 시간을 설정한 후 〈Style〉로 동작의 형태를 선택한다. [그림16-A] 영역에 대한 설정이 완료되면 [그림16-B]의 버튼( )을 클릭하면 설정 내용이 [그림 16-B]에 반영된다.

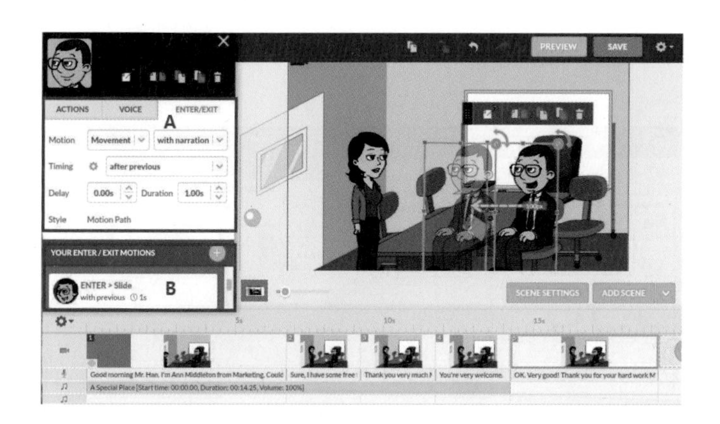

[그림16] ENTER/EXIT

⑨ 설정한 이동을 삭제하기 위해서는 [그림16-B]에 마우스를 올리면 [그림17-A]와 같이 삭제 버튼이 활성화된다. 이곳을 클릭하면 설정된 〈ENTER/EXIT〉 내용을 삭제할 수 있다. [그림17-B]의 스크롤바를 이동하여 설정한 내역을 확인하면서 삭제할 부분을 선택할 수 있다.

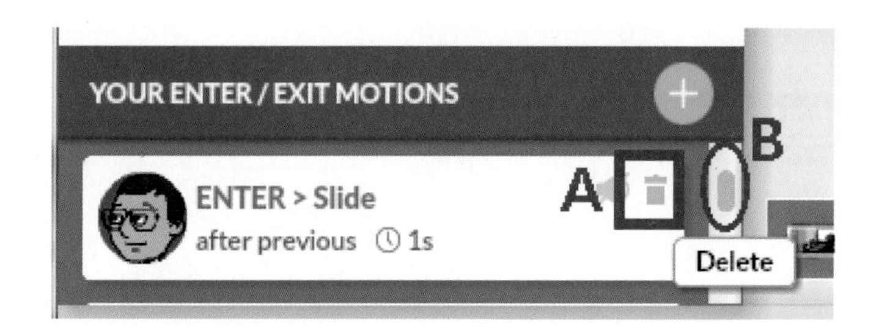

[그림17] ENTER/EXIT 삭제

4. Text

① [그림18-A]의 〈Text〉는 말풍선과 텍스트를 화면상에 보이도록 할 경우에 사용한다. [그림18-B]의 다양한 글꼴과 모양 중 하나를 선택한다. 먼저 말풍선을 선택하면 [그림 18-C]와 같이 작업창에 입력된다. 입력된 말풍선은 마우스를 이용하여 적절한 곳으로 이동시키고 크기도 조절할 수 있다.

[그림18] Text

② [그림 19-A]의 말풍선을 클릭하면 [그림19-B]의 Text 〈STYLE〉 설정창이 나타난다. [그림19-C]에서 텍스트에 대한 세부 설정을 할 수 있다.

[그림19] TEXT STYLE

③ [그림20-A]의 〈ADVANCED〉는 링크를 연결할 수 있는 기능이다. [그림20-B]의 아이콘을 클릭하면 [그림20-C]와 같이 애니메이션 사이트가 링크되어 나타난다. 이 링크는 GoAnimate player를 이용할 때나 GoAnimate에서 영상을 볼 때만 구동된다.

[그림20] TEXT ADVANCED

④ [그림21-A]의 〈ENTER/EXIT〉에서 말풍선에 나타나기 효과를 줄 수 있다. [그림21-B]에서 말풍선의 나타나기 시점, 이동경로, 사라지기 시점을 설정한 후 [그림21-C] 버튼을 클릭하면 [그림21-D]에 설정한 내용이 반영된다.

[그림21] TEXT ENTER/EXIT

5. Props

① [그림22-A]에서 필요한 소품을 삽입한다. 이미 존재하는 소품은 [그림22-B]와 같이 〈Handheld〉 품목과 〈Others〉로 나뉘어 있다. 필요한 소품을 찾아 마우스로 드래그하여 화면의 적정한 곳에 놓는다(그림22-C참조). [그림22-D]의 〈Import〉버튼을 이용하여 내 컴퓨터에 저장되어 있는 소품을 불러오기 할 수 있다.

[그림22] PROPS 입력

② 입력한 소품을 클릭하면 [그림23-A]와 같이 소품의 등장, 이동, 퇴장에 대한 설정을 할 수 있는 창이 나타난다. [그림23-B]의 〈ADD MOTION〉을 클릭한다.

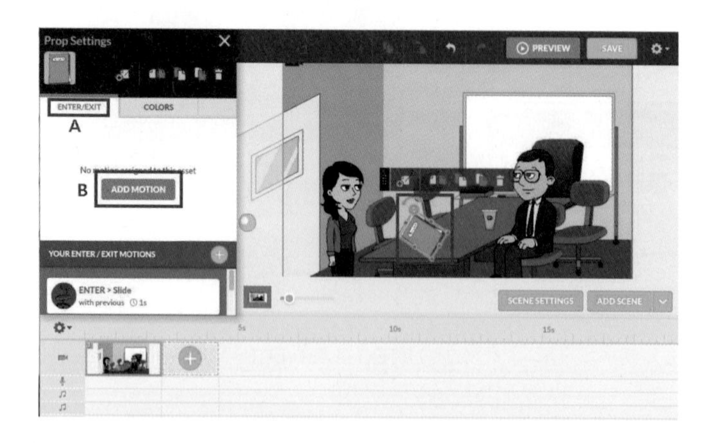

[그림23] PROPS ENTER/EXIT

③ [그림24-A]에서 이 소품의 등장과 이동 및 퇴장에 대해 설정한다. [그림24-B]에서 설정을 해지할 수 있다. 소품의 이동경로만 설정하고자 할 때는 [그림24-C]를 클릭하여 원하는 곳에 위치시킨다. [그림24-D]와 같이 이동경로가 나타난다.

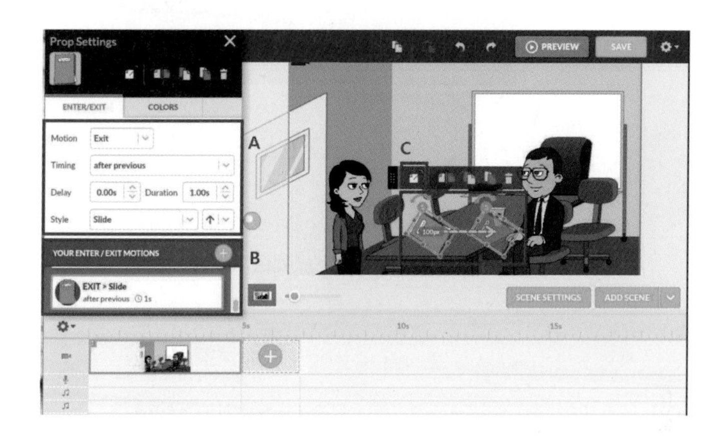

[그림24] PROPS ENTER/EXIT MOTION

④ 설정한 이동경로의 삭제는 위 [그림24-B]에서 할 수 있다. [그림25-A]의 스크롤바를 이동하면서 삭제하고자 하는 내용을 찾아 마우스를 올리면 [그림25-B]와 같이 삭제 버튼이 활성화된다. 이를 클릭하면 설정이 삭제된다.

[그림25] PROPS ENTER/EXIT MOTION 삭제

⑤ 입력한 소품의 색상을 변경할 때는 [그림26-A]의 〈COLORS〉를 선택한다. [그림26-B]를 클릭하여 팔레트가 열리면 원하는 색을 선택한다. [그림26-C]와 같이 선택한 색상으로 바로 변경된다. 원래의 색으로 다시 바꾸고자 할 때는 [그림26-D]를 클릭한다.

[그림26] PROPS 색상 변경

6. Sound

① 애니메이션에 배경음악을 삽입하기 위해서는 [그림27-A]를 클릭한 후 [그림27-B]의 〈Music〉을 선택한다. [그림27-C]와 같이 내장되어 있는 음악 중에서 선택할 수 있다. [그림27-D]의 〈Import〉에서는 컴퓨터에 저장되어 있는 음악을 불러오기 할 수 있다. 삽입된 음악은 [그림27-E]의 타임라인에 반영되어 나타난다. 음악 바 위에서 마우스를 좌클릭하면 [그림27-F]와 같이 재생, 재생시간, 볼륨 조절, 삭제 등을 할 수 있는 컨트롤 패널이 나타나므로 이곳에서 조절해준다.

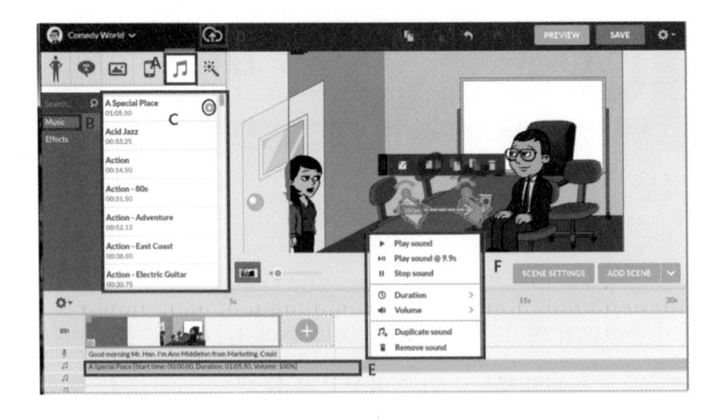

[그림27] 배경음악 삽입

② 음악과 동시에 혹은 음악과 별도로 특수효과음을 추가할 수 있다. [그림28-A]를 클릭한 후 [그림28-B]의 〈Effects〉를 선택하여 원하는 효과음을 클릭하면 [그림28-D]와 같이 타임라인에 반영되어 나타난다. 끝 모서리에 마우스를 놓으면 화살표가 활성화되어 나타나는데 이 화살표를 움직여 길이를 조절할 수 있다. 또한 [그림28-D] 효과음 바 위에서 마우스를 좌클릭하면 [그림28-E]와 같이 재생, 재생시간, 볼륨 조절, 삭제 등을 할 수 있는 컨트롤 패널이 나타나므로 이곳에서 조절해준다.

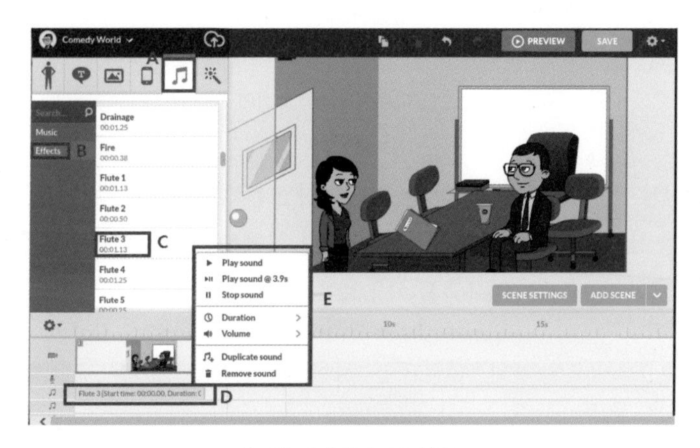

[그림28] 배경 효과음 삽입

7. Effects

① [그림29-A]에서 화면에 특수효과를 줄 수 있다. [그림 29-B]의 다양한 특수효과 중 원하는 것을 선택하면 [그림29-C]와 같이 화면에 효과가 반영된다. 현재는 세 개의 효과를 선택한 상태이며 선택한 순서대로 [그림29-D]에 아이콘으로 표시되어 나타난다. 이 아이콘에서 삭제 혹은 편집할 수 있다.

[그림29] 화면 특수효과 삽입

② [그림29-D]의 아이콘에서 마우스를 좌클릭하면 [그림30-A]와 같은 편집창이 나타난다. 이것을 통해 삽입한 특수효과를 감추거나 삭제하는 등의 편집을 할 수 있다. 또한 [그림30-B]의 〈Undo〉, 〈Redo〉를 이용하여 제거할 수도 있다.

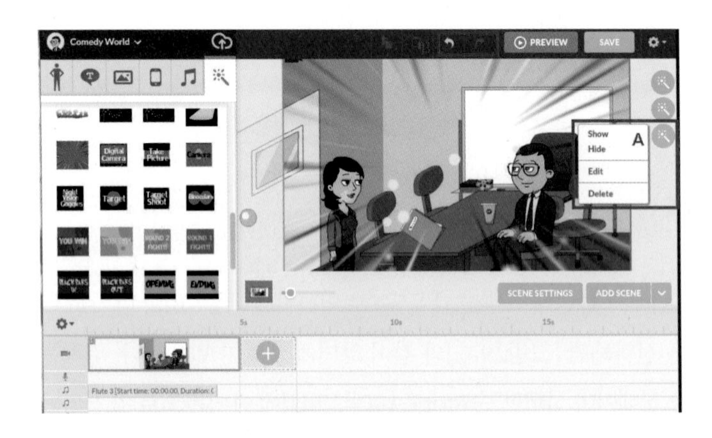

[그림30] 화면 특수효과 편집

8. Preview

① 모든 제작 과정이 완료되고, [그림31-A]의 〈PREVIEW〉를 클릭하면, 제작한 애니메이션을 저장하기 전에 미리 감상해볼 수 있다.

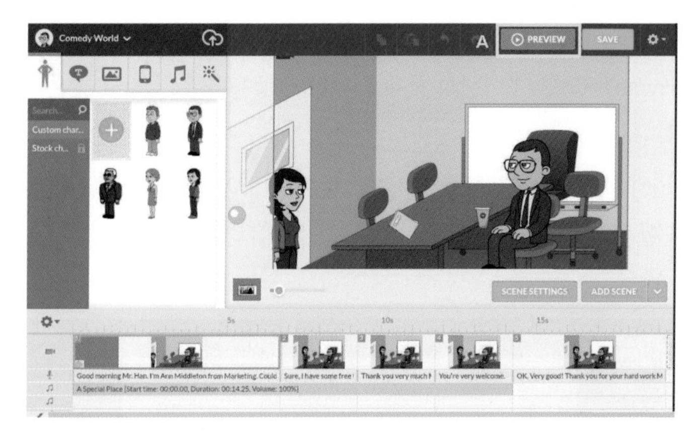

[그림31] PREVIEW

② 미리보기를 통해 애니메이션을 감상하고 난 후, 수정을 원할 경우 [그림32-A]의 〈BACK TO EDITING〉을 클릭하여 다시 제작 화면으로 돌아가서 수정한다. 더 이상 수정할 내용이 없을 경우에는 [그림32-B]의 〈SAVE NOW〉를 클릭하여 저장한다.

[그림32] PREVIEW

9. Save

① 제작한 애니메이션을 저장하기 위해서는 [그림33-A]의 〈Title〉에 제목을 반드시 입력해야 한다. [그림33-B]의 〈Tags〉와 [그림33-C]의 〈Description〉은 옵션이므로 따로 입력하지 않아도 된다. [그림33-D]의 〈Language〉를 설정한다.

② [그림33-E]는 중요한 설정이다. 〈Draft〉는 완성되지 않은 상태로 일시 저장할 때 선택하고, 〈Private〉은 애니메이션의 공유를 원하지 않을 경우, 〈Public〉은 공유할 때 선택해야 한다.

③ [그림33-F]의 〈SAVE ONLY〉는 저장만 할 때, 〈SAVE AND SHARE〉는 저장 후 공유하고자 할 때 선택한다.

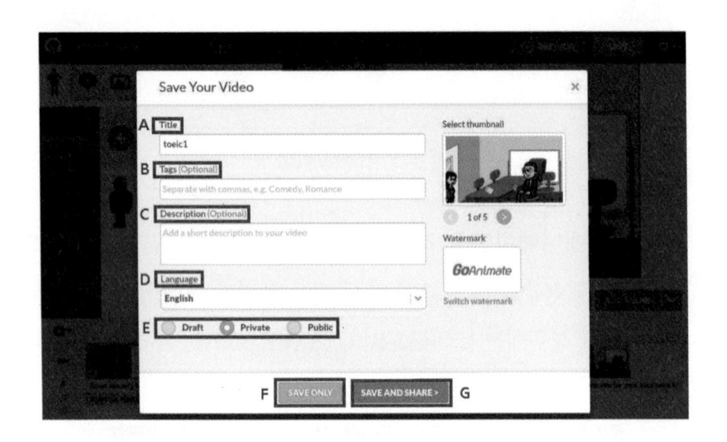

[그림33] SAVE

10. Share or Export

① [그림34-A]는 MP4파일로 다운로드하거나 유튜브에 업로드할 때 사용한다. 유료 회원만 가능한 기능이다.

② [그림34-B]는 구글 플러스나 페이스북에 바로 업로드할 때 사용한다.

③ 트위터나 이메일로 전송하기를 원할 경우, 이때 생성된 [그림34-C]의 URL을 복사하여 공유할 수 있다.

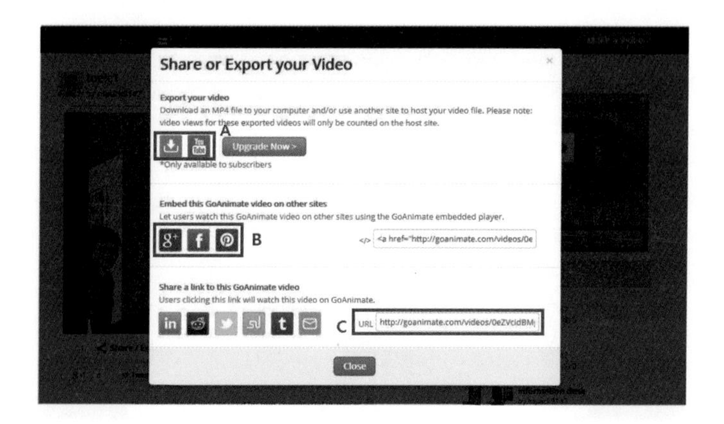

[그림34] SHARE or EXPORT

④ Facebook에 공유하기: 페이스북에 공유할 때는 [그림34-B]의 f를 선택한 후 [그림35]와 같이 게시한 후 <공유하기>를 클릭한다.

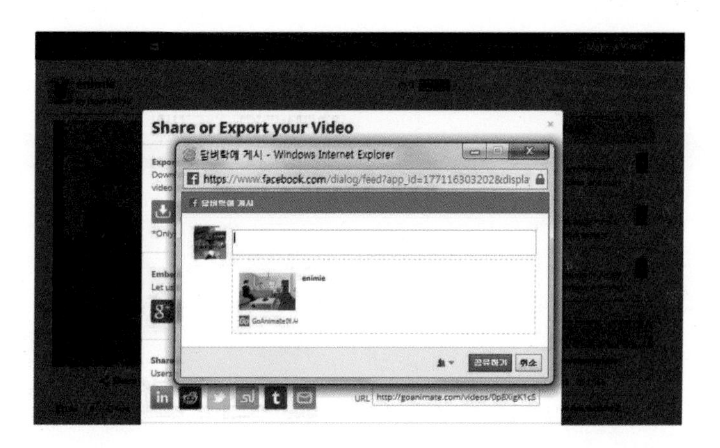

[그림35] 페이스북에 공유

⑤ 이메일로 전송하기: 이메일로 전송할 때는 [그림34-C] 옆의 ✉를 선택하여 [그림36]과 같이 받는 사람 주소와 메시지를 입력한 후 <Send>를 클릭하여 전송한다.

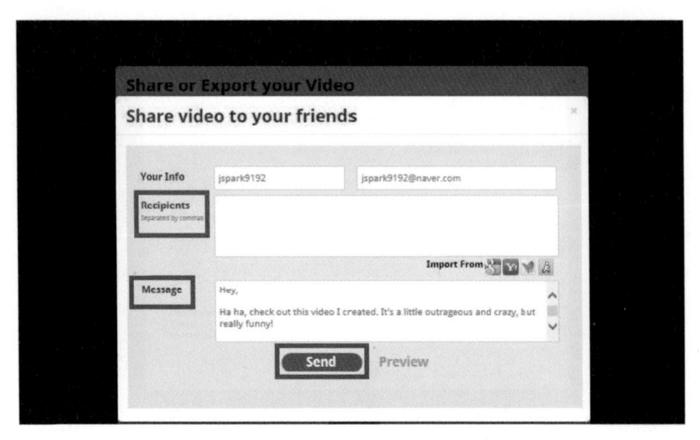

[그림36] 이메일로 전송

⑥ 모든 과정이 끝나면 [그림37]과 같이 〈Dashboard〉로 돌아온다. 여기에서는 최근 제작한 애니메이션이 보이며 모든 제작물을 보기 위해서는 〈All Videos〉를 클릭한다. [그림37-A]의 제목을 클릭하면 제작물을 재생할 수 있고, [그림37-B]를 통해 〈Share/Export〉, 〈Edit〉, 〈Setting〉을 할 수 있다.

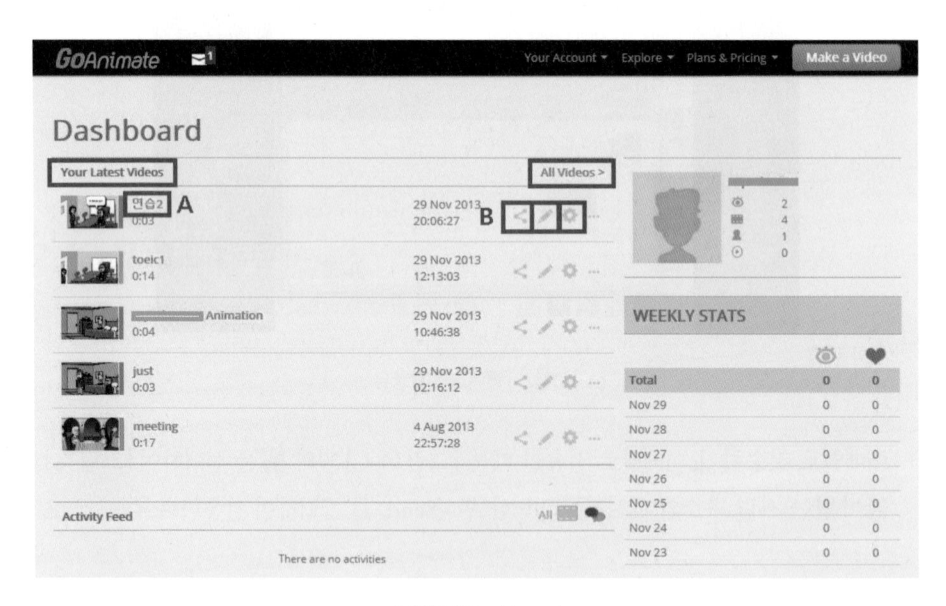

[그림37] Dashboard

고 애니메이트 활용하기

- 말하기 연습에 활용: 암기해야 할 대화를 애니메이션으로 제작해봄으로써 좀 더 효과적으로 학습할 수 있다.
- 글쓰기 후 활동: 글쓰기를 한 다음 그 이야기의 내용을 애니메이션으로 시각화해보도록 한다. 그룹 글쓰기 활동 후 개별 애니메이션 제작 활동을 하면 개성과 취향을 살릴 수 있어 학생들의 흥미유발에 도움이 된다.
- 읽기 후 활동: 읽은 글의 내용을 시각화해봄으로써 이해도를 높일 수 있으며 읽은 글의 내용을 애니메이션으로 제작하여 발표하는 도구로 활용할 수 있다.
- 위의 과정들은 학생들의 수행평가 도구로 활용할 수 있다.

21 위키스페이스 (Wikispaces)

위키스페이스 이해하기

위키스페이스는 웹 2.0의 새로운 패러다임, 즉 개방, 참여, 공유, 협력을 가장 잘 나타내주고 있는 위키를 활용하여 협력 학습의 기회를 제공하는 사이트이다. '집단 지성,' '대중 지혜의 힘'의 상징인 위키피디아의 파워를 교육적으로 활용한 것이 위키스페이스이다. 위키는 사용자가 스스로의 지식을 업로드하고 다른 멤버들과 활발한 교류를 통해 더 나은 지식으로 수정·보완해나갈 수 있기 때문에 적극적인 참여를 유발하며, 책임감 있는 정보 공유를 가능하게 해준다. 자신의 아이디어를 창조적으로 표현할 수도 있고 다른 사람이 써놓은 글을 수정하거나 추가하면서 하나의 완성된 글로 재생산할 수 있다. 위키는 소유권(ownership)은 약하면서도 협력 도구 기능은 강력하기 때문에 여러 학생들이 이어 쓰는 릴레이 스토리텔링[1] 등에 효과적이다. 이미지, 오디오, 링크, 동영상 등을 삽입할 수 있고 표도 넣을 수 있다. 인터넷 익스플로러8.0 이상에서만 지원되며 7.0에서는 구글 크롬상에서 구현된다.

---

1 여러 사람이 하나의 주제에 관한 이야기를 자유롭게 이어서 쓰는 활동.

위키스페이스 사용하기

1. 가입 및 개설

1) 교사 가입하기

① 위키스페이스 사이트[2]에서 계정을 만들고 로그인한다. [그림1]의 〈Join Now〉에서 화살표 모양으로 표시된 〈I'm a Teacher〉를 클릭하여 가입한다.

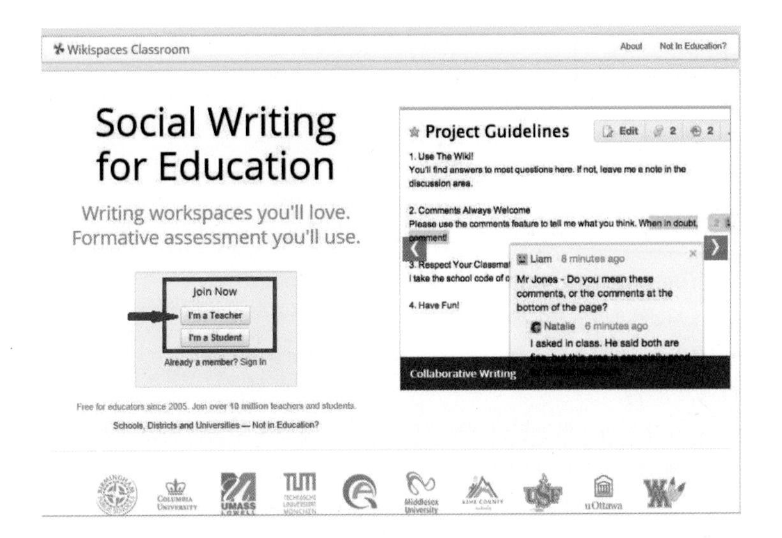

[그림1] Wikispaces 기본화면

---
2 http://www.wikispaces.com

② 로그인하면 [그림2]의 화면이 나타나며 각 영역에 대한 설명은 아래와 같다.

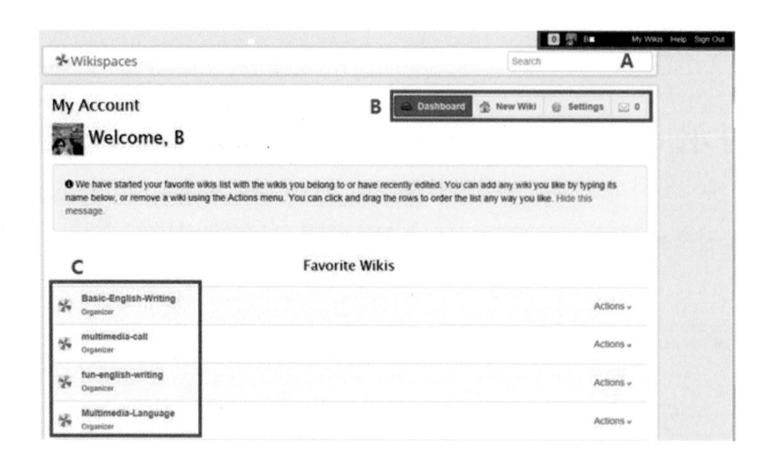

[그림2] My Dashboard 모습

A 개설자 이름: Dashboard 화면으로 연결되는 영역

1) My Wikis: 개설된 위키를 모아 놓은 단축키

2) Help: 사용법 설명 영역

3) Sign Out: 로그아웃

B Dashboard: 현재 보이는 창과 같이 제작된 위키를 화면에 띄울 수 있는 영역

1) New Wiki: 새로운 위키 개설 단축키

2) Settings: 가입 시 기입한 내용, Username과 Password 변경, 프로필 사진 입력 및 변경, 위키 사용환경설정

C 제작 및 가입된 위키

2) 학생 가입하기

① 위키 기본화면에서 [그림3]의 〈I'm a Student〉를 클릭한다.

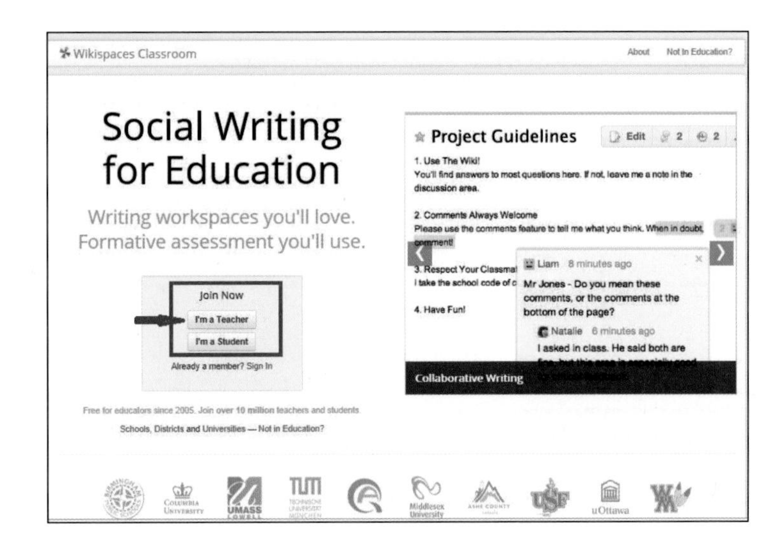

[그림3] 학생 가입

② [그림4]와 같이 〈Student Sign Up〉이 열리는데 Username, Password, Email을 기입한 후 〈Join〉을 클릭한다.

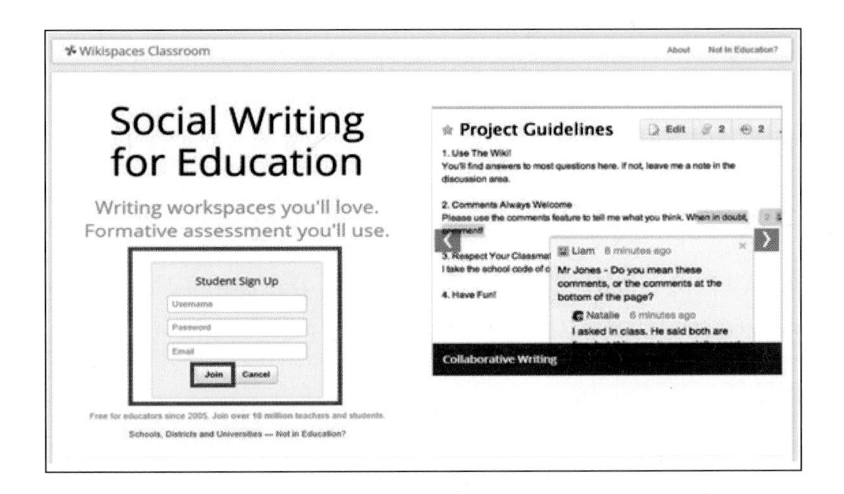

[그림4] Student Sign Up

③ 가입하면 [그림5]와 같이 〈My Account〉가 열린다. 세부 영역에 대한 내용은 다음과 같다.

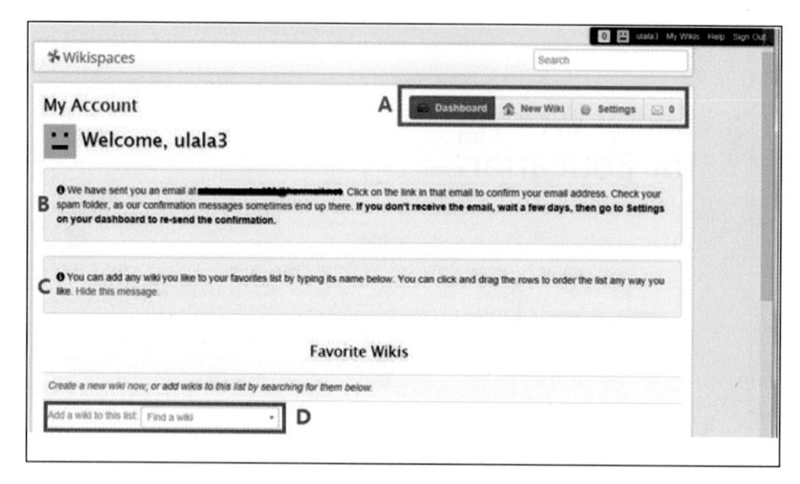

[그림5] 학생으로 가입 시 Dashboard

A Dashboard: 본인이 가입된 위키를 확인하는 곳

1) New Wiki: 새로운 위키 개설

2) Settings: 가입 시 기입한 내용, Username과 Password 변경, 프로필 사진 입력 및 변경, 위키 사용환경설정

B 가입 시 입력한 이메일로 확인 메일을 발송했다는 내용

C favorite list에 추가할 위키명 기입

D 위키명으로 찾아보기

2. 새 위키 개설하기

교수자는 다음 순서로 새로운 위키를 개설한다.

① [그림6-A]의 〈New Wiki〉를 클릭하여 [그림6-B]와 같이 교수 대상의 레벨을 선택한다. 초등학교부터 그 이상 고등 교육까지 있으므로 교육등급을 선택한 다음 [그림6-C]의 〈Continue〉를 클릭한다.

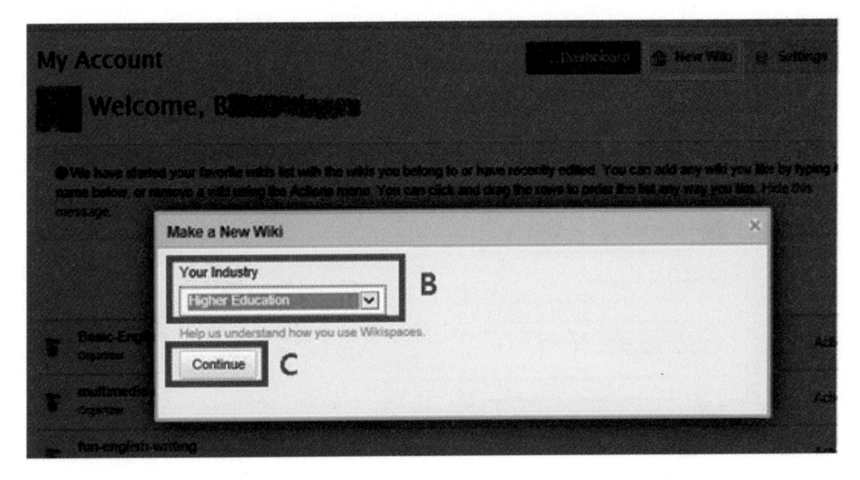

[그림6] 위키 시작

② [그림7]의 팝업창이 열리면 [그림7-A]에 새로운 위키의 이름을 입력한다. 위키 이름을 설정할 때는 3개에서 32개의 문자로 정하며 알파벳, 숫자, 하이픈만 가능하다. 하지만 하이픈으로 시작하거나 끝나는 것은 불가능하다. [그림7-B]에 활동하게 될 학생들의 학교에 대한 정보를 구체적으로 기입하고, 학교가 속한 국가, 학교 이름, 도시, 우편번호를 정확히 기입한다. 입력을 완료한 후 [그림7-C]의 〈Create〉을 클릭하면 새로운 위키가 개설된다.

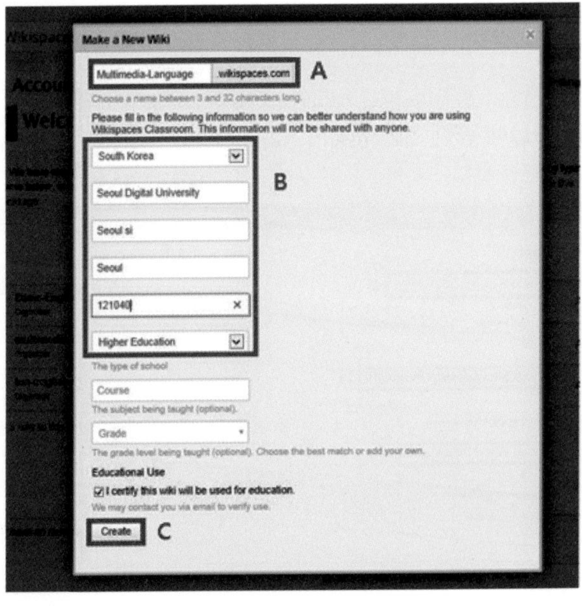

[그림7] Make a New Wiki

③ [그림8]은 새로운 위키가 개설된 모습이다. 교사의 사진을 입력해두면 학생들이 초대된 교사의 교실에 제대로 가입되었음을 확인할 수 있다. 각 영역에 대한 설명은 다음과 같다.

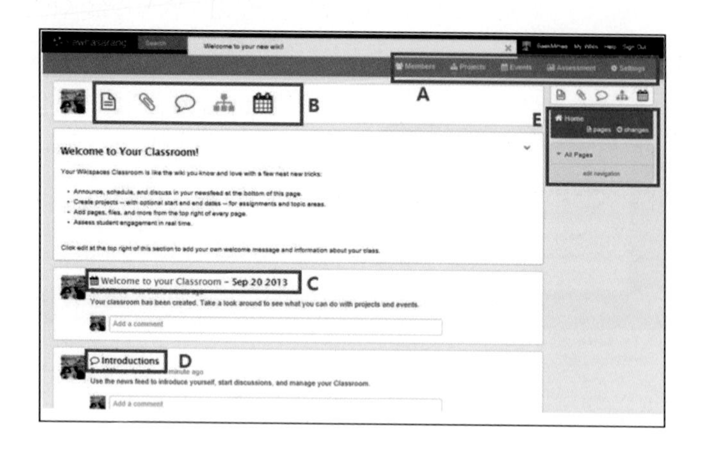

[그림8] 개설된 New Wiki

A **<Members> 멤버 초대 및 관리, <Projects>개설, <Events>설정, <Assessment>, <Settings>의 작업영역**

B **단축 메뉴: Page, File, Discuss, Project, Event 설정**

C **환영 메시지와 개설된 날짜**

D **뉴스피드: 교수자의 공지사항, 학생들의 가입인사, 질문, 답변 등**

E **바로가기 메뉴: 홈 화면이나 개설된 페이지 등으로 바로 이동 가능**

3. Members

[그림9]는 〈Members〉에 관한 기본 메뉴이다.

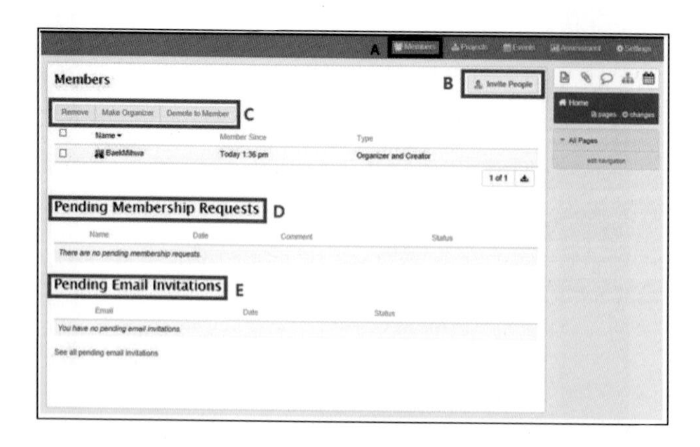

[그림9] Members 관리

A　Members: 프로젝트 참가자 관리

B　Invite People: 프로젝트 참가자 초대하기

C　Remove, Make Organizer, Demote to Member: 가입된 회원의 제명(Remove), 관리자(Make Organizer) 임명, 혹은 일반회원으로 강등(Demote to Member)

D　Pending Membership Requests: 프로젝트에 참여하기 위해 학생이 먼저 신청한 후 회원이 되기 위해 기다리는 명단

E　Pending Email Invitations: 초대 메일 발송 후 회원가입을 기다리는 명단

1) 초대하기

① [그림9-B]의 〈Invite People〉을 클릭하면 [그림10]처럼 친구초대 팝업창이 나타나며, 〈Send To〉에 활동에 참여할 학생들의 이메일 주소를 입력하여 초대한다. 쉼표를 이용하거나 줄을 바꾸는 방법으로 한 번에 100개까지 이메일을 보낼 수 있다. 〈Your Message〉에 초대 내용을 간단하게 입력한 후 〈Send〉를 클릭한다. 이미 입력되어 있는 대로 보내도 무관하다.

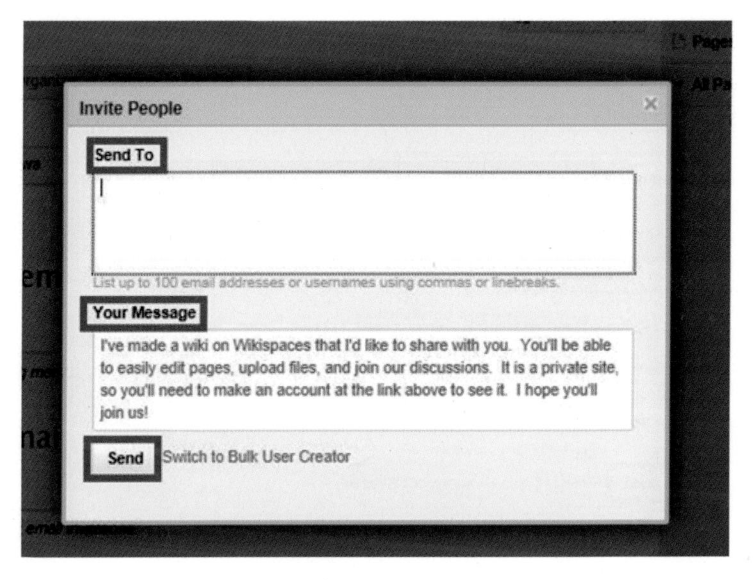

[그림10] Invite People

2) 초대 수락하기

① 교사가 초대 메일을 전송하면 학생들은 [그림11]과 같은 이메일을 받게 된다. 수락을 원할 경우 [그림11-A]의 위키 주소(URL)를 클릭하고 수락을 거부하려면 [그림11-B]를 클릭한다.

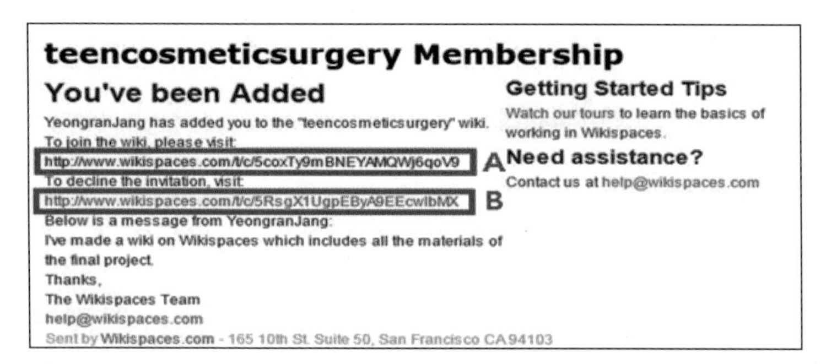
teencosmeticsurgery Membership

You've been Added

YeongranJang has added you to the "teencosmeticsurgery" wiki.
To join the wiki, please visit:
http://www.wikispaces.com/t/c/5coxTy9mBNEYAMQWj6qoV9 A
To decline the invitation, visit:
http://www.wikispaces.com/t/c/5RsgX1UgpEByA9EEcwIbMX B
Below is a message from YeongranJang:
I've made a wiki on Wikispaces which includes all the materials of the final project.
Thanks,
The Wikispaces Team
help@wikispaces.com
Sent by Wikispaces.com - 165 10th St. Suite 50, San Francisco CA 94103

Getting Started Tips
Watch our tours to learn the basics of working in Wikispaces.
Need assistance?
Contact us at help@wikispaces.com

[그림11] 초대 메일

② 위키에 가입하지 않은 학생의 경우: 〈Join Now〉 팝업창의 [그림12-A]에 아이디(Username)와 패스워드(Password)를 입력한다. 교사는 학생들에게 실명으로, 이름은 반드시 붙여서 하나의 단어로 입력해야 한다(예: Sujikim 혹은 Kimsuji)는 것을 사전에 안내한다. [그림12-B]의 〈Join〉버튼을 클릭하면 초대받은 위키의 멤버가입 절차가 완료된다.

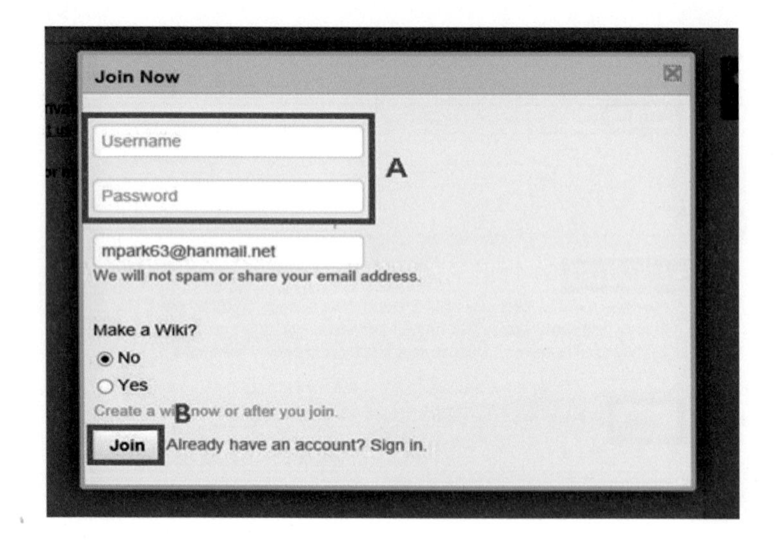

[그림12] 초대 후 수락1

③ 위키에 이미 가입한 학생의 경우: 위키에 가입한 회원은 〈Join Now〉 팝업창의 [그림13-A] 〈Sign In〉을 클릭하여 [그림13-B]에 〈Username〉과 〈Password〉를 입력한 후 [그림13-C]의 〈Sign In〉을 클릭한다.

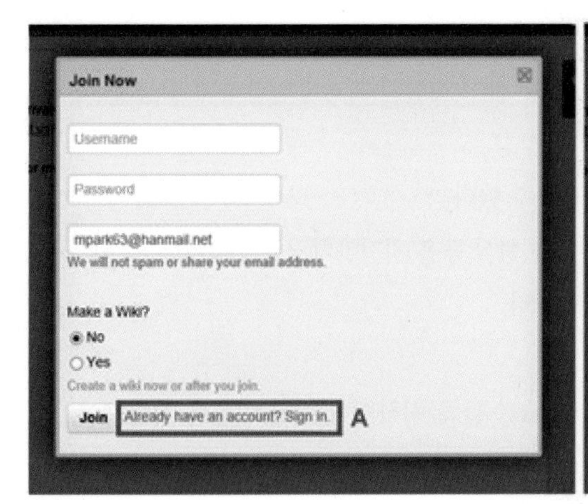

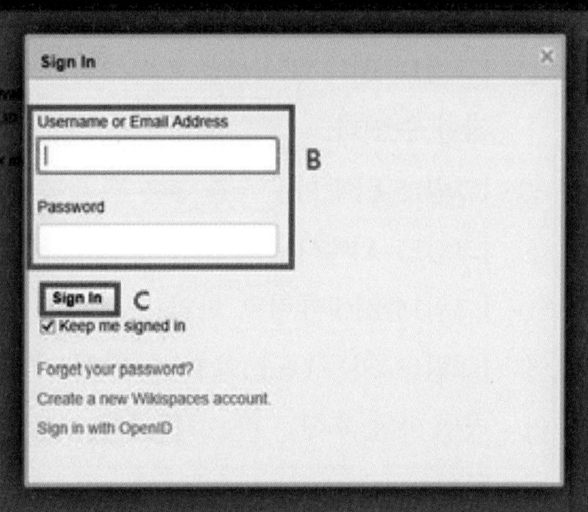

[그림13] 초대 후 수락2

④ 학생의 가입이 완료되면 [그림14]의 학생 활동 화면이 나타난다. 초대해 준 교사의 위키에 가입, 입장되었음을 확인한다.

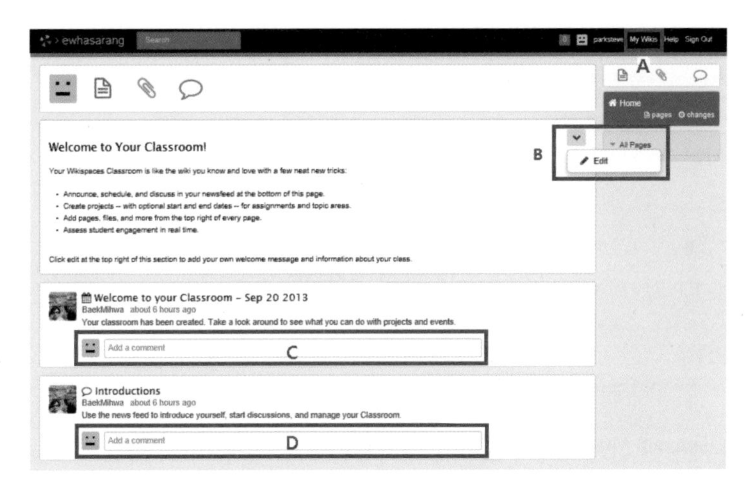

[그림14] 초대 후 가입된 모습

A My Wikis: 회원으로 가입된 위키 확인 및 입장하는 곳

B Edit: 마우스를 올려 편집을 클릭한 후 프로젝트나 이벤트로 연결하여 활동

C 가입된 위키의 교실: 가입인사 등을 남길 수 있음

D News Feed: 교수자의 공지사항 확인, 자기소개, 질문, 토론 등의 뉴스피드 영역

3) 학생 활동

① [그림14-B]의 〈Edit〉을 클릭하면 [그림15]와 같이 개설된 위키에 입장하며 활동을 시작할 수 있다.

② [그림15-E]에 마우스를 놓은 후 글을 입력할 수 있다.

③ [그림15-A]에서 글자 모양 및 크기, 문단 정렬 형식 등을 지정한다.

④ [그림15-B]에서 링크, 파일, 도표 등을 삽입한다.

⑤ [그림15-C]는 Undo와 Redo이다.

⑥ 작업 완료 후에는 반드시 [그림15-D]의 〈Save〉를 클릭하여 편집된 내용을 저장해야 한다.

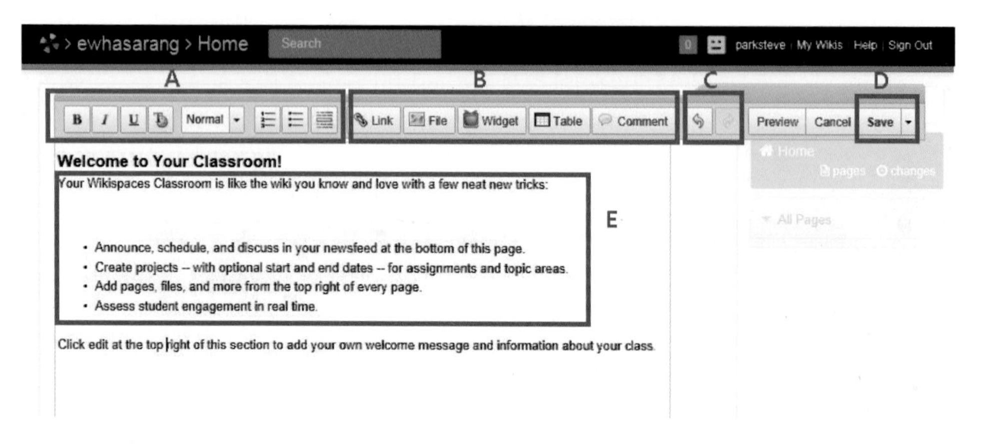

[그림15] Edit 초기 화면

4. Projects

프로젝트란 개설된 위키 내에서 교사가 제시하는 학습 활동이다. 새로운 프로젝트를 개설하기 위해서는 교사의 교실 화면에서 [그림16-A]의 〈Projects〉버튼을 클릭하거나 [그림16-B]의 〈Add Project〉버튼을 클릭한다. 또한 작업창에 나타난 [그림16-C]의 〈Create Project〉를 선택하여 새로운 프로젝트를 개설할 수 있다. 프로젝트 개설은 다음 순서로 진행한다.

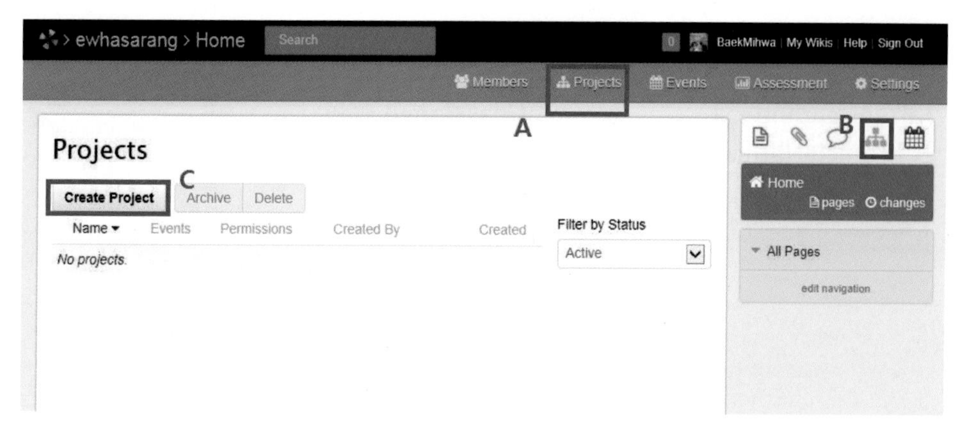

[그림16] Create Project

① [그림16-C]의 〈Create a Project〉를 클릭하면 [그림17]의 팝업창이 뜬다. 〈Project Name〉란에 프로젝트 이름을 입력한 후 〈Create〉버튼을 클릭한다.

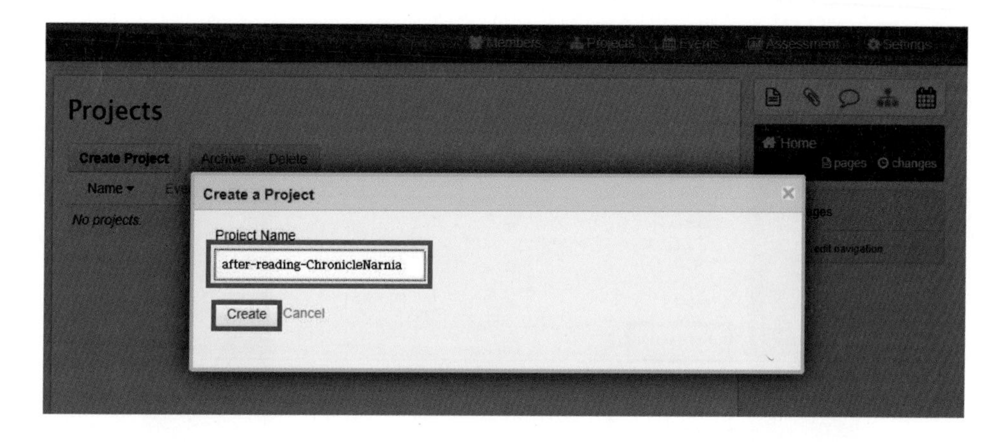

[그림17] Project Name설정

② [그림18]은 프로젝트가 개설된 모습이다. [그림18-A]는 앞에서 지정해준 프로젝트 이름이다. 멤버들을 팀으로 나눠 프로젝트를 수행하게 하기 위해서는 [그림18-B]의 〈Add Teams〉를 클릭한다.

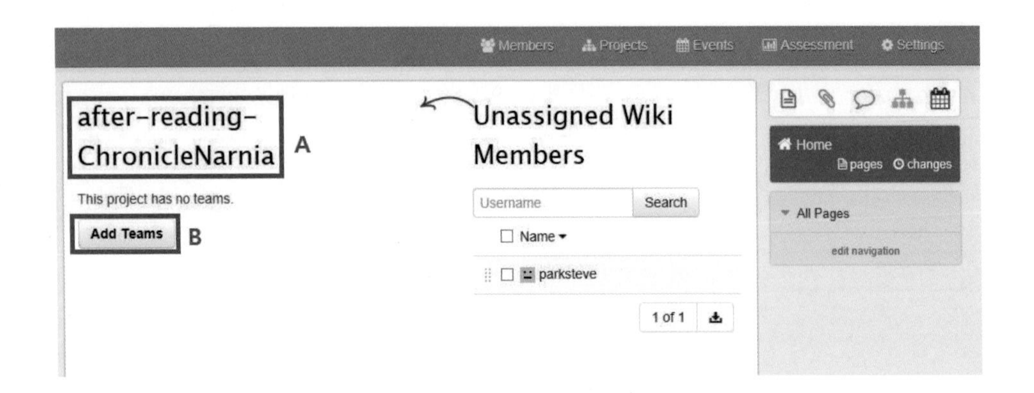

[그림18] 개설된 프로젝트

③ [그림19-A]와 같이 〈Define Teams〉 팝업창이 나타나면 학생 수에 따라 팀의 수를 결정한다. 하단의 [그림19-B]의 〈Add a team〉을 클릭하면서 필요한 숫자만큼의 팀을 형성한 후 [그림19-C]의 〈Create Teams〉을 클릭하면 팀 형성이 완료된다.

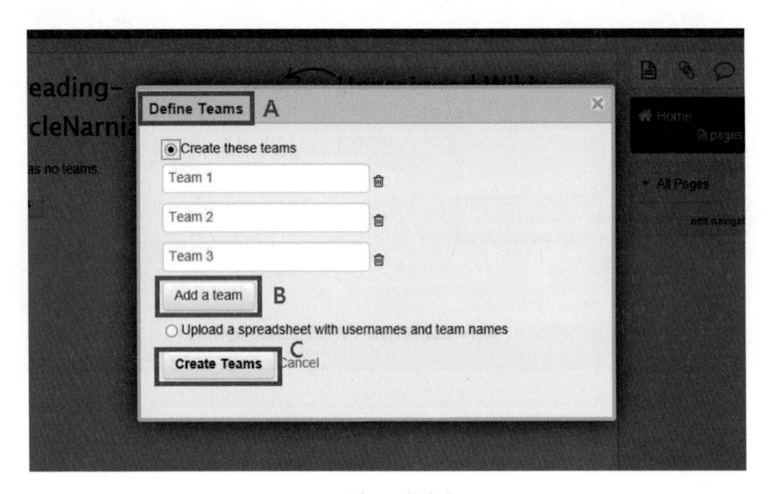

[그림19] 팀 형성

④ [그림20]은 팀이 형성된 화면이다. 구체적인 화면 설명은 아래와 같다.

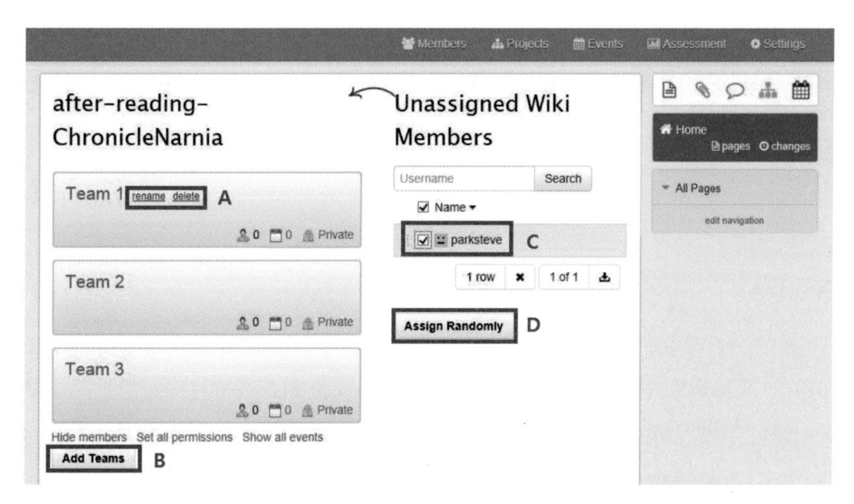

[그림20] 팀이 형성된 화면

A rename&delete: 팀명 변경 및 팀 삭제

B Add Teams: 팀이 더 필요할 경우 추가

C Name: 초대를 수락한 학생의 팀 배정 대기 명단

D Assign Randomly: C의 이름 앞 박스를 체크한 후 D를 클릭하면 무작위로 팀에 배정됨

⑤ [그림21]은 멤버가 팀에 배정된 상태이다. 배정된 멤버에 대한 편집 기능들을 소개하면 다음과 같다.

- Tip: 학생들이 가입하는 대로 팀에 배정해줄 수 있는데 팀 배정 기간이 길면 활동을 시작하는 시기가 늦어지므로 가입기한을 정해 두어 프로젝트를 함께 시작할 수 있도록 하는 것이 바람직하다.

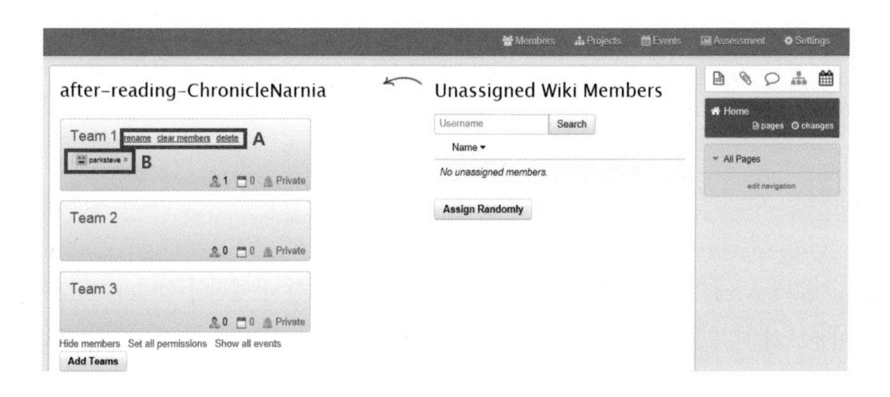

[그림21] 배정된 팀원

A <rename>: 팀 이름 변경
<clear members>: 이 팀의 멤버 모두 없애기
<delete>: 팀 삭제
B 배정된 팀원의 이름

5. Events

〈Events〉는 프로젝트 안에서 학생들에게 하나의 활동을 하도록 기간을 정해주는 것이다. 새로운 이벤트를 생성하기 위해서는 [그림22-A]의 〈Events〉버튼을 클릭하거나 [그림22-B]의 〈Add Event〉를 클릭한다. 또한 작업창에 나타난 [그림22-C]의 〈New Event〉를 클릭하여 이벤트 생성 팝업창에서 이벤트를 설정할 수 있다.

1) Event 생성하기

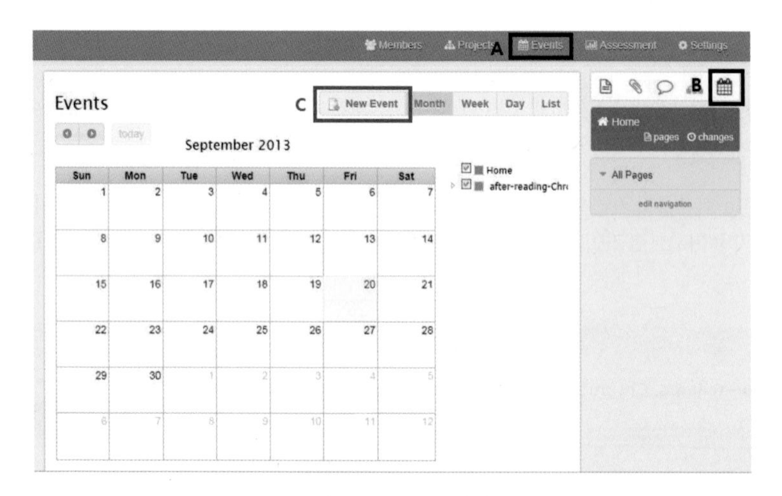

[그림22] New Event설정

① [그림23-A]에 이벤트 제목, [그림23-B]에 이벤트에 대한 구체적인 설명, [그림23-C]에 이벤트의 시작과 종료 날짜를 입력 및 설정한 후, [그림23-D]의 〈Create〉를 클릭하면 새로운 이벤트가 설정된다.

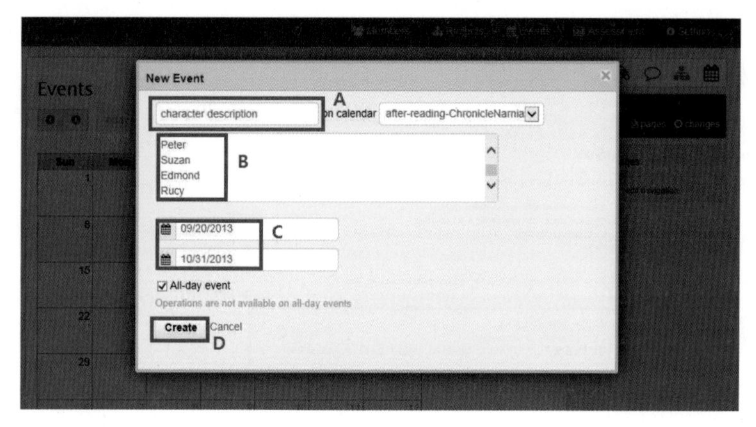

[그림23] New Event 설정 팝업창

② [그림24]와 같이 설정된 이벤트는 정해진 기간만큼 달력에 표시된다.

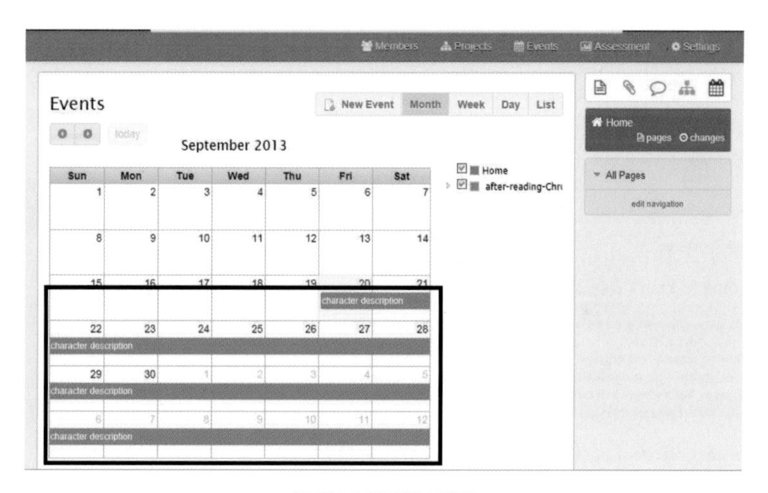

[그림24] 설정된 이벤트

③ [그림25-A]의 교사 〈Home〉화면 뉴스피드에 [그림25-B]와 같이 이벤트 설정에 대한 소식이 공지된다.

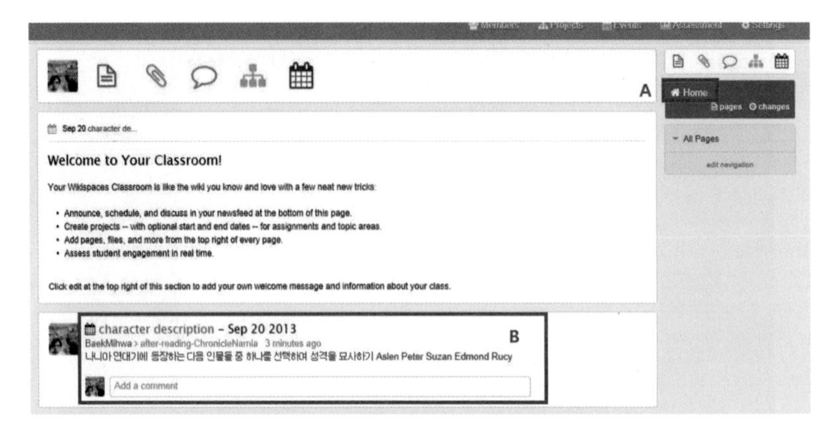

[그림25] 교사 홈페이지의 뉴스피드

④ [그림26-A]는 학생 홈페이지의 뉴스피드이며 학생들은 교사와 동일한 뉴스피드를 보게 된다. 특히 학생들의 홈에는 [그림26-B]의 바로가기 창에 이벤트의 이름, 소속 팀의 이름이 함께 보여 바로 입장한 후 각 팀별로 협동 활동을 시작할 수 있다.

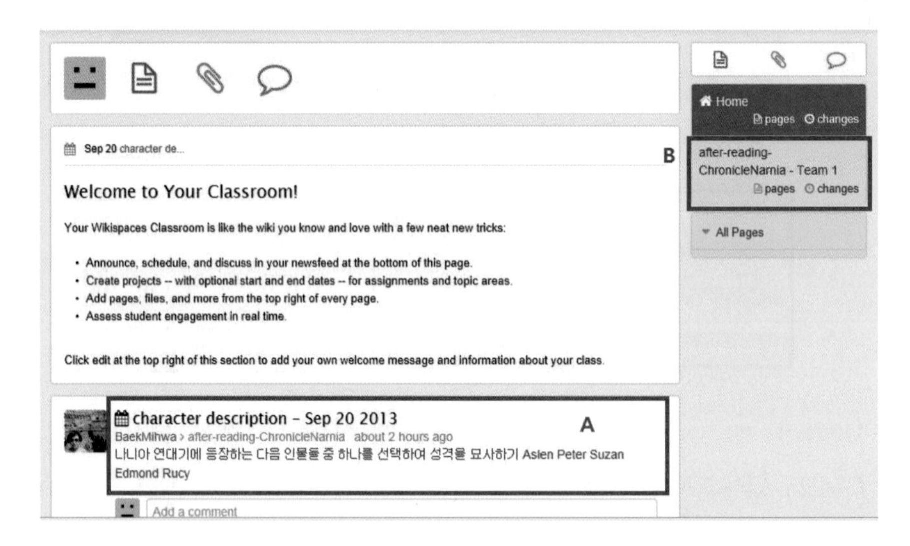

[그림26] 학생 홈페이지의 뉴스피드

2) Event 활동하기

① 이벤트 입장은 로그인 후 [그림27-C]의 바로 가기에서 소속 팀의 이름을 클릭하여 활동을 시작할 수 있다.

② 새로운 페이지를 생성하려면 [그림27-A]의 〈New Page〉 혹은 [그림27-B]의 〈Add Page〉를 클릭한다.

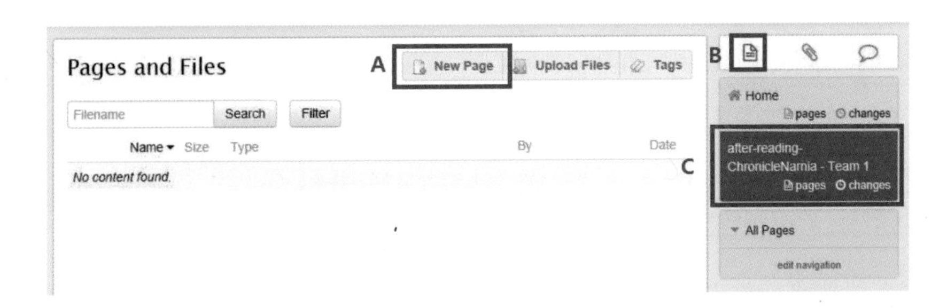

[그림27] 새로운 페이지 추가

③ [그림28-A]의 팝업창에서 페이지 제목을 입력한 후 하단의 〈Create〉를 클릭하면 [그림28-B]와 같이 새로 형성된 페이지로 이동한다. 페이지 제목 입력과 동시에 새로운 하위 페이지가 추가되어 [그림28-C]와 같이 〈home〉 화면에 반영된다.

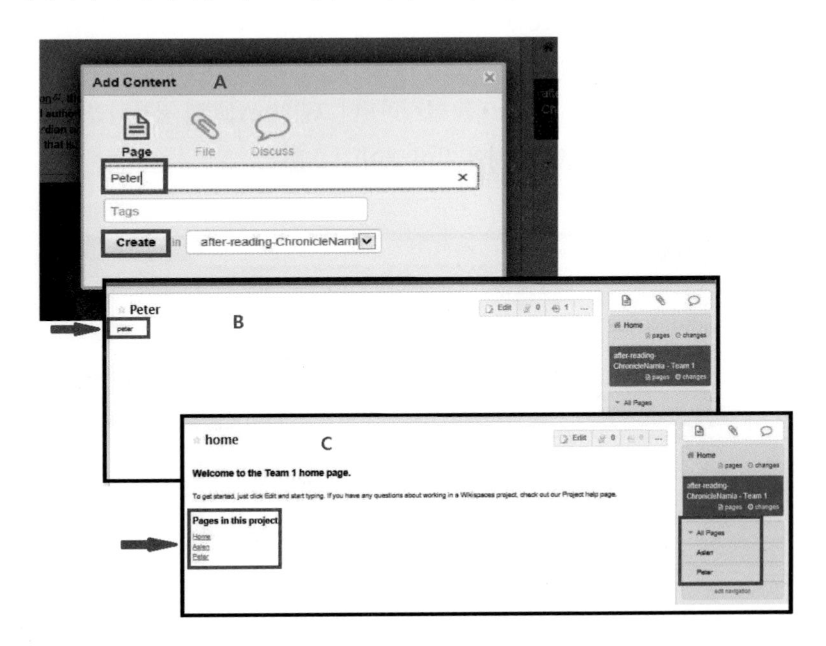

[그림28] 페이지 추가

④ New Page의 〈Edit〉을 클릭하면 [그림29]와 같이 텍스트 입력과 수정을 위한 화면이 나타난다. [그림15]의 편집화면과 동일한 화면이다. 폰트, 글자모양 등을 조절할 수 있고 링크, 도표, 이미지, 코멘트 등을 입력할 수 있다. 반드시 저장(Save)을 클릭해야 수정한 내용이 저장된다. 화면에 대한 설명은 아래와 같다.

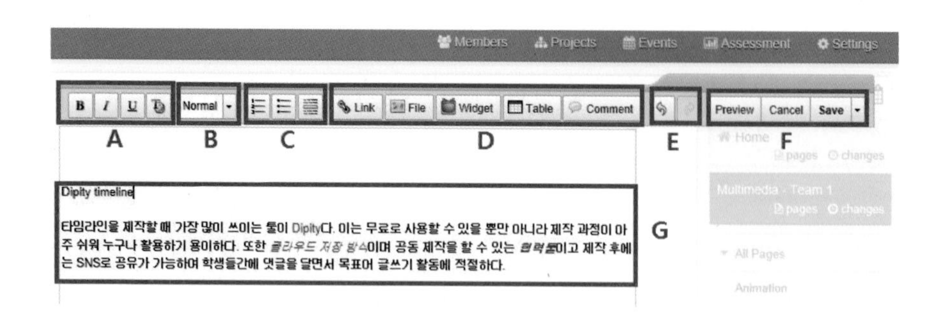

[그림29] 편집창

A 폰트 설정 영역: 굵게 쓰기, 기울임꼴, 밑줄, 글자색 설정

B 서식 스타일 설정

C 단락 글머리 기호 및 번호 설정, 텍스트 맞춤 설정

D 첨부 영역: 링크, 이미지, 위젯, 도표 등 첨부

E Undo 및 Redo

F 미리보기 및 저장

G 입력된 글 예시

⑤ 글쓰기나 수정이 완료되어 〈Save〉를 클릭하면 [그림30-A]처럼 저장되었음을 확인하는 문구가 나타나면서 [그림30-B]와 같이 글이 저장된다.

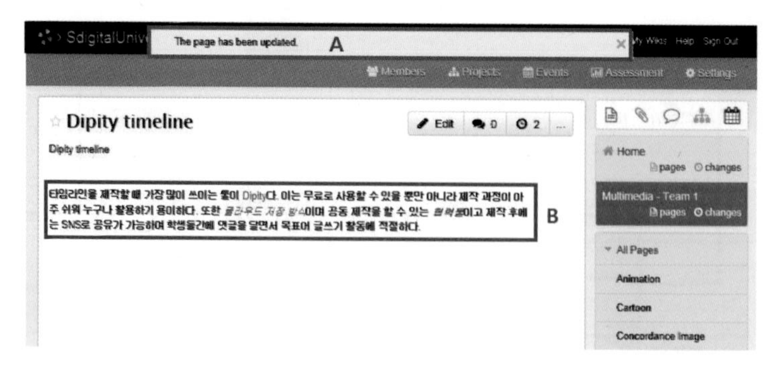

[그림30] 수정한 내용이 저장된 화면

⑥ Add Link: 글쓰기(Edit) 창의 〈Link〉를 클릭하면 링크 주소 및 위키명과 페이지 이름을 입력하는 팝업창이 열린다. [그림31-A]에 정보를 모두 입력한 후 [그림31-B]의 〈Add Link〉를 클릭한다. [그림31-C]의 〈Save〉를 클릭하면 저장된다.

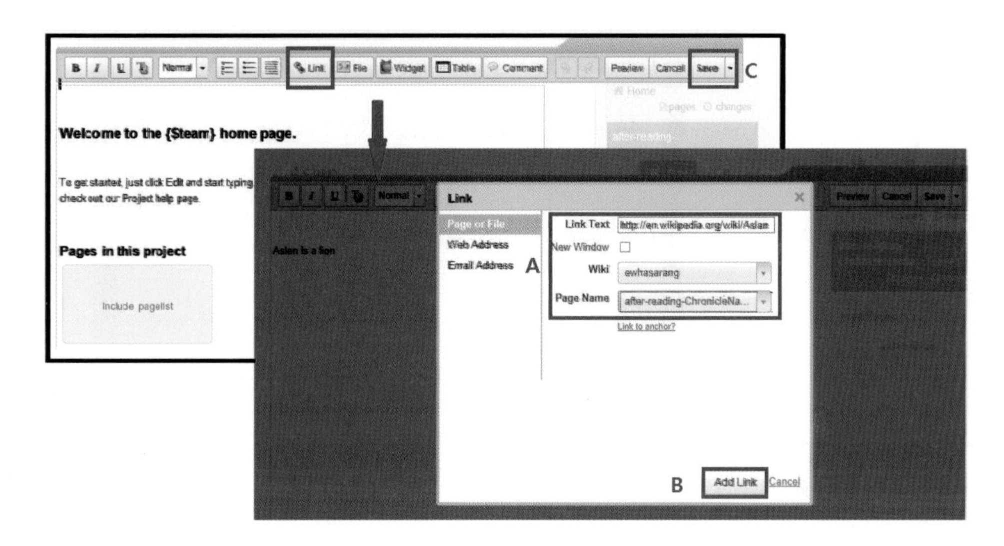

[그림31] 링크 삽입

⑦ [그림32]는 링크가 삽입된 화면이다.

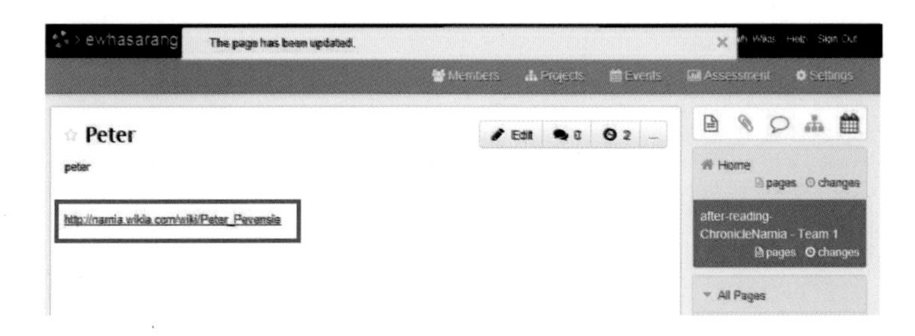

[그림32] 링크가 삽입된 화면

⑧ 파일 삽입: 글쓰기 창에서 [그림33-A]의 〈File〉을 클릭하면 〈Images and Files〉 팝업창이 열린다. [그림33-B]의 〈Insert Files〉을 클릭한다. [그림33-C]의 〈Upload Files〉를 열어 업로드할 파일을 찾아 클릭하면 [그림33-D]와 같이 파일이 올라온다. [그림33-E]의 〈Show〉방식과 [그림33-F]의 〈From〉에서 업로드할 장소를 설정한다. [그림33-G]에 마우스를 올리고 파일명을 직접 입력하거나 [그림33-D]를 클릭하면 파일은 업로드

된다. [그림33-H]의 〈Save〉를 클릭하면 파일 입력이 완료된다.

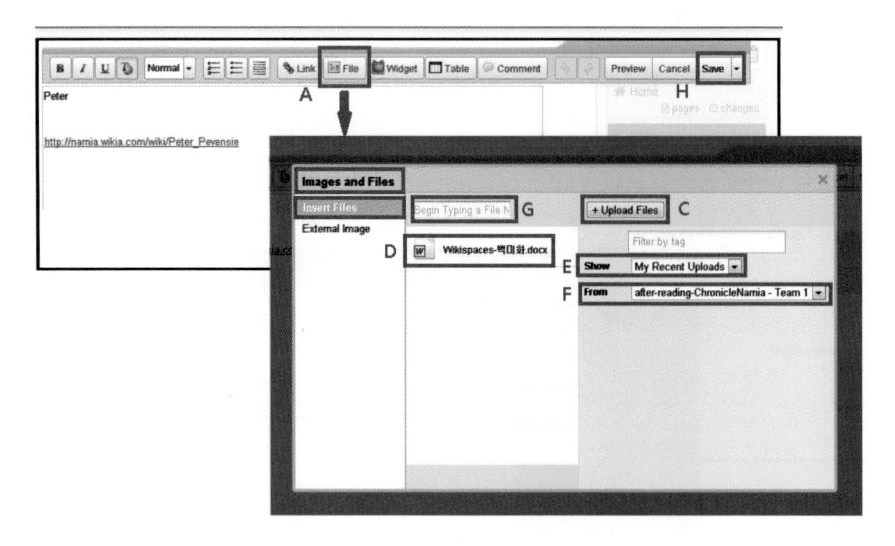

[그림33] 파일 삽입

⑨ [그림34]는 글쓰기 창에 파일이 업로드된 모습이다.

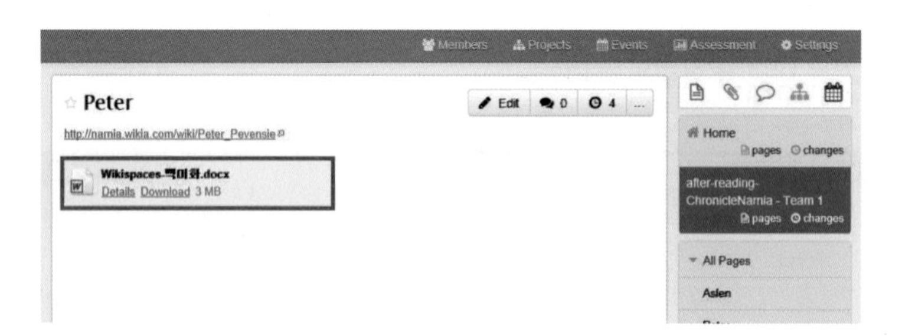

[그림34] 파일 업로드된 모습

⑩ 이미지 삽입: 글쓰기 창에서 [그림35-A]의 〈File〉을 클릭하면 〈Images and Files〉 팝업 창이 열린다. [그림35-B]의 〈External Images〉을 클릭한다. [그림35-C]에 이미지의 링크 주소를 입력한 후 [그림35-D]의 〈Load〉를 클릭한다. [그림35-E]의 〈Save〉 버튼을 클릭하여 저장한다.

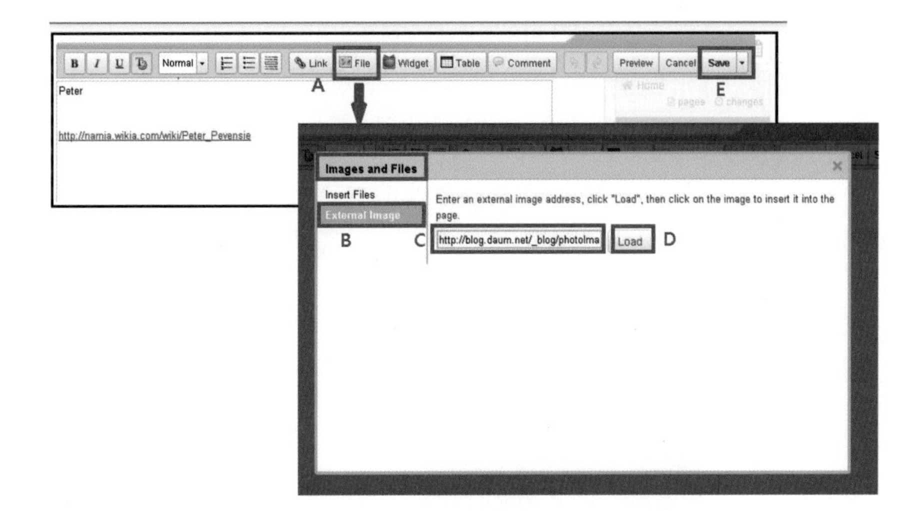

[그림35] 이미지 삽입

⑪ [그림36]은 이미지가 입력된 화면이다.

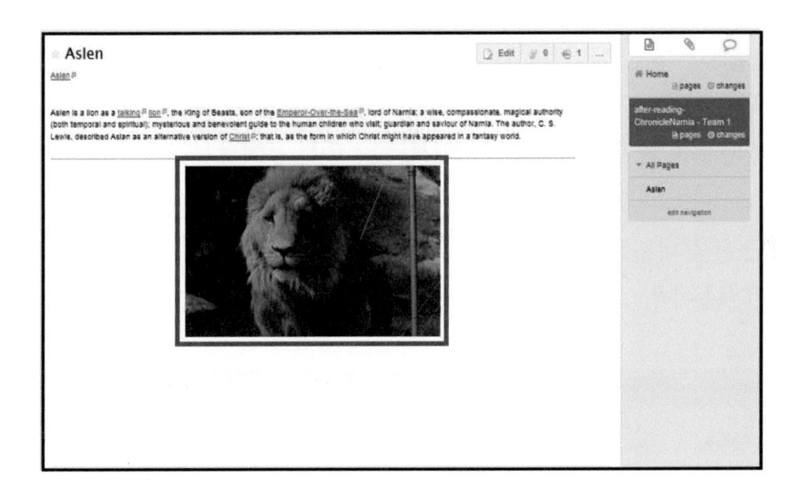

[그림36] 삽입된 이미지

⑫ 이미지 편집: 글쓰기 창에 올려진 이미지를 클릭하면 [그림37]과 같이 이미지 편집 팝업 창이 열린다. 이미지 정렬과 크기 편집 및 캡션 추가, 링크 추가, 이미지 삭제 등을 할 수 있다.

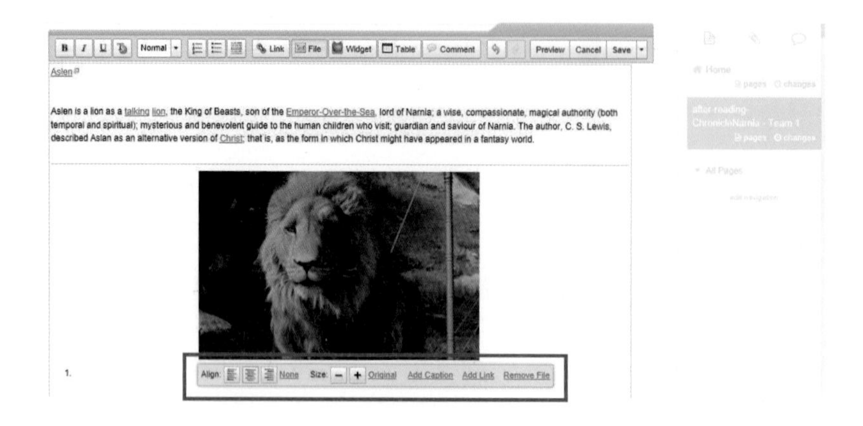

[그림37] 이미지 편집

6. Changes

① 학생들의 쓰기 활동을 확인하기 위해서는 각 조별 홈에서 [그림38-A] 〈View Revision〉에서나 [그림38-B]의 화면 우측 바로가기 창에서 〈Changes〉를 클릭하면 학생들의 최근 활동 내용을 확인할 수 있다. [그림38-A]의 숫자 34는 현재까지 revision이 이루어진 개수이다.

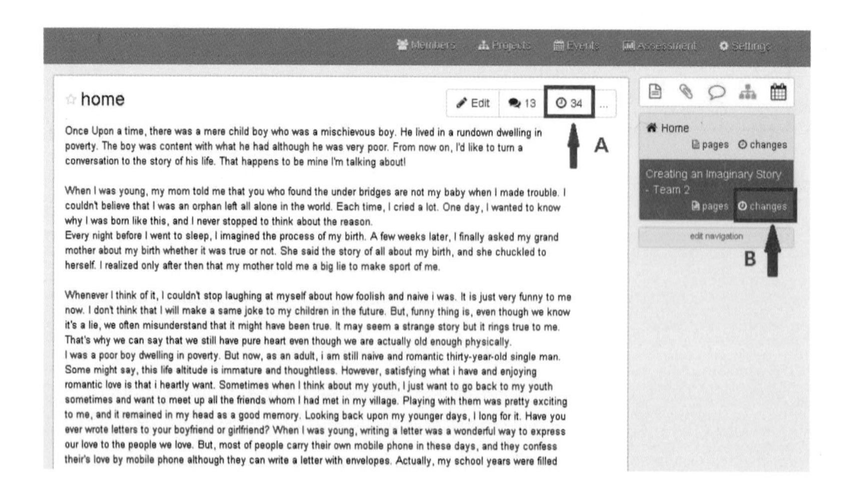

[그림38] Changes

② 학생들에 의해 변경된 내용은 [그림39]와 같이 날짜별로 자세히 확인할 수 있다. [그림 39-A] 중 하나를 클릭하면 한 학생이 개별적으로 수정한 내용을 조회할 수 있다.

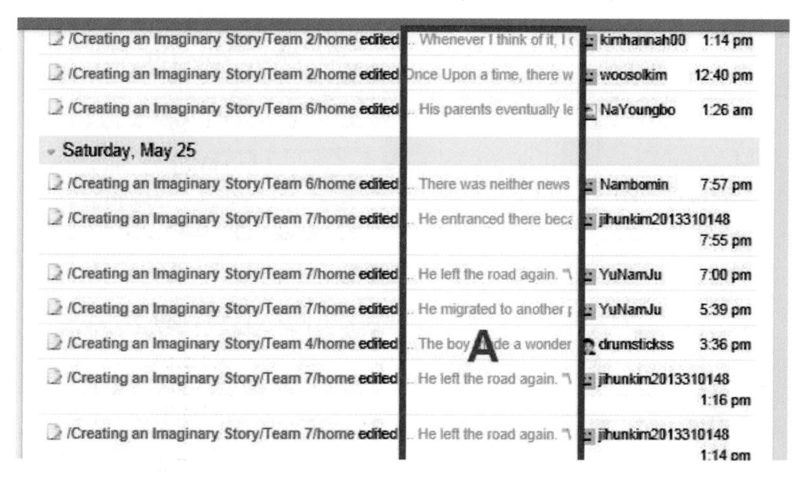

[그림39] Recent Changes의 예

③ [그림40-A]는 한 학생의 편집 내용을 조회한 모습이다. 붉은색으로 표시된 부분은 기존에 있었으나 이 학생이 변경 혹은 삭제한 내용이고 초록색은 이 학생이 새로 추가한 부분이다. [그림40-B]의 〈View Changes〉를 클릭하면 이 학생의 수정 내용이 포함된 주변의 글을 확인할 수 있다.

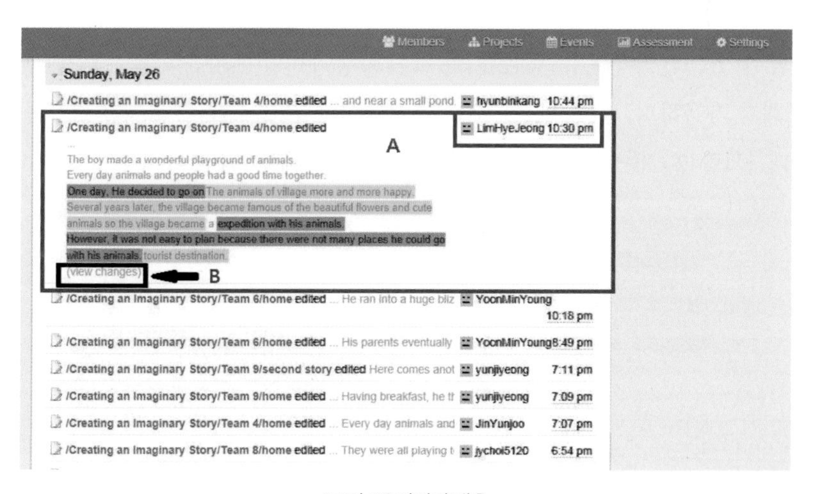

[그림40] 변경된 내용

④ [그림40-B]의 〈View Changes〉 클릭하면 [그림41-A]와 같이 이 학생이 편집한 부분을 포함한 앞 부분의 글을 볼 수 있다. [그림41-B]는 이 편집 이전의 글을, [그림41-C]는 이 편집 이후에 수정된 글을 확인할 수 있다.

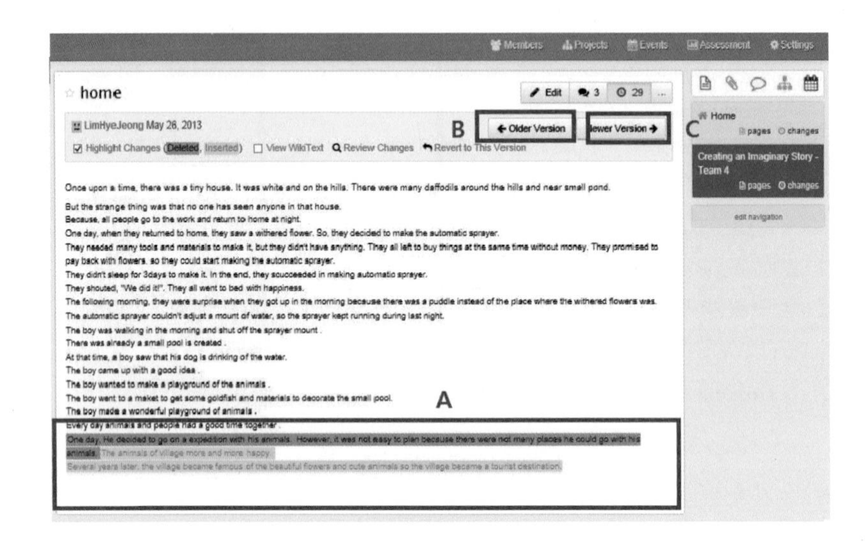

[그림41] View Changes

7. Assessment

〈Assessment〉는 [그림42-A]와 같이 학생들이 최근 30분 동안 활동한 내역을 그래프 형태로 확인할 수 있는 영역이다. [그림42-B]와 같이 학생 개인별(Users) 혹은 프로젝트별(Projects) 조회가 가능하다. 프로젝트가 종료되면 더 이상 편집은 할 수 없지만 학생들이 읽을 수는 있다. [그림42-C]는 활동을 표시하는 기호에 대한 설명이다.

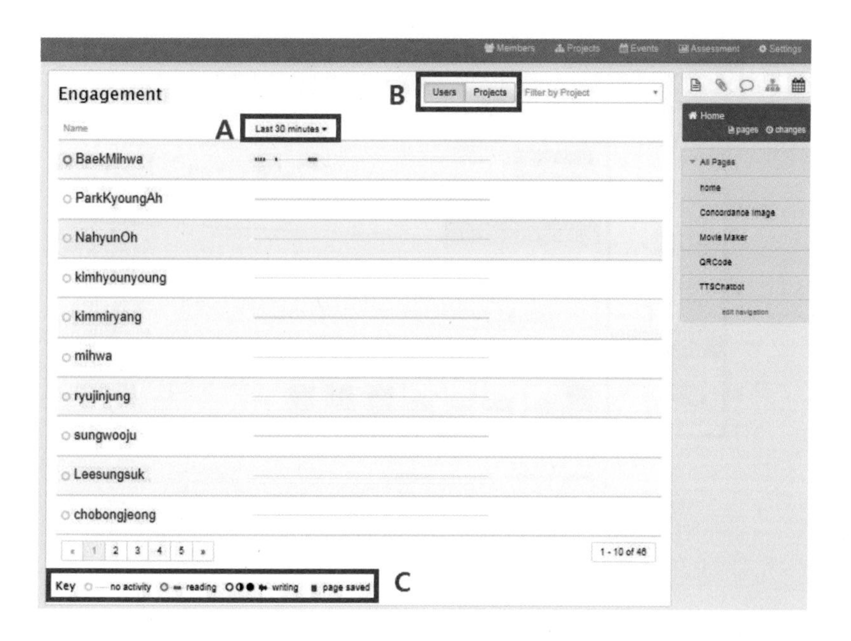

[그림42] Assessment

8. Setting

[그림43-A]의 〈Setting〉 메뉴에서 위키 환경을 설정할 수 있다. [그림43-B]에는 내 위키에 관한 전반적인 정보가 포함되어 있다. 예를 들어, 〈Permissions〉에서는 사용자 권한 부여, 〈Domain Name〉에서는 도메인 이름 변경이 가능하다. 또한 이미 학생들이 활동한 내용을 따로 저장하거나(Exports/Backups), [그림 43-C]의 〈Themes and Colors〉와 같이 Wikis 화면의 모양이나 색상을 설정할 수 있다.

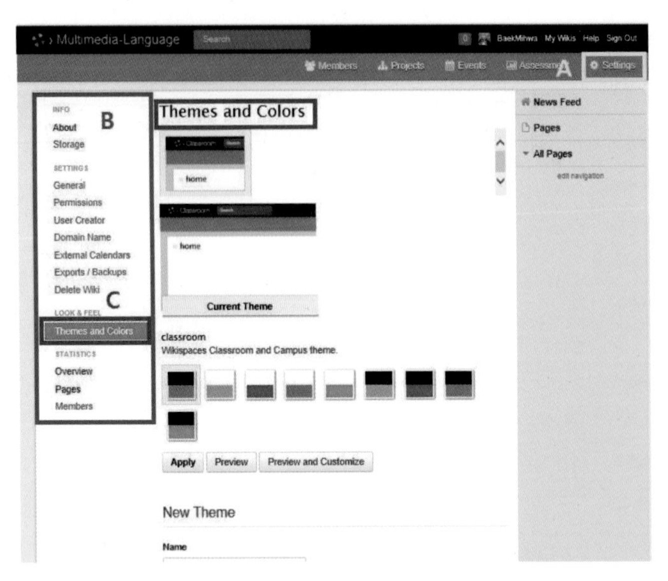

[그림43] Setting

위키스페이스 활용하기

- 영어 글쓰기는 결과(product)이기만 한 것이 아니라 과정(produce)의 산물이라는 점을 인식할 수 있도록 하며, 글쓰기에서 검토(editing)와 수정(revising)의 중요성을 깨닫게 하는 계기가 될 수 있다.
- 협력 학습을 할 수 있는 대표적인 사이트이다. 서로의 지식을 나누면서 학습 효과를 배가 시키는 Scaffolding의 기회를 부여해 준다.
- 본인이 쓴 글에 대한 실제 독자(real audience)가 존재하기 때문에 실질적(authentic) 목적을 가진 글쓰기 활동이 가능하다. 실제 상황과 같은 환경이기 때문에 본인이 쓴 글에 더 책임을 갖게 되고 더 심사숙고할 수 있다.
- 이미지, 도표 등을 쉽게 첨부할 수 있어서 글이 평면적이지 않고 멀티미디어화 될 수 있다.
- 릴레이 글쓰기에 활용하기 가장 좋으며 오류 수정이 쉬워 문법 수업에서도 활용할 수 있다.
- 학생들이 모두 참여할 수 있으면서도 소유권이 약하기 때문에 글을 쓰는 것에 대한 심리적인 부담을 줄여줄 수 있어 동기 부여에 효과적이다.

22

코카 (COCA)

코카 이해하기

코카(COCA)는 교수자나 학습자의 쓰기 활동에 도움을 줄 수 있는 유용한 온라인 코퍼스 중에 하나이다. COCA[1]는 Corpus of Contemporary American English의 약자로 Brigham Young University의 언어학 교수인 Mark Davies에 의해 만들어졌다. 코퍼스는 실제로 사람들이 말을 하거나 글로 쓴 것들의 자료를 모아 놓은 언어자료의 집합체를 뜻한다. 특히 코카에서 제공되는 코퍼스자료를 통해 원어민의 말하기, 쓰기 사용법, 단어, 구, 연어의 빈도수 등에 대해 학습할 수 있다. 코카 홈페이지는 [그림1]과 같고 하단의 <ENTER>를 클릭하면 기본화면(그림2 참조)이 열린다.

---

1 http//corpus.byu.edu/coca

코카 사용하기

1. 기본화면

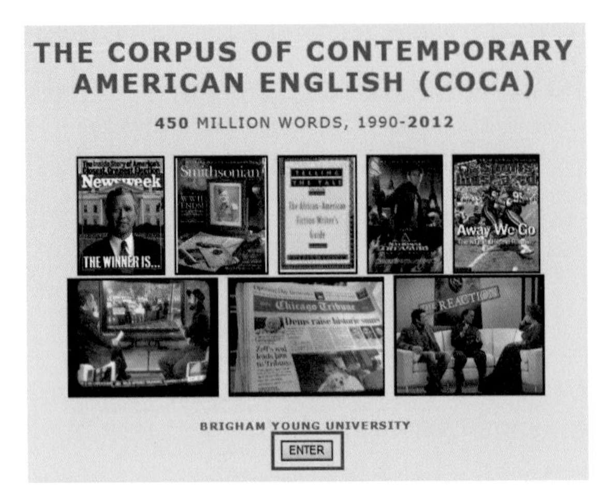

[그림1] 코카 홈페이지

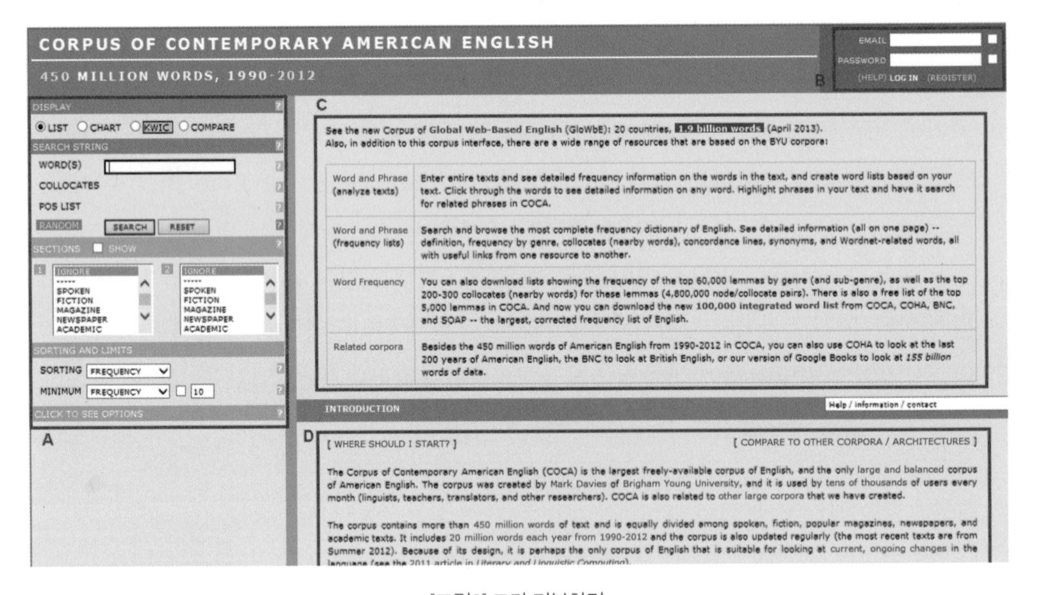

[그림2] 코카 기본화면

A 검색방법 설정 영역

B LOGIN과 REGISTER(회원가입): 가입 여부에 따라 코카를 사용할 수 있는 횟수 제한

C 코퍼스 종류

D 코카 사용의 기본정보

2. 검색한 단어 빈도수 확인하는 방법(LIST)

단어의 사용 빈도수를 알아보는 방법은 다음과 같다. 여기서는 'investigate'라는 단어를 예시로 사용해 본다.

① [그림3-A]의 〈DISPLAY〉에서 〈LIST〉를 클릭한다. 〈DISPLAY〉는 코퍼스를 보여주는 방법을 말한다.

② [그림3-B]의 〈SEARCH STRING〉에서 〈WORD(S)〉에 'investigate'를 입력한다.

③ [그림3-C]에서 〈SEARCH〉를 클릭한다.

④ [그림3-D]와 같이 단어 'investigate'와 9255라는 숫자가 나타난다. 이는 'investigate'라는 단어가 쓰인 문맥의 빈도수이다.

⑤ [그림3-E]는 이 단어가 사용된 문맥을 보여준다.

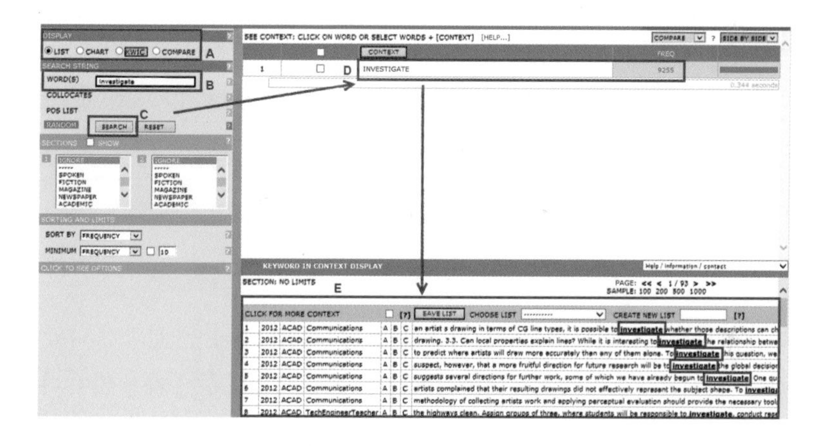

[그림3] 빈도수 확인 방법(LIST)

3. 검색한 단어 빈도수 확인하는 방법(CHART)

〈DISPLAY〉의 두 번째 기능인 〈CHART〉를 이용하는 방법은 아래와 같다. 〈CHART〉는 단어의 사용 빈도수를 사용출처별(SPOKEN, FICTION, MAGAZINE, NEWSPAPER, ACADEMIC)/연도별로 보여주는 기능이다. 여기서는 'talk'란 단어를 예시로 사용해본다.

① [그림4-A]의 〈DISPLAY〉에서 〈CHART〉를 클릭한다.

② [그림4-B]의 〈SEARCH STRING〉 에서 〈WORD(S)〉에 'talk'를 입력한다.

③ [그림4-C]에서 〈SEARCH〉를 클릭한다.

④ [그림4-D]는 사용출처별/연도별로 빈도수를 보여주며, 좌측에 표시된 149,434는 전체 빈도수를 가리킨다.

⑤ [그림4-E]의 〈CLICK ON BARS FOR CONTEXT〉는 사용출처별/연도별 문맥을 보여주는 기능이다. 〈SPOKEN〉의 그래프 바를 클릭하면 [그림4-F]와 같이 단어가 사용된 문맥을 확인할 수 있다.

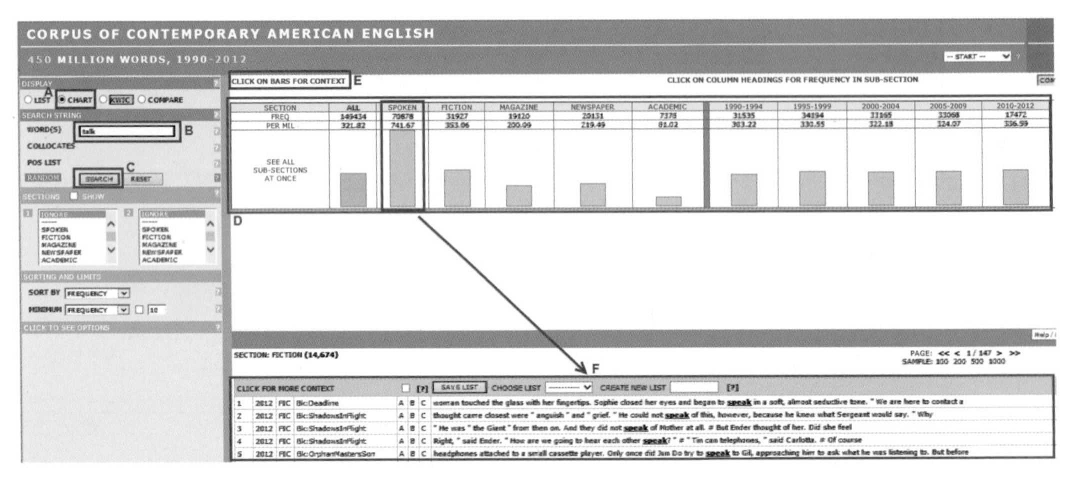

[그림4] 빈도수 확인 방법(CHART)

〈CHART〉를 사용해서 빈도수를 확인해 보았을 때 [그림5]와 같은 결과가 나왔다. 'talk'라는 단어는 〈SPOKEN〉에서 'speak'는 〈FICTION〉에서 빈도수가 가장 많이 나왔다. 즉, 〈SPOKEN〉자료에서는 'speak'보다 'talk'를 더 많이 사용한다는 결과를 도출할 수 있다.

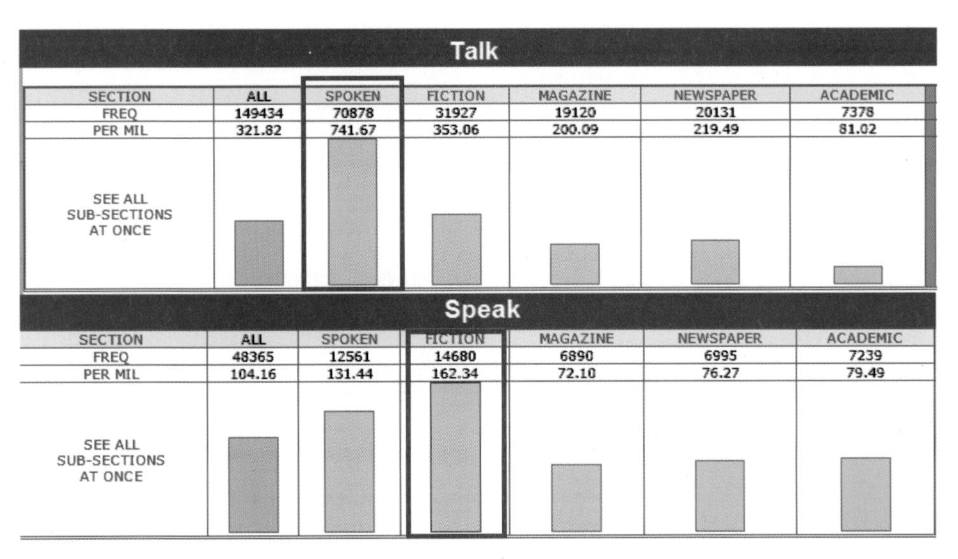

[그림5] CHART를 통한 빈도수 확인(talk vs. speak)

4. 검색한 단어 빈도수 확인하는 방법(KWIC)

〈KWIC〉는 'Key Word In Context'의 약자이다. 입력한 단어 앞뒤로 각각 세 단어의 품사를 색깔별로 제시해준다. 여기서는 'know'라는 단어를 예시로 사용해본다.

① [그림6-A]의 〈DISPLAY〉에서 〈KWIC〉를 클릭하면 하단의 〈DISPLAY/SORT〉 화면이 [그림6-D]처럼 변경되어 나타난다.

② [그림6-B]의 〈SEARCH STRING〉에서 〈WORD(S)〉에 'know'를 입력한다.

③ [그림6-C]에서 〈SEARCH〉를 클릭한다.

④ [그림6-G]의 화면과 같이 단어들이 품사에 따라 다른 색깔로 나타난다.

⑤ [그림6-H]의 〈?〉를 클릭하면 하단에 품사 색깔에 대한 설명이 나타난다.

⑥ [그림6-D]는 [그림6-G]의 문맥에 대한 자료를 보여주는 방법이다. 〈ALPHABETICAL〉은 동사 'know' 바로 다음에 나오는 단어들이 알파벳 순서대로 나열되는 것을 의미한다. 드롭다운을 클릭하면 〈DATE/GENRE〉를 선택할 수 있는데, 이는 날짜와 장르별로 문맥이 나열되는 것을 의미한다.

⑦ [그림6-E]의 〈?〉를 클릭하면 우측 창에 [그림6-F]의 화면이 나타난다. 〈SORT〉에 대한 설명이다.

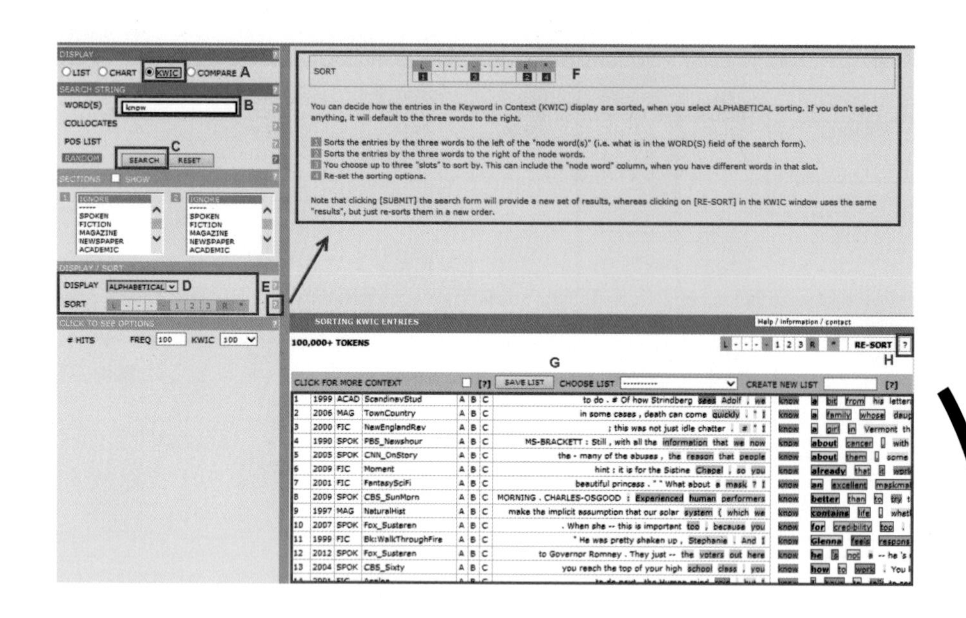

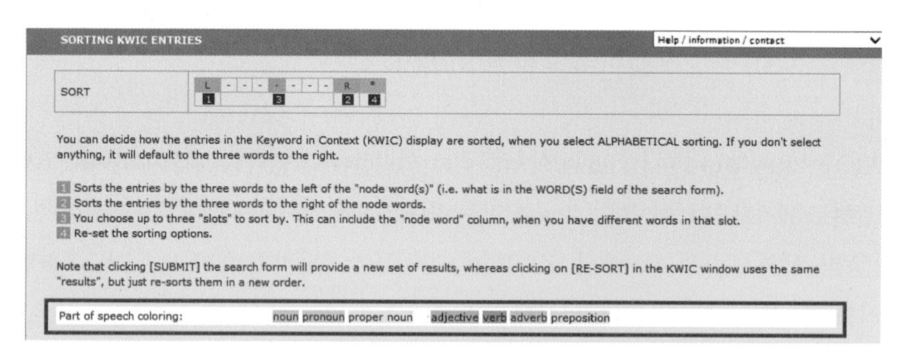

[그림6] 빈도수 확인 방법(KWIC)

5. 기본어 기준 검색(Lemmitized Search)

단어의 어형 변화별 사용 빈도수를 검색하는 방법이다. 여기서는 'know'라는 단어를 예시로 사용해본다.

① [그림7-A]의 〈DISPLAY〉에서 〈LIST〉를 클릭한다.

② [그림7-B]의 〈SEARCH STRING〉에서 〈WORD(S)〉에 'know'를 입력할 때 단어 양쪽 끝에 반드시 [ ]를 사용해야 한다. 보기와 같이 [know]로 입력한다.

③ [그림7-C]의 〈SEARCH〉를 클릭한다.

④ [그림7-D]와 같이 'know'의 여섯 가지 어형 변화별 사용 빈도수를 볼 수 있는 창이 생성된다. 이 어형 중에서 특정 어형을 선택하고 〈CONTEXT〉를 클릭하면 [그림7-E]의 화면에서 그 어형이 사용된 문맥만을 확인할 수 있다.

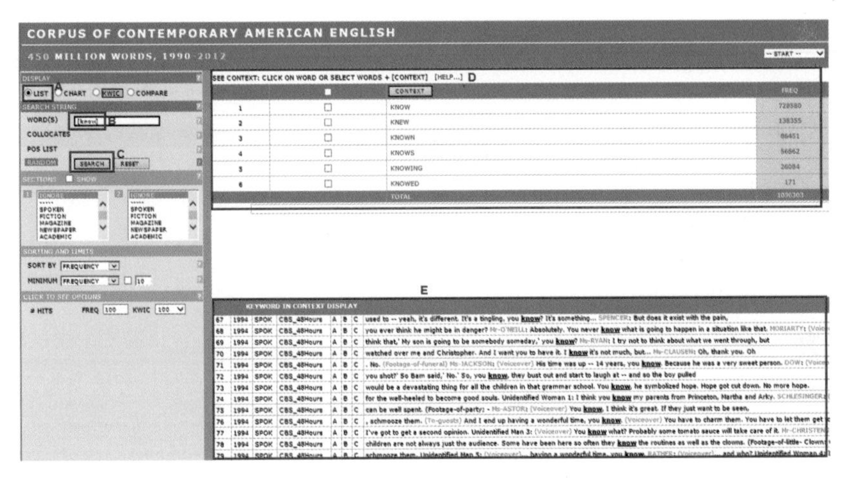

[그림7] 기본어 기준 검색

6. Sections <SHOW>의 사용

좌측 메뉴에서 〈Sections〉의 〈SHOW〉는 단어의 사용빈도와 문맥을 사용출처별/연도별로 분류해서 보여준다. 여기서는 'find'라는 단어를 예시로 사용해본다.

① [그림8-A]의 〈DISPLAY〉에서 〈LIST〉를 클릭한다.

② [그림8-B]의 〈SEARCH STRING〉에서 〈WORD(S)〉에 'find'를 입력한다.

③ [그림8-D]와 같이 〈Sections〉에서 〈SHOW〉의 체크박스를 클릭한다.

④ [그림8-C]에서 〈SEARCH〉를 클릭하면 우측 상단에 사용출처별/연도별 빈도수가 나타난다.

⑤ [그림8-E]의 〈FIND〉와 〈SPOKEN〉을 선택한 후 〈CONTEXT〉를 클릭하면 [그림8-G]와 같이 〈SPOKEN〉에서 'find'가 사용된 문맥만 나타나게 된다.

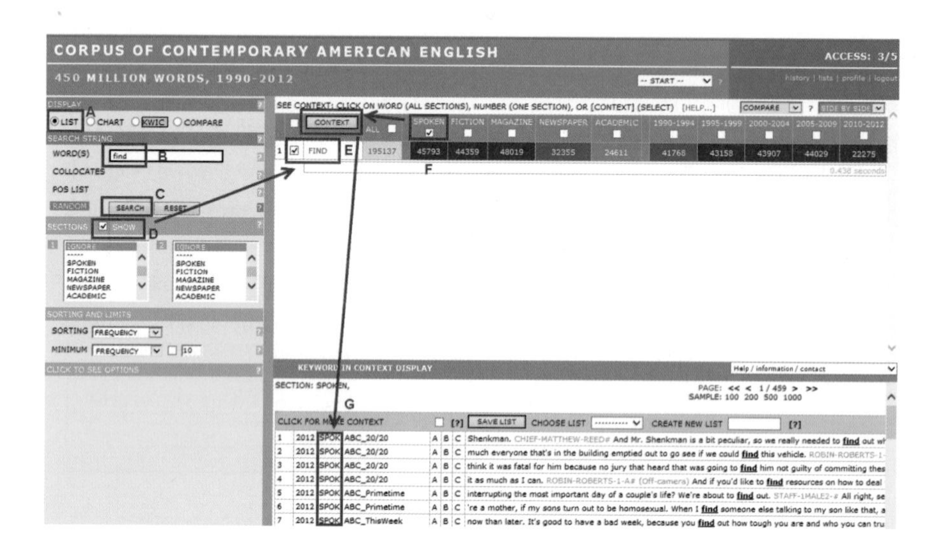

[그림8] SHOW 사용

7. 유의어 검색

단어의 유의어를 사용 빈도수별로 검색하고, 각각의 문맥을 확인할 때 사용하는 방법이다. 여기서는 'investigate'라는 단어를 예시로 사용해본다.

① [그림9-A]의 〈DISPLAY〉에서 〈LIST〉를 클릭한다.

② [그림9-B]의 〈SEARCH STRING〉에서 〈WORD(S)〉에 [=단어] 즉 [=investigate]로 입력한다.

③ [그림9-C]의 〈SEARCH〉를 클릭한다.

④ [그림9-D]와 같이 화면 우측에 11개의 유의어 리스트가 사용 빈도수별로 나타난다.

⑤ 이 유의어 중에서 한 단어의 문맥을 확인하고자 할 경우, [그림9-E]와 같이 선택을 하면 [그림9]의 화면 하단에 문맥을 보여주는 창이 나타난다.

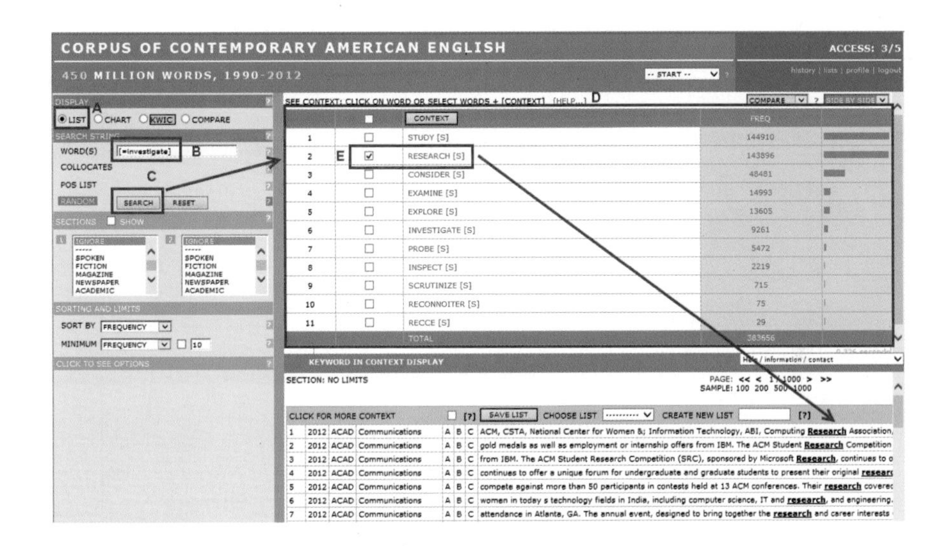

[그림9] 유의어 검색

8. 단어(연어) 검색

두 개의 단어가 문장 안에서 단어뭉치로 사용되는지를 확인할 수 있다. 여기서는 'repeated performance'라는 두 단어를 예시로 사용해 본다.

① [그림10-A]의 〈DISPLAY〉에서 〈LIST〉를 클릭한다.

② [그림10-B]의 〈SEARCH STRING〉에서 〈WORD(S)〉에 'repeated performance'를 입력한다.

③ [그림10-C]의 〈SEARCH〉를 클릭한다.

④ [그림10-D]와 같이 이 단어뭉치가 같이 사용된 빈도수가 6회로 나타났다. 이는 performance라는 명사가 repeated라는 형용사와는 거의 사용되지 않았다는 것을 의미한다.

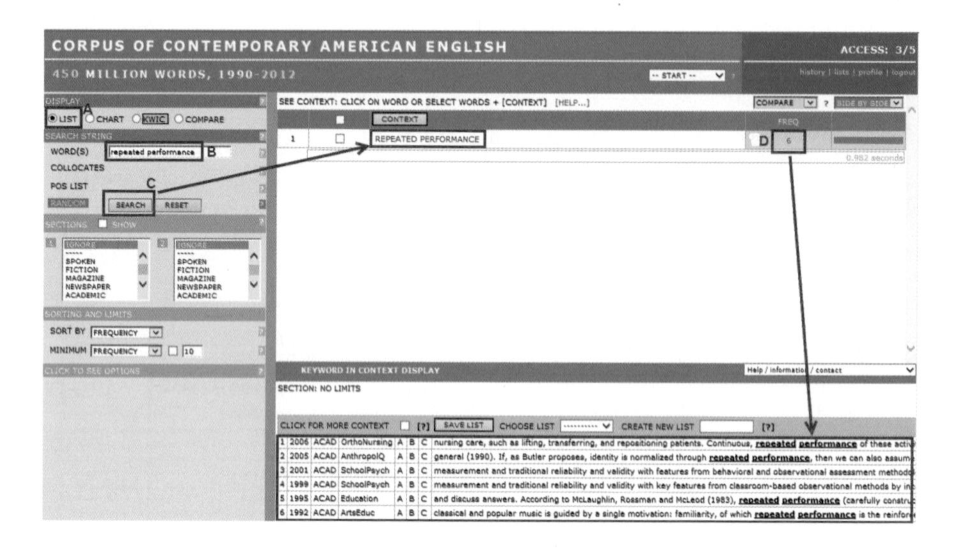

[그림10] 단어 검색

9. 관용어구 검색

단어에 관련된 관용어구를 검색할 때 아래와 같이 사용할 수 있다. 여기서는 'regard'라는 단어를 사용해 본다.

① [그림11-A]의 〈DISPLAY〉에서 〈LIST〉를 클릭한다.

② [그림11-B]의 〈SEARCH STRING〉에서 〈WORD(S)〉에 'regard'를 입력한다. 관용어구를 확인할 때는 별표(*)와 띄어쓰기를 사용한다(여기서 띄어쓰기는 _로 표시한다). 아래 예시와 같이 별표를 하고 한 칸 띄고 단어를 입력하고 다시 한 칸 띄고 별표를 한다.　　*_regard_*

③ [그림11-C]의 〈SEARCH〉를 클릭한다.

④ [그림11-D]와 같이 regard가 포함된 관용어 구가 사용 빈도수별로 나와 있다.

⑤ 특정 관용어구의 문맥을 확인하고자 할 경우 [그림11-D]처럼 선택하고 〈CONTEXT〉를 클릭하면 [그림11-E]와 같이 문맥을 전부 확인할 수 있다.

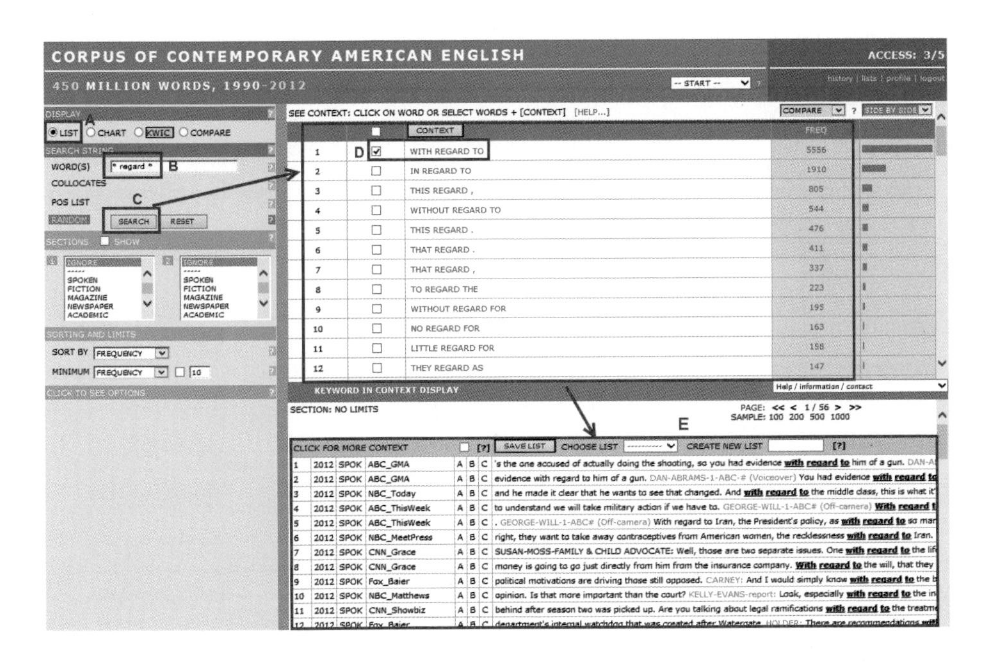

[그림11] 관용어구 검색

코카 활용하기

코카는 교수자나 학습자가 쓰기 활동에서 주로 활용할 수 있는 도구이다.

- 단어 사용 빈도수를 확인하여 어떤 단어가 더 많이 사용되는지에 대해 확인할 수 있다. 또한 특정단어가 'spoken'에서 더 많이 사용되는지, 'written'에서 더 많이 사용되는지 알 수 있으며, 어떤 장르에서 더 많이 사용되는지에 대한 여부도 확인 가능하다.
- 빈도수를 확인할 때 〈KWIC〉를 사용하여 특정 단어 뒤에는 어떤 품사가 올 수 있는지에 대해 학습할 수 있다. 교수자가 특정 문법이나 품사에 관련된 내용을 가르칠 때 코카에 나오는 문맥을 예시로 활용할 수 있다.
- 단어가 가지고 있는 다양한 어형변화와 사용된 문맥을 활용할 수 있다.
- 고급 학습자의 경우, 관용어구, 유의어를 사용해서 빈도수가 높은 관용어구, 유의어의 문맥을 활용할 수 있기 때문에 쓰기에 대한 다양한 언어구사 능력을 기를 수 있다.
- 학습자가 쓰기 활동을 한 이후 본인이 쓴 표현이 적절한지에 대한 평가를 단어(연어) 검색을 통해 할 수 있다. 또한, 학습자들끼리 피드백을 주고받는 경우에도 활용할 수 있어서 정확하고 진정성(Authentic) 있는 언어교류활동을 통해 의미교섭(meaningful negotiation)과 상호작용이 가능하다.
- 성공적인 언어 학습을 위해 다양한 문맥에서 사용되는 단어를 학습할 수 있으며, 학습자들의 수준에 맞게 코카를 활용할 수 있는 방법을 지도하고, 자기주도학습을 통해서 쓰기 학습을 할 수 있도록 격려할 수 있다.

23

큐알코드 (QR Code)

큐알코드 이해하기

QR Code(Quick Respose Code)란 매트릭스 코드 또는 2차원 바코드로, 흑백 격자무늬 패턴으로 정보를 나타내는 코드의 일종이다. 기존의 1차원 바코드에 비해 용량이 커서 숫자 외에 문자, 사진, 동영상, 지도, 이미지 등의 데이터를 저장할 수 있다. QR코드는 스마트폰과 가장 밀접한 응용 요소 중 하나로 정보를 담아 코드를 생성하여, 여러 사람들과 공유할 수 있도록 지원해주는 서비스다.

큐알코드 사용하기

1. 기본화면

네이버 QR코드 사이트[1]를 열고 네이버 이메일 계정 아이디로 로그인한다. [그림1]의 〈QR코드 홈〉에서 〈나만의 QR코드 만들기〉를 클릭한다.

[그림1] QR코드 홈화면

2. 기본정보 입력

① [그림2-A]에 〈코드제목〉을 입력한다.

② 코드 스타일 선택은 〈기본형〉과 〈사용자지정〉이 있다. [그림2-B]의 기본형에서는 [그림2-C]에서 테두리 색과 스킨을 선택한다. [그림2-D]의 〈사용자 지정〉에서 〈스킨 및 중앙 로고 이미지〉를 첨부한다.

③ [그림2-E]는 〈추가옵션〉으로 〈추가옵션 사용 안함〉, 〈네이버 로고 삽입〉, 〈이미지 삽입〉, 〈문구 삽입〉에 대한 선택이다.

④ [그림2-F]의 〈위치선택〉에서 [그림2-E]의 〈추가옵션〉 중 삽입을 선택했을 경우 로고나 이미지 등의 위치를 선택해준다.

⑤ [그림2-G]에서 QR코드의 공개 여부를 설정해준다. 다른 사람에게 보낼 경우 공개를

---

1 http://qr.naver.com/

선택해야 한다.

⑥ 설정이 끝나면 [그림2-H]의 〈다음단계〉를 클릭한다.

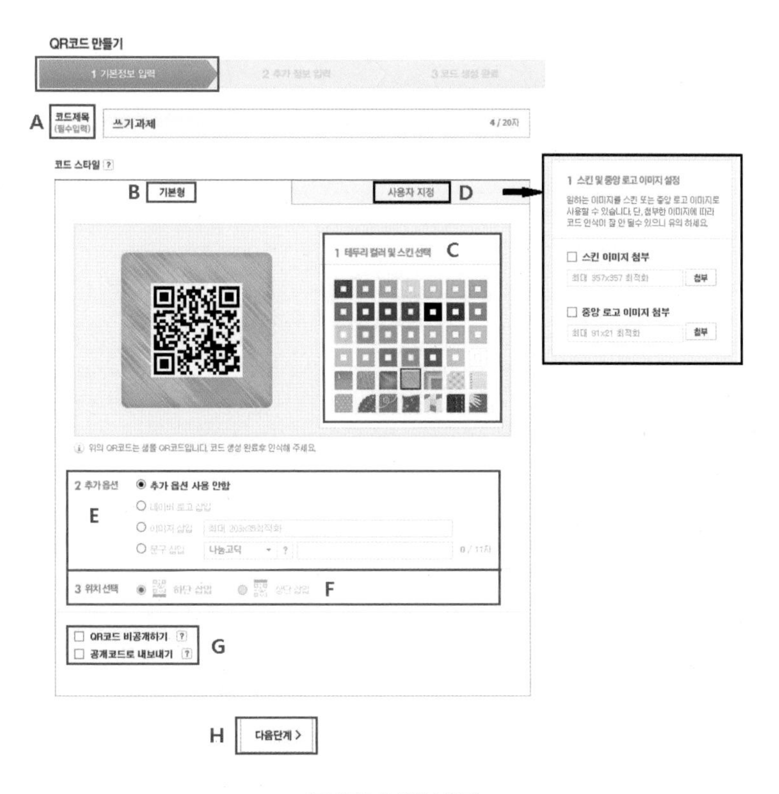

[그림2] 기본정보 입력

3. 추가정보 입력

① 링크 URL, 소개글, 동영상, 지도, 연락처 등 QR코드와 연결하려는 매체를 모두 입력한 다(그림3 참조).

② [그림3-A]의 〈댓글 닫기〉는 댓글 기능을 원하지 않을 경우만 체크한다.

③ 모든 내용의 입력이 완료 되었으면 [그림3-B]의 〈미리보기〉를 통해 완성된 내용을 확인 할 수 있다.

④ [그림3-C]의 〈작성완료〉를 클릭하여 QR코드를 생성한다.

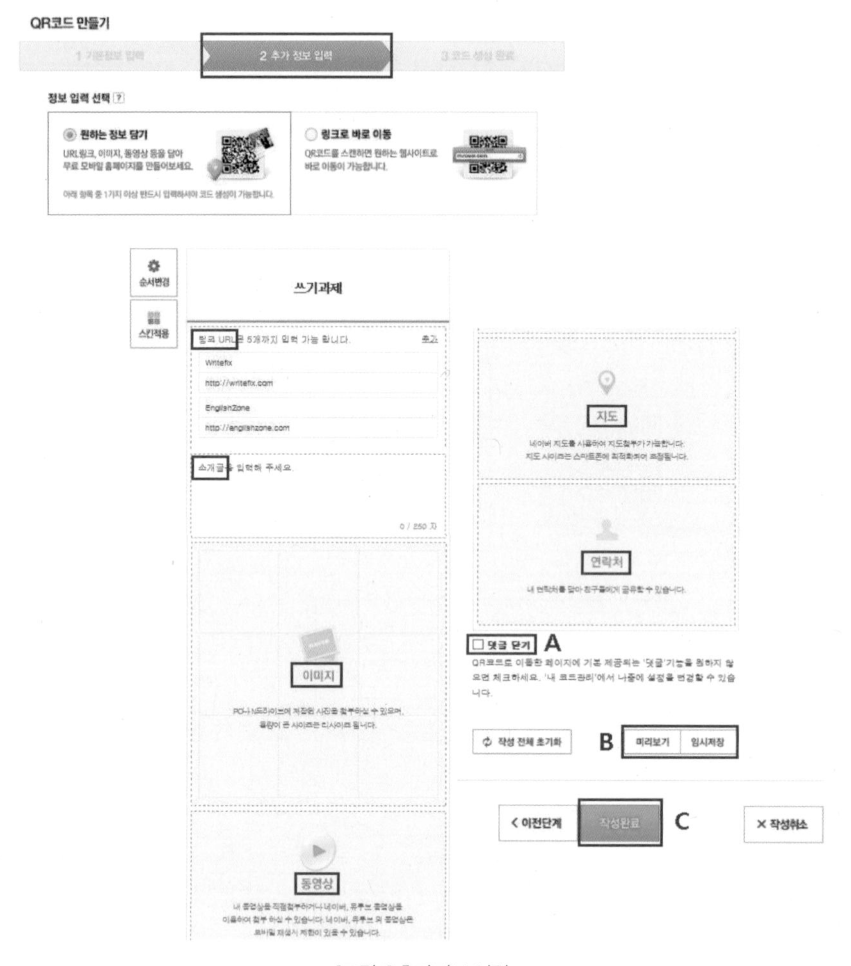

[그림3] 추가정보 입력

4. 코드 생성 완료

생성된 코드를 공유하는 방법은 다음과 같다.

① [그림4]와 같이 QR코드가 완성되고, 동시에 [그림4-A]의 〈코드URL〉이 생성된다. 이 주소를 복사하여 공유한다.

② [그림4-B]의 〈코드인쇄〉를 클릭하여 사이즈를 선택한 후 인쇄할 수 있다.

[그림4] 코드 인쇄

③ [그림5]는 코드 저장 방법이다. 〈코드 저장〉에서 〈확장자〉와 〈사이즈〉를 선택한 후 〈저장〉을 클릭한다.

[그림5] 코드 저장

④ [그림6]은 〈코드 내보내기〉 방법이다. 이메일이나 블로그 또는 휴대폰 문자로 내보내기 할 수 있다.

[그림6] 코드 내보내기

5. 내 코드 관리

생성된 코드는 〈내 코드 관리〉에서 조회가 가능하다. 여기에서 〈미리보기〉와 〈수정〉이 가능하며 공유도 할 수 있다. 더 이상 보관할 필요가 없는 코드는 선택하여 〈삭제〉할 수 있다(그림7 참조).

[그림7] 내 코드 관리

6. 큐알코드 읽기

스마트폰으로 포털사이트인 네이버[2]나 다음[3]에 접속하여 QR코드를 읽을 수 있다. 네이버의 예를 들어본다.

① 인터넷에서 네이버 사이트를 연 다음 [그림8-A]의 마이크 심볼을 클릭한다.

② [그림8-B]의 〈코드〉를 클릭한다.

③ [그림8-C]와 같이 인식화면이 열리는데 QR코드에 가까이 대면서 초점을 맞춰주면 자동으로 인식된다.

④ 인식이 되면 [그림8-D]와 같이 QR코드에 입력된 내용을 볼 수 있다. 내용 확인을 마치면 〈확인〉을 눌러 원래 화면으로 되돌아온다.

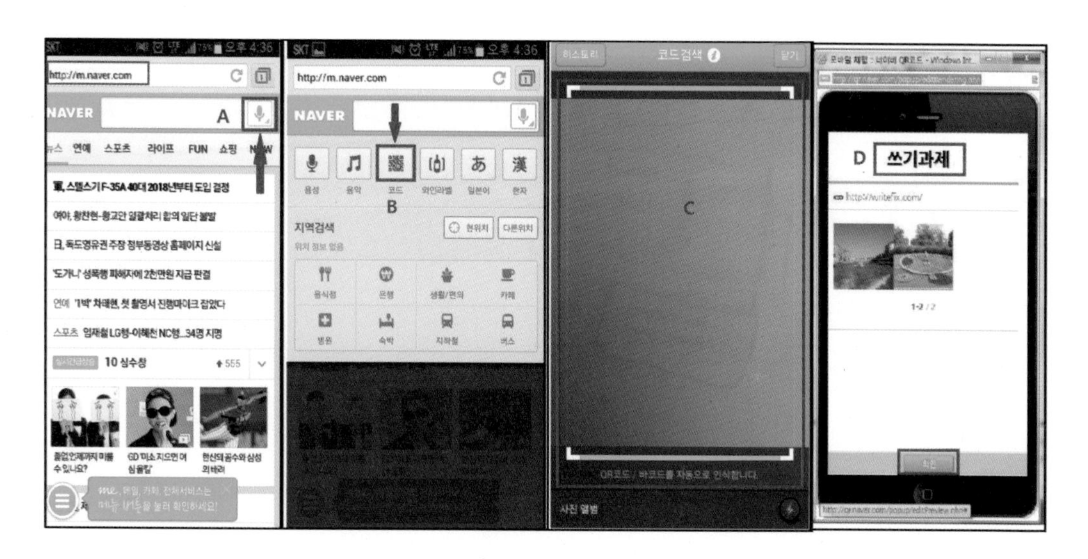

[그림8] QR코드 읽기

---

2 http://www.naver.com

3 http://www.daum.net

큐알코드 활용하기

- 교사는 학습자료 제작, 미니북 제작에 활용할 수 있다.
- 과제를 부여할 때 핸드아웃에 QR코드를 첨가하면 그와 관련된 유튜브 동영상 자료를 바로 볼 수 있거나 음향을 들을 수 있고 관련 이미지를 볼 수 있는 등 다른 매체들과 연동되어 단면적이고 밋밋한 핸드아웃의 단점을 극복할 수 있다.
- 동영상이나 이미지, 간단한 요약본 등의 수업 관련 자료를 QR코드에 담아 수업 전에 보내 학습자들의 선험지식(Schema, Prior Knowledge)을 활성화할 수 있다.

24 문자 음성 변환 (Text to Speech)

문자 음성 변환 이해하기

Text to Speech(TTS)는 텍스트를 음성으로 바꿔주는 기능이다. 학습자료로 사용할 텍스트를 오디오로 전환하여 사용할 수 있다. 본 장에서 소개하는 사이트는 다양한 음성을 제공하며, 사람에 가까운 목소리로 전환할 수 있다는 장점이 있다.

문자 음성 변환 사용하기

1. AT&T

1) 기본화면

다음은 AT&T 사이트[1]의 기본화면이다.

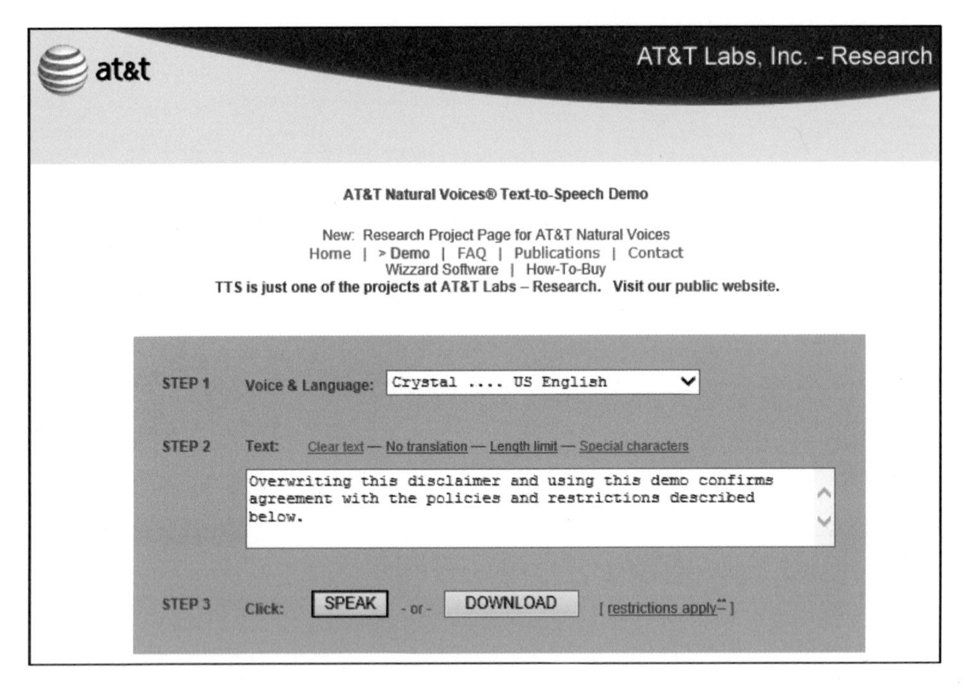

[그림1] AT&T 기본화면

2) AT&T 사용하기

AT&T를 사용하여 텍스트를 소리로 전환하려면 Step1부터 Step3까지의 순서로 진행한다.

① Step 1 〈Voice & Language〉

[그림2]와 같이 사용자가 원하는 목소리와 언어를 선택한다. US English는 미국식 발음, Latin Am. Spanish는 스페인어식 발음의 음성으로 전환된다.

1 http://www2.research.att.com/~ttsweb/tts/demo.php

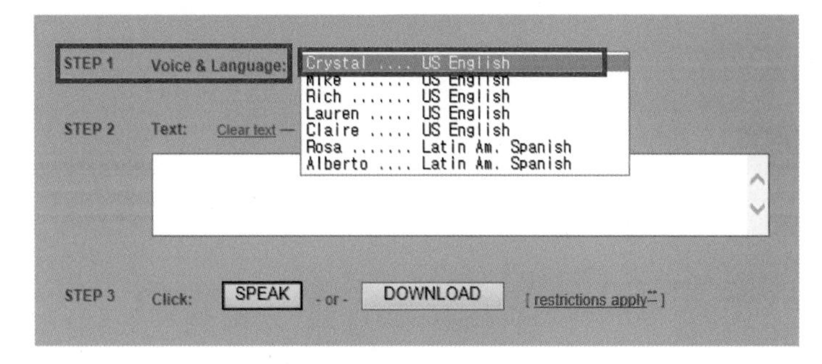

[그림2] Step 1 화면

② Step 2 〈Text〉

소리로 전환하려는 텍스트를 입력한다.

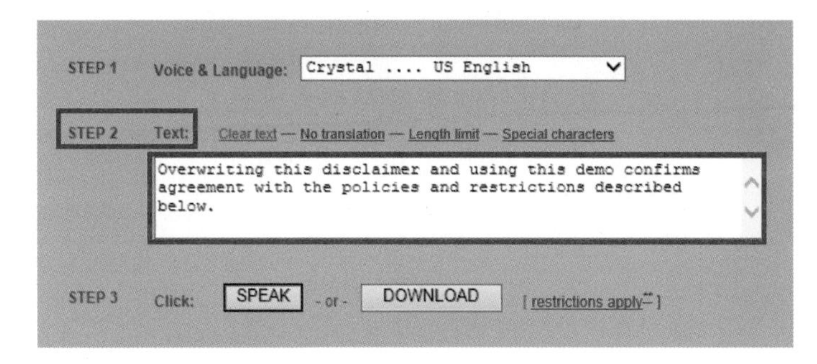

[그림3] Step 2 화면

③ Step 3 〈Click〉

〈SPEAK〉를 클릭하면 입력한 내용을 열어 들어볼 수 있다. 〈DOWNLOAD〉를 선택하면 WAVE파일로만 저장할 수 있다.

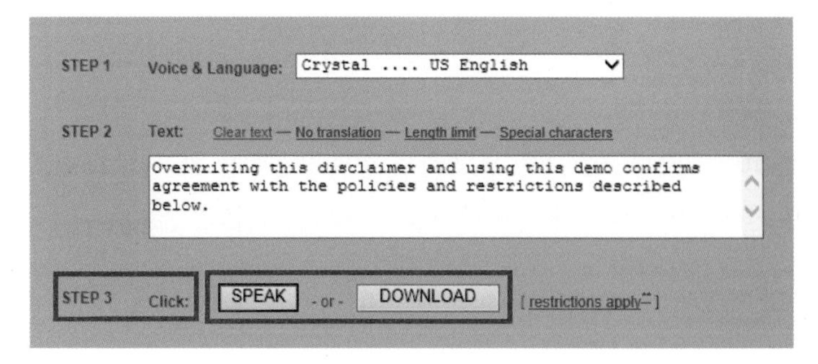

[그림4] Step 3 화면

2. ODDCAST Text to Speech

1) 기본화면

다음은 ODDCAST 사이트[2]의 기본화면이다.

[그림5] ODDCAST 기본화면

2) ODDCAST Text to Speech 사용하기

ODDCAST Text to Speech를 사용하여 텍스트를 소리로 전환하려면 다음의 순서로 진행한다.

① 〈Enter Text〉 소리로 전환할 텍스트를 입력한다(그림5-A 참조).

② 〈Language〉 30개의 언어 중 원하는 언어를 선택한다(그림5-B 참조).

③ 〈Voice〉 각각의 언어별로 원하는 목소리를 선택한다(그림5-C 참조).

④ 〈Effect〉 10가지의 다양한 효과 중 원하는 효과를 선택한다(그림5-D 참조).

⑤ 〈Level〉 선택한 효과에 따라 단계(Level)가 바뀐다(그림5-E 참조).

⑥ 위의 ①~⑤ 까지 선택한 후 [그림5-F]의 〈Say It〉을 클릭하면 음성으로 전환된다.

---

2 http://www.oddcast.com/home/demos/tts/tts_example.php

3. Natural Reader

1) 기본화면

Natural Reader는 홈페이지[3]에서 무료버전을 다운로드하여 사용한다. [그림6]의 홈 화면에서 〈Free Download〉를 클릭한다.

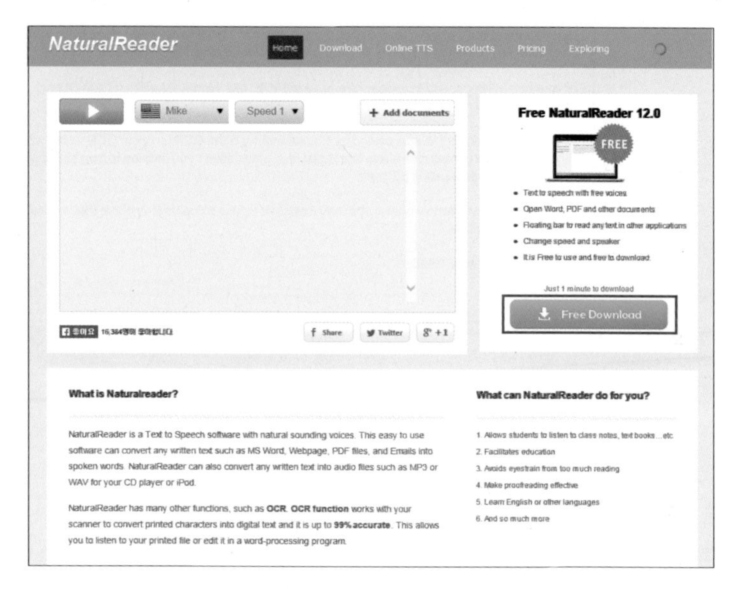

[그림6] Natural Reader 홈 화면

Natural Reader는 윈도우용과 애플용 버전이 있어 각각의 사용자가 본인 컴퓨터에 맞게 다운로드하여 사용한다.

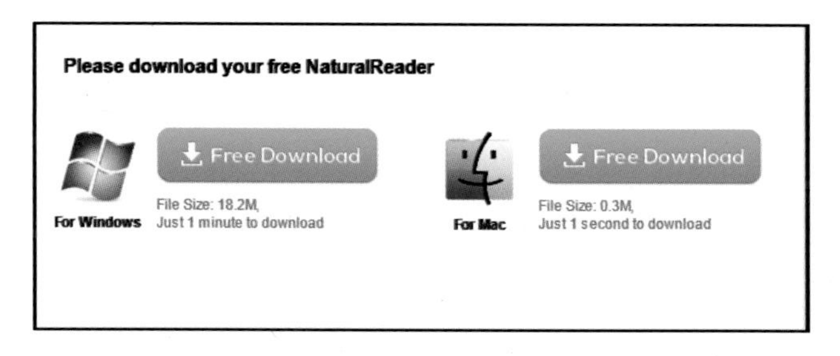

[그림7] 다운로드 화면

---

3 http://www.naturalreaders.com/index.php

Natural Reader 기본화면의 각 부분별 설명은 다음과 같다.

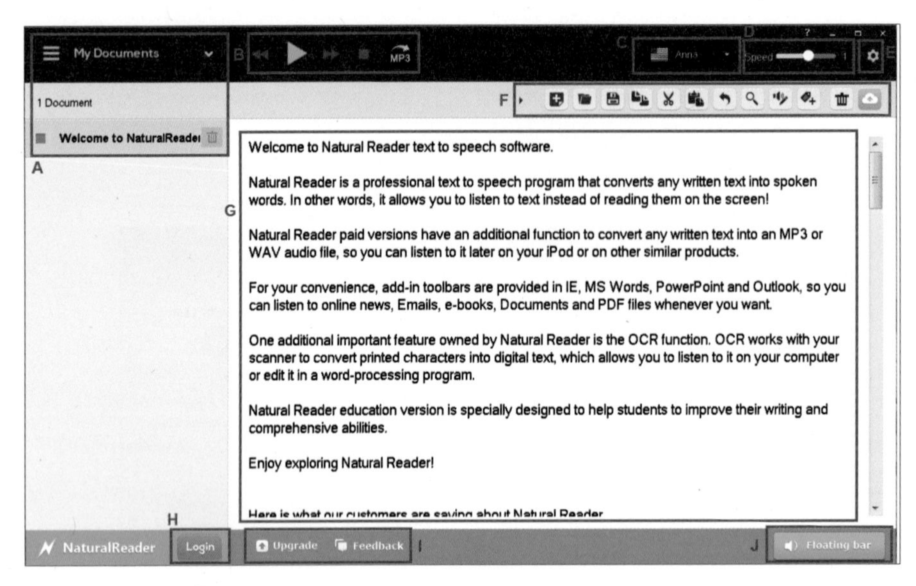

[그림8] 기본화면

- A　My Documents: 자료
- B　텍스트를 소리로 전환할 때 사용하는 실행버튼
- C　목소리 종류
- D　Speed: 속도 조절 막대를 이용하여 속도 조절 가능하며, 숫자가 클수록 속도가 빠름
- E　Settings: 환경설정
- F　텍스트 편집 메뉴바
- G　텍스트 작업창
- H　로그인
- I　Upgrade & Feedback: 프로그램 관련 업그레이드와 피드백 기능
- J　Floating Bar: 단축메뉴 팝업창

2) 텍스트를 읽어 주는 기능

① Natural Reader의 작업창에 텍스트를 입력한다. 입력하는 방법에는 파일 불러오기, 직접 입력하기, 복사하여 붙여오기 등 세 가지가 있다. [그림9]는 파일 불러오기의 예시이다. 텍스트 편집 메뉴바에서 〈폴더〉를 눌러 원하는 파일을 선택하면 Natural Reader 작업창에 선택한 파일의 텍스트가 입력된다.

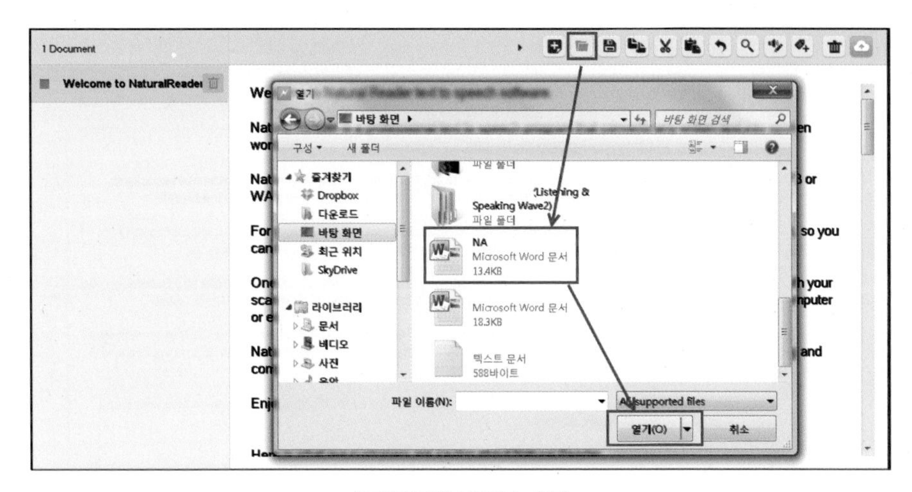

[그림9] 파일 불러오는 화면

② [그림 10]의 〈New〉를 클릭하여 새 작업창을 연다. 여기에 텍스트를 직접 입력하거나 워드나 인터넷에 있는 텍스트를 복사하여 붙일 수 있다.

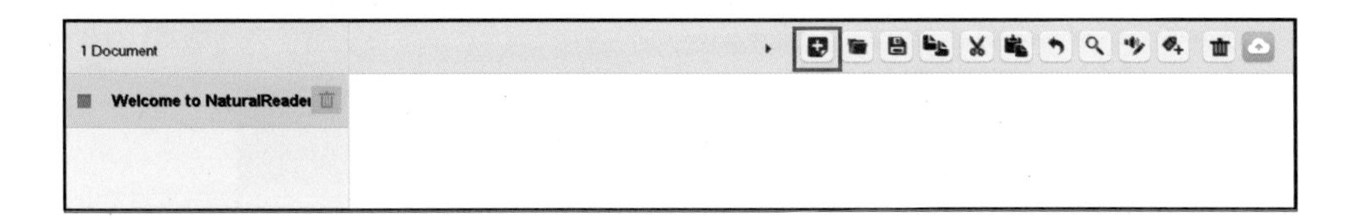

[그림10] NEW 화면

③ [그림11]의 재생버튼(Play)을 클릭하면 소리로 재생된다. 한 문장씩 초록색으로 바뀐 후 텍스트가 읽히면서 파란색 부분이 움직인다. 내용이 너무 빨리 읽혀진다고 생각하면 〈Speed〉의 숫자를 낮춰 속도를 조절한다.

④ 파일로 저장하려면 유료버전을 다운로드하여 사용한다. 무료버전의 경우, 곰 녹음기나 골드웨이브와 같은 녹음 프로그램을 사용해서 음성을 따로 녹음할 수 있다.

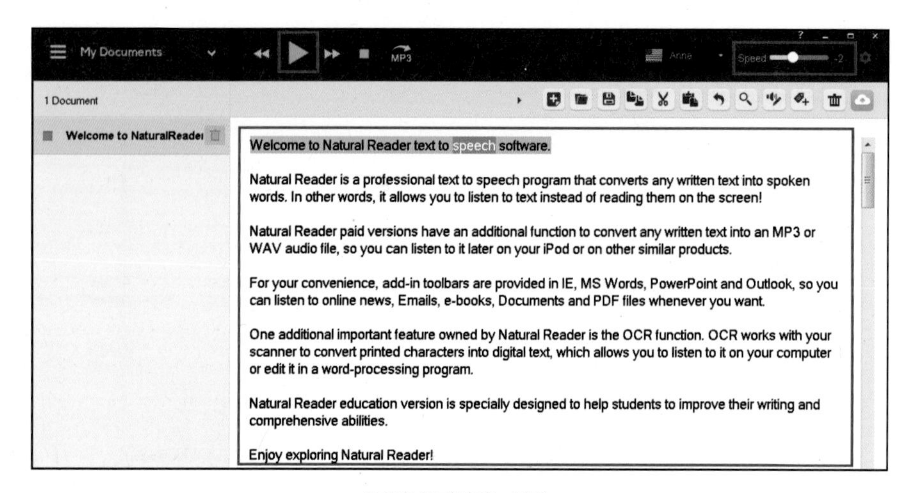

[그림11] 재생되는 화면

3) 목소리 종류

목소리의 종류는 〈Free Voices〉와 〈HD quality Natural Voices〉 두 가지가 있다. [그림12]와 같이 〈Free Voices〉에는 한 가지 종류의 목소리밖에 없다.

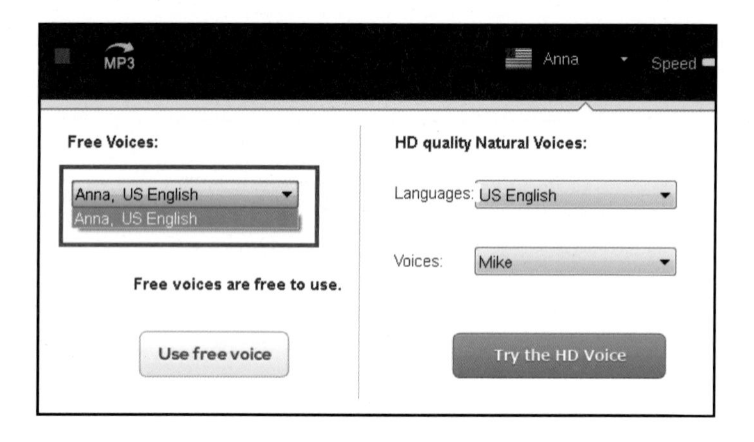

[그림12] Free Voices 화면

〈HD quality Natural Voices〉는 [그림13]과 같이 Languages(언어) 와 Voices(목소리) 부분으로 나뉜다. 각 언어별로 여러 종류의 목소리로 구별되어 있다.

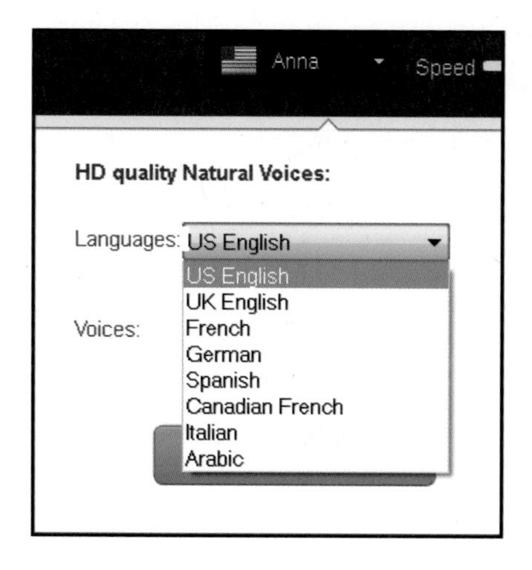

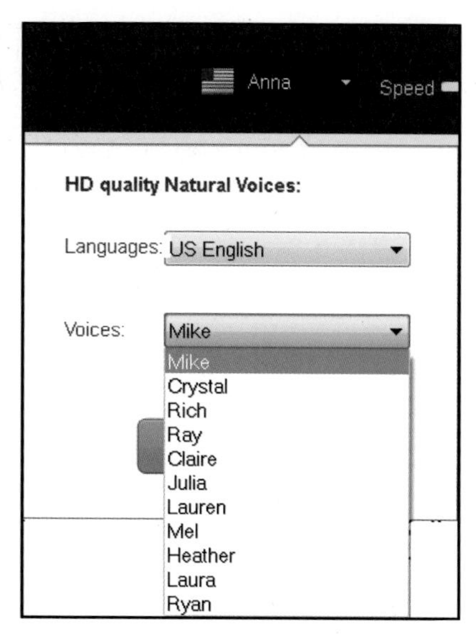

[그림 13] HD quality Natural Voices 화면

4) My Documents 기능

〈My Documents〉, 〈Free EBooks〉, 〈My Cloud Documents〉로 나뉘어 있다. 〈My Documents〉, 〈My Cloud Documents〉는 로그인 후에 사용할 수 있다. 〈My Documents〉는 사용자가 로그인 후 TTS로 만든 파일을 저장 및 삭제할 수 있다(그림14 참조).

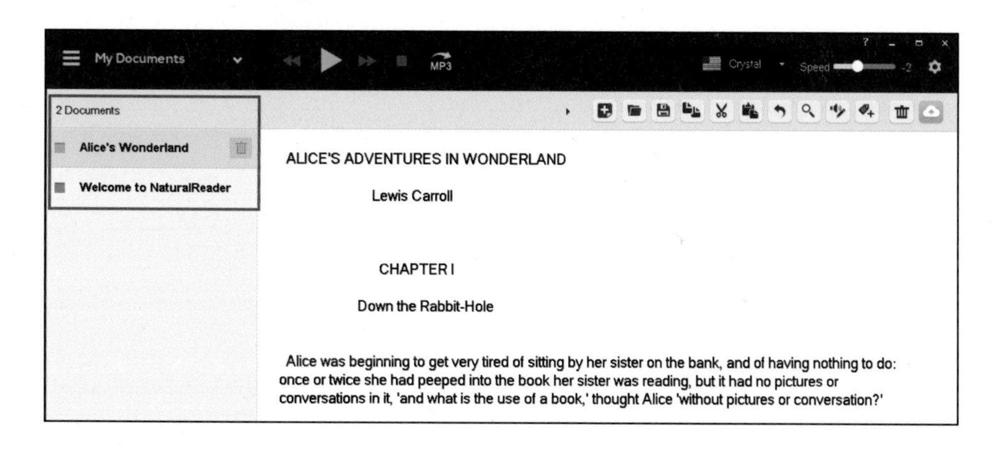

[그림14] My Documents 화면

- 〈My Cloud Documents〉는 클라우드 환경에 있는 자료를 저장 관리할 수 있다.
- 〈Free EBooks〉를 클릭하면 100개의 Ebook을 각각의 TTS로 만들 수 있다.

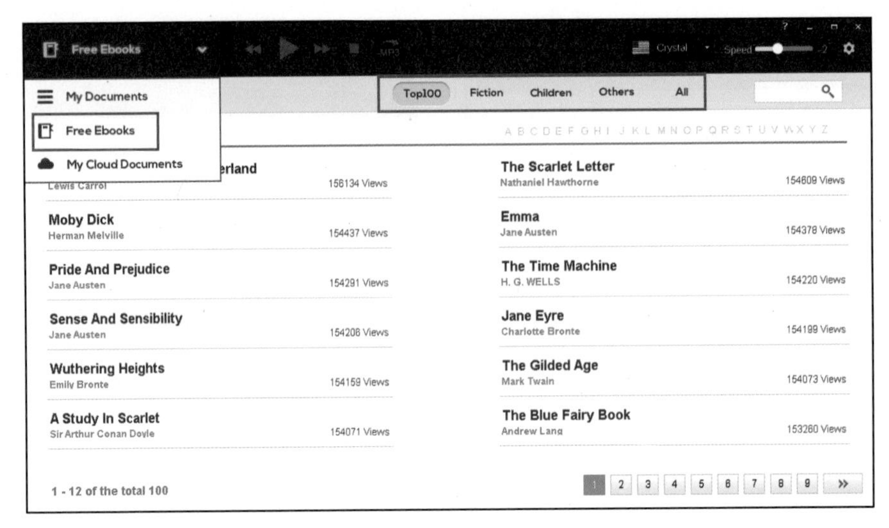

[그림15] Free Ebooks 화면

5) 텍스트 편집 기능

텍스트 편집 메뉴바의 기능은 다음과 같다.

	Save	저장
	Copy	복사
	Cut	자르기
	Paste	붙여넣기
	Undo	이전 작업 취소
	Search	단어를 찾고 대체할 수 있는 기능
	Pronunciation Editor	발음을 변경할 수 있는 편집기능(유료버전만 사용가능)
	Conversation Editor	녹음하는 소리 변경 가능, 텍스트를 읽는 중간에 pause(멈춤)도 포함할 수 있는 기능(유료버전만 사용가능)

	Remove	삭제
	Upload	〈My Cloud Documents〉에 자료를 올리는 기능(로그인 후 사용)

〈Search〉는 다음의 순서로 사용한다.

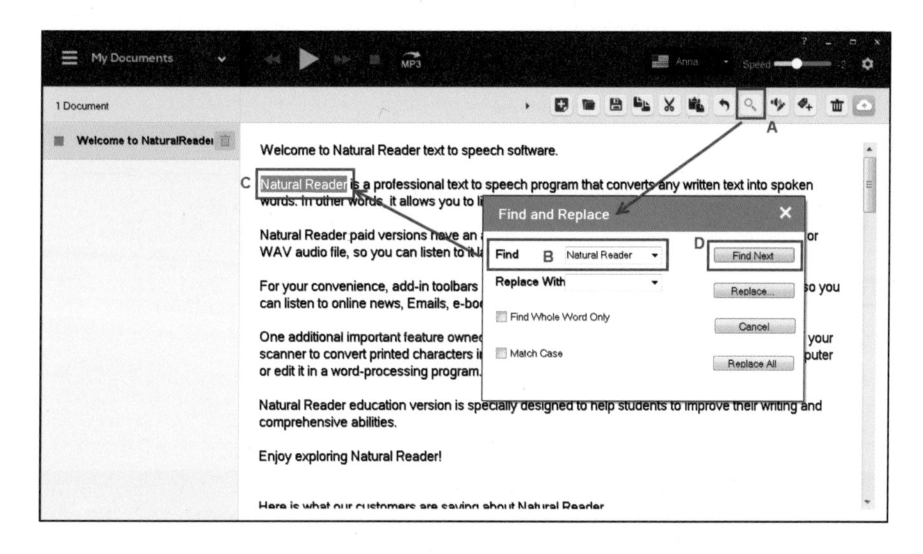

[그림16] Search-Find 기능

① 텍스트 편집 메뉴바에서 [그림16-A]의 〈Search〉를 클릭하면 팝업창이 열린다.

② [그림16-B]와 같이 텍스트에서 특정한 단어를 입력한다. 여기서는 Natural Reader를 입력해본다. [그림16-C]와 같이 문서 전체에서 Natural Reader라는 단어를 찾아준다. 이때 [그림16-D]의 〈Find Next〉로 Natural Reader라는 단어를 문서 끝까지 찾는다.

③ 〈Replace With〉에 대체할 단어를 입력한 후 [그림17-B]의 〈Replace〉를 클릭하면 [그림17-C]와 같이 Natural Reader가 TTS로 바뀌게 된다.

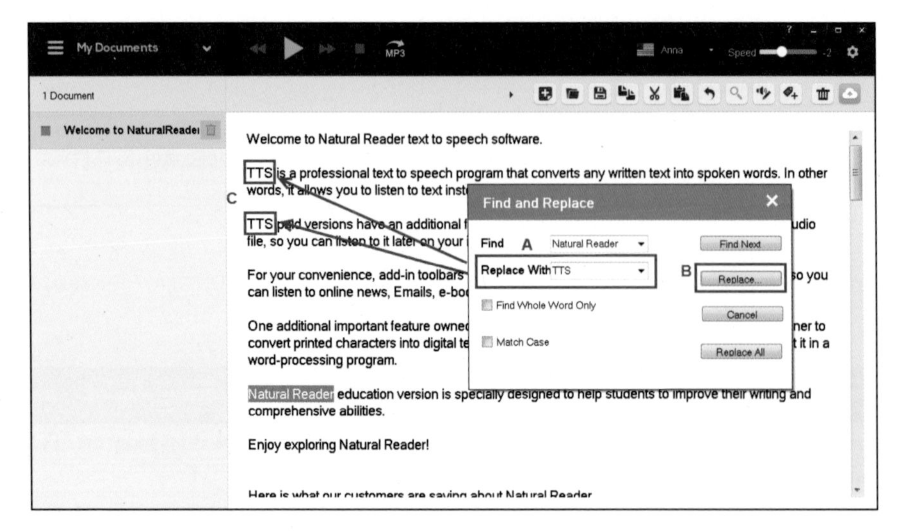

[그림17] Search – Replace기능

6) Floating bar 기능

〈Floating bar〉는 다음과 같은 순서로 사용한다.

① 기본화면에서 〈Floating bar〉를 선택한다.

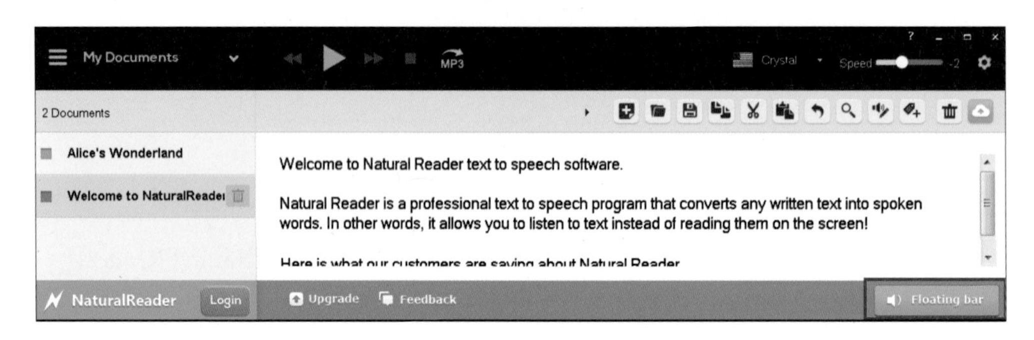

[그림18] 기본화면 – Floating bar 선택

② [그림19-A]와 같이 워드파일에 음성으로 전환하려는 부분을 선택한다.

③ 〈Floating bar〉에서 [그림 19-B]의 재생(Play)을 누르면 텍스트가 읽힌다.

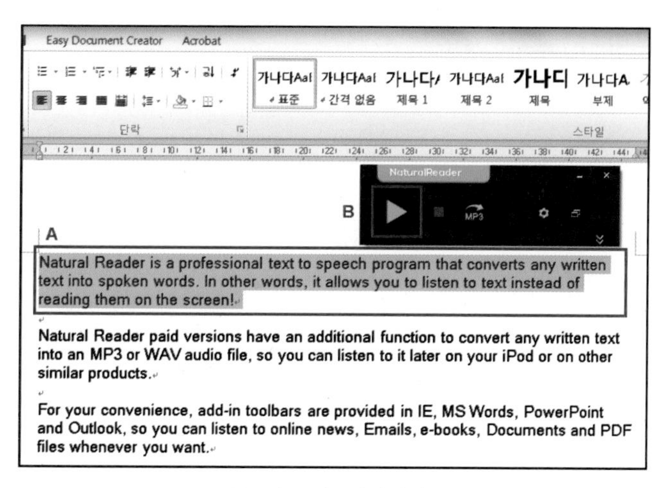

[그림19] 워드파일 화면

④ 워드에 있는 텍스트뿐만 아니라 [그림20]과 같이 인터넷 뉴스 사이트에서 원하는 텍스트를 선택해서 TTS로 만들 수도 있다. [그림20-A]를 클릭하면 〈Floating bar〉 아래로 창이 열린다. [그림20-B]와 같이 뉴스[4]에서 원하는 텍스트를 선택한 후 재생(Play)을 누르면 텍스트가 읽히면서 자동으로 옮겨진다.

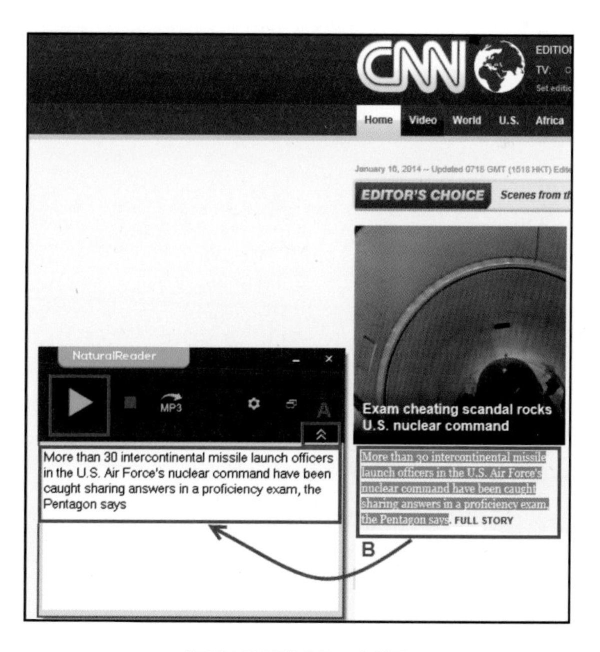

[그림20] 인터넷 (CNN) 화면

4 www.cnn.com

TTS 활용하기

- 교수자는 오디오가 없는 경우 TTS(Text to Speak)사이트를 사용해서 텍스트를 소리파일로 만들어 수업 시간에 활용할 수 있다.
- 원어민의 목소리로 저장이 가능하기 때문에 텍스트를 소리파일로 만든 후 정확한 발음을 통한 언어 학습이 가능하다.
- 텍스트만 있어도 TTS를 사용하여 다양한 목소리의 듣기시험 문제를 출제할 수 있다.
- 학습자가 학습할 텍스트(말하기 시험 대본, 원서 강독 텍스트 등)를 녹음파일로 제작해서 휴대폰에 저장이 가능하기에 시공간상 제약이 없는 학습이 가능하다.
- 다양한 국적의 영어 악센트를 활용하여 여러 종류의 듣기 텍스트 구성이 가능하며, 시험 대비용(토익 등)으로도 활용 가능하다.
- 사용자가 선호하는 책으로 오디오북을 만들 수 있다.

III

언어 기능별 멀티미디어 활용

1 듣기지도 Listenting

듣기는 음성으로 발화된 언어(spoken language)에서 소리를 감지(intake)하고 단어를 이루는 분절(segment)을 인식하거나 단어 간 구문적 구조와 언어 표현을 이해하는 과정을 통해 화자의 의도를 파악하는 등의 복잡한 과정이다. 따라서 듣기 능력은 음성 언어를 듣고 수동적으로 이해하는 것을 넘어 청취한 내용의 문맥을 종합적으로 파악하고 새롭게 얻은 정보와 기존 지식을 결합하여 의미 구성(meaning construction)을 하는 능동적이고 의식적인 과정을 수행하는 능력이다(Rost, 2002). 일반적으로 듣기의 목적은 크게 두 가지로 나눌 수 있는데, 뉴스나 강의, 연설과 같이 일방향으로 주어지는 정보를 이해하기 위한 것과 대화 같은 쌍방향 상호 작용에서 들은 내용을 이해하고 의사소통을 하기 위한 것이다. 이때 청자는 화자의 말을 듣고 이해하여 적절하게 반응하고 화자로 전환하는 능동적 주체가 되므로 성공적인 의사소통을 하기 위해서 듣기는 매우 중요한 역할을 수행한다.

음성 언어는 단어나 구, 문장을 구별하는 분명한 분절이 없다. 대신 발화 내용의 이해를 위해 구문 간 멈춤(pause)으로 나누기도 하는데, 문자 언어에 비해 덜 분절화되어(segmented) 있고 구어체적(colloquial)이다(Lynch, 1998). 또한 모국어 발음과의 차이점, 음절 구분의 모호성, 연음 발음의 복잡성 같은 것이 음성 언어의 말뭉치 파악을 힘들게 한다. 여기에 음성 언어는 발화와 동시에 정보를 이해해야 한다는 순간성과 시간적 제한 때문에 문자 언어를 읽는 것보다 더 어려움을 준다.

따라서 목표 언어에 노출되는 시간이 적은 외국어 학습자의 경우에는 학습자의 언어 수준과 듣기 목적에 맞는 상당한 양의 언어 입력이 필요하다. 컴퓨터나 인터넷과 같은 테크놀로지의 활용은 듣기 지도를 위한 광범위한 언어 입력을 제공할 수 있는데, 온라인상의 다양한 듣기자료들은 학습자에게 많은 양의 의미있고(meaningful) 이해가능한(comprehensible) 언어 연습이나 실생활 의사소통 환경을 제시해준다. 특히 다양한 웹기반 음원 가운데 학습을 목적으로 제작된 듣기자료들은 일상 대화를 포함한 주제별 대화 녹음이나 단어, 문법, 이디엄 등을 연습할 수 있는 음성파일을 제공하므로 듣기 교수나 학습에서 유용하게 활용할 수 있다. 한편 원어민 청취자를 대상으로 제작된 뉴스, 영화 리뷰, 과학 보고서, 다큐멘터리, 코미디, 만화, 스포츠 등의 온라인자료 역시 듣기 교수와 학습에 활용될 수 있다.[1] 이런 실제(authentic) 언어 생활을 반영한 웹기반 듣기자료들은 언어가 사용되는 맥락(context)이나 문화(culture)에 학습자를 노출시키고, 학습 동기를 유발하거나 청해 능력의 전반적인 향상에 도움을 줄 수 있다(Vandergrift, 2004).

컴퓨터나 웹기반 듣기자료는 크게 오디오(podcasts), 비디오(vodcasts), 양방향 의사소통(two-way communication)기반 자료(예: audio/video blogs)로 나눌 수 있다(Butler-Pascoe & Wiburg, 2003). 이 가운데 비디오자료를 활용한 듣기 교수는 학습자에게 언어 입력과 동시에 몸짓, 표정과 같은 비언어 입력을 제시하므로 언어가 사용되는 상황이나 맥락을 이해하고 의미 구성을 하는 데 도움을 줄 수 있다. 또한 뉴스, 드라마, 영화, 연설, 강의, 토론 등의 다양한 장르의 비디오 자료를 활용한다면 각 장르에서 사용되는 특정 언어 구조, 어휘 등의 언어 지식(lingustic knowledge)과 내용 지식(content knowledge), 사회 언어적 지식(sociolingustic knowledge)등을 함께 향상시킬 수 있다.

컴퓨터기반 듣기자료의 또 다른 특징은 듣기자료와 함께 미디어 플레이어나 대본, 청해 문제, 심화학습자료 등을 멀티미디어로 제공한다는 점이다. 학습자는 자신의 듣기 속도에 맞게 플레이어 조작(operate)해서 멈춤이나 구간 반복 청취를 하거나 듣기 과정을 수행하면서 대본을 참고할 수 있다. 또한 청취 후 이해 점검 문제를 풀고 정답이나 오답에 대한 피드백을 확인하면서 듣기 과정을 수행할 수 있다. 따라서 멀티미디어를 활용한 듣기자료는 학습자 스스로 듣기 학습의 목표나 학습 내용을 계획하고 청해의 정도를 확인하거나 오류를 수정하면서 학습 과정을 관리(manage)할 수 있다. 이처럼 MALL 환경은 학습자에게 개별화된(individualized) 듣기 학습 활동을 제공하기 때문에 기존의 교실 수업이나 교사 중심 듣기 교수에 비해 학습자 자율성(learner autonomy)이나 학습자 중심성(learner centeredness)을 강조한다.

MALL 환경은 듣기 학습을 말하기나 쓰기 등의 다른 언어 기능 학습과 연계할 수 있게

---

1 영어 학습을 위한 일반 사이트(public website)로는 ABC News (http://abcnews.go.com/video/), CNN News (http://cnn.com/video/)와 같은 뉴스 사이트와 야후 비디오(http://screen.yahoo.com), 유트브(http://youtube.com), 메타카페(http://www.metacafe.com)와 같은 검색 사이트가 있다.

한다. 예를 들어 학습자나 교수자 스스로 자신의 음성 파일을 제작하고 이를 페이스북, 트위터, 블로그 등에서 공유한다. 교수자는 학습자에게 동료의 음성파일을 듣고 피드백을 말하거나 쓰게 할 수 있는데, 이는 듣기와 다른 언어 기능을 연계한 대표적인 언어 교수 방법이다. 이 같은 학습 활동을 통해 학습자는 네 가지 언어 기능을 고루 연습할 수 있고, 서로의 수준과 흥미에 맞는 학습자 맞춤식(learner fit) 피드백을 교환하면서 동료로부터 배우는 협력 학습을 수행하게 된다.

이상에서 소개한 멀티미디어기반 듣기자료의 특징과 활용 방법 등은 학습자가 듣기 학습에 느끼는 어려움을 줄여주고 학습자의 내적 동기를 유발하여 듣기 학습 효과를 향상시킨다. 교수자는 학습자의 요구와 듣기 목적, 교수 환경에 맞는 적절한 CALL 자료를 선별해서 사용해야 하는데, 특히 웹기반 듣기자료를 선택할 때는 음성자료뿐만 아니라 문자(대본)나 그림(사진)과 같은 시각적 자료를 적절하게 제공하는지를 고려해야 한다(Chapelle & Hegelheimer, 2008). 또한 온라인 듣기자료를 다운로드하면 교수자가 원하는 시간, 장소, 방법으로 활용하거나 교수 내용에 맞게 수정할 수 있으므로 자료의 다운로드 여부도 확인한다. 듣기 수업에 MALL 자료를 활용하려면 인터넷 검색 엔진을 이용하거나 영어 학습 사이트, 웹사이트 평가 지표 등을 참고하여 자료의 유용성을 체계적으로 확인해야 한다.

References

Butler-Pascoe, M. E., & Wiburg, K. (2003). *Technology and teaching English language learners*. Boston, MA: Pearson Education, Inc.

Chapelle, C. A. & Jameison, J. (2008). *Tips for teaching with CALL: Practical approaches to computer-assisted language learning*. White Plains, NY: Pearson Education, Inc.

Lynch, R., & T. (1998). Theoretical perspectives on listening. *Annual Review of Applied Linguistics, 18*(1), 3-19.

Rost, M. (2002). *Teaching and researching listening*. White Plains, NY: Pearson Education.

Vandergrift, L. (2004). Listening to learn or learning to listen? *Annual Review of Applied Linguistics, 24*(1), 3-25.

Randall's ESL Cyber Listening Lab
(https://www.esl-lab.com/)

1. 특징

Randall's ESL Cyber Listening Lab은 영어 학습자나 교수자에게 영어 듣기자료를 제공해주는 사이트이다. ESL 교사인 Randall이 출판한 사이트로 전세계 영어 학습자에게 수준별, 주제별 다양한 듣기자료를 제공하고, 교수자에게는 풍부한 실제(authentic) 자료를 제공한다는 점에서 널리 이용되고 있다. 듣기자료는 크게 일반 듣기 퀴즈(General Listening Quizzes), 기본 듣기 퀴즈(Basic Listening Quizzes), 학문 목적 듣기 퀴즈(Listening Quizzes for Academic Purposes), 20분 ELS 어휘 학습(20-minutes ESL Vocabulary Lessons), 언어 학습과 생활 팁(Language Learning and Life Tips), 긴 대화 비디오(Long Conversations with RealVideo)의 여섯 가지 범주로 구분된다. 각 범주에 포함된 퀴즈들은 초급-중급-고급의 난이도에 따라 주제별로 제시된다. 이 밖에도 Randall 사이트는 ESL 언어 학습 사이트나 듣기 능력 향상을 위한 다른 사이트와 연계(link)하여 다양한 종류의 듣기 연습 활동을 제공하고 교사들을 위한 출력 가능한 학습자료도 제공한다.

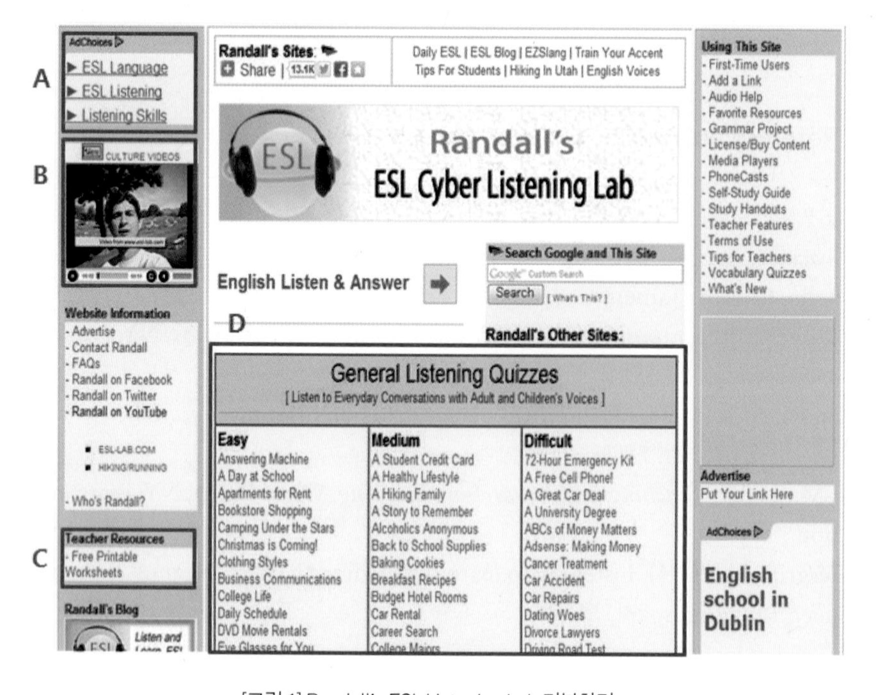

[그림 1] Randall's ESL Listening Lab 기본화면

A　Ad. Choices: 언어 학습 또는 듣기 학습을 위한 다른 사이트 목록
B　Cultural Videos: 문화를 소개하는 비디오 자료
C　Teacher Resources: 교사를 위한 출력 가능한 듣기 활동 자료 사이트와 연결
D　General Listening Quizzes: 일상적인 주제의 듣기 퀴즈들을 수준별로 제시

Randall's ESL Cyber Listening Lab은 다른 온라인 듣기 사이트에 비해 자료 제시의 방법이 매우 우수하다. 모든 듣기자료들은 수준별, 주제별, 자료 유형별로 자세하게 나누어져 제시된다(그림1-D 참조). 또한 각각의 듣기자료들은 듣기 전(pre-listening), 듣기(listening), 듣기 후(post-listening) 활동의 순서로 제시된다(그림2-A 참조). 모든 듣기자료가 오디오/비디오 플레이어와 함께 제공되므로 학습자가 직접 재생-멈춤을 반복할 수 있다. 또한 듣기자료에 포함된 어휘나 문장을 다지선다형, 단답형, 텍스트 완성형 등의 퀴즈를 통해 연습할 수 있다. 여기에 듣기 후행 활동으로 말하기나 쓰기와 같은 다른 언어 기능 연습을 제시한 것은 교수자가 교실 수업에서 편리하게 응용할 수 있다.

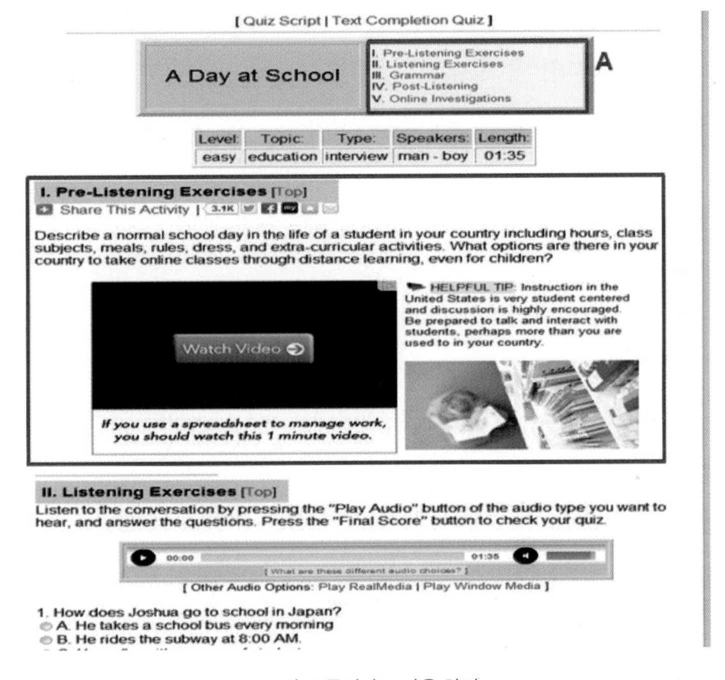

[그림 2] 듣기자료 사용 화면

2. 활용

1) 교수자 활용

① 모든 듣기 활동 자료들이 수준별, 주제별로 제공되므로 교수자는 자신의 학습자에게 적합한 듣기 활동을 선정하여 학습자에게 제시할 수 있다. 각 듣기자료에는 수준(Level), 주제(Topic), 유형(Type), 화자(Speakers), 길이(Length)가 명시되어 있어 수업의 내용과 순서를 정하는 데 편리하게 사용할 수 있다.

② 교수자가 듣기자료를 교실 수업에서 활용하는 경우 제시된 활동의 순서(듣기 전-듣기-듣기 후 활동)에 따라 사용 가능하다. 여기에 각 활동별로 유용한 팁(helpful tip)이 있어 교실 활동 계획에 응용할 수 있다.

③ 듣기 전 활동에 제시된 내용을 활용해 학습자의 배경 지식을 활성화시키거나 듣기자료 이해를 위한 사전 지식을 제시할 때 사용할 수 있다.

④ 듣기 활동에 제시되는 청해 퀴즈를 통해 학습자의 이해도를 확인할 수 있다. 또한 다양한 형태의 어휘 퀴즈(Vocabulary Quiz)는 학습자의 어휘 지식을 넓히고 어휘/문장 수준의 연습 활동을 반복적으로 제시함으로써 듣기 텍스트의 이해도를 높일 수 있다.

⑤ 듣기 후 활동은 말하기나 쓰기와 같은 다른 언어 영역 학습과 연계하여 활용할 수 있다.

2) 학습자 활용

① Randall 사이트는 학습자 스스로 자신의 수준이나 학습 스타일에 맞는 듣기자료를 선택하여 자기주도적으로 학습할 수 있다. 예를 들어 시각적(동영상) 자료를 선호하는 중급 학습자의 경우, 사이트 화면 하단에 위치한 [긴 대화 비디오]의 중간(Midium) 단계에서 자신에게 흥미로운 주제의 동영상(예: A Great Car Deal)을 선택하여 능동적으로 학습을 진행할 수 있다.

② 듣기 활동에서 제시된 청해 퀴즈의 모든 문제를 풀고 하단의 [Final Score] 버튼을 클릭하면 자신의 정답 수와 오답에 대한 정답을 확인할 수 있다. 이때 듣기 활동 상단에 있는 [Quiz Script | Text Completion Quiz]를 클릭하여 퀴즈의 대본과 듣기자료의 대본을 확인할 수 있다.

③ 모든 듣기자료는 듣기 전-듣기-듣기 후 활동의 순서로 구성되어 있으므로 자가학습(self-study)을 진행하는 데 활용할 수 있다.

Elllo
(https://www.elllo.org/)

1. 특징

Elllo는 영어 듣기 학습을 위한 무료 사이트이다. 이 사이트의 가장 큰 특징은 미국이나 영국 화자뿐만 아니라 전세계 다양한 국적을 지닌 화자의 영어 발음을 들을 수 있다는 점이다. 이는 영어 학습자가 실제 언어 사용자의 발음에 노출되고 내용을 듣고 익숙해지면서 듣기 능력 향상에 도움을 줄 수 있다. 또한 다양한 주제에 대한 듣기자료가 오디오/비디오의 형태로 제공되며 듣기 활동을 수행하면서 어휘 습득이나 청해 정도를 측정할 수 있는 퀴즈도 제공된다.

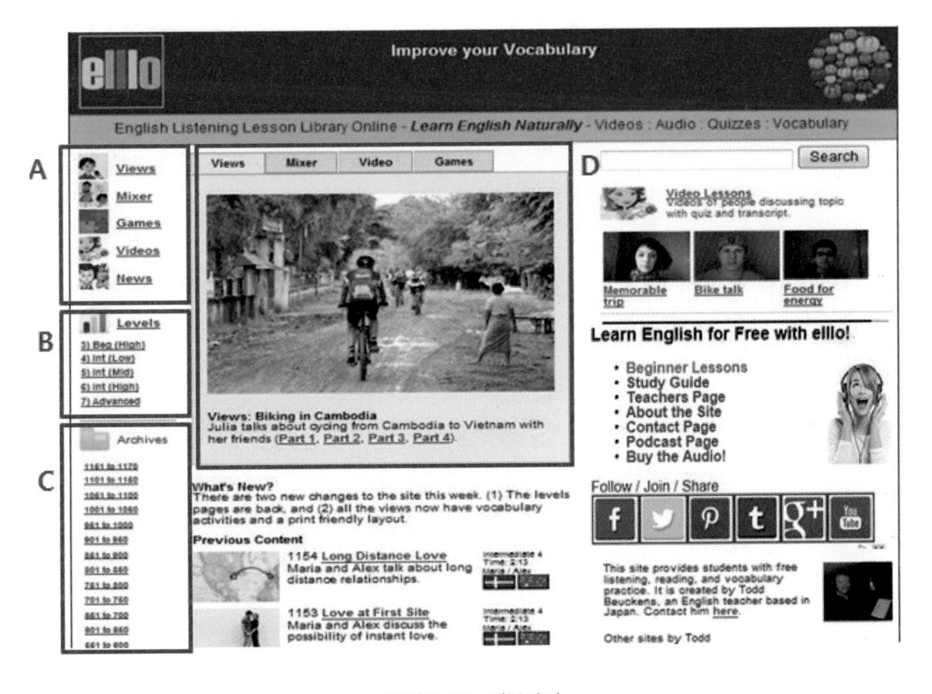

[그림 3] Elllo 기본화면

- A 유형(type) 선택 메뉴: Veiws, Mixer, Games, Video, News
- B 수준(Levels) 선택 메뉴: 학습자의 언어 수준에 따라 듣기 활동 선택
- C 목록(Archives): 사이트의 모든 듣기 활동이 최신 순으로 제시
- D 선택된 듣기 활동이 재생되는 창

Elllo 사이트의 유형 선택 메뉴는 다음과 같다.

① Views: 다양한 주제에 대한 여러 사람의 의견을 들어보는 듣기 활동이다.

② Mixer: 한가지 주제에 대한 여러사람들의 의견차를 들어보는 듣기 활동이다. 먼저 한 가지 주제에 대하여 6명의 화자가 등장하여 각기 다른 자신의 견해를 말한다.

③ Games: 오디오 파일을 듣고 내용과 일치하는 이미지를 선택하는 게임 활동이다.

④ Videos: 비디오 자료를 이용한 듣기 활동이다. 음성 입력뿐만 아니라 화자의 몸짓, 표정과 같은 비언어적 요소들을 함께 제시하므로 듣기 텍스트의 이해도를 높일 수 있다.

⑤ News: 한 명의 화자가 전달하는 짧은 가상 뉴스를 들어보는 활동이다. 영어 듣기 능력 시험을 준비하는 학습자에게 도움이 된다.

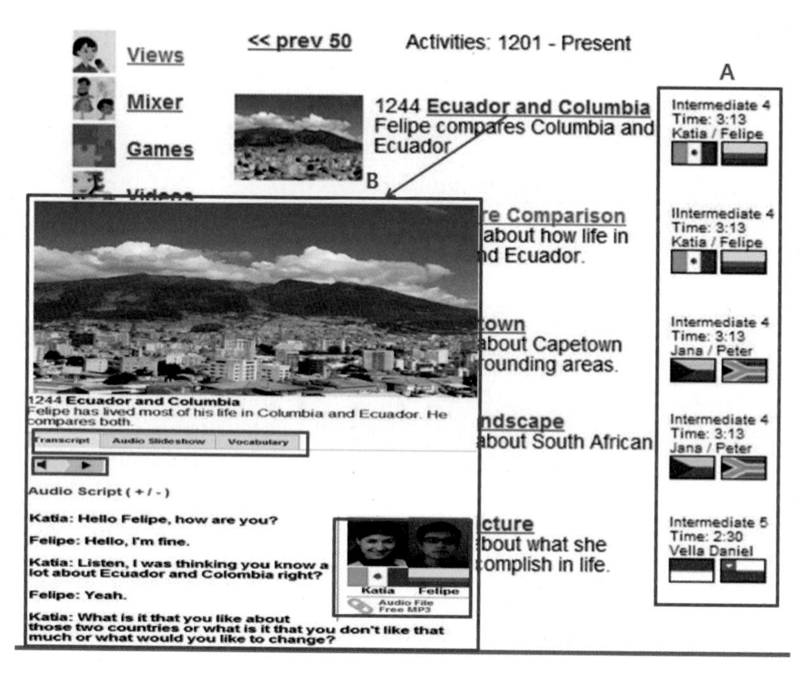

[그림 4] 듣기자료 사용 화면

Elllo 사이트의 모든 듣기자료는 원하는 주제의 제목을 선택하여 사용한다. 각 듣기자료의 제목 옆에는 [그림 4-A]와 같이 오디오 파일의 난이도와 화자들의 국적, 듣기자료의 길이가 표시된다. [그림 4-B]는 첫 번째 주제(Ecuador and Columbia)를 클릭하여 나타난 듣기 활동 화면으로 오디오 파일을 재생/정지할 수 있는 플레이어가 함께 제공된다. 중앙의 세 가지 탭 가운데 〈Transcripts〉은 듣기 파일의 대본을 볼 수 있다. 〈Audio Slide show〉는 들기 내용에 대한 그림 자료를 제공하며 〈Vocabulary〉에서 주요 어휘를 살펴볼 수 있다. 듣기 파일을 다운로드하려면 화면 우측의 〈Free MP3〉를 클릭한다. 각 듣기자료에는 어휘 퀴즈와 청해 퀴즈가 제공되어 목표 단어를 습득하거나 이해 정도를 확인할 수 있다.

2. 활용

1) 교수자 활용

① Elllo 사이트의 듣기자료는 전세계 영어 사용자의 다양한 영어 악센트를 포함하고 있기 때문에 영어 학습자, 특히 외국어로 영어를 배우는 학습자들이 실제 언어 사용 환경에 직접적으로 노출되는 효과를 줄 수 있다.

② 모든 듣기 파일은 주제별, 난이도별, 자료 유형별로 제시되므로 교수 환경(예: 수업 내용, 학습자 수준, 컴퓨터/빔프로젝트 유무 등)에 따라 듣기자료를 선택할 수 있다.

③ 선택된 듣기자료의 내용과 연관된 학습자료들이 링크되어 제시된다. Related Links 1276 Southern Style 를 선택하면 심화 학습을 제시하는 데 활용할 수 있다.

④ 오디오 파일뿐 아니라 비디오, 게임 등의 듣기자료를 활용하여 다양한 듣기 활동을 계획할 수 있다.

2) 학습자 활용

① 듣기자료가 비디오 플레이어와 함께 제공되므로 학습자가 자신의 속도(pace)에 맞게 재생/멈춤/반복 등을 조작하면서 자가 학습을 수행할 수 있다. 모든 듣기자료의 언어 수준, 화자의 국적 등을 표시하고 있으므로 자신의 학습 목표와 수준, 흥미에 맞는 자료들을 직접 선별할 수 있다.

② 듣기자료와 함께 제공되는 대본을 참고하면서 오디오 파일을 이용할 수 있다. 특히 입력 강화(input enhancement)를 위해 대본에 목표 어휘/구문들을 파란색으로 표시한 것은 학습자가 언어입력 과정에서 목표 언어에 집중하도록 도와준다.

③ 듣기 파일과 함께 제공되는 어휘 퀴즈는 목표 어휘들이 다른 맥락에서 어떻게 사용되는지를 연습할 수 있다. 또한 청해 퀴즈를 통해 전체적인 내용을 파악하고 이해 정도를 확인할 수 있는데, 하단의 Check Answers 버튼을 클릭하여 정답을 확인한다.

Real English
(https://www.real-english.com/)

1. 특징

Real Eglish 사이트의 듣기자료는 영어를 사용하는 나라들의 거리에서 인터뷰한 비디오 클립으로 구성되어 있다. 이는 미국, 영국뿐만 아니라 스코틀랜드, 스페인과 같은 다양한 나라의 악센트를 지닌 사람들이 영어로 대화하는 것을 녹음한 것으로 실제(authentic) 영어 사용 환경을 다양하게 제시한다는 특징을 지닌다.

모든 듣기자료들은 수준별, 주제별로 제시되고 각각의 비디오 클립마다 퀴즈를 삽입하여 어휘, 문법, 청해 정도를 확인할 수 있다. 또한 비디오로 제시되는 듣기자료들을 활용하면 해당 대화문이 사용되는 맥락적 이해뿐만 아니라 표정, 몸짓 등의 비언어적인 요소들을 이해하는 데도 도움을 줄 수 있다. 특히 Real English Mobile 페이지에서 제공하는 듣기자료들은 iPhone/iPad와 호환가능하여 모바일 환경에서 손쉽게 영어 학습을 할수 있다. 또한 스페인어, 프랑스어, 독일어와 같은 다른 언어를 배우는 사이트와도 연결되어 있으므로 필요에 따라 활용이 가능하다.

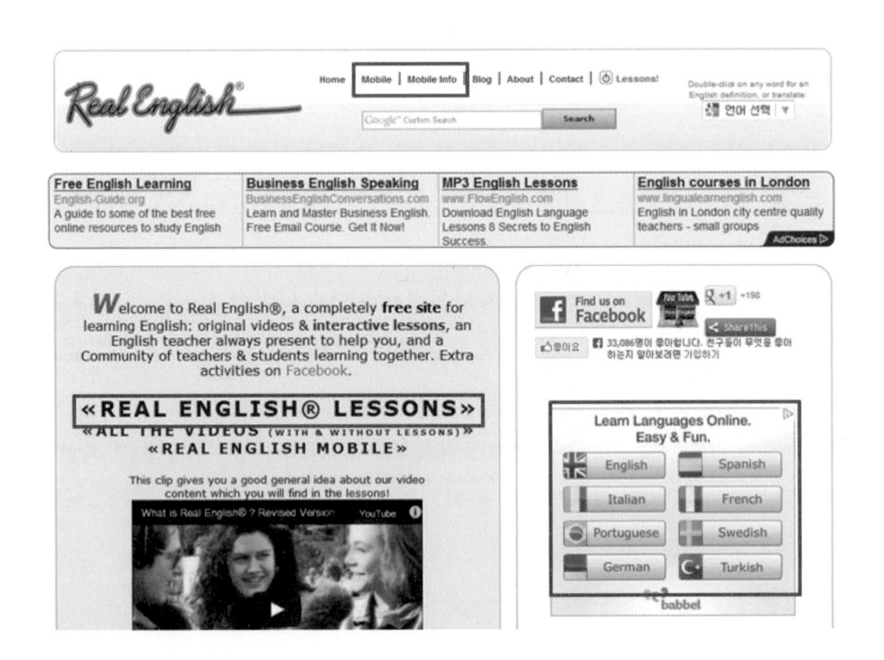

[그림 5] Real English 기본화면

기본화면의 〈Real English Lesson〉을 클릭하여 듣기 활동을 시작한다. 모든 듣기자료들은 주제별 단원(lesson)으로 구성되고 듣기자료의 언어수준과 간단한 소개글이 함께 제시된다. 각 단원의 내용은 수업 목표, 비디오 보기(자막 있음-없음), 관련 문제 풀기, 듣기 활동 사용법 등을 포함한다(그림 6 참조).

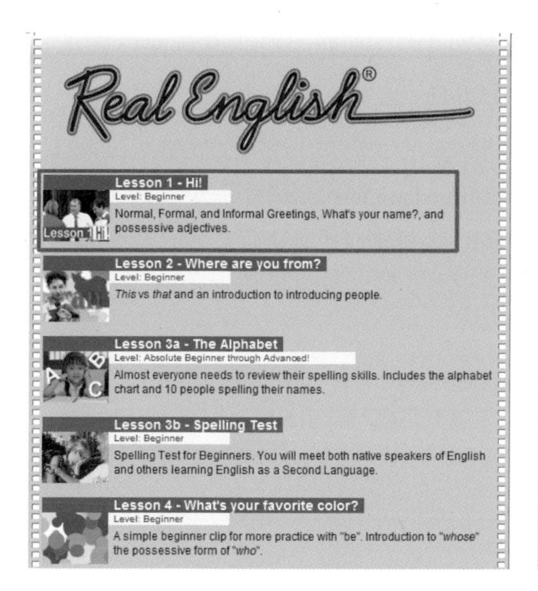

[그림 6] 듣기자료 사용 화면

2. 활용

1) 교수자 활용

① 비디오 클립과 함께 제시되는 연습 문제를 통해 관련 어휘들을 습득하고 특정 정보를 확인하기 위한 상향식 접근(bottom-up approach)과 전체적인 내용을 이해하고 확인하는 하향식 접근(top-down approach)의 듣기 연습을 제공한다. 따라서 이 사이트의 자료를 적절하게 활용한다면 균형있는 듣기 수업을 계획하는 데 도움이 된다.

② 대부분의 듣기자료들은 교수자를 위한 메모(Teachers:)와 듣기자료의 사용법(How to do the lessons:)을 제공하므로 비디오 자료를 활용한 듣기 수업을 계획할 때 참고할 수 있다.

③ Real English 사이트가 다양한 언어 배경을 가진 영어 사용자의 인터뷰자료를 제공하기 때문에 영어 학습자, 특히 외국어로 영어를 배우는 학습자를 실제 언어 사용 환경에

노출시키는 효과가 있다. 다만 일부 자료들에 표준 언어가 아닌 표현(예: slang)이 등장하므로 특정 수준의 학습자(예: 초급자)에게 사용할 때는 주의를 기울여야 한다.

2) 학습자 활용

① Real English의 듣기자료들은 수준별, 주제별 단원으로 제공되므로 학습자 스스로 원하는 듣기 활동을 선택하여 듣기 능력 향상을 위한 연습을 할 수 있다. 또한 모든 듣기 파일은 비디오로 제시되고 연습 문제 또한 그림/텍스트 자료와 함께 제공되므로 학습자 주도적 학습을 수행하는 데 활용할 수 있다.

② 연습 문제의 풀이 과정에서 즉각적인 피드백(immediate feedback)이 주어지므로 혼자 학습을 수행하는 데 무리가 없다. 다만 정답이나 오답에 대한 자세한 설명이 없는 점은 이 사이트의 아쉬운 점이다.

ESL Radio and TV
(http://eslradioandtv.com/)

1. 특징

ESL Radio and TV 사이트는 라디오나 텔레비전의 듣기자료들을 제공한다. 다양한 라디오/텔레비전 자료가 수준별로 제시되므로 실제(authendic) 자료를 통한 듣기 연습을 할 수 있고, 함께 제시된 퀴즈를 활용하여 청해 정도를 확인할 수 있다. 퀴즈의 정답을 확인할 수 있는 부분을 반복적으로 청취할 수 있게 디자인되어 학습자들에게 의미있는 피드백을 제공한다.

또한 이 사이트는 학습자 스스로 라디오 프로그램을 제작하는 과업을 단계별로 소개하고 있다. 즉 라디오 프로그램 제작을 위한 계획, 브레인스토밍, 리서치, 문서화, 대본쓰기, 리허설, 수행의 단계를 자세하게 설명하고 소리파일 제작 프로그램을 설치할 수 있도록 안내한다. 이 같은 과업을 통해 학습자는 듣기뿐만 아니라 말하기, 쓰기, 읽기 능력을 통합적으로 향상시키고 능동적인 학습자가 될 수 있다.

[그림 7] ESL Radio and TV 기본화면

- A　About Us: 사이트 소개글
- B　TV: 텔레비전 듣기자료
- C　Radio: 라디오 듣기자료
- D　Shop: 듣기 관련한 자료들 소개 및 구매 가능 사이트로 연결
- E　About You: 라디오 프로그램을 제작하는 과업 아이디어 제공

듣기자료는 [그림 8]과 같이 청해 퀴즈와 미디어 플레이어로 구성되어 있다. 청해퀴스는 한 문항씩 제시되고 [그림 8-A]의 〈Play this part〉를 클릭하면 문제의 정답을 찾을 수 있는 파일의 일부분을 반복적으로 재생한다. 이는 학습자 스스로 정답을 찾도록 유도하는 암시적 피드백(implicit feedback)으로 선택적 듣기(selective listening) 연습에 도움이 된다. 다만 오답이 된 부분을 대본으로 보여주거나 정답을 설명하는 명시적 피드백(explicit feedback)에 비해 제한적일 수 있다.

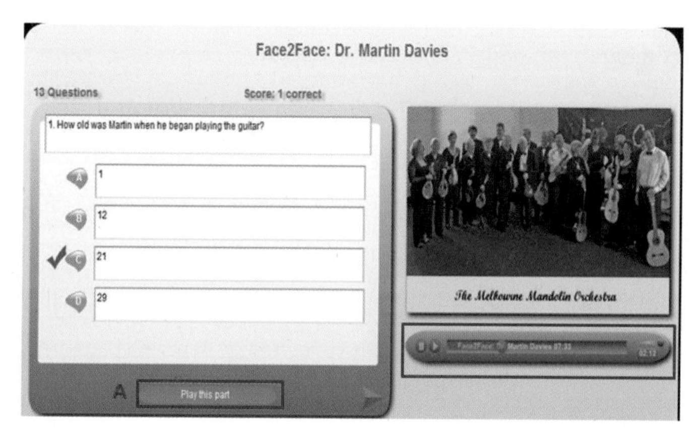

[그림 8] 듣기자료 사용 화면

2. 활용

1) 교수자 활용

① ESL Radio and TV는 중급 이상의 영어 학습자에게 실제 라디오나 텔레비전의 자료를 접할 수 있는 기회를 제공한다. 학습자가 실제로 영어가 사용되는 환경에 두려움 없이 접근할 수 있도록 지도할 수 있다.

② 연습 문제들은 어휘나 문법, 특정 정보 찾기 등의 상향식 기술(bottom-up skills)을 향상시키고 학습자의 듣기 능력을 평가하는 데 활용될 수 있다.

③ 사이트에서 제공하는 라디오/텔레비전 프로그램은 연설, 인터뷰, 강의, 일상 대화 등 다양한 언어 사용 환경을 제시한다. 교수자는 학습자에게 언어 지식과 내용 지식을 전달할 뿐만 아니라 언어의 사회적 기능(socio-linguistic functions)을 소개할 수 있다. 다만 사이트에서 제시하는 학습 활동이 문제 풀이 정도로 제한되어 있으므로 교사가 이 사이트의 내용을 활용하기 위해서는 듣기 전-후 활동을 별도로 준비하는 것이 바람직하다.

④ 학습자들이 직접 라디오 프로그램을 제작하게 하는 과업 중심 언어 교수(task-based language teaching)에 활용할 수 있다. 예를 들어 학습자에게 자기 소개, 인생 계획, 가족, 관심 분야 등의 주제를 부여하고 이를 라디오 프로그램으로 제작하는 과업을 개별 또는 모둠 과제로 제시한다. 학습자들은 계획, 수행, 수정 등의 단계를 수행하면서 능동적으로 학습 활동에 참여할 수 있고, 개별/협업 학습을 수행하는 과정에서 언어 교수가 가능하다. 또한 말하기/쓰기와 같은 다른 언어 영역 지도와 연계할 수 있다. 특히 이 사이트는 내용이 알차고 우수한 출력물을 사이트에 게시(publish)해주므로 학습자의 성취감을 고취시키는 데도 도움이 될 것이다.

2) 학습자 활용

① 영어로 제작된 라디오/텔레비전 프로그램을 접하는 것은 영어 사용 환경을 이해하고 실제적 언어를 습득하는 데 도움이 된다.

② 듣기자료에 언어 수준을 표시하고 있으므로 학습자 스스로 적절한 학습 내용을 선택하고 각 듣기 파일에 포함된 어휘나 문법도 함께 학습할 수 있다.

③ 듣기자료와 미디어 플레이어가 함께 제공되므로 학습자 스스로 재생/반복 여부를 조절할 수 있다. 청해 퀴즈의 문항별로 정답을 확인할 수 있는 부분 파일이 제공되므로 선택적 듣기 연습도 가능하다.

④ 〈About You〉 메뉴에 연결된 프로그램을 이용한다면 자신만의 라디오 프로그램을 제작할 수 있으므로 말하기나 쓰기 연습도 가능하다. 이 같은 제작 활동은 영어 학습에 대한 동기 부여와 흥미 유발에 도움이 된다.

2 말하기 지도 Speaking

외국어 학습의 궁극적인 목적은 의사소통 능력을 함양하기 위함이며 우리나라 외국어과 교육 과정 역시 일상 생활에 필요한 영어를 이해하고 사용할 수 있는 기본적인 의사소통 능력을 기르는 것을 목표로 하고 있다. 성공적인 의사소통을 위해서는 자신의 의사를 명확히 표현하는 것은 물론이고 상대방의 의사를 충분히 이해하고 적절히 대처해야 한다. 즉 말하기는 상호작용 속에서 화자와 청자 간의 계속되는 의미 협상(negotiation of meaning) 과정이라고 할 수 있다.

의사소통 능력은 언어 지식과 언어 사용 능력을 포함한다. 의사소통 능력을 배양하기 위해서는 언어 능력과 언어 사용을 연계시켜 언어 자체에 대한 지식과 그 지식을 사용할 수 있는 능력을 습득해야 한다(Hymes, 1972). 이 언어를 사용할 수 있는 능력은 상호작용을 통한 의미 협상 과정의 수정적 피드백(corrective feedback)을 받음으로써 목표 언어 사용의 오류를 발견하고 그 오류를 인지하고 수정해나가는 과정을 통해 향상될 수 있다. 따라서 외국어 교육에서 사회적 상호작용적 접근은 중요한 요소이며 특히 이 과정에서 발생하는 의미협상을 통해 주고 받는 수정적 피드백은 말하기 교육과 학습의 핵심이라고 할 수 있다.

그러나 현실적으로 우리나라 교실 상황에서 학생들에게 말할 기회를 충분히 제공하기란 쉽지 않다. 말하기 위주의 수업을 하기에는 여전히 많은 한 반의 학생수, 또 학년이 올라갈수록 시험 준비를 위한 수업을 해야하기 때문이다. 또한 외국어 학습자들의 경우 교실 내에서 남들 앞에서 영어로 말하는 것에 대한 심적인 부담으로 인하여 당황하여 불안(anxiety)정도가 높은 것으로 알려져 있다. 이러한 맥락에서 볼 때 말하기 지도에서 멀티미디어의 활용은 교실 수업에서의 한계점을 극복하고 내성적인 학생들도 다른 학생들과 유사하게 참여할 수 있도록 해준다. 동료들이 함께 동참하는 상호작용적인 비계(scaffolding;

Vygotsky) 학습 기회와 실제적인 입력(authentic input)을 제공하고 즉각적인 피드백을 공급해줄 수 있기 때문이다.

멀티미디어를 활용한 말하기 지도는 학습자의 필요에 맞게 정확성에 기초한 언어중심 학습에서부터 의미와 상호작용을 중점으로 하는 유창성에 기초한 내용 위주의 학습까지를 모두 포괄한다. 인터넷을 기반으로 좀 더 의미있는 상황에서 실제 청자(real audiences)에게 발화를 해보거나 대화를 할 수 있는 기회를 갖게 함으로써 수정적 피드백을 제공해줄 수 있다. 수정적 피드백의 제공은 출력의 오류에 더 집중할 기회를 주어, 자신의 출력과 올바른 표현과의 차이를 인식할 수 있게 해준다. 그로 인해 학습자 스스로 자신의 출력을 모니터링하면서 자가 수정(self correction)을 할 수 있게 되며 부족한 부분에 대한 중점 연습(focused practice)을 할 수 있게 된다. 따라서 교사의 개입은 현저하게 줄어 들면서 더 많은 자발적인 학습(autonomous learning)의 기회를 제공해준다. 또한 텍스트뿐만 아니라 영상, 사진, 음성, 그래픽 등의 다양한 모드로 제공되므로 다중지능에서 학습유형이 다른 학습자들의 동기부여를 높여줄 수 있다.

멀티미디어를 활용한 말하기 학습의 대표적인 예로 CMC(Computer-Mediated Communication)를 들 수 있다. 말하기는 특히 시간적 제약하에서 하는 과정이므로 화자의 말을 듣고 바로 답해야 하는 그 짧은 '시간'이라는 요소는 기억에 대한 부담뿐만 아니라 심적인 부담을 주는 요인이된다. CMC의 경우 대화의 속도를 늦출 수 있어 학습자가 말하고자 하는 내용을 계획하고 수정해볼 수 있는 기회를 제공해준다. 또한 상호작용의 내용을 시각적으로 확인할 수 있어서 언어의 정확성에 더 치중할 수 있게 된다. 따라서 대부분 텍스트로 이루어지는 CMC는 쓰기형태와의 병행 학습이 가능하므로 단순한 말하기 학습보다도 유창성 및 정확성 향상에 도움이 되며 문법학습에도 긍정적인 효과를 줄 수 있다(Chapelle & Jamieson, 2008).

CMC의 정확성과 문법학습의 효과에 대한 논란은 학습자와 컴퓨터와의 상호작용이 학습자와 학습자 간의 상호작용만큼 효과적이기 때문이다(Chapelle & Jamieson, 2008). 이는 즉각적인 피드백과 수정을 제공해줄 수 있으며 CMC 중에도 언제든지 접근할 수 있는 온라인 사전이나 온라인으로부터 얻는 정보가 동료와의 상호작용에서보다 더 정확하기 때문이다. 특히 철자, 단어의 구성법이나 변화 등을 다루는 형태소 측면에서 큰 도움을 받을 수 있다. 이러한 정보와 도구를 이용하여 받은 피드백을 이용함으로써 교실 밖에서도 의사소통을 계속 유지할 수 있게 해준다.

영어 말하기 학습을 어렵게 하는 언어적 요인으로는 무리짓기(clustering), 축약, 연음,

속도, 대조음 등이 있으며 고정패턴을 지닌 표현들(formulaic expression)도 포함된다. 유창한 말하기를 위해 이러한 것들이 자동화(automaticity)되기 위해서는 많은 연습이 필요하며 때론 암기도 해야 하는데 의미있는 상황에서 이런 표현들에 대해 많은 연습을 하도록 고안되어 있는 멀티미디어 프로그램이 다양하게 제작되어 있다. 특정 표현을 사용하는 문장구조를 더 많이 제공해줄 수 있으므로 자동화할 수 있게 해준다. 요즘은 웹사이트에서 발화내용을 녹음하고 저장하면 피드백도 무료로 제공해주고 있으므로 위와 같은 사항을 참고하여 이러한 프로그램이나 사이트를 활용하면 의사소통 능력 함양에 많은 도움이 될 것이다.

References

Chapelle, C.A. and Jamieson, J. (2008). *Tips for teaching with CALL: Practical approaches to computer-assisted language learning*. White Plains: NY, Peason Longman.

Hymes, D.H. (1972). On communicative competence, In: J.B. Pride and J. Holmes, (eds.) *Sociolinguistics*. Harmondsworth, Middlesex: Penguin Education, 269-93.

ESLgold.com
(http://www.eslgold.com/speaking.html)

1. 특징

ESLgold는 말하기 활동이 수준별, 기능별로 구분되어 있으며 다양한 자료를 무료로 사용할 수 있다. 언어의 네 가지 기술뿐만 아니라 문법 어휘 발음 등도 제공해주는 종합적인 학습 사이트이다. 5가지 수준으로 나뉘어 있고 주제별, 상황별로 다양하게 구성되어 있어 구어체 회화를 연습하기에 적합한 사이트이다. 오디오가 제공되며 같은 대화를 두 번씩 반복해서 들려준다. 두 번째는 속도를 늦춰 말해 천천히 따라할 수 있다. 오디오는 파일로 저장 가능하다.

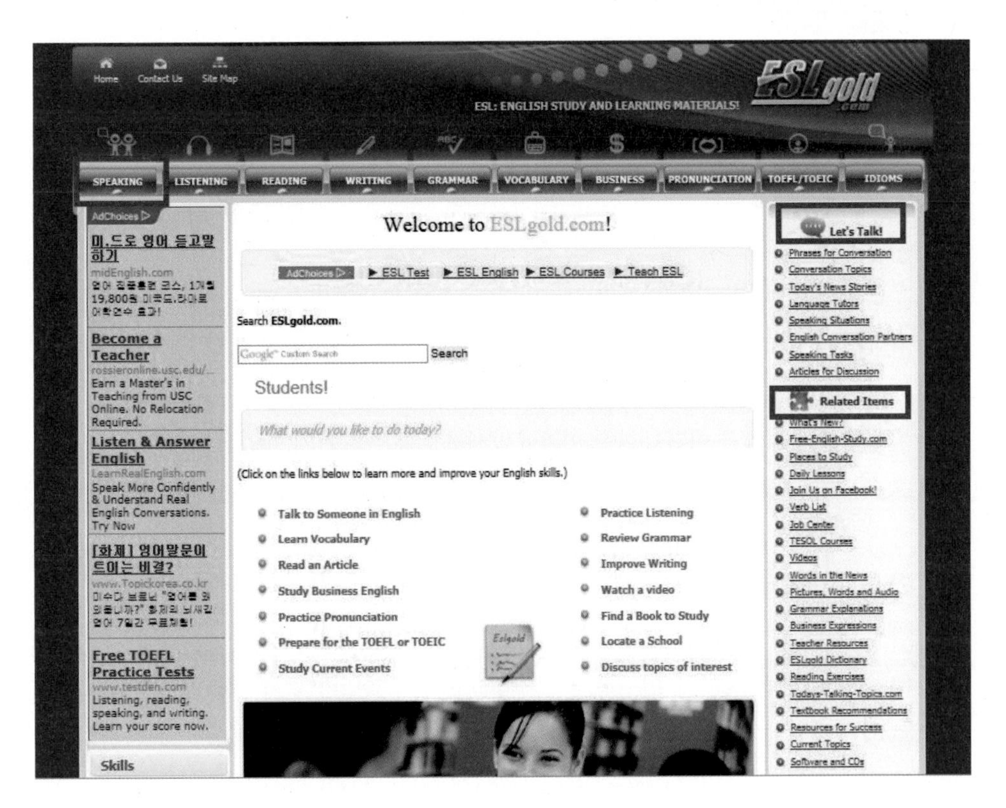

[그림1] ESLgold 기본화면

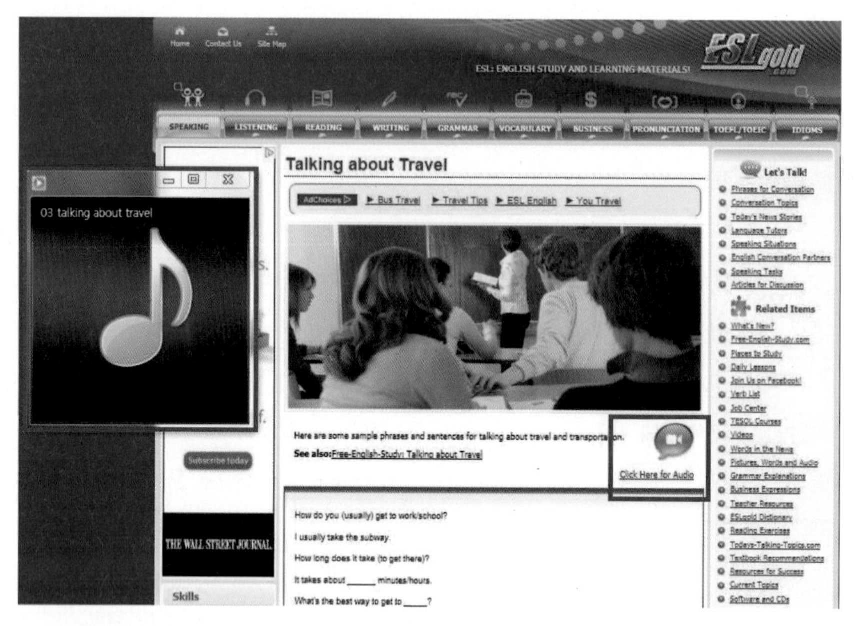

[그림2] 오디오 화면

2. 활용

1) 교사 활용

① 오디오와 스크립트가 제공되며 녹음도 할 수 있어서 주제별 또는 상황별로 녹음 및 편집하여 과제로 제시하거나 하나의 오디오파일로 만들어 연습하게 할 수 있다. 이렇게 제시된 과제는 말하기 테스트용으로 활용할 수 있다.

② 학생들을 A-B 짝을 이뤄 대화를 외워서 말해보도록 한다든가 개인적으로 정확한 발음으로 말할 수 있는지 테스트하는 것도 하나의 방법이다.

2) 학습자 활용

① 다섯 단계의 수준으로 나뉘어 있고 대화별로 기본적인 구(phrase)별 연습을 한 후 대화(dialogue) 연습을 할 수 있도록 구성되어 있으며 각 과업마다 자세한 팁들이 제공되므로 교사의 도움 없이도 학습자가 자신의 수준에 맞는 단계를 선택하여 스스로 자가 학습할 수 있다

② 정확한 발음과 상황별 대화 형식을 따라 익히면서 말하기 능력을 키울 수 있다.

③ 학습전략에 관한 다른 사이트와 링크되어 있어 외국어 학습하는 데 필요한 전략들을

습득할 수 있다.

ENGLISH CENTRAL (http://ko.englishcentral.com/)

1. 특징

EnglishCentral은 8천여 개가 넘는 비디오 자료와 40여 개의 비디오 코스를 통하여 말하기 연습을 할 수 있는 사이트로 수준별, 주제별로 다양하게 선택할 수 있다. 로그인 후 사용하며 특정 발음 연습 영역은 유료이다. 비디오의 내용은 기본화면의 [그림1-A]와 같이 아카데믹, 비즈니스, 커리어, 미디어, 생활, 여행 영어로 구분되어 있고 각 주제별로 내용이 세부적으로 나뉘어 있어 선택의 폭이 넓다. 대부분의 비디오 클립 길이는 1~2분 정도이고 Watch à Learn à Speak 과정을 거치면서 비디오의 대화 속 개별 단어와 문장을 모두 연습할 수 있다. 녹음 기능을 갖추고 있어 구간별로 녹음할 수 있고 피드백도 받아볼 수 있어 문장 표현 및 발음에 더욱 신경쓰면서 연습할 수 있다.

[그림3] EnglishCentral 기본화면

특히 영어 문장의 의미가 한글 번역과 같이 제공되므로 의미 파악과 동시에 영어 말하기 연습을 할 수 있다. 학습자가 녹음 환경을 통제할 수 있으므로 자막 유무, 한글 번역 유무 등을 설정할 수 있다. 녹음 전에 반복해서 연습할 수 있으며 녹음 시 정확하게 발음하려 노력하므로 유창성과 정확성을 동시에 향상시킬 수 있다. 녹음된 내용에 대한 피드백을 받으면서 학습하기 때문에 개별화된(Personalized) 영어 말하기 학습 사이트이며 학습자들의 동기를 고취시킬 수 있다.

[그림4] 구간별 연습 예시

어휘와 발음 영역에서도 학습자의 발화를 녹음하면 피드백까지 받아볼 수 있도록 고안되어 있어 그 피드백에 기초하여 여러 번 반복하여 연습할 수 있다. 특히 외국어로 영어를 배우는 학습자가 가장 어려워하는 발음은 입모양과 구강의 움직임을 시각적으로 보여주면서 제시되므로 원어민에 근접한 발음을 할 수 있도록 제공한다.

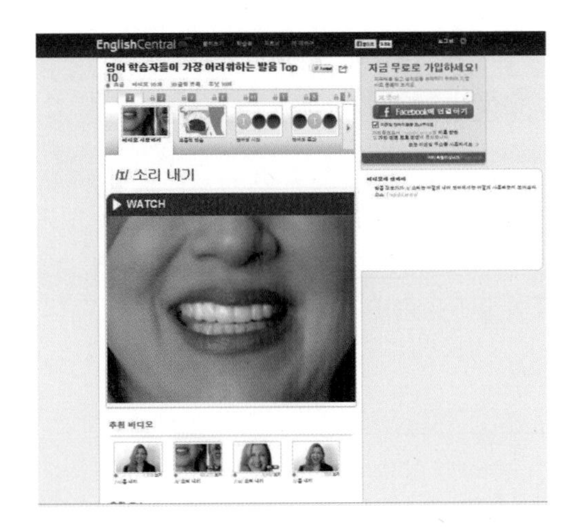

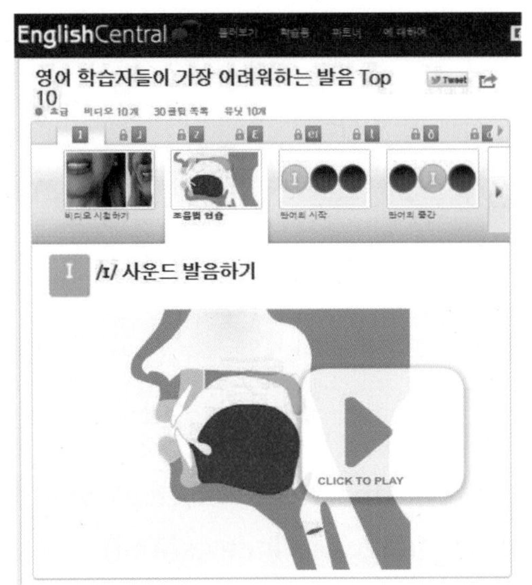

[그림5] 입모양과 구강 움직임

2. 활용

1) 교사 활용

① 기본화면 [그림3-C]의 〈교사〉로 가입한 후 수준을 설정해 놓으면 항상 그 수준에 맞는 비디오와 오디오를 피드해준다. 이렇게 받은 비디오를 커리큘럼에 맞게 보조자료로 활용할 수 있다.

② 자막을 통제할 수 있으므로 비디오 클립만을 보여주고 학생들이 들은 내용을 재구성하도록 하여 말하기를 연습해볼 수 있게 한다.

③ 온라인상에 가상 학급을 개설할 수 있어 학생들을 초대하여 동영상 선택권을 부여하면 말하기 연습을 할 수 있도록 고안되어 있다.

④ 비디오 코스를 직접 디자인할 수 있으며 학생들의 진도를 확인할 수 있다.

2) 학습자 활용

① 비디오 자료가 세 단계의 수준별로, 다양한 주제별로 세분화되어 제공되므로 본인의 흥미에 따라 선택해서 학습할 수 있다.

② 대화별 연습뿐만 아니라 각 문장안의 단어들을 클릭하면 단어만 별도로 연습하고 녹음해볼 수 있어서 정확성(accuracy)과 유창성(fluency)을 모두 향상시킬 수 있다.

③ Speak 단계에서 영어 자막 및 한글 자막을 자신이 통제할 수 있는데 자막을 그대로 따라해도 되고 자막없이 화면만 보면서 자신이 들은 내용을 재구성해서 말하기를 연습해 볼 수 있다.
④ 녹음하면 즉각적인 발음 피드백을 제공하고 취약한 발음에 대해 계속적인 평가를 해주므로 학습자들이 조금 더 좋은 점수를 받기 위해 더 노력할 수 있다.
⑤ 특정 구간이나 문장별 연습도 가능하여 중점 학습에 유용하다.

BBC
(http://www.bbc.co.uk/worldservice/learningenglish/language/index.shtml)

1. 특징

BBC는 영국의 BBC 방송국에서 운영하는 사이트로 〈Language〉 영역에서 문법, 어휘, 발음에 대한 학습 내용이 매일 업데이트되어 제공된다. 〈Today's Phrase〉, 〈Words in the News〉, 〈The English We Speak〉, 〈Pronunciation tips〉 등 다양한 주제의 뉴스에서 사용되는 실제적(authentic)인 표현을 영국식 영어로 학습할 수 있다. 모든 자료는 비디오, 오디오, 대본 등이 함께 제공되며 다운로드하여 활용할 수 있다. 비디오 자료는 한 주제에 대해서 여러 사람의 인터뷰를 보여주면서 그 인터뷰 내용 중 배울 수 있는 영어 표현을 찾아 여러 문장의 예를 보여주어 그 표현법을 익힐 수 있게 해준다.

〈Today's Phrase〉는 Idiom 표현에 대한 흥미로운 설명과 영상, 뉴스 등을 제공하고 발음연습도 할 수 있게 되어 있다. 〈Quizes〉는 퍼즐, 크로스워드, 퀴즈넷 등 어휘 중심의 퀴즈들이 제공되는데 모두 출력해서 사용할 수 있다.

〈Pronunciation tips〉에서는 영어 소리의 특징에 대한 정보를 제공하여 정확한 발음 연습을 할 수 있다. 비슷한 두 개의 소리에 대한 구분과 연습을 할 수 있으며, 연습한 발음은 퀴즈를 통해 확인할 수 있다. 다운로드하여 파일로 저장할 수도 있다.

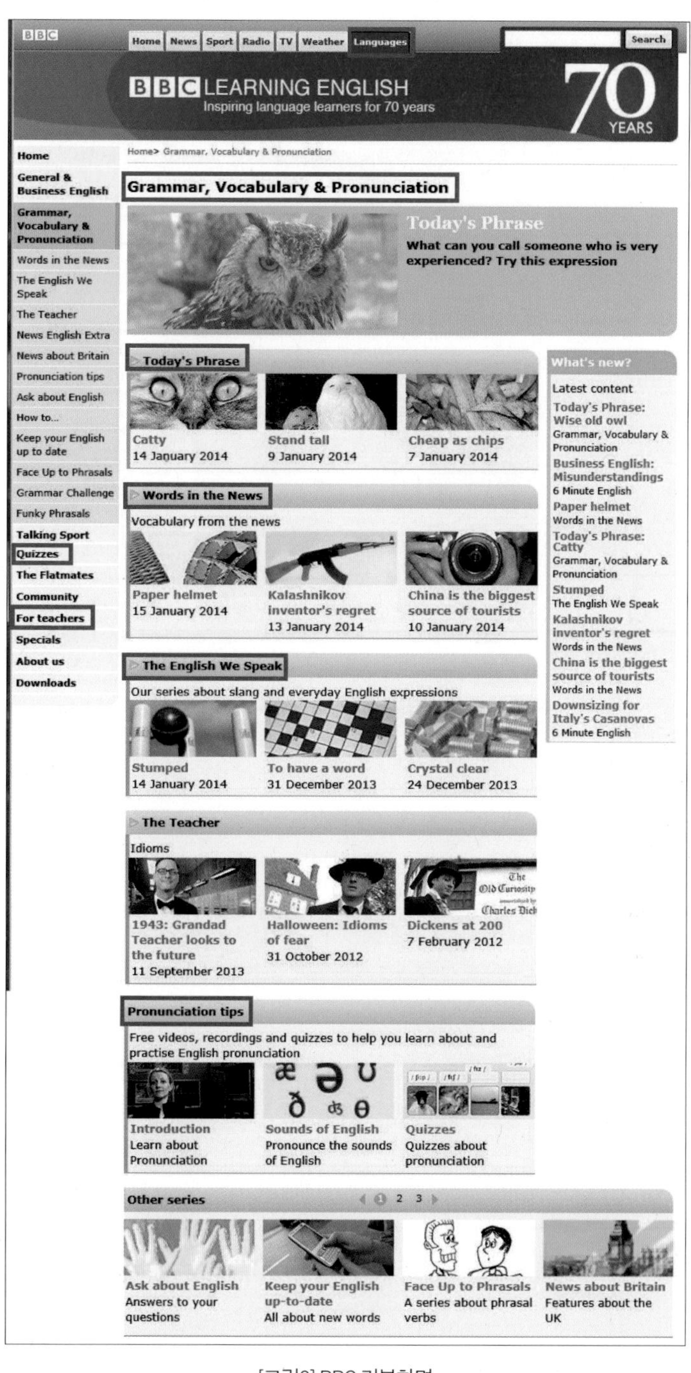

BBC
Home
News
Sport
Radio
TV
Weather
Languages
Search
BBC LEARNING ENGLISH
Inspiring language learners for 70 years
70 YEARS
Home
General & Business English
Grammar, Vocabulary & Pronunciation
Words in the News
The English We Speak
The Teacher
News English Extra
News about Britain
Pronunciation tips
Ask about English
How to...
Keep your English up to date
Face Up to Phrasals
Grammar Challenge
Funky Phrasals
Talking Sport
Quizzes
The Flatmates
Community
For teachers
Specials
About us
Downloads
Home> Grammar, Vocabulary & Pronunciation
Grammar, Vocabulary & Pronunciation
Today's Phrase
What can you call someone who is very experienced? Try this expression
Today's Phrase
Catty
14 January 2014
Stand tall
9 January 2014
Cheap as chips
7 January 2014
Words in the News
Vocabulary from the news
Paper helmet
15 January 2014
Kalashnikov inventor's regret
13 January 2014
China is the biggest source of tourists
10 January 2014
The English We Speak
Our series about slang and everyday English expressions
Stumped
14 January 2014
To have a word
31 December 2013
Crystal clear
24 December 2013
The Teacher
Idioms
1943: Grandad Teacher looks to the future
11 September 2013
Halloween: Idioms of fear
31 October 2012
Dickens at 200
7 February 2012
Pronunciation tips
Free videos, recordings and quizzes to help you learn about and practise English pronunciation
Introduction
Learn about Pronunciation
Sounds of English
Pronounce the sounds of English
Quizzes
Quizzes about pronunciation
Other series
1 2 3
Ask about English
Answers to your questions
Keep your English up-to-date
All about new words
Face Up to Phrasals
A series about phrasal verbs
News about Britain
Features about the UK
What's new?
Latest content
Today's Phrase: Wise old owl
Grammar, Vocabulary & Pronunciation
Business English: Misunderstandings
6 Minute English
Paper helmet
Words in the News
Today's Phrase: Catty
Grammar, Vocabulary & Pronunciation
Stumped
The English We Speak
Kalashnikov inventor's regret
Words in the News
China is the biggest source of tourists
Words in the News
Downsizing for Italy's Casanovas
6 Minute English

[그림6] BBC 기본화면

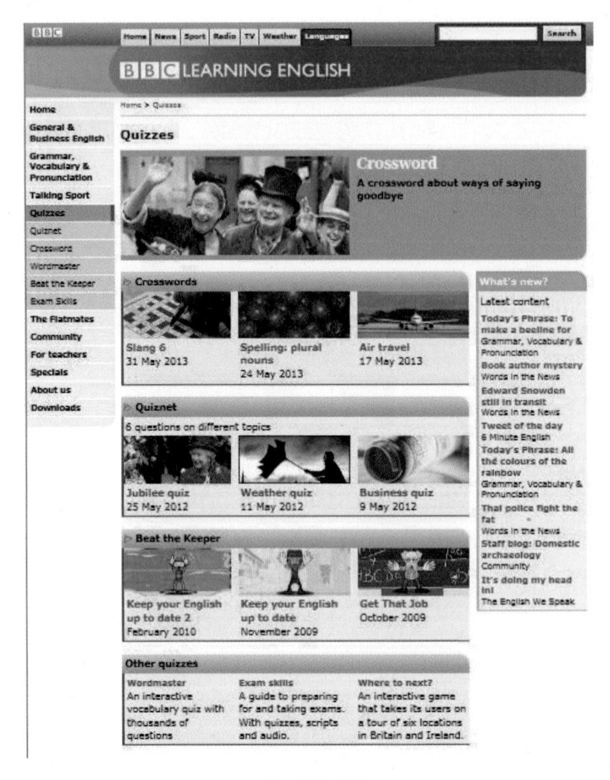

[그림7] 퀴즈

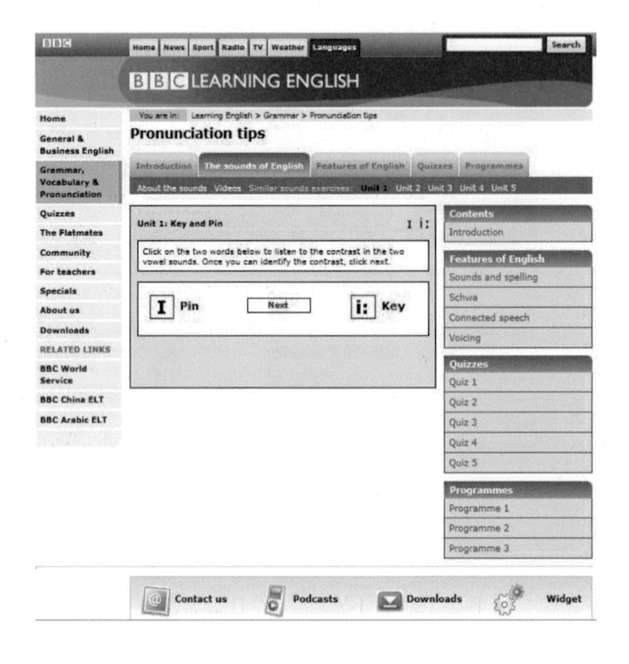

[그림8] 발음 연습

2. 활용

1) 교사 활용

① 모든 자료를 다운로드 및 출력할 수 있어서 수업 중에 보조자료로 활용하거나 과제로 줄 수 있다. 수준별로 초급부터 고급 학습자들에게 모두 활용할 수 있다.

② 토론 주제를 제공해주므로 말하기 활동을 할 때 주제 선정이 용이하고 그 주제별로 사용되는 숙어와 단어를 제공해주므로 어휘 지도에 사용할 수 있다.

③ 〈For teachers〉의 교수 방안과 워크시트를 다운로드하여 수업 시간에 편리하게 활용할 수 있다.

2) 학습자 활용

① 교사의 도움 없이 학습자 자신의 속도, 수준, 흥미에 맞게 선택하여 주도적으로 학습할 수 있으며 모든 자료를 무료로 다운로드하여 반복적으로 학습할 수 있다.

② 매일 새롭고 흥미로운 내용을 피드(RSS)로 설정하여 계획적이고 지속적으로 학습할 수 있다.

③ 발음 연습이나 퀴즈는 피드백이 제공되므로 자가 학습(self study)에 사용한다.

FOCUS ENGLISH
(http://www.focusenglish.com/)

---

1. 특징

Focus English는 〈Everyday English in Conversation〉과 〈English in Focus〉를 무료로 제공한다. 〈Everyday English in Conversation〉는 일상 영어 회화를 상황별로 다양하게 대화로 제공하고 〈English in Focus〉는 특정 상황에서 주어진 문제를 해결하도록 제시해준다. 북미 발음을 가진 원어민의 오디오로 들을 수 있고 녹음할 수도 있다. 자주 사용되는 관용어(Idioms)와 상용 어휘 및 어구 표현을 습득할 수 있으며, 일상 생활 영어에서 사용하는 정형화된 표현(formulaic expression)을 익히는 데 이상적인 사이트이다.

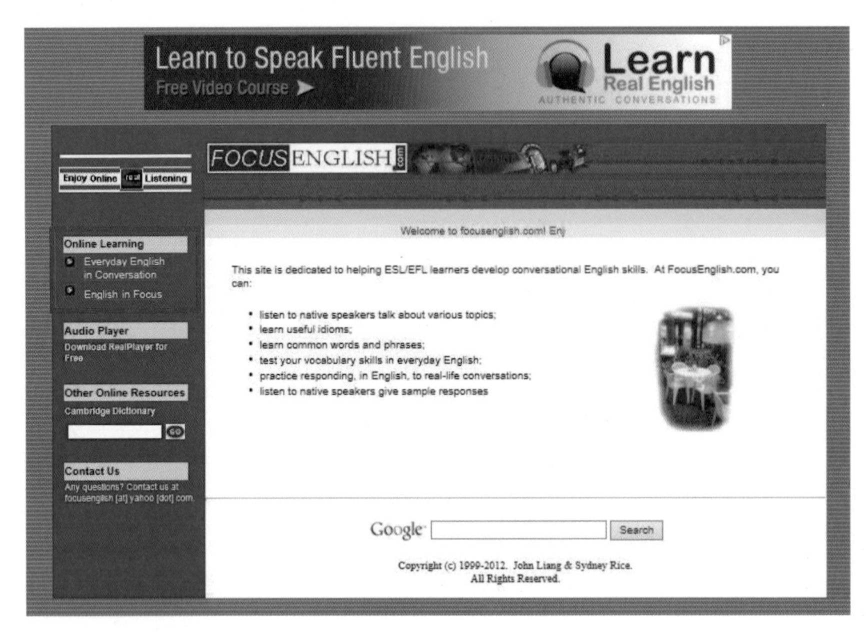

[그림9] FOCUS ENGLISH 기본화면

〈Everyday English in Conversation〉 영역에는 대화 중의 문장을 하나씩 따로 들어볼 수 있고 또 전체를 한번에 들을 수도 있다. 학습자가 개인별 속도로 연습가능하다.

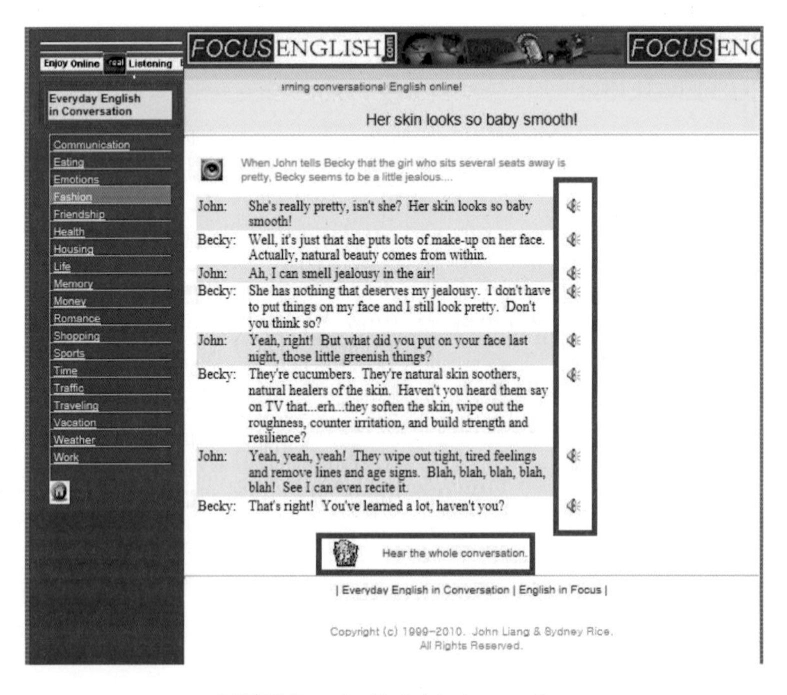

[그림10] Everyday English in Conversation

〈English in Focus〉에서는 실제와 유사한 의미있는 상황 속에서 문제를 제시해주고 그 문제를 해결하는 과정을 학습자가 답변하면서 말하기 연습을 해볼 수 있다. 학습자 스스로 먼저 자신의 답변을 해보고 원어민이 녹음한 샘플 답변을 들어보면서 자신의 답변과 비교해볼 수 있다. 샘플 답변은 같은 의미를 달리 표현한 두 개의 답을 제공하고 있어서 결과적으로는 같은 의미를 달리 표현하는 방법을 익힐 수 있다.

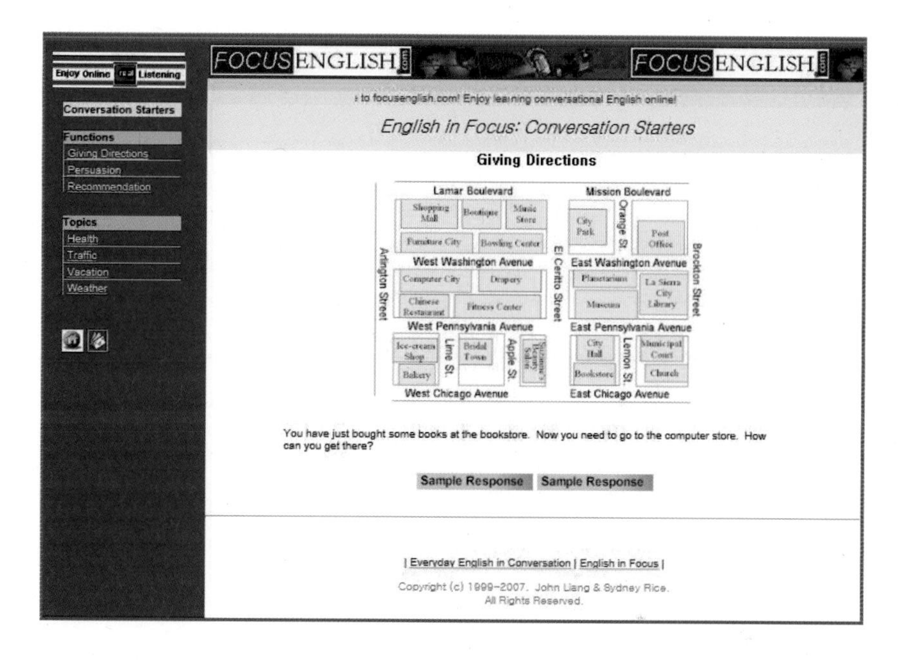

[그림11] English in Focus

2. 활용

1) 교사 활용

① 제시된 대화를 암기하고 오디오를 들으면서 쉐도윙(shadowing)할 수 있어 유창성을 높이기 위한 자료로 활용할 수 있다.

② log(대화체)로 제공되므로 짝활동에 유용하다.

③ 〈English in Focus〉에서 제시된 상황별 답변을 연습시킨 후 상황을 약간 변형하여 영어 표현의 응용력을 길러줄 수 있다.

④ 〈English in Focus〉에 관한 학생들의 답변을 녹음해보도록 하고 자신의 발음을 반성

해볼 수 있게 한다. 또한 이를 파일로 학급 SNS에 올려 피드백을 영어로 달아볼 수 있게 한다.

2) 학습자 활용

① 수준별로 구분되어 있지는 않지만 개별적으로 학습할 수 있다.

② 정형화된 표현(formulaic expression)을 암기하여 실제 상황에서 유용하게 사용할 수 있다.

③ 상황별로 문제해결을 할 수 있도록 고안되어 스스로 답변 연습을 해볼 수 있어 말하기 뿐만 아니라 문제 해결 능력까지도 향상시킬 수 있다.

④ 관용어 표현을 실제 사용하는 예를 통해서 맥락적으로 학습하므로 의미있는 학습을 할 수 있고 진정한 표현을 익힐 수 있다.

3 발음지도 Pronunciation

하나의 언어를 사용하여 의사소통을 할 때 정확한 발음으로 말할 수 있다는 것은 화자에게 자신감을 갖게 할 뿐만 아니라 정확한 의미 전달이 가능하여 의사소통 능력 향상에도 큰 도움을 줄 수 있다. 발음에 영향을 미치는 요소는 다양하게 있을 수 있으나 특히 학습자의 모국어, 나이, 목표 언어에의 노출 정도, 선천적인 음성학적 능력, 자기 정체성과 언어 자아(language ego), 학습자 동기 및 발음에 대한 관심 정도 등을 들 수 있다. 이렇듯 발음 학습은 학습자들의 신체적, 사회적, 심리적, 정의적 요소들에 의해 영향을 받기 때문에 정확한 발음을 익히는 데는 상당히 오랜 시간이 요구되고 끊임없는 노력을 필요로 한다. 최근 영어를 사용하는 비원어민의 수가 모국어가 영어인 사람의 수를 훨씬 능가하는 현실에서 발음 지도의 목표는 원어민과 같은 발음(native-like)습득이 아닌 의사소통에 지장을 주지 않는 이해 가능한 발음(comprehensibility 혹은 intelligibility) 습득에 중점을 두게 되었다. 즉 발음 지도의 중심분야가 분절음(segmental)에서 의미 전달의 핵심인 초분절음(suprasegmental)으로 이동하게 되어 개별 음소의 정확성보다는 음운규칙, 억양, 의미 습득에 더 초점을 둔다.

이해가능한 발음을 습득하기 위해서는 학습자는 많은 양의 문장을 스스로 발화해 보고, 적절한 수정적 피드백을 받아야 한다. 또한, 여러 모국어 사용자의 발음에 노출되어야 하고, 운율 또한 강조되어야 하며 무엇보다도 학습 상황이 편안해야만 한다(Eskenazi, 1999). 우리나라의 영어 교실에서 발음지도를 위와 같이 진행하기란 너무나 어려운 상황이므로 컴퓨터 프로그램이나 웹사이트 자료를 활용하여 교실 수업의 한계를 극복할 수 있다. 멀티미디어를 활용한 발음 지도는 학습자 스스로 많은 양의 발화 연습을 할 수 있게 해주고 적절한 수정적 피드백을 받을 수 있으며 학습 상황을 편안하게 만들어준다.

발음지도는 학습자의 개인적인 요구(needs)에 맞게 특정 분야에 초점을 둔 자료에 집중하여 적합한 소리와 악센트를 가르칠 수 있어야 한다. 이는 모국어의 영향으로 인해 생길 수 있는 어려움이므로 영어의 특정 소리를 발음하는 방법과 억양법 등에 대해 명확하게 보여주고 지도하는게 중요하다. 따라서 발화의 기회를 통해서 자신이 발음하기 어려운 특정 분야에 집중적인 연습을 하는 것이 필요하므로 이를 위해서는 구강 내부를 실물처럼 보여주는 구강모형을 제공하는 사이트나 소프트웨어를 활용할 수 있다. 이러한 지도법은 특히 초급 학습자들에게 유용하다.

컴퓨터와의 상호작용을 통한 구두언어의 무제한적인 연습기회는 구두언어와 발음의 자동화(automaticity)를 가능하게 해준다. 목표 언어의 모델이 되는 소리를 주의깊게 듣고 구와 문장을 그대로 따라하면서 몇 개의 단어로 형성된 주요 표현을 하나의 단위로 혹은 통문장으로 연습을 할 수 있다. 이러한 훈련은 담화 단위의 발음을 자동화할 수 있게 해주고 목표어의 유창성을 향상시키는 데 효과적이다. 또한 발음의 정확성 향상을 위한 컴퓨터 프로그램은 개별 음소 발음에 대한 피드백뿐만 아니라 시각적인 피드백도 제공해준다. 즉 학습자가 음성으로 발화한 내용의 소리 높낮이나 길이, 강세나 억양, 쉼(pause) 등을 시각적인 그래프로 표시해주는데, 학습자는 원어민의 발음과 자신의 발음을 비교하면서 반복적으로 연습할 수 있다. 프라트(Praat)[1]라는 무료 프로그램은 학습자 발음의 이러한 시각적인 분석을 제공해주는 좋은 예이다.

발음지도에서도 학습전략을 개발시켜 독립된 학습자로 육성해야 한다. 이는 학습자가 교실 밖에서 새로운 단어나 문장을 접하게 되었을 때 일련의 전략을 사용하여 발음할 수 있게 하는 것이다. 온라인 참고 도구(online reference tool)는 구두 언어 발음의 명시적인 학습전략을 발달시킬 수 있는 좋은 도구이다. 예를 들어 온라인 텍스트 음성 변환 프로그램인 TTS(text-to-speech)는 학습자가 준비한 원고나 웹상의 텍스트와 같은 문자 언어를 음성 언어로 변환하여 들어보게 하는 프로그램이다. 이러한 컴퓨터 프로그램을 말하기 활동의 준비과정으로 학습자에게 소개하고 사용법을 충분히 익히게 연습시키면 학습자 스스로 발음 규칙을 터득하고 학습전략을 개발시키는 데 많은 도움이 된다.

컴퓨터를 활용한 발음 지도의 중요성은 대화 중에 발음의 부정확으로 인한 의사소통의 단절을 경험한 학습자가 개별적으로 통제된 집중학습을 통해 성공적으로 교정이 가능하다는 점에 있다. 이는 교실수업에서 전체 학생들이 연습했던 것을 컴퓨터를 이용하여 개인적으로 맞춤식 연습을 할 수 있어 궁극적으로 더 효율적인 방법으로 말하기 실력을 향상시킬 수

---

1 http://praat.en.softonic.com/ 에서 다운로드 가능.

있다.

References

Chapelle, C.A. and Jamieson, J. (2008). *Tips for teaching with CALL: Practical approaches to computer-assisted language learning*. White Plains: NY, Peason Longman.

Eskenazi, M. (1999). Using foreign language speech processing for foreign language pronunciation tutoring: Some issues and a prototype. *Language Learning & Technology, 2*(2), 62-76.

MERRIAM-WEBSTER LEARNER'S DICTIONARY
(http://www.learnersdictionary.com/pronex/pronex.htm)

1. 특징

Merriam-Webster Learner's Dictionary는 발음에 관한 학습 내용을 제공하는 사이트이다. 기본화면의 〈Perfect Pronunciation〉에서는 두 개의 유사하지만 대조적인 자음과 모음의 개별 소리의 연습을 단어별, 구(phrase)별, 음절별 강세(syllable stress)를 연습한 후 문장 단위로 연습할 수 있는 문제들로 구성되어 있다. 단어별 연습 후에 제공되는 퀴즈를 통해 소리 구분에 대한 자가 테스트를 할 수 있다. 기본 화면의 〈Word of the Day〉에서는 매일 하나의 단어에 대한 정보를 업데이트해주므로 매일 새로운 단어에 대한 학습을 할 수 있으며 〈Vocabulary Quiz〉에서는 한 단어의 정의를 찾는 퀴즈이며 10초 동안 10개의 문제를 풀되 더 빠를수록 더 어려운 문제를 맞출수록 더 높은 점수를 받게 된다. 무료로 활용할 수 있으며 회원가입 시 더 많은 정보를 사용할 수 있다.

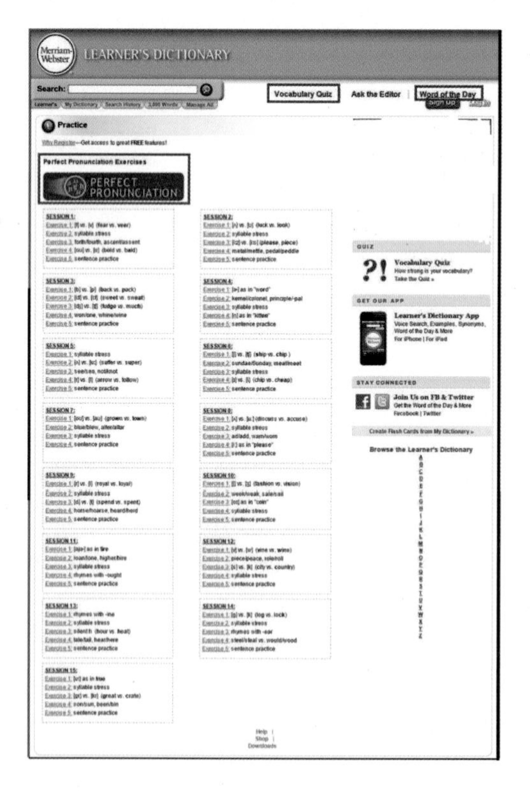

[그림1] Merriam-Webster Learner's Dictionary 기본화면

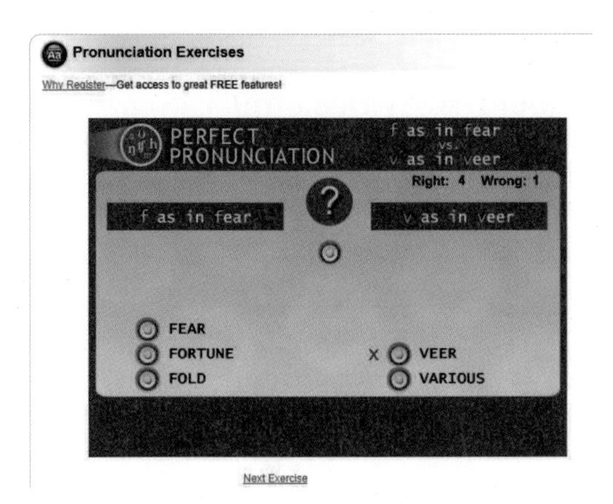

[그림2] 단어단위 연습문제

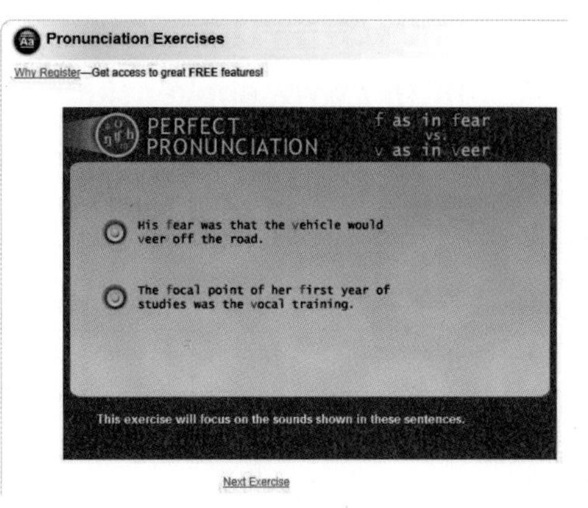

[그림3] 문장단위 연습문제

2. 활용

1) 교사 활용

① 비원어민 교사들은 특정 발음에 대한 어려움을 갖기 쉽다. 대조되는 두 개의 소리를 구분하는 교수 시 자료로 활용할 수 있다.

② 녹음 기능이 따로 제공되지 않지만 인터넷이 없는 환경에서 사용하기 위해서는 다른 녹음 장치를 통해 녹음해서 이동 가능한 파일로 저장하여 사용할 수 있다.

③ 음소 구분에 대한 퀴즈 문제는 발음이나 말하기 수업에서 활용할 수 있다.

2) 학습자 활용

① 비원어민 학습자들이 발음하기 어려운 음을 대조(segmental)[2]해서 듣고 반복적으로 발음 연습을 할 수 있다.

② 우리나라 학습자들에게 부족한 음절별 강세를 연습할 수 있으며 최종적으로 문장 안에서 발음과 강세를 연습할 수 있어서 초분절음(suprasegmental)[3]까지도 연습할 수 있다.

③ 소리 구분에 대한 퀴즈가 있어 혼자서도 흥미를 잃지 않고 학습할 수 있다.

---

2 언어에서 사용되는 최소의 소리 단위를 분절음 혹은 음소라고 한다. 분절음 교육이란 언어의 개별 소리에 대한 교육을 의미한다.

3 초분절음이란 억양, 강세, 리듬, 음운약화, 연음 등에 관한 것으로 문장 내에서 의미 전달의 핵심이 되는 내용이다.

SPOKEN SKILLS
(http://www.spokenskills.com/student-activities.cfm)

1. 특징

SpokenSkills는 영어의 개별 모음과 자음 연습뿐만 아니라 발음 시 혼돈하기 쉬운 소리를 최소대립쌍(minimal pairs)을 이용하여 반복적으로 연습할 수 있는 사이트이다. 발음의 분절음뿐만 아니라 초분절음 영역도 포함되어 있어서 억양과 강세를 연습할 수 있다. 억양의 변화에 따른 공손함의 정도도 보여준다. 대화(Dialogues) 연습 영역에서는 두 명의 학습자가 짝으로 연습할 수 있게 한 문장씩 오디오를 제공하고 있으며 일일 영어(Everyday English)에서는 다양한 종류의 관용어(idiom) 연습을 통해 실제적인(authentic) 영어를 접할 수 있다. 비즈니스 또는 예술, 최근의 이벤트 등과 관련된 흥미로운 주제들도 포함되어 있다.

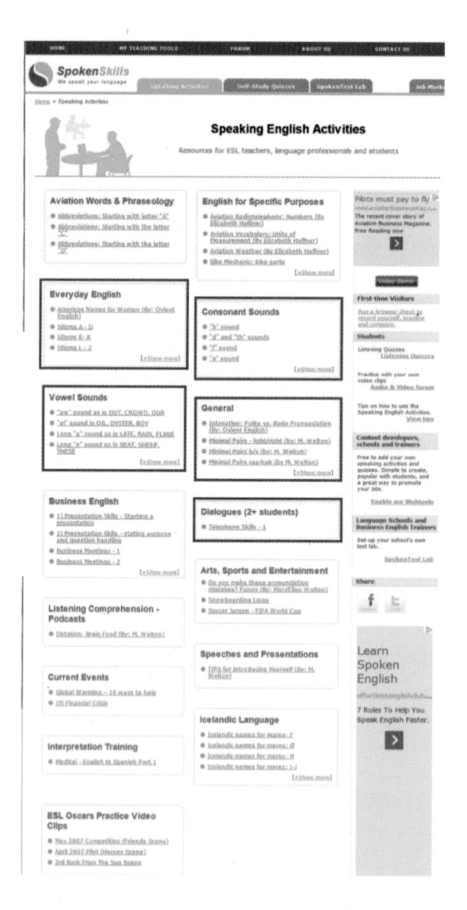

[그림4] SpokenSkills 기본화면

이 사이트의 가장 큰 장점은 녹음 기능을 갖추고 있다는 점이다. 원하는 영역을 클릭하면 [그림2]와 같이 모든 문장은 소리파일이 있으므로 한 문장씩 들어볼 수 있다. 또한 그 발음을 따라 읽으면서 녹음할 수 있으며, 녹음된 자신의 소리를 들을 수 있다. 이 녹음 기능은 문장 바로 옆에 놓여 있어서 학습자들 스스로 쉽고 편리하게 사용할 수 있도록 되어 있다. 고급 학습자들보다는 초급 학습자들에게 더 적합하다.

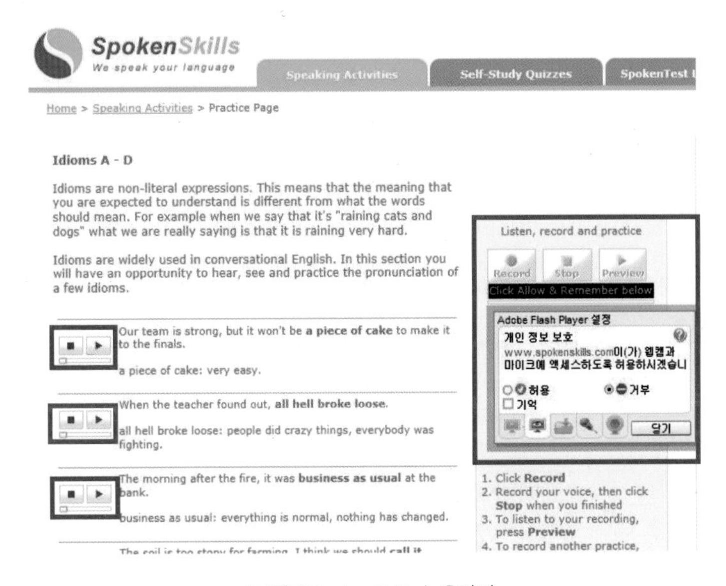

[그림5] SpokenSkills 녹음화면

2. 활용

1) 교사 활용

① 이 사이트의 연습 내용은 수업의 보조자료로 활용하거나 과제로 부여할 수도 있다. 학습자들이 문장을 연습한 후 녹음하여 파일로 교사에게 제출하도록 할 수 있다. 휴대폰의 녹음기능을 활용하여 녹음하도록 한 후 교사에게 파일로 전송하게 하거나 SNS 사이트에 업로드한 후 다른 학생들이 피드백을 주도록 할 수 있다.

② 억양과 강세 등과 같은 초분절음 연습 수업에 활용할 수 있다.

③ 모음 발음에 대한 최소 대립쌍은 한국어에는 없는 영어 모음 발음 연습 시 유용하다.

④ Idiom에 대한 표현을 활용하여 일상 생활 영어 및 실제적인 표현을 익힐 수 있다.

2) 학습자 활용

① 최소 대립쌍을 통한 모음이나 특정 자음을 반복적으로 연습하여 발음의 정확성을 높일 수 있다.

② 정확한 발음을 듣고 따라한 후 녹음해보면서 자가 학습을 할 수 있다.

③ 퀴즈를 풀면서 소리 구분 능력을 향상시킬 수 있다.

4 읽기 지도 Reading

영어로 된 글을 읽는 능력은 외국어로서 영어를 배우는 한국과 같은 EFL환경에서 가장 많이 필요하고 요구되는 언어 기능이라고 여겨진다. 또한 기술의 발전과 인터넷의 보편화로 다양한 정보를 읽어야 하는 시대에 맞추어 언어 학습도 변화되고 있다. 웹 기반 읽기자료는 정해 놓은 순서로 글을 읽는 선형식(linear) 텍스트와는 달리 인터넷상에서 연결된 링크를 따라가는 비선형식(non-linear) 하이퍼텍스트(hypertext)다. 이 텍스트는 최신 자료에 쉽게 접근할 수 있고, 다양한 실제 자료(authentic material)를 사용할 수 있어 학습자들이 동기와 흥미를 가지고 읽기에 접근할 수 있도록 도와준다(Butler-Pascoe & Wiburg, 2003). 또한 학습자가 읽기 속도를 조정하고 읽기자료를 선택할 수 있기 때문에 개개인의 특성에 따라서 학습이 가능하다(Hanson-Smith, 2001). 다시 말해, 컴퓨터기반 읽기(computer-based reading)는 문자, 그래픽, 음성 및 영상과 같은 다양한 멀티미디어 자료가 동시에 제공되어 있으므로 이해를 촉진시키며 학습자 유형에 따라 적용 가능하다. 더불어 학습자가 학습결과에 대한 즉각적인 피드백을 받을 수 있어 읽기 과제 수행을 스스로 모니터링하기 쉽고, 교사는 학습자들이 과업을 수행하는 과정과 결과를 파악하기에 간편하다.

컴퓨터(웹)기반 읽기 교육에서는 전통교실의 읽기 지도와 마찬가지로 읽기 전, 읽기 중, 읽기 후 활동을 고려해야 한다. 읽기 전 활동으로 읽을 텍스트에 관련된 그림이나 동영상 등을 활용하여 배경지식을 활성화시켜 주제와 내용을 예측해보도록 할 수 있다. 또한 읽기 중 활동으로는 단어 주석(annotation)을 활용하여 핵심어와 모르는 단어 뜻을 확인하여 이해를 높이거나, 제한된 시간 내에 읽기(timed reading) 등의 연습을 할 수 있다. 읽기 후 활동으로 문장 단락 순서 맞추기, 그래픽 오거나이저(graphic organizer)를 사용해 내용 요약하기, 독해 문제 풀고 즉각적인 피드백받기, 게시판(bulletin board)을 활용하여 글의 주제에 대해서 동시적(synchronous) 또는 비동시적(asynchronous) 토론하기 등의 활동을 할 수 있다.

읽기 수업에서 컴퓨터(웹)을 활용하여 특정한 읽기 기술이나 전략을 연습할 수 있는 도구가 될 수 있다. 예를 들어, 웹상의 다양한 텍스트를 활용하여 훑어 읽기(skimming), 특정 정보 찾기(scanning)를 연습하기에 적합한 환경을 갖추고 있으며, 제한된 시간에 읽기(timed reading), 단어 인식 연습하기(word recognition exercises), 빈칸 채우기 문제(cloze exercises) 등 컴퓨터 상에서 보다 유리하고 편리한 방법들로 즉각적인 피드백을 받을 수 있다. 또한 컴퓨터(웹)기반 학습을 통한 학습자들이 묵독(silent reading), 다독(extensive reading) 접근 방식으로 단기간이 아닌 지속적으로 흥미에 맞는 읽기를 할 수 있다.

ICG(information and communications technology) 활용 교육 현장에서 교사의 역할은 매우 중요하다. 교사는 스스로도 컴퓨터 및 응용 프로그램들을 활용할 수 있는 능력을 배양해야 하며, 학습자가 웹 자료를 효과적으로 사용할 수 있도록 활용하는 방법을 제안하고 연습을 시켜야 한다. 즉, 교사는 테크놀로지에 대한 전반적인 이해와 지식을 가지고 있어야 하며, 내용적 및 기능적 안내자로서 학습자의 수준과 속도에 맞는 자기 주도적 학습을 진행할 수 있도록 도와주어야 한다. 다양한 인터넷 사이트를 활용하여 읽기 교육을 할 수 있지만, 많은 자료와 사이트들 중에서 교사가 선별적으로 학습자에게 제시하여 학습자 스스로 학습을 성실하게 수행할 수 있도록 감독자 및 조력자의 역할을 수행해야 한다. 결과적으로, 교사가 컴퓨터나 웹 상에서의 다양한 자료와 테크놀로지를 활용하여 학습자에게 동기를 부여하고 흥미를 이끈다면 학습자의 외국어 읽기 향상은 물론 자기 주도학습에 효과적으로 활용할 수 있을 것이다.

References

Anderson, N. J. (1999). *Exploring second language reading*. Boston, MA: Heinle & Heinle.

Brown, D. (1994). *Teaching by principles. An interactive approach to language pedagogy.* USA: Prentice Hall.

Butler-Pascoe, M. E., & Wiburg, K. M. (2003). *Technology and teaching English language learners*. Boston: Pearson Education.

Hanson-Smith, E. (Ed.). (2001). *Technology-enhanced learning environments*. Alexandra, VA: TESOL.

Nutall, C. (1996). *Teaching reading skills in a foreign language* (new ed.). Oxford: Heinemann.

Urquhart, S., & Weir, C. (1998). *Reading in a second language: Process, product, and practice*. London: Longman.

Reading A-Z
http://www.readinga-z.com/

1. 특징

Reading A-Z는 A부터 Z까지 알파벳 순서대로 읽기 텍스트를 제공하고 있다. 파닉스, 수준별, 주제별로 다양한 자료들을 제공하고 있어서 영어권 학습자만 아니라 ESL/EFL 학습자들로 널리 활용하고 있다. 이 사이트는 매달 새로운 책, 교사 지침서 등 다양한 자료를 업데이트하고 있다. 모든 자료는 PDF파일로 제공되고, 읽기 자료뿐 아니라 독해 활동도 포함하고 있어 학습자 및 교사에게도 유용하다. 유료사이트로 일부만 무료로 사용할 수 있다.

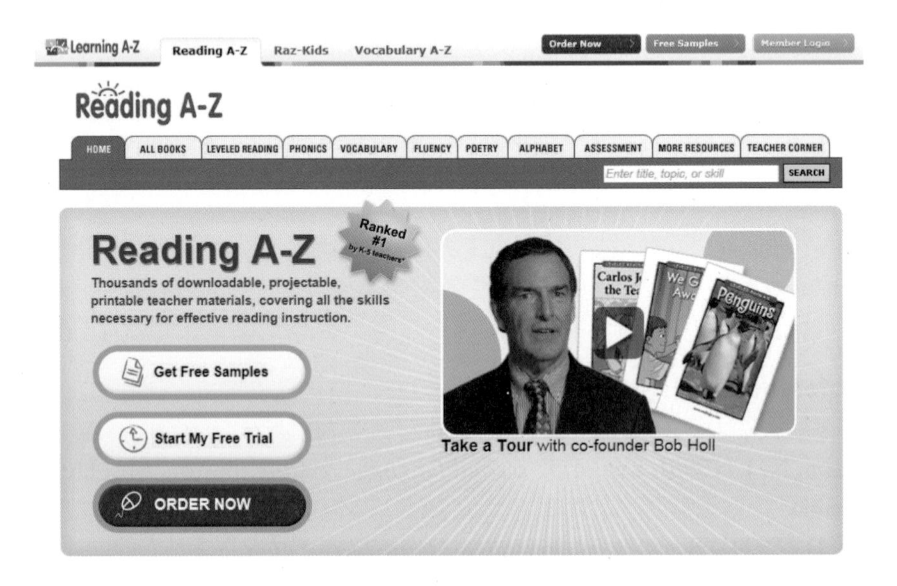

[그림 1] Reading A-Z 기본화면

기본화면에서 〈Get Free Samples〉를 클릭하면, [그림 2]와 같이 〈Leveled Reading Samples〉가 나타난다. 학습자의 수준에 맞는 다양한 읽기 자료를 유치원생부터 고등학생까지 선택할 수 있다. 문제를 풀고 확인하는 상호작용은 제공되고 있지 않으므로, 수업의 상황과 주제에 맞는 독해자료를 선택한 후 출력해서 사용해야 한다.

[그림 2] 수준별 읽기

2. 활용

1) 교수자 활용

① 독해 전후 활동으로 이해 문제, 단어 문제, 단어 퍼즐 등 다양한 활동들을 제공하고 있어 수업자료로 활용할 수 있다.

② 수업 활동에 대한 교사지침서도 제공하고 있어 편리하고 유익하게 활용할 수 있다.

③ 다양한 주제의 이야기책(storybook)으로 구성되어 있으므로 다독(extensive reading)의 체계적인 학습 기회를 줄 수 있다.

2) 학습자 활용

① 학습자의 나이별, 수준별, 주제별로 다양한 자료가 제공되므로 영어권 학습자뿐만 아니라 ESL/EFL 학습자들이 상황과 흥미에 맞추어 자기 주도적으로 읽기 학습을 할 수 있다.

② 읽기자료들을 통해 북미권 문화, 사회, 역사에 대해 이해를 넓힐 수 있다.

Scholastic Graphic Organizer
http://www.scholastic.com/teachers/lesson-plan/graphic-organizers-reading-comprehension

1. 특징

Scholastic Graphic Organizer는 Scholastic사에서 만든 사이트로 여러 가지 교육자료를 제공하고 있다. 글의 내용과 구조를 파악하는 데 도움을 주는 그래픽 조직자(graphic organizers)를 가입절차 없이 무료로 사용할 수 있다. 그래픽 조직자란 글의 중요한 개념과 세부 정보를 그림으로 구조화하여 제시하는 시각적인 체계이다. 교사나 학생은 다양하게 제공된 그래픽 조직자를 활용하여 읽은 텍스트의 내용을 구성하고, 가시화하여 사고 및 비판하는 과정으로 발전시킬 수 있다(그림3 참조).

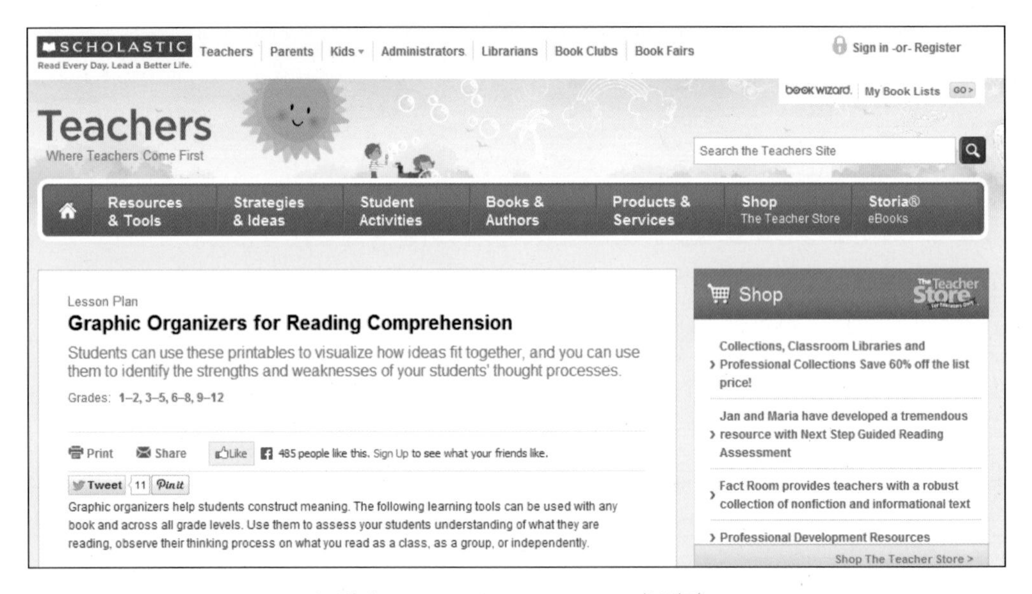

[그림 3] Scholastic Graphic Organizer 기본화면 1

이 사이트에서는 다양한 오거나이저 유형을 포함하고 있으며 적절한 형태를 선택하여 사용하면 된다(그림4 참조).

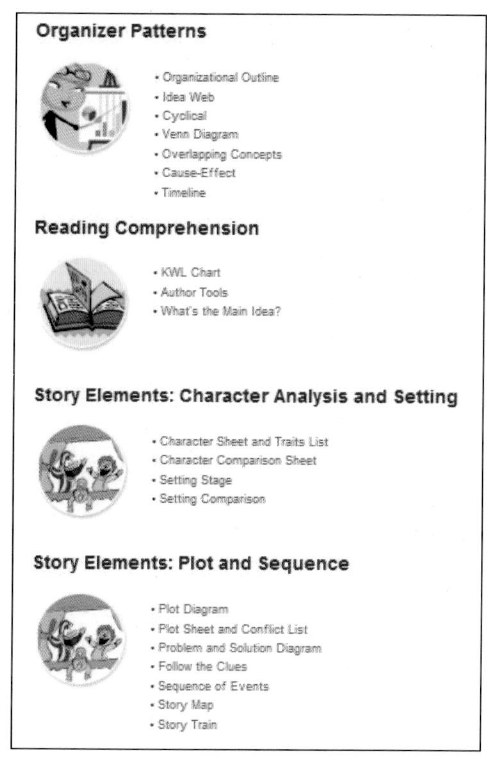

[그림 4] Scholastic Graphic Organizer 기본화면2

[그림 5]의 〈Print〉를 클릭해서 출력하거나 PDF파일로 저장할 수 있다.

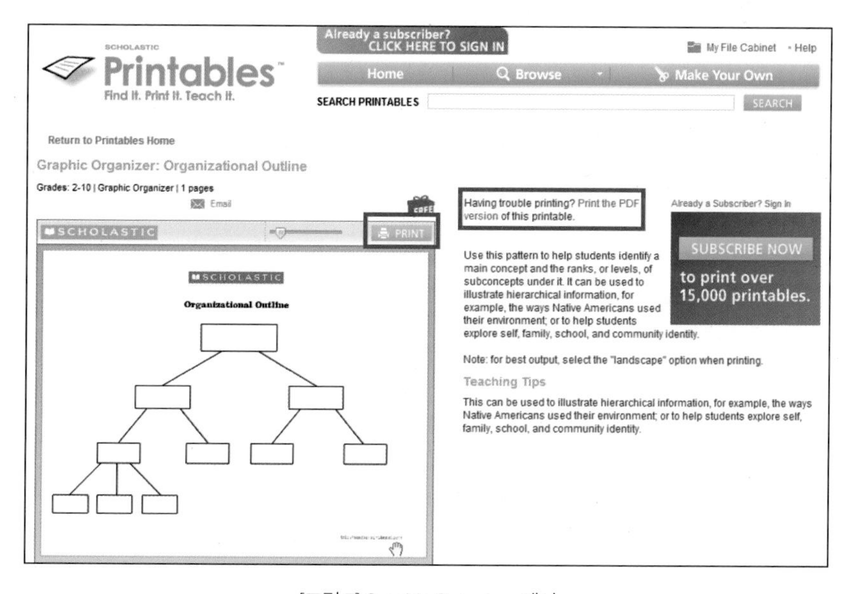

[그림 5] Graphic Organizer 예시

2. 활용

1) 교수자 활용

① 읽기 활동으로 그래픽 조직자(graphic organizer)를 활용하면 텍스트 구조에 대한 인식을 높여 텍스트의 내용을 시각적으로 이해하는 데 도움을 줄 수 있다.

② 쓰기 전 활동으로 브레인 스토밍 단계에서 그래픽 조직자를 사용한다면 학습자의 생각을 생산하는 도구로 활용할 수 있다.

③ 학습자가 텍스트를 읽은 후 그래픽 조직자를 활용하여 요약하기(summary), 정리하기 결론 부분 바꿔 쓰기 등의 활동과 연계할 수 있다.

④ 내용중심 읽기 지도(content-based reading)에서 KWL[1]를 사용하여 배경지식 활성화 및 배운 내용 정리에 활용할 수 있다.

2) 학습자 활용

① 그래픽 조직자(graphic organizer)로 읽은 내용에 대한 의미 구축(meaning construction)이나, 주제와 단락 간의 흐름을 연계하여 논리적으로 이해할 수 있다.

② 글의 유형별로 학습자 스스로 독해를 확인하거나 점검할 수 있다. 즉, 그래픽 조직자의 〈Venn Diagram〉을 활용하여 비교-대조, 〈Cause-Effect〉를 활용하여 원인-결과, 〈Timeline〉을 이용하여 시간적 순서에 따른 글의 유형 파악하는 데 도움이 된다.

③ 학습자가 〈My Reading Record〉를 활용하여 자기 주도적(self-directed)인 다독(extensive reading)으로 읽기의 유창성(fluency)에 효과를 줄 수 있다.

---

1 Know - Want to Know – Learned: What I Know, What I Want to know, What I Learned

Starfall.com
(http://www.starfall.com/)

1. 특징

Starfall은 파닉스와 읽기를 학습할 수 있는 자료를 무료로 제공하는 사이트이다. 알파벳 및 글자에 대한 소리 및 애니메이션을 포함하고 있으며 웹사이트상에서 학습자가 컴퓨터와 상호작용하는 학습 활동을 제공한다. 유치원생 및 초등학생들이 처음 철자와 글자 읽는 방법을 배울 때보다 쉽고 재미있게 학습할 수 있는 유용한 사이트이다.

[그림 6] Starfall 기본화면

A 철자 위주의 파닉스
B 문단 수준의 파닉스
C 재미있는 읽기 활동
D 연극, 논픽션, 만화 등 읽기 활동

[그림 7]는 〈Learn to Read〉를 선택한 화면으로, 파닉스를 학습한 후 짧은 스토리북으로 읽는 연습을 할 수 있다.

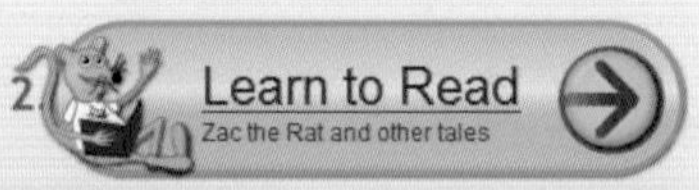

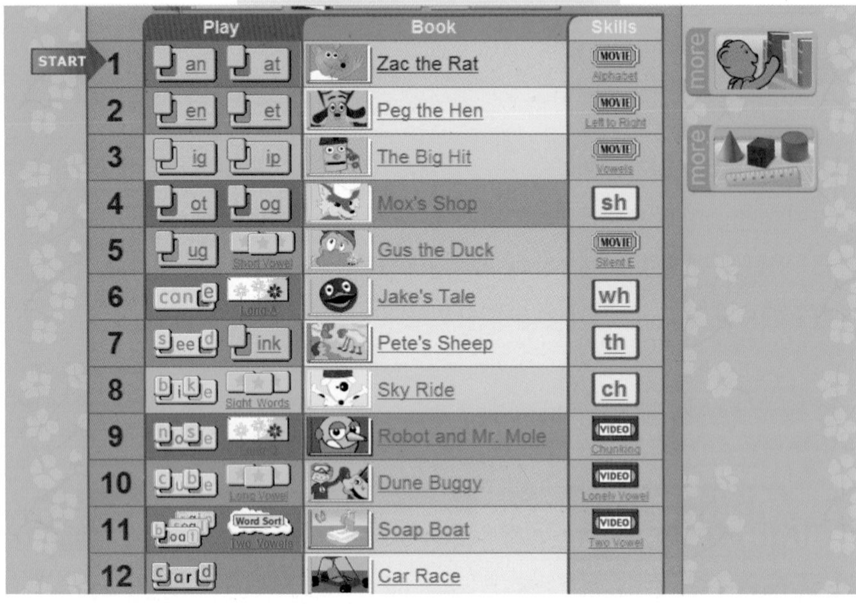

[그림 7] Learn to Read 화면

2. 활용

1) 교수자 활용

① 유치원 및 초등학생, 초급 학습자에게 알파벳, 단어 및 문장 읽는 방법을 체계적으로 가르칠 수 있다.

② 사운드와 애니메이션이 제공되어 학습자들에게 재미와 흥미를 주면서 읽기를 지도할 수 있다.

2) 학습자 활용

① 제공된 글자와 소리파일을 통해서 자가 학습(self-study)이 가능하다.

② 반복적으로 듣고 따라하면서 발음과 글자를 습득할 수 있다.

③ 발음하기 어려운 어구를 tongue twister활동을 통해서 재미있게 연습할 수 있다.

University of Victoria (UVIC Study Zone)
(http://web2.uvcs.uvic.ca/elc/studyzone/)

1. 특징

UVIC은 캐나다에 있는 University of Victoria의 English Language Center에서 제작한 웹사이트로 단어, 문법, 읽기 학습을 위한 많은 자료들을 무료로 제공하고 있다. ESL/EFL 성인 학습자들을 대상으로 하며 누구나 편리하게 사용할 수 있고, 계속적으로 업데이트를 하고 있기 때문에 학습자와 교사 모두에게 유용하다. 이 사이트는 초급자부터 고급자까지 다섯 단계로 구분되어 학습자의 수준별로 자료를 이용할 수 있다. 다양한 주제가 수준별로 제시되며, 연습 문제를 푼 후에 즉각적인 정답 확인과 간단한 해설도 제공된다.

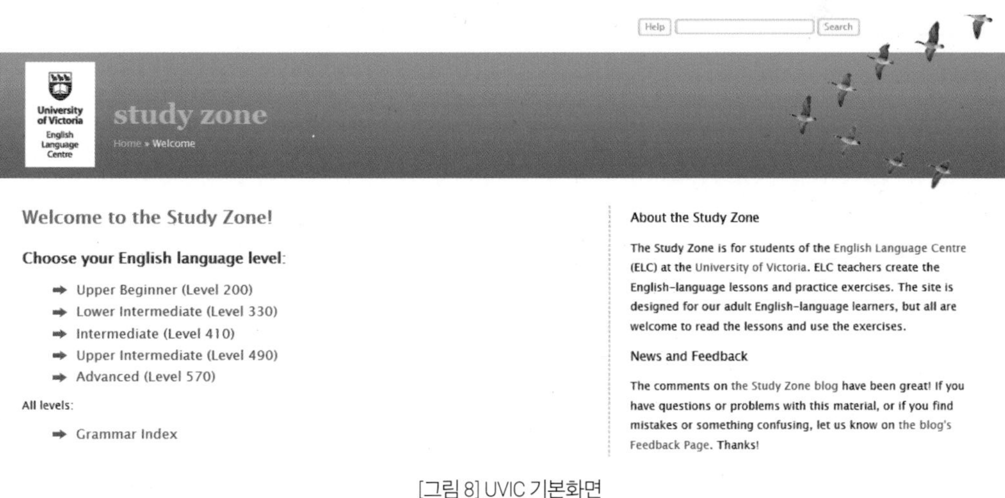

[그림 8] UVIC 기본화면

2. 활용

1) 교수자 활용

① 자료가 수준별로 제공되기 때문에 학습자에 맞게 선택해서 자료로 활용할 수 있다. 레벨을 선택하면 [그림 9]와 같은 화면이 나타나고, 수업에 맞는 주제를 선택해서 활용할 수 있다.

 Level 200 Reading Topics

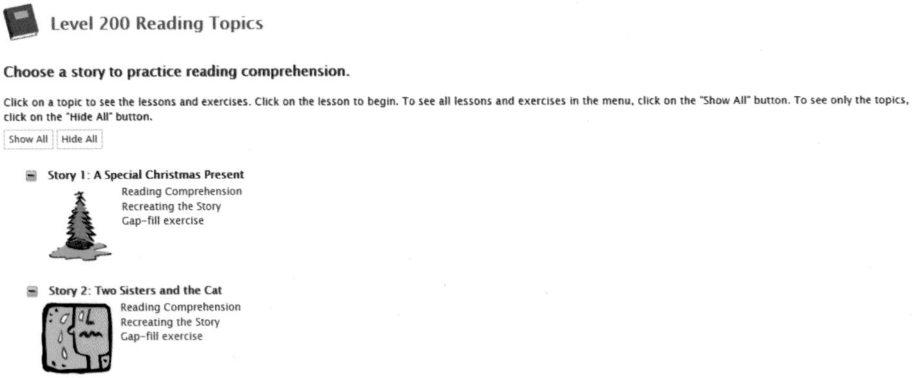

Choose a story to practice reading comprehension.

Click on a topic to see the lessons and exercises. Click on the lesson to begin. To see all lessons and exercises in the menu, click on the "Show All" button. To see only the topics, click on the "Hide All" button.

Show All | Hide All

Story 1: A Special Christmas Present

Reading Comprehension
Recreating the Story
Gap-fill exercise

Story 2: Two Sisters and the Cat

Reading Comprehension
Recreating the Story
Gap-fill exercise

[그림 9] Level 200

② 문법, 단어, 퍼즐, 스토리 재구성(recreating the story), 빈칸 채우기(gap-fill exercise) 등 다양한 읽기 전과 읽기 후 활동으로 구성되어 있어서 학습자의 흥미를 유발할 수 있다.

2) 학습자 활용

① 가입 절차 없이 편리하게 사용할 수 있고 학습자의 수준과 주제에 맞게 선택할 수 있으므로 자가 학습용(self-study)으로 효과적이다. .

② 주어진 시간 내 읽기 연습을 활용하면 컴퓨터(웹)기반 시험 대비에 도움이 된다.

③ 단어나 문법에 대한 설명과 연습문제를 제공하고 있으므로 학습자의 필요에 따라 선택적으로 학습할 수 있다.

5 쓰기지도 Writing

쓰기는 문자언어를 통해 다른 사람들과의 의사소통을 가능하게 해준다. 학습자에게 있어 효과적인 의사소통을 위한 적절한 언어 사용 능력은 쓰기에 중요한 요소라고 할 수 있다. 이에 Chapelle과 Jamieson(2008)은 학습자의 쓰기 실력 향상을 위해서 학습자의 수준에 맞는 적절한 모델 제시, 학습자의 언어적 부분에 초점을 맞춘 활동 제시, 피드백 제시(문법, 맞춤법, 단어 등), 다른 학습자와의 상호작용, 자가 평가 및 결과에 대한 평가 제시, 쓰기 전략 개발 등이 이루어질 수 있는 쓰기 관련 CALL 프로그램 활용의 중요성을 언급하고 있다.

쓰기 교육에 가장 많이 사용되는 도구인 워드 프로세서는 학습자들이 손쉽게 문서작업을 할 수 있는 컴퓨터 응용 프로그램이다. 학습자들이 워드 프로세서를 사용해서 작문을 하는 경우, 수정, 삭제, 삽입 등의 편집이 가능하며, 장문의 내용을 단시간 내에 작성하는 것이 가능하다. 또한, 워드 프로세서에 내재되어 있는 철자 확인 기능의 즉각적인 피드백으로 오류 수정이 쉬워졌으며, 나아가서는 정확성이 향상되었다(Hyland, 2003). 작문을 할 때 대부분 워드 프로세서를 사용하는 경우가 많아졌기 때문에 손쉽게 글쓰기가 가능한 시대가 되었다. 더불어 작문을 할 때 적절한 표현과 단어를 사용할 수 있도록 도와줄 수 있는 온라인 사전[1]의 다양한 기능(정의, 동의어, 예시문장, 관련 관용어구 등) 덕분에 학습자의 글쓰기에 필요한 도움을 제공해주기도 한다.

교육환경에서는 보다 효과적인 쓰기 수업을 위해 온라인 글쓰기를 활용할 수 있다. 크게 동시적 글쓰기(synchronous writing)와 비동시적 글쓰기(asynchronous writing)로 나뉜다. 즉, 여러 명의 학습자들이 채팅 등을 통해 실시간(real time) 글쓰기를 가능하게 해주

1 Dictionay.com (http://www.dictionary.reference.com), Cambridge Dictionaries Online (http://dictionary.cambridge.org) 외에도 다양한 온라인 사전이 있다.

는 동시적 글쓰기와 블로그(Blog), 페이스북(Facebook), 이메일 등 시간 차를 두고 글을 올리는 비동시적 글쓰기이다. 수업시간에 진행하는 글쓰기에는 시간적인 한계가 있기 때문에 온라인과 오프라인이 병합되는 블렌디드(Blended) 학습으로도 수업진행이 가능하다. 또한 작성한 글에 대한 피드백(예: 교사 피드백, 동료 피드백)도 온라인(예: 동시적, 비동시적 피드백)과 오프라인(예: 면대면 피드백)을 통해 효율적으로 제공하는 방법이 활용되고 있다(Liu & Sadler, 2003).

이처럼 블렌디드 학습을 통한 피드백 외에 명시적인 설명, 게임, 연습문제, 시험 등이 제시되어 있는 무료 문법 사이트[2]와 학습자가 글을 쓴 후 문법에 관련된 상세한 피드백을 받을 수 있는 유료 문법 사이트도 있다. 특히 ETS에서 제공하고 있는 크라이테리온 온라인 쓰기 평가(Criterion Online Writing Assessment)[3]는 문법뿐만 아니라 언어사용, 맞춤법, 구성 등에 대한 자세한 피드백도 제시해주고 있다.

인터넷의 기술적인 발전으로 Web 2.0 도구(예: 블로그, 위키, 소셜네트워크 등)의 사용이 쓰기 교육에 적용되어 긍정적인 효과를 볼 수 있게 되었다. 먼저, 블로그(Blog)는 사용자가 원하는 특정 블로그에 가입한 후 개인의 의견이나 생각을 언제든지 올릴 수 있는 특징을 가지고 있다. 교육적인 목적으로 보면 교사 블로그(A teacher blog), 학생 블로그(Student blogs), 수업 블로그(Class blogs)와 프로젝트 블로그(Project or topic blogs) 등 4가지로 분류해 활용할 수 있다(Lewis, 2009). 예를 들어 교사가 수업 블로그를 만들어 매주 배운 내용의 "학습피드백 저널"을 학습자 개인적으로나 그룹으로 글을 올리도록 할 수 있다. 또한, 위키(Wiki)를 통해 학습자들의 협력적 쓰기(collaborative writing)[4]를 권장할 수 있다. 수업시간에 작문을 하는 경우, 서로 다른 주제를 정해서 그룹별로 글을 작성하는 것이 가능하다. 위키(Wiki)는 누구든지 글을 올리면 수정할 수 있는 특징을 가지고 있기에 그룹멤버들끼리 글의 수정 및 교정이 가능하다. 다수의 학습자들이 서로 협력하여 하나의 주제로 여러 번의 수정작업을 거쳐 완성된 글은 다른 독자들이 읽을 수 있도록 출판이 가능하다. 게다가 수정과정이 기록으로 남기 때문에 학습자의 쓰기 오류에 관련된 내용도 파악할 수 있다.

교육현장에서 CALL 관련 쓰기 교육이 바람직하게 이루어지기 위해서는 교수자가 학습자의 수준과 학습내용에 맞는 다양한 인터넷 프로그램, 학습 사이트, 도구의 사용방법을 정확히 알고, 이를 효과적으로 활용하는 것이 중요하다. 더불어 교수자는 학습자에게 글쓰

---

2 http://www.grammarly.com

3 http://criterion.ets.org

4 협력적 쓰기(collaborative writing)란 개인이 아닌 여러 필자가 함께 작문하는 것을 말한다.

기에 대한 동기를 부여하고, 글쓰기 실력을 쌓을 수 있는 방법을 소개하고, 나아가서는 자기 주도적으로 학습할 수 있는 기회와 경험을 제공하는 것이 필요하다.

References

Chapelle, C. A., & Jamieson, J. (2008). *Tips for teaching with CALL: Practical approaches to computer-assisted language learning*. NY: Pearson Longman.

Hyland, K. (2003). *Second language writing*. Cambridge University Press.

Lewis, G. (2009). *Bringing technology into the classroom*. Oxford: Oxford University Press.

Liu, J., & Sadler, R. W. (2003). The effect and affect of peer review in electronic versus traditional modes in L2 writing. *Journal of English for Academic Purposes*, 2, 193-227.

The Purdue Online Writing Lab (OWL)
(https://owl.english.purdue.edu/)

1. 특징

The Purdue Online Writing Lab(OWL)은 미국 Purdue대학의 글쓰기센터(Writing Lab)에서 쓰기학습에 관련된 전반적인 정보를 무료로 제공하는 사이트이다. Purdue에 다니고 있는 재학생은 물론 ESL/EFL 학습자와 교수자에게 유용한 사이트이다. 특히 특수목적 영어학습(English for Specific Purposes: ESP) 글쓰기에 유용하게 활용할 수 있다. General Writing(일반적 글쓰기), Grammar(문법), Punctuation(구두법) 등의 다양한 정보가 있기 때문에 누구든지 효과적으로 활용할 수 있지만, 초보 학습자보다는 중급 이상의 학습자에게 더 적절하다. 제공된 내용이 방대하여 학습이나 교수목표를 정확하게 알고 그에 맞는 정보를 찾는 것이 중요하다.

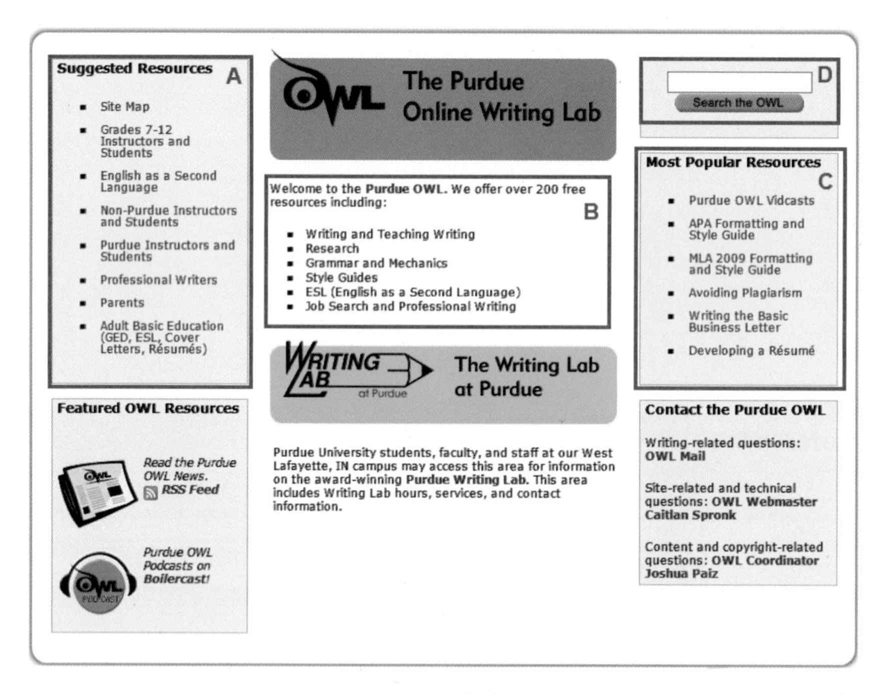

[그림1] OWL 기본화면

A　**Suggested Resources: 사용자별 권장자료**
B　**주요 자료 목록: 200개 이상의 무료 자료를 범주화한 목록**
C　**Most Popular Resources: 많이 활용되는 자료 목록**
D　**Search the OWL: OWL 홈페이지 내 자료 검색**

[그림1-D]의 〈Search the OWL〉에서 〈OWL Exercises〉를 검색하면 관련된 링크가 나온다. 여기서 Purdue OWL Writing Exercises를 클릭하면 [그림 2]와 같이 연습문제 화면이 나타난다. [그림2]의 좌측 메뉴바에 Grammar(문법), Punctuation(구두법), Spelling(철자), Sentence Structure(문장구조), Sentence Style(문장스타일), Writing Numbers(숫자쓰기)가 포함되어 있고, 특히 ESL Exercises에는 Paraphrase(바꿔쓰기)와 Summarize(요약하기)에 대한 연습문제가 있다.

[그림1-C]의 〈Purdue OWL Vidcasts〉를 클릭하면 The Purdue Writing Lab & The Purdue OWL(Purdue 글쓰기 센터), General Writing, Rhetoric, and Grammer(일반적 글쓰기, 수사법, 문법), APA/MLA(논문 형식) 등의 동영상이 주제별로 제시되어 있다.[5]

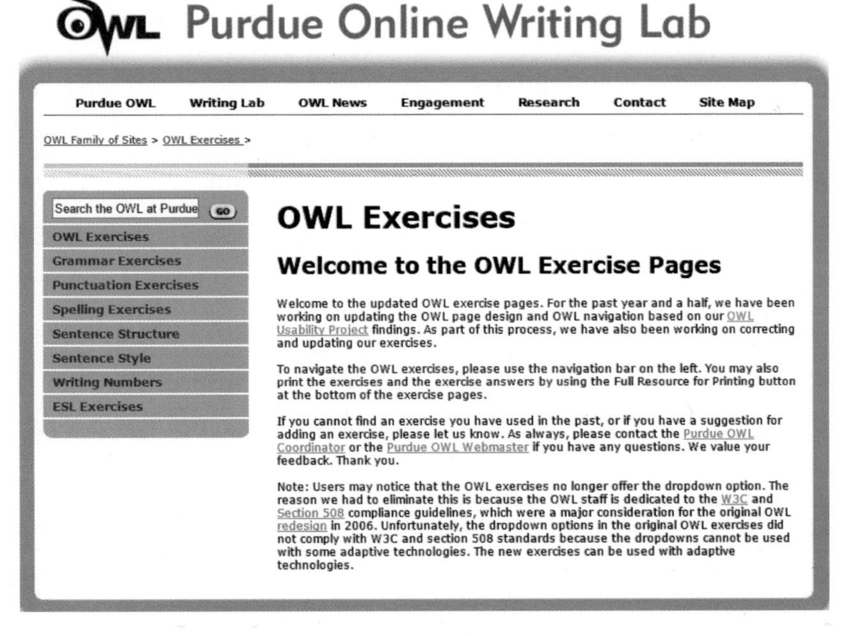

[그림 2] OWL 연습문제 화면

5　이 내용은 2014년 6월 19일 현재 기준이다. 사이트의 내용이 자주 바뀐다.

2. 활용

1) 교수자 활용

① 기본화면에 사이트의 주요내용이 목록으로 제시됨으로 교수자가 쓰기수업 목표에 따라서 정보를 찾는 것이 중요하다. [그림1-A]의 〈Site Map〉을 클릭하면, 이 사이트의 모든 정보가 상세하게 분류되어 있다. General Writing(일반적 글쓰기), Research & Citation(연구와 인용), Teacher & Tutor Resources(교수자 자료), Subject Specific Writing(구체적인 주제관련 쓰기), Job Search Writing(구직관련 쓰기) 등에서 선택하여 활용한다.

② 학습자의 수준을 고려하여 자료를 활용한다. 초보 학습자의 경우, 교수자가 연습문제에 나와 있는 내용을 자세히 설명하고 그룹활동이나 짝 활동을 통해 문제를 풀게 한다. 중, 상급 학습자에게는 스스로 연습문제를 풀어볼 수 있는 기회를 제공한다.

③ Teacher & Tutor Resources(교수자 자료)에는 다양한 글쓰기에 대해 가르치는 방법이 PPT 자료로 제공되어 수업시간에 바로 활용할 수 있다.

2) 학습자 활용

① 대학생, 대학원생, 성인학습자가 논문을 쓸 경우 필요한 Research & Citation(연구와 인용)과 Formatting and Style Guide(APA & MLA 논문형식 가이드)가 예시와 함께 제공되어 있어 학습자가 스스로 필요한 정보를 찾아볼 수 있다.

② Writing the Basic Business Letter(기본 비즈니스 글쓰기), Developing a Resume(이력서 쓰기), Writing Cover Letters(자기소개서 쓰기) 등 비즈니스 관련 글쓰기 방법도 제공되어 있어서 활용할 수 있다.

③ 다양한 전공의 학습자가 활용할 수 있는 Subject Specific Writing(구체적인 주제관련 쓰기) 섹션이 있다. 구체적으로 내용을 살펴보면, Professional Technical Writing(전문적인 기술문서 쓰기), Writing in Literature(문학에서의 쓰기), Writing in the Social Studies(사회, 심리학에서의 쓰기), Writing in Engineering(공학에서의 쓰기), Medical Writing(의학에서의 쓰기), Wrinting in Nursing(간호학에서의 쓰기) 등에 관련된 쓰기 내용도 포함되어 있다.

Guide to Grammar and Writing
(http://grammar.ccc.commnet.edu/grammar/)

1. 특징

Guide to Grammar and Writing은 미국의 Capital Community College Foundation에서 후원하고, 쓰기와 문법에 관련된 내용을 무료로 제공하고 있다. 이 사이트의 내용은 여섯까지 항목으로 구분되어 있고, 각 항목 안에 다양한 정보가 제시되어 있다. 학습자나 교수자가 활용할 수 있는 문법 관련 연습문제가 제공되기에 영문법을 공부하거나 쓰기를 학습할 때 유용한 사이트이다.

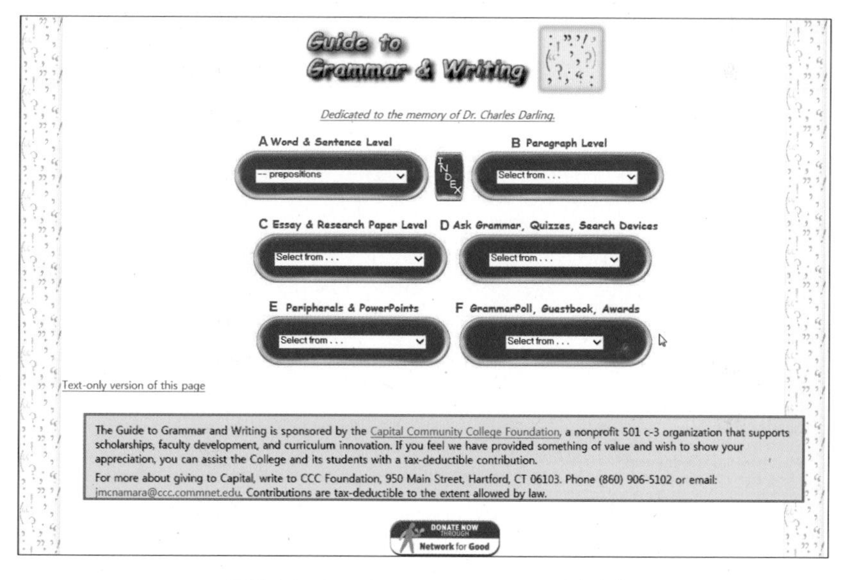

[그림 3] Guide to Grammar and Writing 기본화면

- **A** **Word & Sentence Level: 단어와 문장에 관련된 문법 사항**
- **B** **Paragraph Level: 문단 수준에서 알아야 할 쓰기와 문법**
- **C** **Essay & Research Paper Level: 쓰기에 관련된 전반적인 내용**
- **D** **Ask Grammar, Quizzes, Search Devices: 문법관련질문, 퀴즈, 검색도구**
- **E** **Peripherals & PowerPoints: 문법, 구두점 PPT 자료, 다른 쓰기와 문법 사이트 정보**
- **F** **GrammarPoll, Guestbook, Awards: 학습자가 질문할 수 있는 공간, 저자에게 하고 싶은 얘기를 담은 게시판**

2. 활용

1) 교수자 활용

① 학습목표에 따라 학습자 수준에 맞는 문법, 쓰기에 대한 연습문제를 제공한다.

② Punctuation(구두법)과 문법에 대한 PPT자료가 올려져 있어 수업시간에 간편하게 활용할 수 있다.

③ 상세한 문법 설명과 함께 제시되어 있는 예문이 많아 초급 학습자가 용이하게 사용할 수 있다.

④ 문법에 대한 설명이 표, 예시, 설명, 리스트 등 다양한 방법으로 제시되어 있어 필요한 부분을 선택해서 설명과 퀴즈자료로 활용할 수 있다.

2) 학습자 활용

① 학습자 스스로 문법을 학습하는 자기주도학습이 가능하고, 퀴즈를 통해 배운 내용을 복습 및 확인할 수 있다.

② 학습자가 짝 활동이나 그룹 활동을 통해 문법을 학습하는 협동학습으로 활용할 수 있다.

③ 문법에 대한 170개 이상의 〈Interactive Quiz〉가 크로스워드게임, 사지선다형, 주관식 등의 다양한 방식으로 제공되어 있어 학습자가 흥미롭게 퀴즈를 풀 수 있다.

④ 문법과 쓰기에 대한 설명에서 중요한 개념이 링크로 연결되어 자세하고 심화된 내용을 습득할 수 있다.

Writing Practice Worksheets (http://www.englishforeveryone.org/Topics/Writing-Practice.htm)

1. 특징

Writing Practice Worksheets는 학습자가 수준별로 쓰기를 연습할 수 있도록 도와주는 연습문제지이다. Finish the Story Writing Worksheets(이야기 마무리하기)를 비롯하여 다섯 가지 다른 종류의 연습문제지가 주제별로 나열되어 있다. 쓰기를 흥미롭게, 다양하게 연습할 수 있는 맥락을 제시하고, 예시도 포함되어 있다. 학습자의 쓰기 내용에 대한 피드백 기능을 제공하지는 않지만 여러 주제에 대한 쓰기를 수준별로 연습해보면서 쓰기능력을 키울 수 있는 기회를 제공해준다.

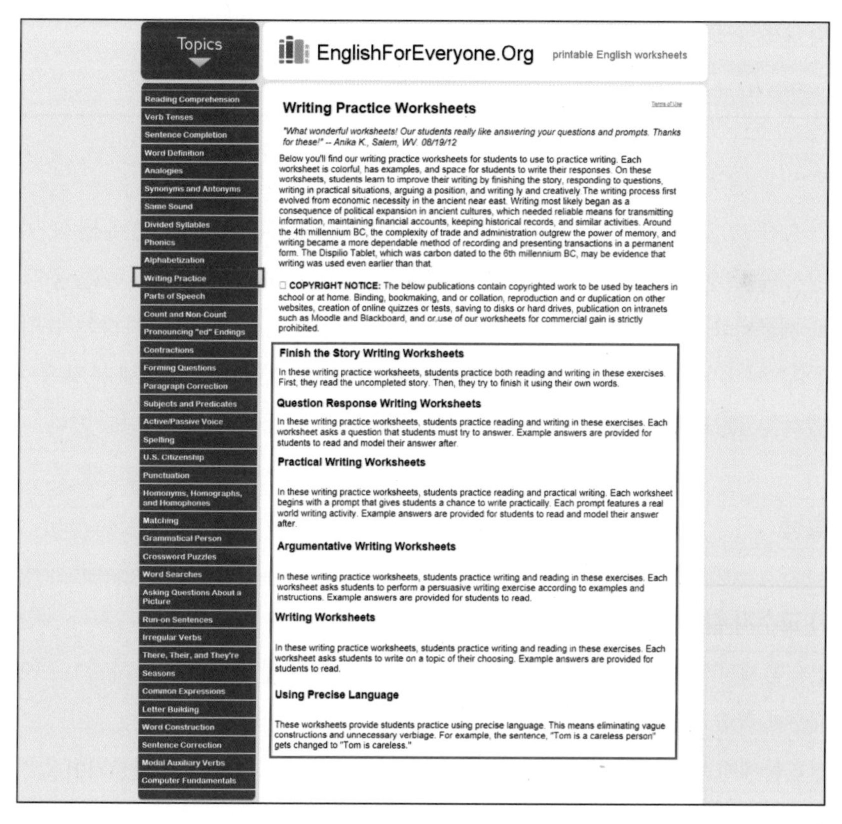

[그림 4] Writing Practice Worksheets 기본화면

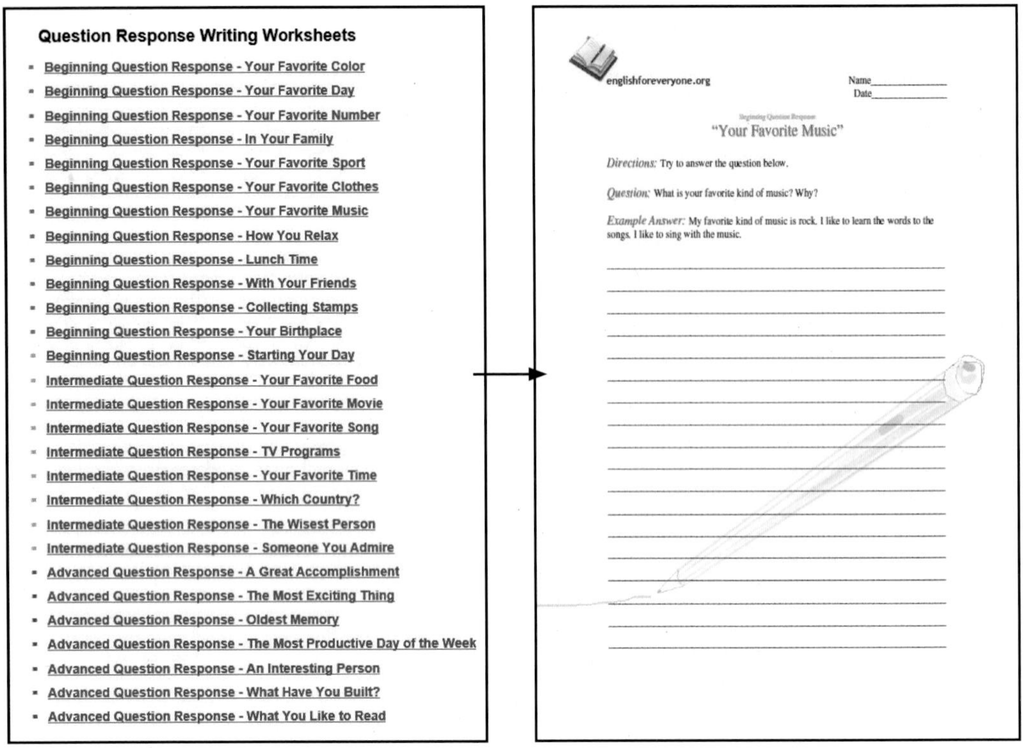

Question Response Writing Worksheets

- Beginning Question Response - Your Favorite Color
- Beginning Question Response - Your Favorite Day
- Beginning Question Response - Your Favorite Number
- Beginning Question Response - In Your Family
- Beginning Question Response - Your Favorite Sport
- Beginning Question Response - Your Favorite Clothes
- Beginning Question Response - Your Favorite Music
- Beginning Question Response - How You Relax
- Beginning Question Response - Lunch Time
- Beginning Question Response - With Your Friends
- Beginning Question Response - Collecting Stamps
- Beginning Question Response - Your Birthplace
- Beginning Question Response - Starting Your Day
- Intermediate Question Response - Your Favorite Food
- Intermediate Question Response - Your Favorite Movie
- Intermediate Question Response - Your Favorite Song
- Intermediate Question Response - TV Programs
- Intermediate Question Response - Your Favorite Time
- Intermediate Question Response - Which Country?
- Intermediate Question Response - The Wisest Person
- Intermediate Question Response - Someone You Admire
- Advanced Question Response - A Great Accomplishment
- Advanced Question Response - The Most Exciting Thing
- Advanced Question Response - Oldest Memory
- Advanced Question Response - The Most Productive Day of the Week
- Advanced Question Response - An Interesting Person
- Advanced Question Response - What Have You Built?
- Advanced Question Response - What You Like to Read

englishforeveryone.org

Name______________
Date______________

Beginning Question Response

"Your Favorite Music"

Directions: Try to answer the question below.

Question: What is your favorite kind of music? Why?

Example Answer: My favorite kind of music is rock. I like to learn the words to the songs. I like to sing with the music.

[그림 5] Question Response Writing Worksheets 와 예시 화면

여섯 가지 주제 중에 하나인 Question Response Writing Worksheets(문제-답하기)는 가장 많은 수준별 연습문제지를 제공한다. Your Favorite Music(가장 좋아하는 음악)이 제목으로 제공되고, What is your favorite kind of music? Why?(가장 좋아하는 음악은 무엇인가요? 왜인가요?) 와 같이 문제를 제시한다. 이 문제에 대한 답으로 세 문장을 제시해 주고 있다. Advanced 수준의 연습문제지에는 더 많은 문장이 예시로 제시되고 있다.

2. 활용

1) 교수자 활용

① 연습문제지가 Beginning, Intermediate, Advanced의 세 단계로 정확하게 나뉘어 있기 때문에 학습자의 수준별로 사용하기가 쉽다.

② 연습문제지가 프린트 가능하고 학습자가 직접 쓸 수 있는 공간도 제공되어 있기 때문에 수업시간에 간편하게 사용할 수 있다.

③ 각각의 연습문제지를 사용하여 controlled(통제 작문), semi-controlled(반 통제 작문), free writing(자유 작문) 등 세 가지 다른 교수방법으로 학습자에게 활용할 수 있다. [그림 5]의 예시를 들어 설명하면, controlled의 경우, 제시된 예시에서 중요한 단어부분을 빈칸으로 만들어 새로운 단어 사용만으로 간단하게 쓰기를 할 수 있다. semi-controlled의 경우, 구나 문장단위로 학습자가 내용을 쓸 수 있으며, free writing은 예시의 문장을 기본으로 수정하기보다 학습자가 쓰고 싶은 단어, 구, 문장을 처음부터 써보는 방법이다. 물론 문장의 길이도 길어질 수 있다.

2) 학습자 활용

① 학습자가 쓴 내용에 대해 피드백을 줄 수 있는 사람이 있다면 자기주도학습으로 본인이 원하는 주제를 선택해서 쓰기 연습을 할 수 있다.

② Argumentative Writing Worksheets(논설문 쓰기)는 간단한 문단을 Rough Draft(초고), Final Version(완성본)으로 쓰게 되어 있어 쓰기 과정 중심의 학습이 가능하다. 논설문 쓰는 방법과 모범답안이 제시되어 있어 논설문을 에세이로 쓰기 이전에 문단으로 쓰는 연습을 해볼 수 있다.

Storybird
(http://storybird.com/)

1. 특징

Storybird는 사용자와 컴퓨터 간의 상호작용으로 창작한 이야기를 전자출판할 수 있는 "Visual Storytelling" 사이트이다. 처음 창작을 해보는 학습자는 다른 회원이 쓴 이야기를 검색하여 읽을 수 있어 "Visual Storytelling"에 대한 노하우를 확인할 수 있다. 가입절차는 무료로 가능하며, Personal(개인), School(교사-학생), Professional(작가-예술가)의 계정 중에 선택한다. 사이트의 더 나은 혜택을 제공받으려면 유료로 전환해야 한다. 기본화면에는 Storybird를 통해 Write(글짓기), Read(다양한 스토리 읽기), Discover(좋아하는 스토리 찾기), Share(출판하기)를 할 수 있다는 내용이 제시되어 있다.

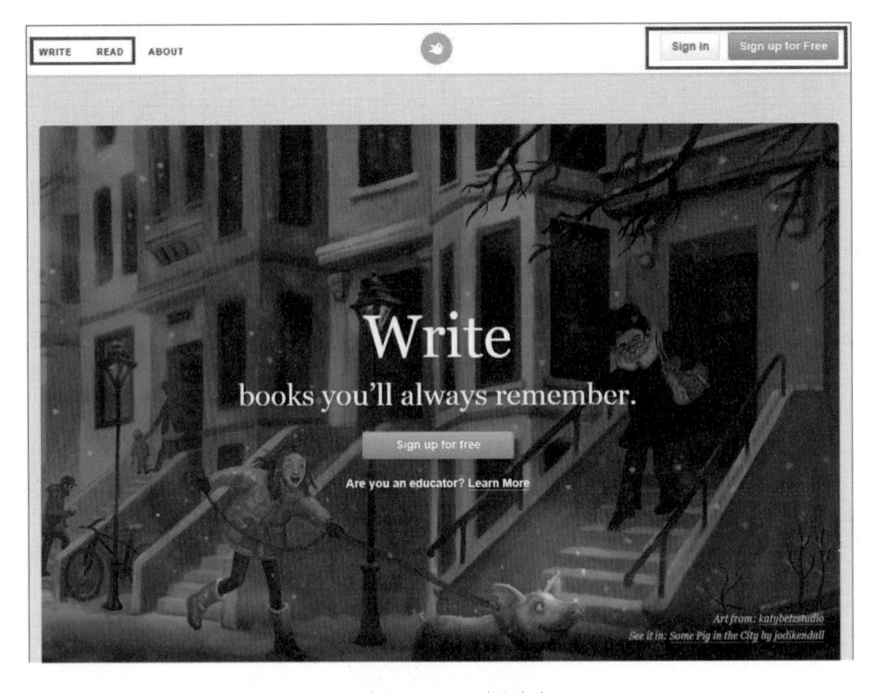

[그림6] Storybird기본화면

[그림6]의 우측 상단 〈Sign up for Free〉에서 무료 가입 후에 〈Sign in〉에서 로그인한다. 좌측상단의 〈Write〉를 클릭하면 스토리를 쓰기 위한 다양한 종류의 이미지가 화면에 나

타난다. 원하는 이미지를 선택하면 [그림7]과 같이 우측 상단에 〈Use this Art〉를 클릭해서 〈Longform Book (multi-chapter)〉, 〈Picture Book (multi-page)〉, 〈Poem (single image)〉 중 하나를 선택한다. 〈Longform Book(multi-chapter)〉는 이미지에 맞는 스토리를 여러 장(chapter)으로 쓰는 것이고, 〈Picture Book(multi-page)〉는 여러 페이지로 스토리를 작성하는 것이며(그림8 참조), 〈Poem(single image)〉은 이미지로 제시된 단어들을 드래그 앤 드롭(drag and drop)하여 의미있는 문장으로 만들고 한 편의 시를 완성하는 것이다(그림9 참조).

[그림 7] 스토리 종류 선택화면

[그림 8] Picture Book(스토리 창작 화면)

[그림 9] 시 창작 화면

2. 활용

1) 교수자 활용

① 학교에서 프로젝트기반 학습(Project-based Language Learning)으로 창작동화집 만들기 대회를 개최한다. 완성된 창작 동화집은 종이로 출력해서 출판하거나 동영상으로 제작해서 출판한 후 학교 홈페이지에 게시해 전체 학생이 우승자를 선택하는 과정으로 진행할 수 있다.

② 학습자 개인이 혼자 창작하기 부담스러운 경우, collaborator(다른 학습자)를 초대해서 같이 할 수 있는 협동학습이 가능하다

③ 'Educator' 계정을 사용해 '창작동화 만들기' 수업을 과업중심학습(Task-based Language Learning)으로 활용해 온라인에 출판해보는 경험을 할 수 있다.

④ 수업을 듣는 학습자와 교사뿐만이 아니라 다른 나라 사람으로부터 피드백, 코멘트를 통해 독자에 대한 생각과 본인이 출판한 글에 대한 자신감을 느낄 수 있도록 격려할 수 있다.

2) 학습자 활용

① 학습자에게 동화, 시를 창작할 수 있는 기회를 제공한다.

② 시각적인 학습자에게 글의 주제만 보고 글을 쓰는 것보다 그림, 이미지를 통해 떠오르는 다양한 생각을 글로 표현하게끔 도와주는 것이 재미있게 글을 쓸 수 있는 동기부여가 될 수 있다.

③ 이미지를 통해 학습자의 상상력을 동원해 글을 쓸 수 있는 자발적 글쓰기가 가능하다.

④ 학습자가 경험했던 사실을 이미지와 연결해서 창작을 한 후 다른 사람들과 공유하며 생각과 느낌을 나눌 수 있다.

⑤ 시 창작의 경우, 여러 가지 형태의 단어(관사, 명사, 형용사 등)가 주어지기 때문에 의미 있는 문장 만드는 연습이 가능하다.

⑥ 출판하기 전에 교사, 다른 학습자 등을 통해 피드백을 받아 진정한 독자(real audience)의 목소리를 경청할 수 있는 기회를 가질 수 있다.

6 어휘 지도 Vocabulary

어휘는 언어의 네 가지 기능(읽기, 쓰기, 듣기, 말하기)을 향상시키는 데 가장 기본적이고 필수적인 요소이다. 일반적인 언어 학습자가 목표 언어를 유창하게 기술하기 위해서는 2,000~7,000개의 어휘를 알고 있어야 하며(Nunan, 2003), 주어진 텍스트를 이해하는 과정에서 모르는 단어의 의미를 추측하는 전략을 사용하더라도 텍스트에 포함된 단어의 95퍼센트 이상의 의미를 인식하고 있어야 한다(Schmitt & Zimmerman, 2002)고 알려져 있다. 이와 같이 어휘는 언어 학습에서 중요한 부분으로 인식되는 네 가지 언어 기술의 토대이지만 언어 기능 자체는 아니다. 따라서 어휘 지도는 자연스럽고 진정성있는(authentic) 수업과 의사소통 중심의 학습 활동, 기능 중심이나 내용 중심 언어 교수의 일부로 이루어져야 한다.

어휘는 자연증가적(incremental) 학습과 지속적인 강화(reinforcement)의 과정을 거쳐 습득된다. 어휘 학습은 어휘가 지닌 문법적 기능과 다른 맥락에서의 용례까지 터득함을 의미(Nation, 2001)하기 때문에 다양한 담화 맥락 속에서 새로운 어휘의 충분한 반복을 통해 습득하는 것이 자연스럽고 지속적인 방법이 될 수 있다. 어휘 학습의 방법 중에서 꾸준한 읽기 활동은 새로운 어휘와 다양한 문맥을 폭넓게 접할 수 있게 되어 어휘 습득에 효과적이다. 멀티미디어기반 읽기 활동은 특히 어휘 학습에 유용하게 활용될 수 있다. 예를 들어 읽기를 수행하는 중에 접하게 되는 새로운 어휘들에 주석(annotation)을 제공하거나 맥락을 이해하는 데 필요한 그림, 사운드, 애니매이션과 같은 미디어자료를 서로 연결하여 제공하면 읽기 학습을 수행하면서 어휘를 습득하고 기억하는 데 도움이 된다.

어휘의 교수/학습 전략에는 의도적 학습(intentional learning)과 우연적 학습(incidental learning)이 있다. 의도적 어휘 학습이란 새로운 단어를 명시적으로 제시하고 학습자가 단어의 의미를 학습할 수 있는 충분한 연습 활동을 통해 의도적으로 어휘를 학습하게 하는 방법이다. 단어 카드를 사용하여 단어의 의미와 용례를 설명하거나 어근(root)을 제시하고 접두사와 접미사를 붙여 단어 계통을 기억하게 하는 것, 사전 사용하기와 같은 학습 전략이 주로 사용된다(Schmitt & Zimmerman, 2002). 플래쉬 카드 같은 게임 형식의 컴퓨터기반 어휘 학습 프로그램이나 웹기반 자료는 새로운 어휘의 의도적 학습을 위해 필요한 모국어 정의, 그림, 설명, 사운드, 동의어, 단어가 사용되는 맥락 등을 멀티미디어 형식으로 제공하기 때문에 학습자가 새로운 단어에 주의 집중하고 정확한 의미를 이해하여 반복, 기억하는 등의 인지 전략(cognitive strategy)을 사용할 수 있도록 돕는다(Gu, 2003). 또한 퍼즐, 클로즈 퀴즈 같은 게임 활동으로 새롭게 학습한 단어를 반복 연습시키면 학습자가 단어 암기 전략을 사용하도록 의도적으로 주의를 집중시켜 학습을 최적화할 수 있다.

우연적 어휘 학습은 언어 형식보다 의미 이해에 초점을 둔 과업을 수행하면서 부수적으로 어휘 학습이 이루어지는 것을 말한다(Hulstijn, 2003). 흔히 읽기나 듣기학습을 수행하면서 어휘 학습이 동시에 이루어지는데, 학습자는 맥락이 포함된(contextualized) 자료의 의사소통적인 구조(뭉치말, 글) 속에서 목표 단어의 용례와 의미에 집중하고 의사소통 과업을 수행하는 동안 목표 단어의 의미를 자연스럽게 습득하게 된다. 이 과정에서 학습자는 단어의 일부분(접두사, 접미사)에 대한 지식을 이용해 새로운 단어를 이해하거나 문맥에서 단어의 의미를 추측하는 전략을 스스로 개발하기도 한다. 멀티미디어기반 읽기자료들은 그림이나 사진, 애니메이션, 동영상 등의 맥락적 힌트를 함께 제공하기 때문에 학습자의 추측 전략 사용을 돕고 단어가 적용되는 유의미한 맥락에서 우연적 어휘 학습을 시키는 좋은 방법이다.

컴퓨터기반 어휘 학습 자료는 학습자가 학습 활동을 수행하는 동안 컴퓨터와 실질적인 상호작용하는 기회를 제공한다. 어휘 학습에서 일어나는 학습자와 컴퓨터간의 상호작용은 학습이나 연습 활동을 수행하면서 문제의 답을 입력하고 정답·오답을 확인하거나 읽기나 듣기 활동을 수행하는 동안 학습자가 단어(구)에 연결된 주석을 클릭하여 단어의 정의를 파악하는 것을 말한다. 이 같은 상호작용은 학습자에게 즉각적인 피드백(immediate feedback)을 제공하므로 어휘 정확성을 높이거나 맥락적 유추를 통해 단어를 이해하고 장기적으로 기억하는 데 도움이 될 수 있다(Yoshii & Flaitz, 2002).

온라인 사전이나 콘코던서(concordancer)는 컴퓨터기반 어휘 학습 도구이다. 온라인 사전은 기존의 텍스트형 사전과 달리 단어의 정의나 용례, 동의어/반의어, 접두(미)어를 사용한 단어 파생형 등이 다선형(multi-linear)으로 링크되어 제공되는데, 이는 학습자가 단어의 의미를 파악하고 기억하기 위해 필요한 다양한 정보를 제공한다. 콘코던서는 선택된 단어나 구의 수많은 예문을 많은 양의 실제 텍스트에서 검색하도록 하는 프로그램으로 단어의 쌍 또는 단어 뭉치와 같은 연어(collocation)를 용례별로 보여준다. 따라서 하나의 단위로 굳어진 표현(utterance)이나 텍스트 배열(숙어)들을 개별 단어나 문법적 부분으로 해석되기보다 전체로 학습시키는 데 효과적이다(Lewis, 1997). 학습자가 온라인 사전을 찾아가며 단어를 익히는 것, 혹은 온라인 콘코던서를 사용하여 특정 어휘의 용례를 확인하고 의미를 추측하는 것 등은 어휘 학습 전략을 넓힐 수 있는 기회가 된다. 교수자는 학습자에게 온라인 사전 사용법을 소개하고 새로운 단어의 정의와 용례 등을 직접 찾아 단어 목록을 만들어 보게 하거나 콘코던서를 통해 새로 배운 단어를 사용해 작문을 하게 하는 등의 교수 활동을 사용할 수 있다.

이같이 컴퓨터기반 어휘학습은 멀티미디어를 활용한 다양한 교수 방법과 도구를 제공한다. 교수자는 학습자에게 가장 유용한 어휘에 우선 초점을 두고 적절한 교수방법과 어휘 학습 자료를 선택해야 한다. 여기서 유용한 어휘란 듣기, 말하기, 쓰기, 읽기 영역을 망라하고 공식/비공식적인 상황에서 가장 자주 사용되는 단어들을 말한다(Read, 2004). 또한 학습 내용이나 주제 분야에서 적합하고(fit) 난이도 수준이 적절(appropriate)하며 학습자의 흥미와 학습 요구를 반영한 단어들을 선택해야 한다. 컴퓨터의 방대한 데이터 처리 능력은 학습자의 언어 수준에 따라 단어의 난이도 수준을 선별하거나 단어의 빈출성(frequency)을 고려하여 목표 어휘를 선정하는 데 유용하게 활용된다(Chapelle & Jameison, 2008).

References

Chapelle, C. A., & Jameison, J. (2008). *Tips for teaching with CALL: Practical approaches to computer-assisted language learning*. White Plains, NY: Pearson Education, Inc.

Gu, P. Y. (2003). Fine brush and freehand: The vocabulary-learning art of two successful Chinese EFL learners. *TESOL Quarterly*. 37(1), 73-104.

Hulstijn, J. (2003). Connectionist models of language processing and training of listening skills with the aid of multimedia software. *Computer-Assisted Language Learning, 16*, 413-425.

Lewis, M. (1997). *Implementing the lexical approach*. Hove, UK: Language Teaching Publication.

Nation, I. S. P. (2001). *Learning vocabulary in another language*. Cambridge, UK: Cambridge University Press.

Nunan, D. (2003). *Practical English language teaching*. New York, NY: McGraw-Hill Companies, Inc.

Read, J. (2004). Research in teaching vocabulary. *Annual Review of Applied Linguistics, 24*, 146-161.

Schmitt, N., & Zimmerman, C. B. (2002). Derivative word forms: What do learners know? *TESOL Quarterly, 36*(2), 145-171.

Yoshii, M., & Flaitz, J. (2002). Second language incidental vocabulary retention: The effect of text and picture annotation types. *CALICO Journal, 20*(1), 33-58.

Vocabulary Can Be Fun!
(http://www.vocabulary.co.il)

1. 특징

Vocabulary Can Be Fun! 사이트는 단어 찾기, 크로스워드 퍼즐, 행맨과 같은 다양한 종류의 플래시 온라인 단어 게임을 무료로 제공한다. 사이트의 내용은 단어 게임의 유형별로 분류되고, 각각의 게임 유형 내에서 주제별로 단어 목록이 제시된다. 단어 목록에는 단어-그림, 단어-사운드, 텍스트(의미)의 멀티미디어를 활용한 단어 게임이 포함되어 있다. 학습자는 자신이 원하는 게임 유형과 단어 목록을 선택하여 단어 연습을 할 수 있는데, 이같은 연습활동은 어휘 실력을 향상하면서 학습 동기를 부여하는 데 도움이 된다.

이 사이트의 온라인 단어 게임을 사용하면 단어의 철자 암기나 발음 연습을 재미있게 할 수 있다. 또한 TOEFL을 비롯한 GRE, SAT, PSAT와 같은 시험을 준비하기 위한 단어 연습도 제공하고 있어 학습 목표에 따라 다양하게 선택할 수 있다. 따라서 외국어 학습자는 물론 원어민 학습자에게 수준별 단어 게임 연습을 제공하여 빠르고 효과적인 어휘 습득하도록 돕는 교육적인 웹사이트이다.

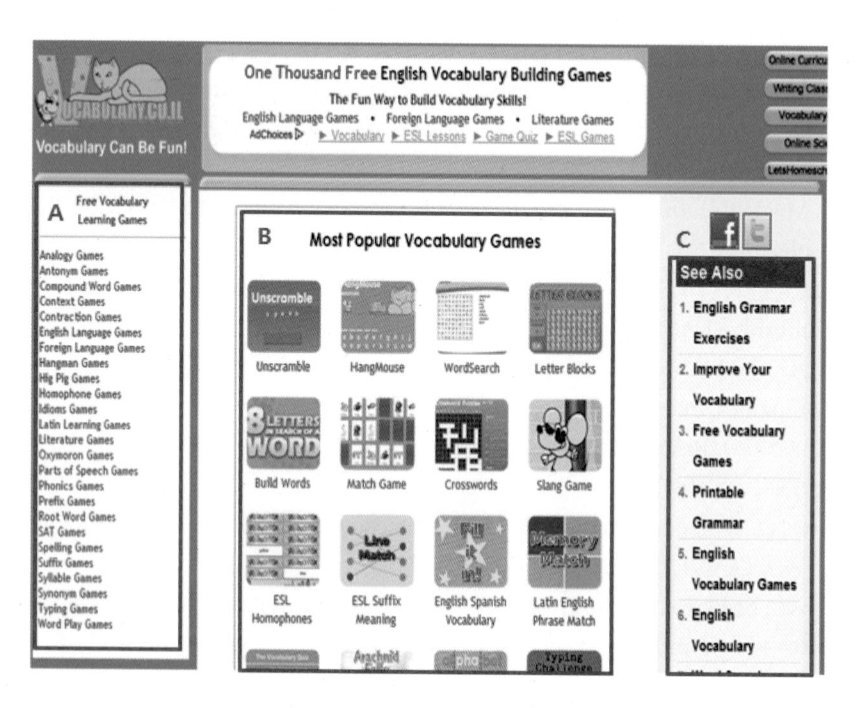

[그림 1] Vocabulary Can Be Fun! 기본 화면

[그림1]은 Vocabulary Can Be Fun! 사이트의 기본화면이다. [그림1-A]의 메뉴에서 게임의 종류와 유형을 선택하거나 [그림1-B]에서 자주 사용하는 게임을 선택할 수 있다. [그림2]는 각각 Matching Game, Break It Up, Suffix Line Match, SAT Word-O-Rama 단어 게임 예시 화면이다. 게임 활동은 단어의 철자와 정의, 그림, 사운드, 애니메이션 등의 멀티미디어를 활용하여 학습자에게 다감각적(multisensory) 입력을 제공하고 학습자-컴퓨터 간의 상호작용을 통해 능동적인 학습을 수행하게 한다. 플래시 형태의 게임 활동을 사용하기 위해서는 Adobe Flash Player를 설치해야 한다.

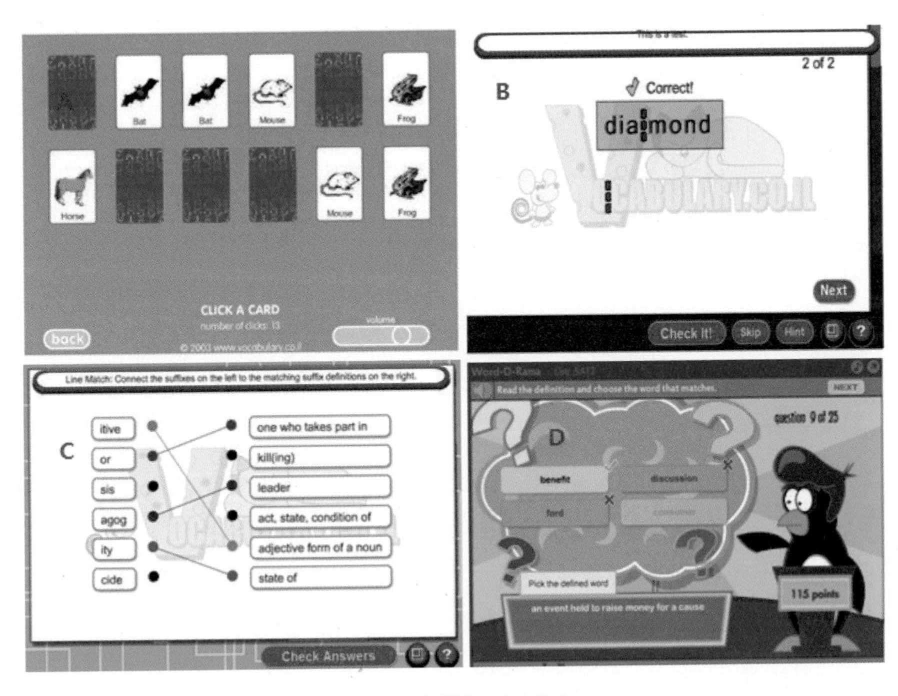

[그림2] 게임 활동 예시 화면

A **Matching Game: 카드를 뒤집어서 같은 단어가 있는 두 장의 카드를 짝 맞추는 게임으로 단어의 철자와 사운드, 그림이 함께 제공된다. 학습자의 단어 인지력과 기억력을 평가한다.**

B **Break It Up: 단어를 음절(syllabus)로 나누는 게임으로 음절 단위의 사운드가 힌트로 제공된다.**

C **Line Match: 좌-우로 짝을 이루는 내용을 연결하는 게임으로 여기서는 접미사(suffix)와 의미를 확인할 수 있다.**

D **Word-O-Rama: 캐릭터(Rama)가 음성으로 제시하는 퀴즈를 풀어보는 게임으로 정답과 오답 횟수에 따라 점수가 달라진다. TOEFL, SAT와 같은 수험 어휘를 재미있는 형식으로 암기하고 확인할 수 있다.**

2. 활용

1) 교수자 활용

① 이 사이트는 의도적 어휘 학습(intentional vocabulary learning)을 위한 게임 활동을 제시하므로 교수자가 교수 목적과 내용, 학습자 수준 등을 고려하여 수업시간에 활용할 수 있다.

② 다양한 종류의 게임을 통해 특정 어휘를 지루하지 않게 학습시킬 수 있다. 특히 반복적인 단어 암기에서 학습자의 주의를 환기시키거나 흥미를 유발하는 데 도움이 된다.

③ 단어 게임을 개별 또는 모둠 활동으로 제시한다면 학습자 간의 경쟁을 유도하여 수업활동에 적극적으로 참여하게 할 수 있다.

④ 단어 게임이 텍스트, 그림, 사운드, 애니메이션과 같은 다양한 멀티미디어를 이용하여 제공되므로 학습자에게 이해가능한 입력(comprehensible input)을 제공할 수 있다.

⑤ 다양한 종류의 어휘가 범주화되어(categorized) 있으므로 학습자의 사전 지식을 평가하는 데 활용할 수 있다. 특히 각종 시험 대비 어휘 지식을 확인하는 사전평가나 암기한 단어들을 확인하는 사후평가 도구로 활용할 수 있다.

2) 학습자 활용

① 광범위한 내용의 어휘가 수준별로 제시되어 있으므로 자가 학습 시 자신에게 필요한 내용을 직접 선택하여 사용할 수 있다. 특히 게임 형식의 학습 활동을 진행하면서 혼자 흥미롭게 공부할 수 있다.

② 어휘와 함께 정의, 그림, 사운드 등이 제공되므로 학습자의 기억 향상에 도움이 된다. 따라서 학습자의 언어적, 시각적, 청각적과 같은 학습 스타일에 따라 자신에게 적합한 게임 유형을 선택한다면 단어 인지에 효과적이다.

③ 모든 게임 활동이 영어로 진행되므로 단순히 단어를 암기하는 것보다 맥락적인 이해가 가능하다. 즉, 영어 단어-모국어 해석(예: book-책)과 같이 이중 언어 사전을 이용하는 것보다 습득한 단어를 내재화하고 나중에 회상하는 데 도움이 된다.

Learning Chocolate – Vocabulary Learning Platform (http://www.learningchocolate.com/)

1. 특징

Learning Chocolate - Vocabulary Learning Platform은 광범위한 어휘가 일련의 범주(category)로 나뉘어서 제공되는 사이트로 다양한 연습 활동을 통해 어휘를 학습할 수 있다. 모든 어휘들은 의미에 따라 상위-하위 범주로 구분되며, 각 범주에 해당되는 어휘들은 그림, 실사(real picture), 사운드 등과 함께 제공된다. 학습자에게 단어를 제시하고, 소리와 단어를 연결하기, 받아쓰기 등의 다양한 연습 활동을 통해 확인하게 하므로 의도적 어휘 학습에 도움이 된다. 또한 이 사이트는 영어 이외에 중국어, 일본어, 스페인어, 독일어와 같은 다른 언어로 호환된다. [그림3-A]에서 원하는 언어로 바꾸어 사용할 수 있다.

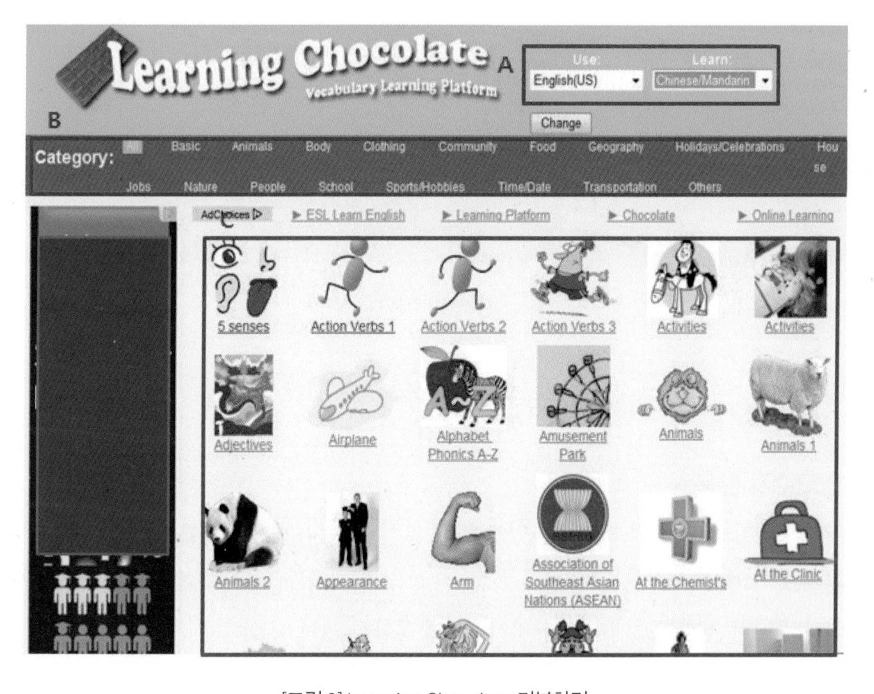

[그림 3] Learning Chocolate 기본화면

Learning Chocolate은 어휘의 종류대로 범주화되어 있기 때문에 [그림3-B]의 메뉴나 [그림3-C]의 범주안내에서 원하는 내용의 단어 목록을 찾아 사용한다. 각각의 어휘들은 철자-

그림-사운드가 함께 제시되며 〈Review〉-〈Match up 1〉-〈Match up 2〉-〈Match up 3〉-〈Fill in〉-〈Dictation〉의 순서로 반복 연습할 수 있다. 특히 몇몇 어휘들은 실사로 제시되므로 학습자가 일상 생활에서 바로 적용할 수 있다. 또한 어휘와 연계된 간단한 구문과 문장들도 링크되어 있으므로 맥락적 이해와 연습이 가능하다.

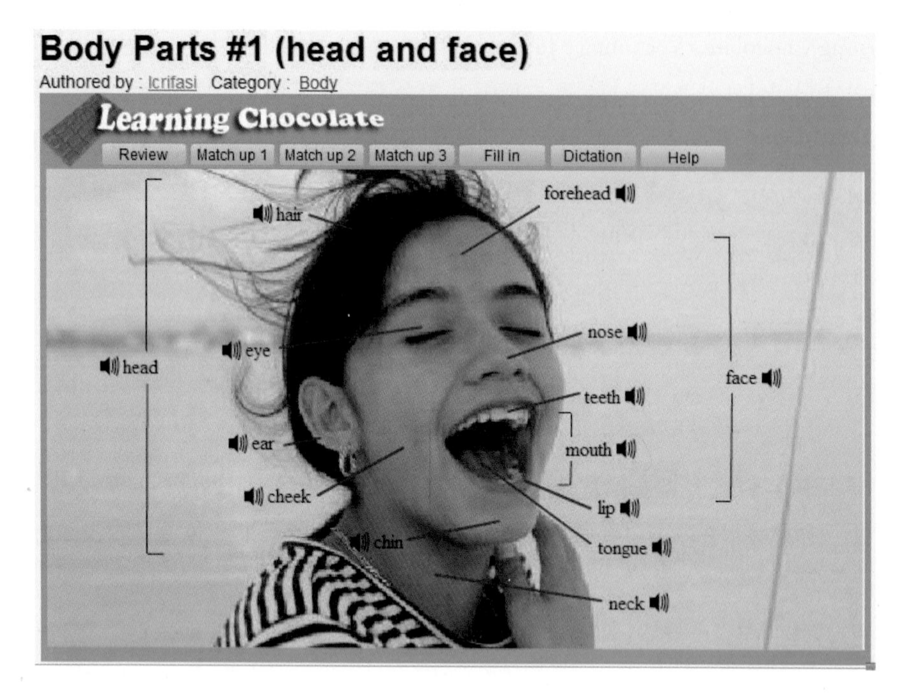

[그림 4] 어휘 연습 활동 예시 화면

2. 활용

1) 교수자 활용

① 어휘의 의미에 따라 범주화되어 있으므로 교실 수업의 목표 어휘를 제시하는 단계에서 활용하기 편리하다. 모든 단어가 문자, 음성, 그림과 함께 제시되므로 초급 학습자에게 명시적으로 단어를 소개하고 인지시키기에 적합한 입력 자료이다.

② 학습 활동이 목표 어휘를 제시(Present)-연습(Practice)-출력(Produce)하는 순서로 제공되므로 학습자가 충분한 반복 연습을 통해 실제 상황에서 바로 출력할 수 있게 유도한다.

2) 학습자 활용

① 광범위한 내용의 어휘가 범주로 나뉘어 제시되고 반복적으로 소리파일을 들으면서 연습할 수 있게 구성되어 있어 학습자 스스로 자신이 원하는 내용의 어휘를 선택하여 자가 학습하는 데 활용할 수 있다.

② 자신의 어휘 지식을 평가해보는 도구로 활용할 수 있다. 특히 TOEFL이나 GRE, SAT 범주에 있는 어휘 평가는 시험을 준비하는 학습자가 자신의 어휘 수준을 확인하고 자신에게 부족한 어휘 지식이 무엇인지를 정확하게 파악하는 데 도움이 된다.

③ 다양한 게임 형식의 연습활동을 통해 지루하지 않게 어휘 학습을 진행할 수 있다. 특히 그림, 사운드를 포함한 멀티미디어기반 단어 게임은 시각적, 청각적 학습자가 흥미를 가지고 반복적인 어휘 연습을 할 수 있게 도와준다.

7 문법 지도 Grammar

문법은 언어 구조와 문장을 생성하기 위해 단어나 구 단위의 언어요소를 올바른 순서로 배열하는 규칙 체계를 말한다(Ellis, 2006). 문법 능력은 의사소통 능력의 주요 성분으로, 의사소통 행위를 하기 위해서는 문장 성분(낱말 순서, 명사-동사 체계, 수식어, 어구, 절 등)을 적절히 배열하여 문장을 만드는 문법 능력과 문장들을 엮어서 담화 규칙에 맞게 구성하는 조직적인 능력(organizational competence)이 필요하다(Brown, 2001). 또한 문법은 의미론(semantics)이나 화용론(pragmatics)과 함께 설명되는데, 의미론이란 단어와 단어군의 의미에 관한 것이고, 화용론은 말·글과 같은 맥락이 주어졌을 때 여러 의미들 중 어떤 것을 부여할지에 관한 것이다. 따라서 언어의 모든 표현 활동과 수용 활동에서 문법은 독립된 하나의 지식 체계가 아닌 의사소통이 이루어지는 조직적인 틀이 된다(Larsen-Freeman, 2003).

문법 교수는 CALL에서 가장 먼저 주목받은 언어 연습이다. Hinkel과 Fotos(2002)는 컴퓨터기반 문법 교수를 담화기반 문법(discourse-based grammar), 형태초점 교수(form-focused instruction), 상호작용(interaction)의 측면에서 설명했다. 담화기반 문법은 특정 담화 상황의 중요성에 기반하여 문법 항목을 선정하고 관련된 맥락 안에서 구조적 입력(structured input) 유형을 제공할 수 있는 문법 예시를 제시하는 교수 방법이다. 컴퓨터기반 참여형 게임과 시뮬레이션 프로그램에서 언어가 사용되는 상황을 제시하는 것은 언어 형식, 특히 기능적 언어(예: 초대하기에 사용되는 특정동사, 시제, 의문문 형식 등)를 담화 맥락에서 학습하게 하는 좋은 예이다. 다음으로 형태초점 교수란 학습자에게 문법적 형태(grammatical form)에 주의 집중하도록 기회를 주는 교수 방법으로 문법 패턴을 해석하고 언어 규칙을 이해하여 출력할 수 있는 명시적 교수와 피드백을 제공하는 것이다. 컴퓨터기반 문법 학습 프로그램에서 폭넓게 사용되는 반복 연습(drill-and practice)형 학습 활동은 학습자에게 즉각적인 피드백(immediate feedback), 정확한 난이도의 연습 항목 선정, 무한 반복 정보를 제공한다는 점에서 효과적이다. 마지막으로 상호작용은 학습자와 컴퓨터 또는 학습자와 다른 사람 간의 차례교환(alternate turn-taking)을 의미하는데, 컴퓨터기반 대화를 통해 형태초점 교수를 위한 기회를 제공하거나 대화 속 문장의 오류를 수정하는 등의 교수 방법을 포함한다.

이와 같이 컴퓨터기반 문법 교수는 학습자의 문법적 정확성(grammatical accuracy)을 향상시키기 위해 다양한 접근과 교수 방법을 제공한다(Chapelle & Jameison, 2008). CALL 프로그램이나 웹기반 자료를 문법 교수에 사용하기 위해서는 다음의 내용을 주목해야 한다.

첫째, 문법 교수를 위한 CALL자료는 (1) 학습자의 요구에 적절한 문법 항목의 난이도 수준, (2) 문법적 언어 형태의 정확한 출력을 위한 요구 조건, (3) 문법 교수의 명시성(explicitness) 정도를 고려하여 선택해야 한다. 문법 항목의 난이도에 순서가 있다는 것은 논란의 여지도 존재하기는 하나 어떤 문법 항목(예: 단순-완료와 같은 시제 체계, 단문-복문과 같은 절 체계)은 난이도의 차이가 확연히 존재한다. 따라서 목표 구조(target structure)를 이해하고 출력해내는 데 요구되는 언어 수준을 고려하여 문법 항목의 순서를 정한 후 난이도에 맞는 학습 활동을 포함한 CALL자료를 선정해야 한다. 이때 학습자가 참고할 수 있는 문법 설명의 양을 명시성이라고 하며 학습 활동을 수행하면서 필요한 최소한의 문법 설명이 명시적으로 제공되어 있는지를 확인해야 한다.

둘째, 컴퓨터와 상호작용하는 기회를 제공하는 CALL 자료를 선택해야 한다. 여기서 상호작용이란 문법 규칙의 명시적 학습이나 발견, 해석, 출력을 유도하는 학습자의 행위를 의미한다. 특정 문법 항목에 초점을 둔 다양한 CALL 활동들은 학습자가 질문의 답을 입력하고 정답을 확인하고, 주어진 텍스트에서 문법 패턴을 발견하고 해석하며 문법에 맞는 문장을 입력하거나 피드백을 참고하는 등의 상호작용을 요구한다. 또한 컴퓨터매개 의사소통(CMC) 도구를 사용하여 언어규칙에 대한 토론을 진행하거나 특정 주제에 대한 토론을 하는 동안 문법을 확인하는 등의 상호작용을 할 수 있다. 이 같은 컴퓨터기반 상호작용은 목표 구조를 강조하지 않은 의미 중심(meaning-focused) 과업을 수행하는 동안 학습자의 주의를 특정 문법 항목에 집중시킬 수 있다.

셋째, CALL 프로그램은 학습 수행에 대한 평가의 결과를 정기적으로 요약해서 제공해야 한다. 문법 정확성을 발달시키기 위해서 학습자는 퀴즈나 평가의 점수를 즉각적으로 확인하고 오답에 대한 적절한 피드백을 제공받아야 한다(Swain, 1998). 학습자가 범한 오류에 대해 명시적으로 피드백을 보여주는 온라인 문법 교수를 수행한 학습자는 작문과 같은 언어 출력에서 긍정적인 효과를 나타낸다(Chenoweth & Murday, 2003). 또한 CALL 프로그램은 학습이 진행되는 동안의 평가 점수나 학습 횟수, 진도 등을 모두 기록할 수 있는데, 이를 정기적으로 요약해서 제공해주면 학습 과정을 관리(manage)하는 데 도움이 된다. 따라서 교수자는 피드백의 적절성에 대해 평가하여 학습자에게 유용한 피드백을 제공하는 CALL 자료를 선택하고, 학습자의 평가 결과나 학습 수행의 기록을 토대로 교수 내용의 적절성을 평가할 수 있다(Chapelle & Jameison, 2008).

마지막으로 CALL자료는 학습자가 다양한 연습 활동과 귀납적 학습(inductive learning)을 통해 웹상의 텍스트를 읽으면서 문법을 배울 수 있는 전략을 개발하게 해야 한다. 사실 교실에서의 문법 교수는 학습자의 문법적 지식을 발달시키는 첫 과정이며 학습자는 스스로 문법적 정확성(accuracy)과 복잡성(complexity)을 향상시키기 위한 전략을 개발해나가야 한다. 따라서 학습자가 CALL 과업을 수행하는 동안 담화의 일반적인 의미를 이해하는 것을 넘어 담화 형식이 가지는 기능을 파악하고 언어 규칙을 분석해낼 수 있도록 유도해야 한다. 코퍼스를 이용한 문법 지도는 목표 언어로 된 예문이나 텍스트를 제시한 후 유도 과정을 통해 학습자 스스로 언어 형태에 대한 규칙을 발견하게 하는 좋은 예이다(Conrad, 2000).

이상에서 보듯이 CALL 환경은 학습자에게 문법 형태를 제시하고 연습시키는 다양한 방법을 제공한다. 교수자는 문법 지도를 위한 다양한 종류의 컴퓨터나 웹기반 자료들 가운데 교수 환경에 맞는 것을 선택해야 하고, 학습자의 요구에 맞는 적절한 수준의 개별화된 교수를 교실 안팎에서 할 수 있다. 이때 학습자의 나이, 언어 수준, 교육 배경과 같은 학습자 변인(learner variables)과 언어 사용 목적, 학습 요구, 교수 환경 등의 교수적 변인(instructional variables)을 실질적으로 고려하여 CALL 자료를 활용해야 한다.

References

Brown, H. D. (2001). *Teaching by principle: An interactive approach to language pedagogy*. White Plain, NY: Addison Wesley Longman, Inc.

Chapelle, C. A. & Jameison, J. (2008). *Tips for teaching with CALL: Practical approaches to computer-assisted language learning*. White Plains, NY: Pearson Education, Inc.

Chenoweth, N. A., & Murday, K. (2003). Measuring student learning in an online French course. *CALICO Journal, 20*(2), 285-314.

Conrad, S, (2000). Will corpus linguistic revolutionize grammar teaching in the 21st century? *TESOL Quarterly, 34*(3), 548-560.

Ellis, R. (2006). Current issues in the teaching of grammar: An SLA perspectives. *TESOL Quarterly, 40*(1), 83-107.

Hinkel, E., & Fotos, S. (2002). *New perspective on grammar teaching in second-language classrooms* (Eds.). Mahwah, NJ: Lawrence Erlbaum Associates.

Larsen-Freeman, D. (2003). *Teaching language: From grammar to grammaring*. Boston, MA: Heinle & Heinle.

Swain, M. (1998). Focus on form through conscious reflection. In C. Foughty & J. Williams (Eds.). *Focus on form in classroom second-language acquisition*(pp. 64-81). Cambridge, UK: Cambridge University Press.

Activities for ESL Students
(http://a4esl.org/)

1. 특징

a4esl는 Internet TESL 저널에서 제공하는 온라인 언어 학습자료로 전세계에서 영어를 가르치는 교수자들이 직접 제작한 연습문제, 퀴즈, 시험문제, 퍼즐 등을 통합해 놓은 사이트이다. 기본화면의 〈Grammar Quizzes〉는 영문법에 관련된 퀴즈 모음으로 초급(Easy), 중급(Medium), 고급(Difficult)의 난이도별 연습문제와 장소에 관련된 문법 퀴즈를 사용할 수 있다. 각각의 범주들에는 문법 항목별로 다양한 형식의 퀴즈가 제작자의 성명과 함께 제공된다. 별도의 문법 설명은 제공되지 않으나 영어 문법 항목을 총망라하여 관련 문제들을 제공하고 있다.

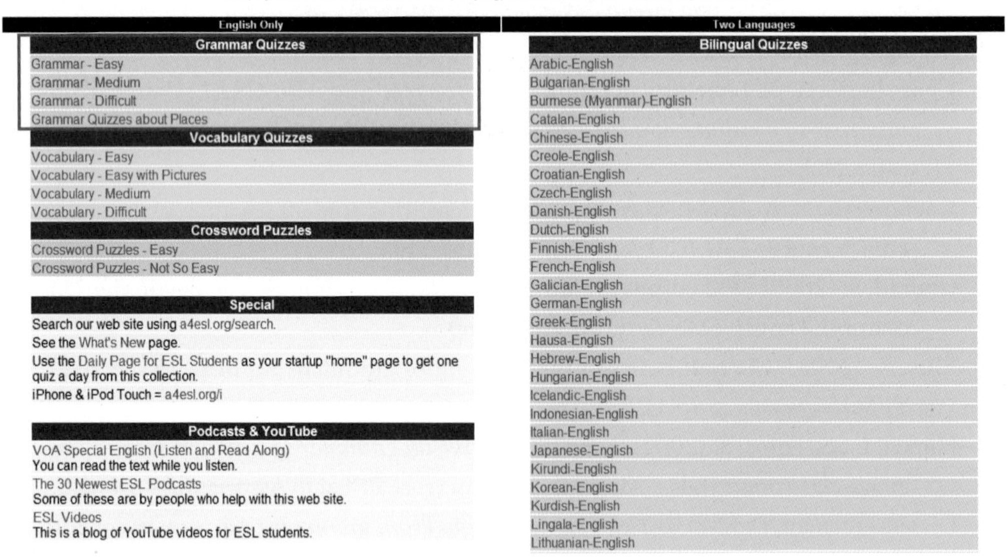

[그림1] a4esl의 기본화면

2. 활용

1) 교수자 활용

① 다양한 연습문제를 통해 연역적 문법 학습과 귀납적 문법 학습이 가능하다. 다만 이 사이트는 문법 항목에 대한 명시적 설명이 제공되지 않으므로 연역적 학습의 경우 교수자가 문법 규칙을 설명한 후 연습문제로 활용할 수 있다. 또한 특정 문법 항목에 대한 반복적인 연습이 가능하므로 학습자 스스로 문법 규칙을 발견하도록 하는 귀납적 문법 학습도 유도할 수 있다.

② 기본 화면의 인터페이스가 사용자 친화적이지 않기 때문에 이 사이트의 문법 퀴즈를 사용하기 위해서는 교수자의 안내가 매우 중요하다. 학습 목표와 목표 구조(target structure), 퀴즈 난이도에 따라 범주화되어(categorized) 있으므로 학습자의 학습 목표에 맞게 사이트의 내용을 활용할 수 있다.

③ 제공되는 퀴즈의 양이 방대하므로 학습자의 수준에서 도전적인 내용을 선택하여 제시할 수 있다. 또한 단순히 출력본으로 문제 풀이를 하는 것에 비해 시각적으로 흥미를 가질 수 있도록 제시하므로 재미있는 문법 학습을 유도할 수 있다.

2) 학습자 활용

① 학습자가 원하는 목표 구조를 선택하고 자가 학습하는 데 활용할 수 있다. 다만 문법 항목에 대한 설명이 제시되지 않으므로 다른 사이트나 교재를 통해 학습한 내용을 반복적으로 복습하는 데 활용할 수 있다.

② 같은 문법 형식에 대해 다양한 유형의 문제가 주어지므로 목표 구조의 패턴을 익히기에 지루하지 않고 흥미롭게 학습할 수 있다. 또한 이 사이트는 문법뿐만 아니라 어휘, 발음, 퍼즐 등의 다양한 학습 내용을 제공하므로 자신의 목표와 수준에 맞는 퀴즈를 선택적으로 활용할 수 있다.

English Grammar Reference and Exercises (http://www.ego4u.com/en/cram-up/grammar)

1. 특징

ego4u는 English Grammar Online For You의 약자로 영어 교수자, 컴퓨터 프로그래머, 삽화가가 모여 제작한 온라인 영어 문법 사이트이다. ego4u 기본 화면은 문법 항목별로 범주화된 목록으로 구성되고 사용자가 원하는 문법 구조를 선택하여 편리하게 활용할 수 있다. 각각의 문법 항목 범주에는 목표 구조에 대한 명시적인 설명과 연습 문제가 포함되는데, 문법 설명은 학습자가 언어 구조를 이해하기 쉽도록 표나 그림을 사용해서 제시하고 있다.

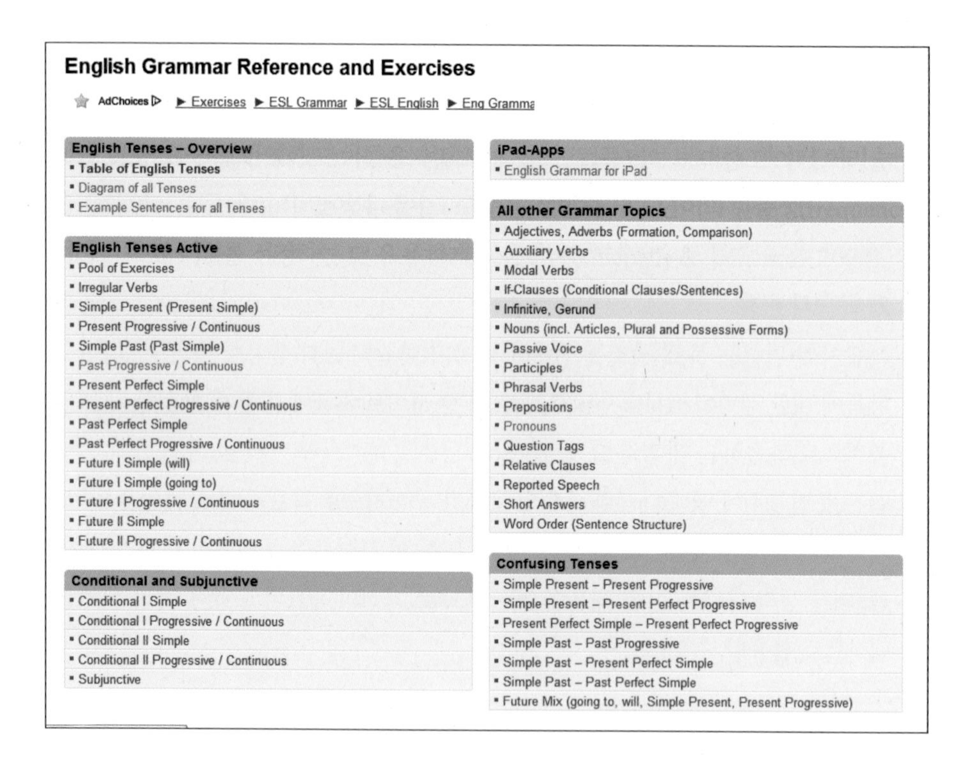

[그림2] 문법 항목별 목록 화면

2. 활용

1) 교수자 활용

① 문법 항목별로 일목요연하게 정리가 되어 있으므로 교수 목표에 따라 원하는 항목을 선택하여 사용할 수 있다. 특히 문법 설명이 간결하게 제시되므로 목표 구조에 대한 명시적인 설명이 필요할 때 활용한다.

② 귀납적 문법 교수를 위해 학습자에게 사이트를 소개하고 스스로 문법의 규칙을 발견해내도록 유도할 수 있다. 예를 들어 교실 수업에서 교수자는 별도의 문법 설명없이 ego4u 사이트를 소개하고 학습자들을 모둠으로 구성한다. 각 모둠마다 목표 구조를 정해주고 모둠 내 구성원들끼리 목표 구조의 규칙을 이해하고 연습문제를 수행하도록 안내한다. 모둠 활동이 끝난 후 모둠별로 목표 구조의 문법적 특징을 설명하고 연습문제의 정답을 발표하게 한다.

2) 학습자 활용

① 영어 문법에 관한 전반적인 내용이 다루어져 있으므로 학습자 스스로 자가 학습을 하는 데 도움이 된다. 특히 자신이 취약한 부분이나 심화 학습이 필요한 부분을 찾아 계획적으로 학습할 수 있다.

② 영어 문법에 관심이 있는 학습자들끼리 모여 교실 밖에서 모둠 활동을 진행할 수 있다. 특히 자신이 공부한 부분을 서로에게 설명하면서 학습의 정도를 확인하고 서로 오류를 수정해주는 협업학습으로 활용할 수 있다.

Grammar Bytes
(http://www.chompchomp.com)

1. 특징

Grammar Bytes는 Robbin Simmons가 1997년에 처음 만들어서 현재까지 꾸준히 업데이트되고 있는 온라인 문법 학습 사이트이다. 문법 학습에 필요한 연습문제를 제공하는 것은 물론 교수자가 활용할 수 있는 유인물(Handouts), 파워포인트 자료(Presentations)와 문법 설명을 하는 유튜브 비디오(Videos at You Tube), 문법관련 힌트와 규칙(Tips & Rules) 등을 범주로 구분하여 제공하고 있다.

2. 활용

1) 교수자 활용

① 교수자가 문법 수업을 계획할 때 이 사이트에 포함된 문법 설명과 연습 문제를 다양한 방법으로 활용할 수 있다.

② 교수자를 위한 유인물이 PDF 형식으로 제공되므로 바로 출력해서 오프라인 수업 자료로 사용할 수 있다.

③ 문법 구조를 설명하는 파워포인트 자료가 다수 제공되므로 교수자가 바로 교실 수업에서 활용하기 편리하다.

④ 목표 언어로 문법 설명을 하는 유튜브 비디오를 학습자의 학습 스타일, 학습 수준 등에 맞게 적절하게 제시하면 학습에 대한 흥미를 유발하는 기회가 된다.

⑤ 문법 설명이 어려워서 알아듣기 힘들어 하는 학습자에게 유용한 팁을 소개하면 쉽게 설명을 이해하도록 도와준다.

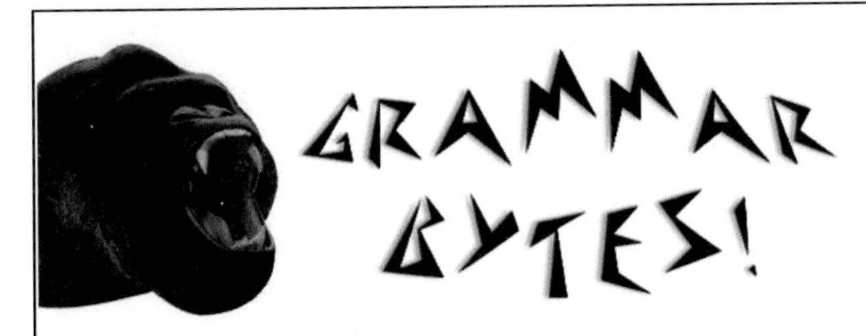

Our year-long, intergalactic Parts of Speech Celebration continues. Yo! Interjections are now in the house! Try the newest exercise and YouTube video.

Exercises

Test your grammar knowledge here. Fun interactive exercises await!

Handouts

Teachers love proof, so keep track of the work that you complete! Download the handouts that accompany the interactive exercises.

Presentations

Are you in a room with a computer projector? Teach with these presentations!

Videos at YouTube

See the latest GrammarWood releases by subscribing to our YouTube channel!

Tips & Rules

Don't have time to do the exercises? Get tips and rules here—*fast!*

[그림1] Grammar Bytes 기본 화면

2) 학습자 활용

① 사이트의 구성이 간단하고 깔끔하기 때문에 학습자가 개별 학습에 활용하기 편리하다.

② 문법 설명, 연습문제뿐만 아니라 파워포인트, 유튜브 비디오와 같은 다양한 유형의 멀티미디어 자료가 제공되므로 학습자가 어려움을 느끼는 문법 항목을 심화 학습할 때 활용할 수 있다.